U0281024

2021 年 9 月德厚水库蓄水到正常水位

德厚水库蓄水后库区美丽风光

坝址区生产性灌浆试验

库区生产性灌浆试验

2017 年 6 月陈祖煜院士等专家到现场针对灌浆技术难题进行咨询与指导

大坝左岸心墙基础开挖揭露的溶洞群

大坝心墙基础清挖处理

大坝右岸充填型溶洞清挖处理

坝址区左岸竖向溶井处理

坝址区右岸溶洞群处理

德厚水库
岩溶防渗处理研究

主 编 王 静

副主编 田 辉 赵永川 谭志华 冉海林 吴志波

中国水利水电出版社
www.waterpub.com.cn
·北京·

内 容 提 要

本书以德厚水库岩溶防渗处理作为研究对象，研究历时16年，取得一系列成果，不仅防渗效果好，还节省了工程投资。全书共分9章，阐述了研究对象选择、研究历程、研究基本原则和总体思路，列举了主要研究成果，详细说明了地质勘察研究、方案及措施研究、前期阶段灌浆试验研究、技施阶段生产性灌浆试验研究、施工期防渗处理深化研究、特殊问题处理研究、长期观测及水库蓄水效果评价等内容。

本书可供类似工程勘察、设计、教学、科研、试验、质量检测、施工、监理、项目管理等人员参考使用，也可供高校相关专业师生阅读。

图书在版编目（CIP）数据

德厚水库岩溶防渗处理研究 / 王静主编. -- 北京：中国水利水电出版社，2023.12
ISBN 978-7-5226-2093-0

Ⅰ. ①德… Ⅱ. ①王… Ⅲ. ①岩溶区－水库－渗流控制－文山市 Ⅳ. ①TV62

中国国家版本馆CIP数据核字(2023)第245765号

书　　名	**德厚水库岩溶防渗处理研究** DEHOU SHUIKU YANRONG FANGSHEN CHULI YANJIU
作　　者	主　编　王　静 副主编　田　辉　赵永川　谭志华　冉海林　吴志波
出版发行	中国水利水电出版社 （北京市海淀区玉渊潭南路1号D座　100038） 网址：www.waterpub.com.cn E-mail：sales@mwr.gov.cn 电话：(010) 68545888（营销中心）
经　　售	北京科水图书销售有限公司 电话：(010) 68545874、63202643 全国各地新华书店和相关出版物销售网点
排　　版	中国水利水电出版社微机排版中心
印　　刷	北京印匠彩色印刷有限公司
规　　格	184mm×260mm　16开本　18.5印张　453千字　2插页
版　　次	2023年12月第1版　2023年12月第1次印刷
印　　数	0001—1000 册
定　　价	**120.00元**

凡购买我社图书，如有缺页、倒页、脱页的，本社营销中心负责调换

《德厚水库岩溶防渗处理研究》
编委会名单

主　　编　王　静

副主编　田　辉　赵永川　谭志华　冉海林　吴志波

参编人员　霍玉国　许诗贵　邓建祥　鲁孟云　杨　帆

田　毅　张金耀　金　波　彭春雷　王玉杰

邓东明　樊　勇　李晓平　张　伟　浦承松

林　宏　刘云万　蒋　超　苏卫强　张　磊

马敏艳　何付明　杨　平　符　峰　王　飞

杨金鑫　冯上鑫　苏正猛　杨　洋　杨　霖

施国武

我国岩溶分布面积约为国土面积的 35.9%，其中碳酸盐岩裸露面积约占陆地面积的 9.5%，主要分布在我国西南部的云南、贵州、广西、湖南、四川等省（自治区）。在强岩溶地区搞水库建设，主要面临以下技术难题：①岩溶发育及分布规律查清难。因各类勘探手段均存在局限性，需要多手段、多机构、多设备齐上阵进行相互印证、综合研判，存在很大的不确定性，勘察工作量及投入巨大，且需要开展长期大量现场观测、资料整编和分析。②防渗技术方案决策难。由于对岩溶发育及分布规律难以准确把握，技术方案需要随着勘察深度的加深不断调整，甚至发生重大设计变更，给方案决策者带来困扰。③防渗施工参数确定难。岩溶发育程度、岩溶形态、充填状况、溶隙走向、溶孔大小、发育时期等的不同均会给施工带来很大难度，且防渗效果存在很大不确定性，针对不同情况的施工工艺和参数均需通过不断试验来获取。④防渗效果保证难。前述三个难题只要其中一个没把握好或出现偏差，都可能造成水库渗漏甚至蓄不起水来。⑤防渗投资控制极难。因强岩溶发育的复杂性，业界普遍认为岩溶防渗工程投资难控制。

云南省文山壮族苗族自治州（以下简称"文山州"）德厚水库工程属于国家 172 项重大节水供水项目，是一座以城乡生活和工业供水、农业灌溉为主，兼顾发电等综合利用的大（2）型水利工程，是文山州已建和在建的唯一一座大型水利工程，对该州社会经济发展和生态文明建设具有举足轻重的作用。德厚水库工程地处云南省东南部南盘江流域与红河流域分水岭地带的岩溶高原石漠化地区，水库位于红河流域盘龙河右岸支流德厚河上，工程区约 70%~80% 的地表为碳酸盐岩出露。地表、地下岩溶高度发育，溶洞、暗河、洼地、漏斗等星罗棋布，岩溶渗漏是水库成立与否的控制性条件。虽然坝不高（73.9m），水库总库容也不算大（1.13 亿 m^3），但水库防渗轴线却长达 4.85km，防渗处理工程量巨大，灌浆进尺超过 30 万 m，防渗面积近 50 万 m^2，岩溶防渗处理的成败直接关系工程成败，对参与工程建设的单位和技术人员来说都极富挑战。

2017年6月21—23日，受云南省水利厅的邀请我参加了德厚水库建设现场咨询会。通过现场踏勘，并听取参建各方尤其是云南省水利水电勘测设计研究院（以下简称"云南院"）的介绍，我对这件工程有了较为深入的认识与了解。我们去现场的时候，工程正在进行坝基开挖及库区生产性灌浆试验。坝基已开挖至河床部位，两岸可见岩面倒悬，发育的三组节理裂隙将岩体切割成豆腐块状，河床附近出露多个大溶洞及溶井，小的溶腔、溶孔及溶隙不计其数，基坑中有多个泉眼出水点；库区防渗线上布置的多个试验段，正在按"钻、探、灌"结合的思路，一边进行岩溶发育及防渗底界的复核勘探，一边开展生产性灌浆试验，复核勘探不断揭示岩溶发育的复杂性，试验效果也因地层不同、深度不同、走向不同的岩溶发育而存在很大差异，勘探及试验都碰到很多难题。专家组就试验先导孔的勘察、岩溶分类细化、灌浆孔布置、灌浆管理、灌浆工艺、试验参数选择、浆材选择、材料配比及适应性、特殊情况处理等与参建各方进行了充分而深入的沟通与交流，并强调动态勘察设计、施工过程控制和记录的重要性。

虽然之后没有再去德厚水库，但我一直关心和牵挂着这个项目的进展。2020年7月8日，云南院总工程师王静告诉我水库已蓄水两个月，水位上升了10m，入库流量与库水位上升相关性很好，坝基及两岸灌浆廊道内和大坝下游渗流量变化小，说明10m水位以下帷幕防渗效果很好，我希望他们能好好总结。2021年9月23日，中秋节后的第二天，王静又给我发来信息，说中秋节当天，水库水位成功蓄到了正常水位，两岸及坝后观测渗漏量小，库周各泉点出流正常，水库变成了美丽的岩溶湖泊。

本书紧紧围绕德厚水库岩溶防渗处理面临的五大技术难题，确定的"钻探灌结合、试验先行、有疑必查、溯源追踪、动态设计"基本原则科学合理，提出的"分区划片、由浅入深、由面到点系统勘察；钻、探、灌结合查边界、探底限、找漏洞；灌浆试验前期做，概算参数试验定；勘察试验伴全程，动态设计贯始终"总体思路系统严谨。书中详细阐述和记录了研究团队从2006年以来，开展岩溶水文地质勘察、防渗方案及措施、前期阶段灌浆试验、施工期生产性灌浆试验、施工期防渗处理、特殊问题处理、地下水长期观测及水库蓄水效果评价等研究工作取得的一系列成果，内容丰富、系统全面，资料翔实、便于使用，是一本难得的好书，可为工程技术人员提供非常有价值的参考与借鉴。

德厚水库在前期阶段即开展灌浆试验研究，高度重视生产性灌浆试验及施工灌浆过程的动态管理，并将研究从前期设计阶段一直贯穿至蓄水成功的整个过程中，这种做法对于成功查清工程区岩溶发育规律及分布情况，准确确定防渗范围、找准防渗边界和底界、获取灌浆参数、确保实施效果、控制住投资，保证施工质量，实现成功蓄水具有极为重要的实践意义与价值。

我国是世界上成功地在岩溶地区筑坝最多的国家。早期，在乌江渡、东风等水电站已积累了丰富的经验。德厚水库作为当地材料坝防渗控制的实例，为岩溶地区筑坝增添了浓墨重彩的一笔，堪称典范。德厚水库也不会是我国岩溶地区筑坝最后的一个案例。例如，目前正在建设的陕西省东庄水利枢纽高达230m的拱坝在灰岩坝基上的灌浆总量接近100万 m。本书作为系统总结的书面资料，对于提高行业的技术水平做出了卓越的贡献。研究团队通过长期坚持不懈的努力，取得安全蓄水的好成绩，非常不容易。本书的作者都是长期战斗在德厚水库建设一线的工程技术人员，我感到欣慰，也很感动，借此序向默默奉献的建设者们表示衷心的感谢与祝贺！

2023 年 6 月

　　云南省文山州德厚水库工程是国务院批准、水利部确定的"十三五"期间 172 项重大节水供水工程。该工程地处云南省东南部南盘江流域与红河流域分水岭地带的石漠化地区，水库位于红河流域盘龙河右岸支流德厚河上，水库总库容 1.13 亿 m^3，是一座以城乡生活和工业供水、农业灌溉为主，兼顾发电等综合利用的大（2）型水利工程，由大坝枢纽工程、防渗工程及输水工程组成。2007 年 12 月，盘龙河流域规划（修编）获州人民政府批复；2014 年 4 月，项目建议书获国家发展和改革委员会批复；2015 年 8 月，可研报告获国家发展和改革委员会批复；2015 年 10 月，初设报告获水利部批复；2015 年 12 月，主体工程开工建设；2020 年 5 月开始分期蓄水，2021 年 9 月 22 日安全蓄水到正常水位；2022 年 12 月通过云南省水利厅组织的完工验收。

　　德厚水库工程地处岩溶❶强发育区，"近坝左岸"地层岩性为 C_2、C_3 灰岩，勘察发现岩溶洞 116 个，其中深部溶洞 36 个；"近坝右岸"地层岩性为 C_3、P_1 灰岩，勘察发现岩溶洞 235 个，其中深部溶洞 162 个；"咪哩河库区"地层岩性为 T_2g 灰岩，勘察发现岩溶洞 714 个，其中深部溶洞 211 个。岩溶渗漏是水库成立的控制性条件，防渗处理的效果直接关系工程成败。该水库防渗处理范围及工程量巨大，岩溶发育类型齐全，防渗处理类型多，处理难度非常大。水库建成后防渗轴线长达 4.85km，灌浆进尺 30 万 m，最大灌浆深度 190.6m，防渗面积约 50 万 m^2。

　　从 2006 年工程规划开始，勘察设计单位针对岩溶发育及渗漏问题开展了长期、深入、系统的勘察设计与研究，并贯穿至整个施工和蓄水过程中。研究团队经过 16 年的不懈探究、精心设计与施工，克服重重困难，取得一系列创新性研究成果，不仅防渗效果好，还节省了工程投资，研究处于全国领先水平。研究确定的"钻探灌结合、试验先行、有疑必查、溯源追踪、动态设

---

❶ 岩溶也称喀斯特。因"岩溶"一词表达直观、通俗易懂，从而被我国水利水电工程行业广泛使用。

计"的基本原则指导性强；提出的"分区划片、由浅入深、由面到点系统勘察；钻、探、灌结合查边界、探底限、找漏洞；灌浆试验前期做，概算参数试验定；勘察试验伴全程，动态设计贯始终"的研究总体思路具有很强的操作性；成功摸清了工程区岩溶发育规律及分布情况，为防渗成功打下坚实基础；成功实现全过程动态勘察与设计；首次成功实现从前期设计到施工期全过程现场灌浆试验研究，直接指导了概算投资的合理确定、施工的顺利开展及工程投资的有效控制，做法被纳入相关规范；应用天然源面波开展 300m 级深部岩溶探测研究取得成功；按"边灌边探、边探边灌，有疑问绝不放过"的要求开展施工期深化试验研究取得成功；成功探索出掺加当地土料的岩溶防渗膏浆配方，经验被相关规范引用；首次采用高压脉动灌浆新技术成功破解垂向岩溶发育带防渗封不住、灌不满的施工难题；一举打破岩溶防渗处理界"投资超概"的魔咒，防渗投资节约 1 亿元；创新性开展系统完整的耐久性压水试验进行防渗效果检测；开创性地将随钻技术用于岩溶探测及可灌性评价。

　　研究过程中投入了大量人力、物力和时间，面临防渗效果的不确定性和投资可控性等诸多难题，极大考验着管理单位、研究单位和决策机构的耐心与智慧，考验着施工企业的能力与水平。需要各级各部门长期投入与坚持，需要勘察设计研究者不懈探究与追寻，需要领导与专家的智慧与决策，需要多部门的团结与协作，需要参建各方的勇气及信心，这些因素缺一不可。特别要强调的是，在强岩溶区建设水库工程，需要跳出常规工程的窠臼，高度重视前期阶段开展灌浆试验研究的重要性和必要性，并深入强化、细化和实化生产性灌浆试验及施工灌浆过程的动态管理。研究试验是个试错的过程，失败与成功均是科学试验的一部分，都需要总结，尤其失败试验的分析研判更有价值，参建各方和上级主管部门都要有充分的思想准备和足够耐心，建立容错机制，方可取得好的效果。

　　德厚水库防渗研究和处理的成功，得益于云南省水利水电勘测设计研究院全过程的精细勘察、深入探究、动态和精准设计、精益求精的态度、优秀的现场服务；得益于文山州德厚水库建设管理局的精心组织与精细化管理；得益于水利部、国家发展和改革委员会、云南省水利厅、云南省发展和改革委员会等上级主管部门的高度重视与支持；得益于水利部水利水电规划设计总院和中咨公司专家的严格审查和指导；得益于云南建投第一水利水电建设有限公司、北京京水建设集团有限公司等施工企业的精心施作；得益于云南恒诚监理公司的严格监理；得益于中国水利水电科学研究院、中国地质科学院岩溶地质研究所、中国电建集团贵阳勘测设计研究院有限公司等参研机构的密切配合；得益于施工过程中陈祖煜院士和司富安、夏可风、肖恩尚、彭春雷、陈德基、濮声荣、陈安重、徐年丰、温文森等专家学者的精心指导。在此衷心感谢所有参与过、支持过、担心过、批评过、怀疑过、关注过德厚水库工程建设的领导、专家、同仁和同事！

本书详细记录和总结了2006年以来，德厚水库开展的岩溶水文地质勘察研究、防渗方案及措施研究、前期阶段灌浆试验研究、生产性灌浆试验研究、施工期防渗处理深化研究、特殊问题处理研究、地下水长期观测及水库蓄水效果评价等一系列成果，希望能为类似工程建设者提供参考和借鉴。

本书的作者都是长期战斗在德厚水库建设一线的工程技术人员，他们来自勘察设计单位、建设管理单位、有关科研机构及施工单位，受能力和水平的限制，书中难免有不严谨和疏漏之处，敬请大家批评指正。

作者

2023 年 6 月

CONTENTS 目录

第1章
岩溶区水库防渗处理研究综述

我国岩溶地貌分布面积约占国土面积的 35.9%，其中碳酸盐岩裸露面积约占陆地面积的 9.5%，主要分布在我国西南部的云南、贵州、广西、湖南、四川等省（自治区），岩溶地貌带来奇异风光及美丽风景的同时，也给工程建设带来巨大挑战，岩溶渗漏、岩溶塌陷等会给工程带来巨大的经济损失甚至灾难。要在岩溶区进行工程建设，尤其是水库建设，蓄水成败是建设单位、勘察设计单位、上级主管部门、审查机构、施工企业等面对的最大考验，需要各级各部门长期的投入与坚持，需要勘察设计研究者的不懈探究与追寻，需要领导与专家的智慧决策，需要多部门的团结协作，需要参建各方攻坚克难的勇气及必胜信心，这些因素缺一不可，而最基本、最重要也最关键的则是岩溶区建设水库工程需要针对性地开展大量而长期的水文地质调查、勘察、监测、试验分析与研究，这是水库建设成功的基础和根本保证。

本书以云南省文山壮族苗族自治州（以下简称"文山州"）德厚水库岩溶防渗处理研究为例进行了详释。德厚水库为国家"十三五"期间列项的 172 项节水供水重大水利工程之一，工程地处岩溶强烈发育区，岩溶渗漏问题是水库成立的控制性条件，防渗处理效果直接关系到水库成败。由于防渗处理范围广、类型多、难度大，从 2006 年开始对岩溶发育规律、地质成因及渗漏问题进行了深入、系统的研究，至水库建成蓄水历时 16 年，取得一系列研究成果。2020 年 5 月德厚水库开始试蓄水，2021 年 9 月蓄水至正常水位，经过蓄水检验，防渗效果达到预定目标，2022 年年底工程通过完工验收。工程蓄水过程中还保证了生态流量泄放和部分供水任务，截至 2022 年年底已累计供水 2.84 亿 m³，生态供水超过 1 亿 m³，发电 800 余万 kW·h，各项监测指标达到或优于设计标准。

1.1 岩溶区水库概况

1.1.1 我国岩溶分布及特征

岩溶地貌在全球分布普遍，据统计，全球岩溶地貌地区的面积约 2000 万 km²，约占陆地面积的 12%。中国是一个岩溶地貌大国，全国岩溶地貌分布面积约 344.3 万 km²，约占陆地国土面积的 35.9%，岩溶地貌有裸露、覆盖、埋藏三个类型，其中岩溶地貌裸露面积 90.7 万 km²，占陆地国土面积的 9.5%。云南省国土面积 39.4 万 km²，其中岩溶地貌裸露面积 9.7 万 km²，占云南省国土面积的 24.6%，是全国第二大岩溶地貌裸露省份，占全国裸露岩溶地貌的 10.7%。全国岩溶地貌分布面积、裸露面积见表 1.1－1，根据大地构造特征、岩溶地貌发育特征、气候等因素，将国内岩溶地貌分为西部岩溶地貌区、北方岩溶地貌区、南方岩溶地貌区。

表 1.1－1　　　　　各省（自治区、直辖市）岩溶地貌分布和裸露面积　　　　　单位：万 km²

省（自治区、直辖市）	岩溶地貌分布面积	岩溶地貌裸露面积	省（自治区、直辖市）	岩溶地貌分布面积	岩溶地貌裸露面积
辽宁	2.6	0.9	湖北	7.8	4.1
吉林	1	0.3	湖南	11.3	5.8
黑龙江	1.2	0.2	广东（含海南）	2.9	1.4
内蒙古	10.9	1.3	广西	13.9	7.9
河北（含北京、天津）	13.5	2.2	四川（含重庆）	36	8.2
山西	10.2	3.3	贵州	15.6	8.9
山东	8.7	1	云南	24.1	9.7
江苏（含上海）	4.5	0.2	西藏	86.5	11.5
安徽	6	1.2	陕西	5.1	2.1
浙江	2.2	0.4	宁夏	0.9	0.1
福建	0.2	0.1	甘肃	9	2.7
江西	2.5	0.9	青海	19	6.1
台湾	0.1	0.1	新疆	38.2	9
河南	10.4	1.1	合计	344.3	90.7

1. 西部岩溶地貌区

西部岩溶地貌区分布在六盘山（宁夏、甘肃）—雅砻江（四川）—木里（四川）—丽江（云南）—剑川（云南）一线以西，剑川（云南）—兰坪（云南）—泸水（云南）—贡山（云南）一线以北的青藏高原，为寒冷干燥气候及亚湿润气候，分布在西藏、青海、新疆、内蒙古、宁夏、四川、云南等地区，以各种冻蚀形态（例如小石峰、天生桥、石墙、灰岩质岩锥、岩溶泉、钙华等）为主要特征。

2. 北方岩溶地貌区

北方岩溶地貌区分布在六盘山（宁夏、甘肃）—雅砻江（四川）—木里（四川）—丽江（云南）—剑川（云南）一线以东，秦岭—淮河一线以北，中温、暖温带干旱、半干旱气候，分布在内蒙古、辽宁、吉林、黑龙江、山西、陕西、甘肃、宁夏、河南、安徽、山东等地区，以常态山、干谷、微小岩溶痕、灰岩质岩锥、岩溶大泉等为主要特征，有少量的洞穴及洞内沉积。

3. 南方岩溶地貌区

南方岩溶地貌区分布在六盘山（宁夏、甘肃）—雅砻江（四川）—木里（四川）—丽江（云南）—剑川（云南）一线以东，剑川（云南）—兰坪（云南）—泸水（云南）—贡山（云南）一线以南，秦岭—淮河一线以南，亚热带、热带湿润气候，分布在四川、重庆、贵州、云南、广西、广东、湖南、湖北、江西、江苏、浙江、福建、陕西等地区，其中云南东部、广西西部及北部、贵州、湖南西部、湖北西部、重庆东部及南部为连片集中的裸露岩溶地貌区,是我国岩溶地貌最集中、最发育的地区;以峰林地貌、洼地、洞穴、地下河、洞内的流水岩溶地貌形态和次生碳酸钙、红黏土、岩溶痕、洞外钙华等为主要特征。

按照上述分类原则,云南省岩溶地貌主要为南方岩溶地貌区,其中西北部为西部岩溶地貌区;连片集中的岩溶地貌分布于昆明市、曲靖市,文山州,红河哈尼族、彝族自治州(以下简称红河州)4个州(市),其余州(市)也有零星分布。地层时代中,昆阳群、震旦系、寒武系、奥陶系、志留系、石炭系、二叠系、三叠系等地层发育岩溶地貌。

1.1.2 岩溶区水库防渗帷幕特点

岩溶的形成主要是可溶性岩石(主要为灰岩、白云岩)受地下水溶蚀的结果,岩溶的发育程度主要与地质构造、地下水动力条件、气候条件、岩性等有关,岩溶地区常见的岩溶形态有落水洞、岩溶漏斗、溶蚀洼地、盲谷、岩溶泉、暗河、溶洞和岩溶管道等。岩溶区水库建设必须查明坝基及库区的地质条件、渗漏情况、主要渗漏通道,提出合理的防渗处理措施。经验证明,只要有1个渗漏通道被遗漏,水库蓄水后就会造成危险性的渗漏。

由于岩溶地区的特殊地质条件,其防渗帷幕灌浆一般有如下特点。

(1)灌注材料耗量巨大。岩溶地层溶洞、岩溶管道、溶蚀裂隙发育,透水率很大,同时为保证灌浆质量和帷幕耐久性,灌浆压力一般较高,以便对溶蚀充填物进行充分的挤压和提高浆液结石的密实度和强度,所以灌注材料用量远大于非岩溶地区。国内外强岩溶区帷幕灌浆的平均水泥单位注入量一般多在300kg/m以上,而其中少数岩溶孔段的注入量占总注入量的比例较大。部分国内外岩溶区水库工程防渗帷幕注入量统计见表1.1-2。

表1.1-2 部分国内外岩溶区水库工程防渗帷幕注入量统计

工程名称	国家	坝高 /m	帷幕深度 /m	灌浆压力 /MPa	水泥单位注入量 /(kg/m)
都堪水库	伊拉克	111	150~190	1	428~827
道格拉斯水库	美国	61	60	1.5	1190
索特水库	法国	130	100	4	525
隔河岩水电站	中国	151	最大130	5	85
观音阁水库	中国	82	最大100	5	228(平均)/466(坝基)
江垭水库	中国	131	最大85	1.5~4.5	269
乌江渡水电站	中国	165	80~260	6	294
东风水电站	中国	162	120~201	5	257
清华洞水库	中国	无坝盲谷建库	最大145	2.5	662
五里冲水库	中国	无坝盲谷建库	最大260	2~4	150.4
德厚水库	中国	73.9	最大190.6	2.5~4.0	371

(2)防渗帷幕深度较大。由于岩溶发育受地层岩性、构造、地下水动力条件等影响,强岩溶发育深度一般较深,局部位置还可能存更深的岩溶低槽区或古岩溶,因此岩溶区帷幕深度往往较一般岩石地区要深,有的防渗帷幕深度甚至达坝高的2~3倍。如德厚水库坝址区右岸帷幕最大深度190.6m(两层),为坝高(73.9m)的2.6倍,深部大型半充填

溶洞低于坝址德厚河河床 133m，咪哩河库区帷幕最大深度 152.5m（单孔），为坝高的 2.1 倍，强岩溶低槽区深部大型充填溶洞低于咪哩河河床 140m。

（3）帷幕灌浆工程量大。岩溶区帷幕灌浆一般防渗帷幕线路较长、帷幕深度大、灌浆孔排数多，帷幕灌浆进尺工程量常较大，如乌江渡水电站、东风水电站、隔河岩水电站的灌浆工程量分别为 19.2 万 m、28.9 万 m 和 19.3 万 m，德厚水库库容 1.13 亿 m³、坝高仅 73.9m，防渗帷幕线路长度达 4814m，帷幕灌浆工程量达 30.73 万 m。

（4）施工复杂、不可预见问题较多。由于岩溶地质的特殊性，岩溶区地质情况多变，存在不同类型的溶蚀、溶隙、溶洞（空腔、充填性及充填物各异）、地下岩溶管道、暗河等，须针对不同的特殊问题类型采用不同的灌浆工艺及材料（水泥、砂浆及混凝土等）灌注，由于技术手段的限制，通过物探、钻孔、钻孔成像等尚难以完全查明具体位置地下岩溶的详细情况，施工中只能边施工、边勘察、边调整设计及施工参数。在施工过程中常会揭露出前所未知的新情况，如五里冲水库遭遇的岩溶大厅、武都水库坝基开挖揭露的岩溶大厅及宽大溶隙、德厚水库右岸下层防渗边界孔揭露的深部溶洞等，给灌浆设计和施工带来巨大的挑战。

（5）帷幕灌浆造价较高。由于灌浆工程量大，耗用材料多，施工复杂，施工历时长，帷幕造价较高。已建工程资料分析表明，地质条件一般地区，帷幕造价为大坝的 2%～5%，岩溶发育地区，帷幕造价可达大坝的 30% 甚至更多。如德厚水库大坝投资仅 8506 万元，而防渗帷幕灌浆投资高达 44428 万元，帷幕灌浆投资为大坝投资的 5.2 倍。

（6）灌浆压力较高。非岩溶区帷幕灌浆压力一般按公式计算结合工程类比经验确定，一般最高压力不超过水头的 1.5～2.0 倍。而岩溶区灌浆大多需采用高压灌浆（灌浆压力大于 3.0MPa），由于溶蚀裂隙夹泥及连通性好，溶洞充填物大多为黏土质充填，钻孔冲洗效果一般较差，在溶蚀裂隙、溶洞充填物难以被清除的情况下，须采用高压灌浆将充填物充分挤压紧密，使水泥浆对充填物进行劈裂、固结包裹，以保证其达到较高的抗渗稳定性、保证帷幕的防渗效果和耐久性。同时，考虑到岩溶区灌浆孔深度较大，而深孔底部存在钻孔偏斜的问题，使用高压灌浆使浆液扩散范围大些，有利于保证帷幕的连续性和完整性。岩溶区普遍采用高压灌浆已被灌浆界认可，如乌江渡水电站灌浆压力为 6.0MPa，水布垭水电站灌浆压力为 4.0MPa，德厚水库灌浆压力为 4.0MPa。

德厚水库坝基帷幕灌浆时，先施工的下游排 YXH48（Ⅰ序孔）在孔深 30m 处遇黏土夹粉细砂充填型溶洞，灌前透水率 33.6Lu（压力约 0.1MPa）并不大，但水泥灌浆压力超过 0.1MPa 即发生劈裂串浆，第 9 段待凝复灌 11 次、单位注入量 8180kg/m 后，灌浆压力提升至 0.65MPa。再次压水透水率仅 2.6Lu（压力约 1.0MPa），但灌浆压力超过 1.0MPa 时仍难以提升，最终采用膏浆待凝复灌 11 次、单位注入量 31192kg/m（水泥＋膨润土），复灌两次水泥浆以 2.35MPa 压力结束，后序孔灌浆压力均达到了 4.0MPa 结束。除检查孔外，在该处帷幕中心线上进行了全孔 6d 1.2MPa 耐久性压水，压水过程的最大透水率仅 0.02Lu。说明高压灌浆对保证溶洞、溶隙充填物的渗透稳定性是至关重要的。

（7）防渗效果不确定性较大。由于岩溶地区的特殊地质条件，岩溶区往往存在大量的溶洞、溶蚀裂隙等复杂地质构造，即使采用多种地质勘探手段进行了大量的地质勘探工作，也难以完全查清。同时，施工中虽然进行了大量的灌浆处理，但由于岩溶构造的复杂性和不确定性，难以进行全面封堵。溶洞和溶蚀裂隙的大小、形状、分布和连通性各不相同，使得灌浆材料难以完全填充所有潜在的渗漏通道，无法形成良好的防渗体系，导致防渗效果的不确定性较大。

1.1.3 岩溶区水库渗漏案例

云南东部、广西西部及北部、贵州、湖南西部、湖北西部、重庆东部及南部为我国连片集中的裸露岩溶地貌区，是岩溶地貌最集中、最发育的地区，是典型的南方岩溶地貌区。在南方岩溶地貌区及北方岩溶地貌区兴建了大量的水利水电工程，官厅、乌江渡、隔河岩、岩滩、鲁布革、观音阁、万家寨、天生桥一级、天生桥二级、东风、江垭、江口、构皮滩、彭水、洪家渡、水布垭、平寨、渔洞、德泽、暮底河、清华洞、八宝、花山、洞上、响水河、五里冲、白水塘、车木河、八家村、红岩、明子山、忙回、腊姑河、文海、白龙河、己衣、庙林、蒿枝坝、油房沟等很多水利水电工程是成功的范例。也有许多水库都不同程度地遇到与岩溶地貌相关的工程地质、水文地质问题。例如，贵州窄巷口水电站、云南水槽子水库、云南湾子水库、云南大雪山水库、云南坝塘水库、云南羊过水水库、广西拔贡水电站、陕西桃曲坡水库等分别遇到因岩溶引起向邻谷渗漏、近坝库岸渗漏、坝址渗漏、库底渗漏的问题，渗漏形式多为岩溶管道型，渗漏严重至极严重，影响水库效益的发挥，甚至完全失去功能，不能发挥效益。

1.1.3.1 国内水利水电工程渗漏案例

大型水利水电工程因重视勘察和设计工作，经过防渗处理后一般岩溶渗漏问题不突出。但中小型水利水电工程，特别是 20 世纪 50—60 年代兴建的工程，由于勘察工作不细致、不全面、不深入，防渗方案、边界、底界等不合理，发生严重漏水和失败的工程不乏实例。

1. 贵州窄巷口水电站（坝基、绕坝及近坝库岸渗漏）

该水电站位于贵州猫跳河上，是猫跳河上第四级水电站，为小型水电站，拱坝，坝高 54.7m，水库正常蓄水位 1092.00m，库区碳酸盐岩出露面积约占 86%，砂页岩约占 14%；背斜、向斜及断裂发育，构造线以 NNE 向为主；岩溶形态为岩溶洼地、漏斗、落水洞、洞穴、地下河等；左岸近坝库岸河水补给地下水，地下水水力比降为 2.2%～ 2.6%，为排泄型岩溶地下水动力类型，存在近坝库岸渗漏，渗漏形式以岩溶管道型为主；右岸近坝库岸的地下水位低于河水位，远端地下水位升高，具有"倒虹吸"特点，地下水水力比降约 3.8%，为补给型岩溶地下水动力类型，地下水低槽区存在渗漏，存在绕坝渗漏，渗漏形式以岩溶管道型为主。水电站于 1970 年建成发电，水库蓄水后，虽然进行了帷幕灌浆处理，渗漏量仍达 20m³/s，占该河段平均流量的 45%，严重影响了电站的正常运行。为解决水库的岩溶渗漏问题，于 1972 年、1980 年进行了两次补强灌浆处理，处理后渗漏量仍达 17m³/s（减少了约 15%），灌浆效果不好，没有根本解决水库渗漏问题。21 世纪初进行了补充勘察工作，查明水库渗漏量约 14.26m³/s，占实际渗漏量的 83.88%，与实际渗漏量相比，有一定误差，主要原因可能是裂隙型渗漏计算中的渗透系数（压水试验值一般偏小）误差所致；其中右岸渗漏量约 1.2m³/s（管道渗漏量 0.94m³/s），坝基渗漏量约 0.53m³/s，左岸渗漏量约 12.53m³/s（管道渗漏量 11.79m³/s）；管道渗漏

量约 $12.73m^3/s$，占已查明渗漏量的 89.27%，管道为主要渗漏通道。因此，水库渗漏形式以管道型为主，查明引起渗漏的岩溶管道（洞）是勘察的重点工作。产生水库渗漏的主要原因：①对岩溶发育规律认识不足；②有效的勘探手段缺乏；③灌浆处理边界不够；④灌浆处理底界未到弱岩溶带岩体，为悬挂式灌浆；⑤部分岩溶管道（洞）未能封闭隔断；⑥灌浆施工质量差，例如孔排距偏大，灌浆压力小等。2009—2012 年，在勘察设计的基础上，再次对坝基及绕坝渗漏、近坝库岸渗漏段进行灌浆处理。灌浆设计：灌浆材料为水泥＋粉煤灰、孔排距采用单排孔（孔距 2m）与双排孔（1064.00m 高程以下，孔距 2.5m、排距 1.0m）、最大灌浆压力为 3.0MPa。左岸近坝库岸渗漏区发育两个岩溶管道：其中一个管道在灌浆廊道中已揭露，沿帷幕线设置混凝土截水墙；另一个管道采用格栅＋膜袋灌浆＋回填级配料＋级配料区灌浆（3 排孔）。经过防渗处理后，水库渗漏量仅为 $1.54m^3/s$（减少了 90.94%），防渗效果非常明显。

2. 广西拔贡水电站（坝址区渗漏）

该水电站位于广西龙江上，为小型水电站，支墩平板坝，坝高 26.2m，库坝区碳酸盐岩出露面积占 100%；为单斜构造，节理发育 NE、NNE、NNW 三组；岩溶形态为宽大岩溶槽、岩溶裂隙、隐伏岩溶洞等，岩溶发育优势方向与岩层走向基本一致；地下水顺岩层走向从上游向下游径流，为排泄型岩溶地下水动力类型，为坝基及绕坝渗漏，渗漏型式为岩溶裂隙-管道型。虽然在坝前采用块石黏土封堵＋混凝土板＋灌浆，在坝后采用混凝土封堵，但防渗效果差，水电站于 1972 年建成，水库蓄水后，渗漏量约 $23m^3/s$，是该河段最小流量的 1.8 倍，电站运行很不正常，枯水期基本不能发电。产生水库渗漏的主要原因：①仅进行地质测绘，没有钻探工作，未做详细的勘察；②未进行防渗处理，帷幕灌浆和固结灌浆被取消；③对岩溶发育规律认识不足，特别是对岩溶发育深度的认识有偏差；④施工质量差，例如对坝基岩溶洞穴、宽大岩溶裂隙的处理不到位。

3. 陕西桃曲坡水库（库坝区渗漏）

该水库位于陕西铜川市耀州区沮水河下游，均质土坝，坝高 61m，水库正常蓄水位 784.00m，为中型水库，坝基及库盆基座为灰岩，砂页岩不整合于灰岩之上，砂页岩中分布煤窑采空区；坝址位于背斜附近，发育 NE、NW 两组节理，节理控制了岩溶的发育；岩溶形态为岩溶洞、岩溶裂隙、岩溶沟、岩溶槽、岩溶漏斗等；地下水位低于河水位约 350m，为悬托型岩溶地下水动力类型，库水会产生垂直渗漏，渗漏型式为岩溶裂隙-管道型。水库于 1974 年建成，蓄水后，低水位（748.00m）时渗漏量约 $0.64m^3/s$，占来水量（$1.12m^3/s$）的 57.1%；1975 年根据水库水位下降计算平均渗漏量约 $23.5m^3/s$，渗漏极严重。主要渗漏途径：①岩溶洞；②经过煤窑巷道（采空区）漏向岩溶管道（洞）。1974—1982 年进行了防渗处理，主要措施：①坝前砂卵砾石层及水库淤积层渗漏区采用黄土铺盖，厚度为水头的 1/10，长度为水头的 7～8 倍；②岸边渗漏区采用黏土斜墙，坡比 1:3；③灰岩裸露渗漏区采用混凝土封闭，岸坡较陡，岩溶裂隙发育，例如右岸导流洞进口岸坡；④混凝土堵洞，对漏水的岩溶洞、窑洞、煤窑巷道的充填物清除，并回填混凝土；⑤对于已形成的塌陷坑，并且还可能继续产生塌陷，在坑底浇筑混凝土板，之上设置一层砂砾石，之上再设置混合反滤层，最后夯填黏土至地表高程；⑥对于已形成的塌陷坑，不会继续产生塌陷，但底部可能产生不均匀沉降，采用 $1m×1m×1m$ 的混凝土块合并为盖板，之上设置混合反滤层，再夯填黄土至地表高程。经过先后 5 次处理后，高水位运行时渗漏量约 $0.60\text{m}^3/\text{s}$，占来水量的 53.6%，渗漏问题并未完全解决。

1.1.3.2　云南省水库渗漏案例

据不完全统计，云南 16 个州（市）中有 13 个州（市）在岩溶地区兴建大中小型水库（含部分水电站的水库）139 座，正常运行和基本正常运行的水库 116 座，约占 83.5%；在运行（严重渗漏）和不能运行（极严重渗漏）的水库 23 座，约占 16.5%，见表 1.1-3。

表 1.1-3　　　　　　　　　　　　云南岩溶地区水库统计　　　　　　　　　　　　单位：座

州（市）	岩溶地区水库	正常运行的水库	基本正常运行的水库	在运行的水库	不能运行的水库
昆明市	20	10	9	1	0
昭通市	8	8	0	0	0
曲靖市	18	13	1	4	0
楚雄州	2	2	0	0	0
玉溪市	11	5	1	0	5
文山州	29	23	3	2	1
红河州	10	4	4	1	1
普洱市	5	3	0	2	0
临沧市	6	4	0	0	2
大理州	2	1	1	0	0
保山市	18	14	2	2	0
德宏州	3	2	0	0	1
丽江市	7	6	0	0	0
合计	139	95	21	12	11

1. 云南坝塘水库（库底及库周渗漏）

该水库位于昆明市东川区，地貌形态为构造岩溶洼地（天然库盆），无大坝，水库正常蓄水位 1584.49m，为中型水库，库区碳酸盐岩出露面积约占 30%，玄武岩约占 70%；库盆为石头地向斜的东翼，以 SN 向断层为主，还发育 NW 向、NE 向断层；岩溶形态为岩溶洼地、落水洞、岩溶洞、岩溶裂隙、岩溶沟、岩溶槽等；地下水位低于坝塘岩溶洼地 139～163m，为悬托型岩溶地下水动力类型，库水会产生垂直渗漏，渗漏型式为岩溶裂隙-管道型。防渗处理主要措施：①基础处理，对土工膜的基础进行强夯处理，减少基础不均匀沉降，用于岩溶洼地灰岩区或玄武岩厚度较薄的平坦地区；②混凝土防渗墙，布置于土工膜的西部边界，防止西部第四系土层孔隙水对土工膜产生顶托作用；③土工膜铺盖，用于岩溶洼地灰岩区或玄武岩厚度较薄的平坦地区，底部设置排水层，顶部设置黏土层保护，东南部玄武岩厚度较薄的库岸采用土工膜＋混凝土板处理；④喷混凝土，用于东部灰岩裸露库岸和玄武岩较厚的库岸；⑤混凝土堵洞，对岩溶洞的充填物清除，并回填混凝土。初期运行后，在东部岸坡与平坦洼地接触带有 3 处产生了岩溶塌陷，对塌陷段进行固结灌浆处理，对破坏的土工膜进行更换。水库蓄水后，正常蓄水位条件下的渗漏量约为

$1.0\mathrm{m}^3/\mathrm{s}$，其中未进行防渗处理的玄武岩库区渗漏量约 $0.3\mathrm{m}^3/\mathrm{s}$（占渗漏量的 2%）、土工膜渗漏量约 $0.02\mathrm{m}^3/\mathrm{s}$（占渗漏量的 2%）、灰岩库岸渗漏量约 $0.68\mathrm{m}^3/\mathrm{s}$，占渗漏量的 68%，是库区的主要渗漏区域；主要原因是喷混凝土的防渗效果较差。

2. 云南湾子水库（库区渗漏）

该水库位于罗平县，均质土坝，坝高 26.20m，正常蓄水位为 1540.36m，为中型水库，库区碳酸盐岩出露面积约占 64.7%，砂页岩约占 35.3%；发育 F_{17}、F_{19} 断层，岩溶形态为岩溶裂隙、落水洞等；左岸为补给型岩溶地下水动力类型，河床及右岸地下水位低于河水位，右岸为排泄型岩溶地下水动力类型，排泄点低于水库正常蓄水位约 500.00m，地下水水力坡降约 3.33%，地下水流速约 789m/d，属管道型岩溶含水介质，库水向低邻谷方向存在渗漏，渗漏形式为岩溶裂隙-管道型。1991 年进行了防渗处理，主要措施：①浆砌石抹面或防水砂浆抹面，对部分洞穴进行清挖，洞底充填灌浆，上部填砂砾至洞口铺设防渗层与周围防渗层相接；②1523.00m 高程以下进行土工膜防渗处理（三布两膜），底部设置排水层，顶部设置黏土层保护；③排气管，适用于较大岩溶洞穴；④帷幕灌浆，在 F_{17} 断层带及附近进行灌浆，材料为水泥，单排孔，孔距 2m，最大灌浆压力 2.5MPa。初期运行渗漏量约 $0.4\mathrm{m}^3/\mathrm{s}$，但 1998—2002 年在防渗处理区形成 7 个塌陷坑，周围土层开裂并引起长 86m，宽 60m 的岸坡滑坡，渗漏加大，水库一直不能正常发挥效益。主要原因：①对地下水补给、径流、排泄关系没有查明；②防渗处理方案有欠缺，主要采用水平防渗处理方案；③右岸防渗处理范围不足，仅对 $T_1 y^{a-3}$ 灰岩库盆区进行防渗处理（对高程 1523.00m 以下的库盆区灰岩进行防渗处理，1523.00~1540.36m 的灰岩库盆区未进行防渗处理）；未对 $T_1 y^{a-1}$ 灰岩库盆区进行防渗处理。因此，河床及右岸为库水补给地下水，地下水排泄点太低（与库水位高差约 500m），水动力条件好，库水向深部径流，使岩溶裂隙、岩溶洞的土层产生渗透变形破坏，主要形式为流土，日积月累，土层颗粒被带走越来越多，易形成土洞而产生岩溶塌陷，甚至覆盖层的滑动变形，破坏已形成的防渗体系，使得渗漏量加大；另外，未进行防渗处理的灰岩库盆区也会产生渗漏。

3. 云南大雪山水库（库区渗漏）

该水库位于永德县，忙令河的支流上，是怒江流域的三级支流。混凝土面板堆石坝，坝高 78.5m，正常蓄水位 2004.36m，为中型水库；库区有碳酸盐岩出露，呈条带状由北向南穿越地表分水岭（忙令河与南汀河）至南汀河支流大勐婆河、忙岗河；发育 SN 向、EW 向断层，灰岩走向与 SN 向断层方向基本一致，并被 EW 向断层错断；岩溶形态为岩溶裂隙、落水洞、岩溶管道等；库区灰岩地下水分水岭被南汀河袭夺，使得灰岩地下水低于河床约 100m，为排泄型岩溶地下水动力类型，排泄点低于水库正常库水位约 900~1050m，地下水水力坡降为 6%~8%，属管道型岩溶含水介质；库水向低邻谷方向存在渗漏，渗漏形式为岩溶裂隙-管道型。水库建成后，难以蓄水，曾对灰岩库区采用黏土铺盖防渗处理，蓄水后，在水的作用下易产生渗透变形破坏，形成岩溶塌陷，至今不能运行。主要原因：①仅进行地质测绘，没有钻探工作；②$C_1 pn$ 的岩性复杂，有玄武岩、凝灰岩、页岩、灰岩，对灰岩重视不够、认识不足；③灰岩裸露面积小，多为埋藏型岩溶，对地下水的补给、径流、排泄关系不清；④遗漏重大工程地质问题（库区渗漏）的分析评价。

因此，需要对水利水电工程库坝区岩溶地形地貌、地层岩性（组）、地质构造、新构造运动、岩溶水文地质、岩溶水动力类型和条件、岩溶发育规律等进行勘察，对水库渗漏的边界条件、渗漏途径、渗漏方向、渗漏形式、渗漏量计算等进行专项研究，还需要对防渗处理方案、边界、底界等进行专项研究，才能找到技术可行、经济合理的防渗处理措施，正常发挥水利水电工程的效益。

1.2 德厚水库防渗处理研究综述

1.2.1 研究对象选择

作为研究对象应具有较强的代表性，诸如，水库工程有一定的影响力，处于岩溶发育典型区域，岩溶渗漏问题是水库成立的控制性条件，防渗处理的效果直接关系到水库蓄水成败，防渗处理范围较大，防渗处理类型多，处理难度大，针对岩溶发育及渗漏问题需要有研究团队进行长期、深入、系统的研究。云南文山州德厚水库工程符合上述条件，具有很强的代表性，故选择作为研究对象。

德厚水库工程地处云南省东南部的文山州石漠化地区，位于盘龙河右岸支流德厚河（又称岔河）下游河段，距文山市 35km，距昆明市 319km，是一座以城乡生活和工业供水、农业灌溉为主，兼顾发电等综合利用的大型水利枢纽工程，黏土心墙堆石坝坝高73.9m，水库总库容为 1.13 亿 m³，调节库容 8975 万 m³，设计灌溉面积 9.28 万亩，多年平均年供水量为 9449 万 m³，被列为国家水利"十三五"期间，国务院批准、国家发展改革委和水利部确定的 172 项重大节水供水工程之一，工程的建设对兴边富民、稳定边疆、促进边疆战区经济恢复具有重要意义。

德厚水库工程地处南盘江流域与红河流域分水岭地带的滇东南岩溶高原，工程区约70%～80%的地表为碳酸盐岩出露，地表、地下岩溶强烈发育，溶洞、暗河、洼地、漏斗等岩溶形态星罗棋布，库区及坝址区防渗处理工程量巨大，岩溶勘察、防渗处理设计、施工均具有极高的挑战性，岩溶防渗处理的成败直接关系工程成败。依托德厚水库开展的岩溶防渗研究从 2006 年开始，历时 16 年，一直由云南省水利水电勘测设计研究院负责，取得一系列的研究成果，工程已实施并经过蓄水检验，达到了预定防渗效果。

1.2.2 业界对德厚水库的看法

在德厚水库岩溶防渗勘察、设计研究过程中得到了业内许多院士、大师、专家及学者的指导和帮助，他们一致认为：岩溶渗漏及防渗处理是德厚水库工程的关键技术及难点问题，关系到工程的成败；工程岩溶水文地质条件极其复杂，应开展岩溶水文地质专题研究工作，研究工程区岩溶发育规律与特征，以查明岩溶发育性状和分布规律，查明河间地块地下水特征，查明强岩溶发育带的空间分布及集中渗漏通道，查明强岩溶发育底界，论证防渗范围及防渗深度，为防渗处理工程设计及优化设计提供依据。

1.2.3　研究基本原则及思路

鉴于德厚水库岩溶地质的复杂性和勘察难度，研究之初即确定"钻探灌结合、试验先行、有疑必查、溯源追踪、动态设计"的基本原则，从而全面、科学地指导了岩溶防渗研究的顺利开展，实现成功蓄水。

由于研究周期长，研究过程中勘察、设计、现场试验、设计评审、施工、咨询等工作相互穿插、相互影响、相互印证，需要建立系统的工作思路，明确研究路径。研究团队确立了"分区划片、由浅入深、由面到点进行系统勘察；'钻、探、灌'结合查边界、探底界、找漏洞、控投资；勘察、试验伴全程；动态设计贯始终"的总体工作思路，系统严谨地指导了各项工作有序、有效开展。

1.2.4　研究历程

1. 开发河段选择

从项目规划选择开发河段开始就把岩溶渗漏作为研究重点，进行了大量野外水文地质调查，收集岩溶泉点、暗河分布及流量变化等资料，布设多个钻孔，分析地下水力坡降及流向，分析河间、岭谷间的水力联系，判断地下分水岭存在的可能性及分布，最终把开发河段选择在德厚河与其支流咪哩河交汇口下游 200m 范围内。

2. 防渗重点区域的研判

德厚水库坝址区和库区广泛分布石炭系、二叠系及三叠系灰岩，岩溶发育，找准防渗重点区域，确定防渗范围极其重要。

根据研究的基本原则和工作思路，首先将勘察区划分成Ⅰ单元（德厚河与稼依河间地块）、Ⅱ单元（德厚河与咪哩河间地块）及Ⅲ单元（咪哩河与盘龙河河间地块）3 个水文地质单元（河间地块），见图 1.2-1。经过系统的水文地质调查及勘察研究，研判认为咪哩河与盘龙河河间地块 5.1km 范围分布有封闭不严的砂页岩隔水层，部分地段地下水位低于水库正常蓄水位，地下分水岭高程随季节变化明显，最枯季地下分水岭高程仅比河床高 1~2m，存在向低邻谷岩溶渗漏的问题，须要进行防渗处理。

针对咪哩河库区防渗区域，经进一步分区分段，划分成 A~F 共 6 个亚区，通过不断深入的勘察、试验研究，分析 F 段地下分水岭低于正常蓄水位，且库岸分布有地下水位低槽区，存在严重的岩溶邻谷渗漏问题，渗漏形式为管道-溶隙型渗漏，须进行防渗处理，并在可研阶段进行了防渗线路长 2×100m 的现场"钻、灌、探"相结合的灌浆试验研究，库区防渗范围由初判的 5.1km 收缩到 2.5km。

另一个防渗重点为德厚水库库首坝址区，坝址区出露岩层主要为厚层、巨厚层状灰岩，坝基、库岸灰岩区存在岩溶管道型渗漏，岩溶管道垂向、水平向均有发育，岸坡地下水位埋藏较深，接近河水位，水力坡降很小，地下水位与正常蓄水位无交点，强岩溶发育深度近 200m，岩溶防渗范围约 2km，勘察、设计、防渗处理难度极高。针对库首坝址区，将其划分为左岸段、右岸段及河床段 3 个区域进行研究，并结合初设阶段启动的坝址区灌浆平洞试验性工程，结合洞内勘察试验研究基本摸清了坝址区岩溶发育及分布情况，较为准确确定了坝址区防渗边界和底界。

3. 多种勘察手段联合应用

（1）地质调查。开展了地质调查、岩溶泉点测量、岩溶洞穴调查、岩溶塌陷调查等一系列岩溶水文地质调查，修编了区域地质与水文地质图件；开展了库区岩溶水文地质详查及编图、岩性剖面测量。

（2）化学鉴定。进行了岩石化学分析、岩石薄片鉴定、水化学简分析及全分析、稳定同位素测试等分析测试。

（3）钻孔勘察。前期勘察阶段勘察钻孔 12341m，施工过程中将先导孔作为勘察孔，勘察及编录 22000m，施工阶段还在地面补勘两个钻孔共 444m。共完成压注水试验 2197 段。

（4）平洞勘察。在前期勘察阶段开挖了 2412m 的平洞，结合灌浆试验性工程先期开工的条件，将左右岸上下两层灌浆平洞作为勘探平洞，并在洞内布置大量的先导孔（勘探孔），共完成左右岸上下层 3760m 的平洞及 22000m 的钻孔勘察研究，更加精准地揭示了防渗帷幕线上岩溶发育及分布情况。

（5）连通试验。在咪哩河右岸深孔内投放示踪剂的连通试验，成功验证了河间地块地下水的连通性和防渗处理的必要性、防渗处理深度的可靠性。

（6）物探勘察。从前期到施工阶段，采取多种物探手段，例如，高密度电法、地质雷达、地震勘探（折射）、地震勘探（反射）、天然源面波测试（微动）、孔洞三维声呐成像、电磁波 CT 测试等对溶洞、溶腔、溶隙、岩溶的发育情况进行预判和辨识，再结合钻探进行确认，这些方法和手段从前期一直到施工阶段没有间断过。如电磁波 CT 测试，可行性研究阶段结合灌浆试验的先导孔完成 68049 射线对，施工阶段完成 55021 射线对；浅层地震勘探 7.2km；高密度电法 2677m；天然源面波测试 3000m 等。

4. 对防渗区域开展地下水位的长期监测研究

由于工程区水文地质极其复杂，对地下分水岭的位置、水位随季节、年份的变化等的研究极为重要，直接关系到防渗帷幕的布置、防渗边界的选择，关系到防渗工程的施工难易程度及投资控制。为查明防渗重点区域地下水及分水岭的变化情况，在前期及技施设计阶段在德厚河、咪哩河库岸布置了多个观测断面，设置一系列地下水位长期观测孔跟踪观测。规划阶段布置 6 个长观孔（2007 年 4 月开始观测），项目建议书阶段布置 4 个长观孔（2008 年 4 月开始观测），可研阶段布置 45 个长观孔（2009 年 7 月开始观测），初步设计阶段布置 1 个长观孔（孔深 122m，2015 年 1 月开始观测），长观孔数量共计 53 个，总孔深 6408m，观测时间 7～16 年，为确定防渗范围、防渗深度，以及后期的优化设计提供了较为准确的判断依据；技施阶段在坝址区及咪哩河库区防渗帷幕下游设置了 29 个水位观测孔，对蓄水前后帷幕下游水位及渗流变化情况进行了系统观测，为评定防渗效果、水库渗漏及地下水变化提供了翔实资料。

5. 前期勘察试验研究

（1）库区。为取得可靠研究数据以更好地指导设计，可行性研究阶段就开展了库区现场灌浆试验研究，按钻、灌、探相结合的研究思路，将库区重点防渗区域划分为两个小区，在两个小区分别选择两个段共 200m 长的帷幕线进行前期灌浆试验研究，获得一系列重要的钻探资料和灌浆试验参数，有效指导了库区防渗底界、防渗布置方案及施工方案的确定，取得的耗灰量、灌浆压力等工艺参数直接指导了防渗概算投资的合理确定，消除了概算定额存在的局限性,给上级主管部门科学决策提供了有力支撑。

(2)库首坝址区。针对坝址区面临的更为复杂的岩溶防渗问题,为准确把握库首防渗边界和底界,在前期勘察阶段完成的勘探平洞的基础上,结合已有钻孔资料,初步设计阶段启动了坝址区左右岸的灌浆平洞试验性工程,让其充分发挥勘探平洞的作用。沿洞轴线方向打深先导孔,充分发挥先导孔的勘探作用,进行孔内取芯、压水、钻孔电视观察,孔间开展 CT 等物探勘察研究。这样一方面由于先导孔的密度可远高于规范要求的勘探孔密度,另一方面可减少从地面打钻孔的深度,而且先导孔均布置在防渗帷幕轴线上,在相邻先导孔间开展 CT 扫描,可发现孔间可能存在的溶洞溶腔等。通过上述平洞和洞内先导孔勘察研究(完成了 3760m 的平洞及 22000m 钻孔勘察及编录),进一步揭示了防渗帷幕线上岩溶发育及分布情况,基本摸清了坝址区的防渗底界和较大溶洞、管道的分布,为初步设计阶段确定坝址区防渗边界及底界提供了有力证据。

对德厚水库来说,在前期开展现场勘察试验研究是非常必要和有效的,如果不做,防渗布置、工程量、投资都存在很大的不可预见性,如果做必然要发生工程量和投资,要有具备试验条件的路、电、水、通信、设备、炸材、建筑材料等,费用从哪来,施工队伍怎么找,程序怎么走都面临着许多难题,由于与常规工程存在很大的不同,怎样开展前期勘察试验考验着上级主管部门、建设单位及勘察设计单位管理者的智慧、勇气和担当。

6. 结合生产性灌浆试验开展勘察研究

工程开工后,设计结合前期勘察及试验情况,在坝址区和库区选择了多个灌浆试验段,提出两项试验任务要求:一项是岩溶勘察,利用灌浆先导孔进一步核实所在区域的岩溶分布及防渗底界;另一项是灌浆试验,以确定合适的灌浆工艺和材料配比,并在灌浆过程中结合耗浆情况进一步查找漏洞,及时修订设计方案和施工措施。在实施过程中,对试验段进行动态管理,根据灌浆或勘察情况适时增加或调整试验段,针对不同岩溶地质条件,动态选择水泥浆、水泥砂浆、细石混凝土、水泥黏土浆、膏状浆液等各种浆材进行适配灌注,并取得相应的配比和工艺参数。最终实现了对数千米长、近 200m 深防渗帷幕边界、底界、灌浆效果的准确把控。

在德厚水库生产性灌浆试验勘察研究过程中,中国水利水电科学院陈祖煜院士团队开发的随钻技术进行了首次应用试验,初步验证了随钻技术融合钻孔声波、钻孔成像及跨孔CT 等手段的适应性和有效性,为灌浆施工中快速准确地探测地层信息,及时调整灌浆参数提供了有效指导作用。该项技术随后在大藤峡水库工程得到进一步的发展,并将在东庄水库建设中得到进一步的推广应用。

7. 结合施工灌浆进一步深化勘察研究

结合前期勘察研究及生产性灌浆试验取得的较为成熟可靠的成果,灌浆施工全面铺开时,研究团队进一步明确了岩溶区灌浆施工阶段"边灌边探、边探边灌,有疑问绝不放过"的规则。遇钻孔掉钻、灌浆不起压、耗浆量过大、串浆严重等情况,可停止施工,作进一步的分析和措施调整;在分析难以得出明确结论时,则进行补充勘察,找出原因,研究对策,切实做到施工与研究并重,任何疑问和漏洞决不放过。如德厚坝址区右岸在下层灌浆平洞边界钻孔时发现掉钻及地下水位低的情况,对右岸防渗边界的可靠性产生疑问,前期勘察确定边界是通过打两个深钻孔揭示右岸存在侵入玄武岩,并推测玄武岩与灰岩接触面呈单一角度整合，遂确定以防渗帷幕进入玄武岩一定深度作为右岸防渗边界。考虑到防渗边界可靠性是原则性的大问题，研究团队及时安排布置，开展了地面及平洞内的物探勘察，结合物探分析成果，又在地面补勘了一个 300m 级深孔，发现玄武岩与灰岩接触面在达到一定深度后发生角度变缓的转折，玄武岩与灰岩接触带附近岩溶极其发育，按原定的防渗边界，帷幕下部可能会有漏洞或三角形空窗，经深入分析研判，决定将右岸下层灌浆平洞延伸加长 168m，并在延长段布设多个先导孔进行勘察验证，最终将下层灌浆帷幕轴线延伸加长 132m，圆满解决了右岸边界的可靠性问题。

8. 创新性开展系统完整的耐久性压水试验进行防渗效果检测

溶蚀裂隙及溶洞夹泥充填物的成分复杂、密实度小、渗透稳定性较差，且难以清除，通过膏浆、水泥浆高压灌注后常规压水试验可以满足设计要求，但对其挡水水头下的长期稳定性目前尚无明确的检测方法及判别标准。为对防渗帷幕进行必要的耐久性验证，前期及施工阶段在库区、坝址区主帷幕上进行了系统的耐久性压水试验，前期在库区防渗线上选取 4 个检查孔进行了压力 1.5～2.0MPa、时长 144h 的全孔耐久性压水试验，施工阶段在坝基防渗线上选取 1 个检查孔进行了压力 1.2MPa 时长 144h 的全孔耐久性压水试验，为帷幕耐久性及防渗效果检测提供了翔实的资料和系统的试验方法。

9. 全过程开展"动态勘察设计"研究

无论采取多少勘察手段，想彻底查清工程区岩溶发育规律及其分布通常是极难的，且不可预见因素多，防渗处理效果存在很大的不确定性，给工程技术人员和决策者带来困扰，开展全过程的动态勘察设计是非常必要且有效的。

德厚水库工程帷幕灌浆防渗的研究历时 16 年，通过全过程、全链条式的动态勘察设计，以及多阶段不断深入的灌浆试验研究，防渗范围从项目建议书时的 7.3km 缩小到建成后的 4.8km，其中，库区由 5.1km 缩至 2.7km，坝址区则由 2.2km 缩至 2.0km；库区防渗平均深度由 45m 加深到 75m，最大深度由 110m 加深至 152.5m；坝址区防渗平均深度由 80m 加深到 120m，最大深度由 110m 加深至 190.6m；灌浆进尺由项目建议书时的 23.3 万 m 增加至 30.7 万 m。针对不同地层、不同深度、不同岩溶发育情况，聚焦难重点段和关键部位不断深化勘察试验研究；精准开展各类浆材及工艺试验研究，水泥用量和防渗工程的投资均得到有效控制，防渗取得理想效果。

1.2.5　研究主要结论和经验总结

经过 16 年的不懈探究、精心设计与施工，德厚水库蓄水效果好，取得一系列研究成果和经验。

（1）研究确定的基本原则科学全面。研究之初即确定的"钻探灌结合、试验先行、有疑必查、溯源追踪、动态设计"的基本原则，科学全面地指导了岩溶防渗研究的顺利开展。

（2）研究提出的总体思路系统严谨。研究者提出的"分区划片、由浅入深、由面到点系统勘察；钻、探、灌结合查边界、探底限、找漏洞；灌浆试验前期做，概算参数试验定；勘察试验伴全程，动态设计贯始终"研究总体思路，使研究各阶段、各单位均能系统严谨地开展各项工作。

（3）成功摸清工程区岩溶发育规律。构建大场景，多手段、分阶段、小步骤稳步推进，系统研究，切实做到设计与勘察相协、勘察与试验并重、监测与勘察相印、设计与施工相融、勘察与施工相促，成功摸清了工程区岩溶发育规律，为防渗成功打下坚实基础。

（4）成功实现全过程动态勘察设计。岩溶勘察没有局限于前期阶段，一直贯穿至勘察设计施工的全过程，并将施工过程当作精细详勘的重要阶段，最大限度发现漏洞或缺陷，为动态设计提供准确依据。

（5）在国内首次成功实现全过程现场灌浆试验研究。德厚水库防渗效果直接关系工程成败，且防渗工程量巨大，可行性研究、初步设计及施工阶段分批次开展了现场灌浆勘察试验研究，试验取得的参数直接指导了概算投资的合理确定及施工的顺利开展，该成功经验直接写入《岩溶注浆工程技术规范》（T/CSRME 003—2020）中。

（6）成功开展施工期深化研究。明确岩溶区灌浆施工阶段研究规则："边灌边探、边探边灌，有疑问绝不放过"，做到研究与施工并重，相辅相成，取得圆满成功。

（7）应用天然源面波开展深部岩溶探测取得成功，处于国内领先水平。施工期发现坝址区右岸防渗边界存在深部岩溶带，埋深大于 300m，常规的勘探方法难以查明深部岩溶发育情况。研究采用天然源面波（微动）探测，结合钻探复核，查明了最大 360m 深部岩溶发育情况，为防渗方案的确定提供了准确的地质依据。应用天然源面波开展深部岩溶探测的技术处于国内领先水平。

（8）探索出掺加当地土料的膏浆配方及灌注工艺，成功破解强渗透土石混合地层封不住、灌不满的难题。库区防渗线路中长 808m 的帷幕线为强渗透、大漏失地层，地表约 30m 深度为黏土充填石牙的土石混合地层，以下为串珠状溶洞充填不密实黏土，常规水泥浆、砂浆灌注效果较差，注入量巨大且压力难以提升，采用浓浆、间歇、待凝、掺速凝剂等措施均难以满足设计要求。探索出以当地红黏土作为膏浆原料的配比与施工工艺，采用红黏土膏浆脉动灌注挤密改良地层后以水泥浆复灌结束，仅采用 2.0m 孔距的单排孔即达到了良好的灌浆效果，实现了材料适应性强、防渗效果好、投资节省、环境影响小的综合效益。在国内的膏浆灌注材料、配比、工艺、结束标准方面具有创新性。

（9）一举打破岩溶防渗处理界"投资超概"魔咒。面对 4.85km 的防渗轴线，30.7 万 m 的灌浆进尺，最大近 200m 防渗深度的强岩溶区防渗处理，水库成功蓄水，且蓄水效果好。防渗投资不仅得到有效控制，还节约近 1.0 亿元，一举打破岩溶防渗处理界普遍公认的投资必超概算的魔咒。

（10）创新性开展系统完整的耐久性压水试验进行防渗效果检测。创新性在防渗帷幕上对 5 个检查孔按 2.0MPa、1.5MPa、1.2MPa 进行长达 144h 的耐久性压水试验，取得了系统完整的试验资料，为判定溶洞处理效果、防渗帷幕耐久性及试验标准的确定提供了新的手段和方法。

（11）开创性使用随钻技术用于岩溶探测及可灌性评价。中国水科院陈祖煜院士团队开发的随钻技术首次在德厚水库勘察试验研究过程中得到应用试验与验证，意义重大。

（12）动态管理经验总结。

1）勘察不能只局限于前期阶段，应将施工过程当作精细详勘的重要阶段，以最大限度地发现漏洞，为动态设计提供精准方向。

2）设计需要根据勘察发现的新情况或灌浆试验的情况适时调整和补充完善设计方案，如隐伏溶洞的开挖与充填，帷幕加深或变浅、轴线加长或缩短、防渗排数增加或减少，浆材和工艺的选择等等。

3）应跳出常规工程的窠臼，在前期阶段大胆开展灌浆试验，一方面可增加勘察精度，另一方面可以获得初步灌浆参数以指导设计方案的确定，提高工程设计方案的合理性和工程概（估）算投资编制的准确性；应高度重视生产性灌浆试验的动态管理，生产性灌浆试验是基于前期勘察与设计的深化研究，是复核确定防渗底界、边界以及验证设计方案合理性的最重要也是最有效的手段，但应做好充分的思想准备，试验会经历很多失败，只有通过不断试错，才能取得适合于不同地层及岩溶特征的灌浆材料和工艺，无论失败还是成功的试验均是科学试验，会更有效地指导施工灌浆取得好的效果。

4）岩溶区灌浆施工应秉持"边灌边探、边探边灌，有疑问绝不放过"的原则，把灌浆施工当作生产性灌浆试验的延续，对施工过程中发现的问题要及时分析研判，及时调整设计方案，甚至进行补充勘察。

5）增加水库的试蓄期，设计单位应提出试蓄水方案，在蓄水过程中密切关注渗流变化情况，若渗流异常，才能及时有效分析原因、采取措施。德厚水库经过试蓄、放水到正式下闸蓄水过程监测，均未发现异常，说明防渗效果很好。

第2章
德厚水库岩溶渗漏地质勘察研究

2.1 地形地貌

德厚水库位于云南高原南缘，浅至中等切割中山山地高原地貌，总体地势北高南低、西高东低。水库汇水区内岩溶地貌高原区海拔一般在 1450.00～1700.00m 之间，相对高差一般为 100～300m，最高峰薄竹山主峰海拔 2991.00m。区内有德厚河及其支流咪哩河纵贯整个库区，在坝址及库区河谷深切，形成典型的岩溶深切峡谷，谷底海拔 1340.00～1300.00m，最低处为位于水库坝址东南路梯附近的盘龙河河谷，海拔 1286.00m。库区外围有稼依河、马过河分别环绕库区的东北、南部边缘。根据出露地层岩性可划分为非岩溶地貌、岩溶地貌两大地貌类型，主要形态为构造低中山侵蚀地貌、构造低中山岩溶侵蚀地貌、岩溶地貌、河谷地貌。

水库区地处南盘江与红河分水岭南侧，德厚河、咪哩河属红河水系盘龙河源头支流，德厚河自西流向东，咪哩河由南流向北，两河于主坝上游交汇，而后于下游 3km 处汇于干流（稼依河），交汇后称为盘龙河，河流平均坡降约为 7‰。水库范围内碳酸盐岩出露面积约占 79%，属于典型亚热带岩溶高原山区，地形坡度 10°～30°，河谷多呈 U 形或 V 形，近河谷段多为陡崖。岩溶地貌以岩溶高原、峰丛（丘）洼（谷）地、峰林平原（坡立谷）、岩溶峡谷地貌为主，个体岩溶形态包括岩溶裂隙、石牙、石林、岩溶沟、峰丛、洼地、谷地、岩溶漏斗、岩溶洞、管道、通道、岩溶峡谷和岩溶泉（泉群）等（见图 2.1-1）。

河谷地貌可划分为盆谷段及峡谷段，盆谷段主要分布在乐西、木期得、卡左、荣华、盘龙河盆谷等，盆谷最宽约达 600m，工程区内最大盆谷为库尾上游的"卡左坝"，地面积约 2km²。其余库区河谷多为峡谷段，峡谷切深多在 100m 以上，部分地段切深大于 200m，河谷狭窄，谷底宽度一般不超过 80m。谷底一般发育 Ⅰ 级、Ⅱ 级阶地，Ⅰ 级阶地为堆积阶地，阶面高于河床 3～6m，水库范围内分布高程为 1320.00～1385.00m，宽 10～50m，地形坡度小于 5°，由粉砂质黏土（红黏土）及砂卵砾石层组成；Ⅱ 级阶地多为基座阶地，高于河床 10～30m，分布高程为 1335.00～1410.00m，由粉砂质黏土（红黏土）及砂卵砾石层组成，厚 2～4m，零星分布于库盆山坡；局部地带残留有 Ⅲ 级（或以上）的阶地物质，成分主要为卵砾石，高于河床 50～60m。

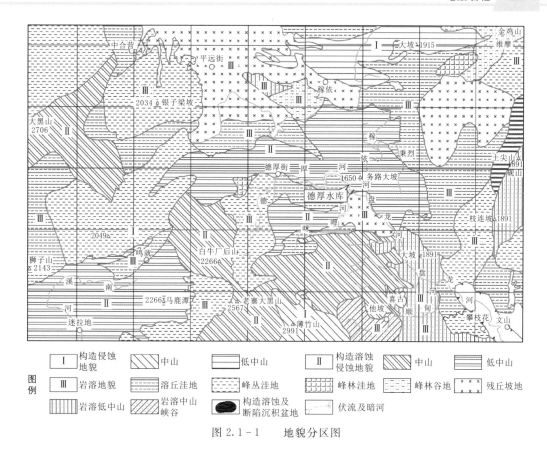

图 例

Ⅰ 构造侵蚀地貌	中山	低中山	Ⅱ 构造溶蚀侵蚀地貌	中山	低中山
Ⅲ 岩溶地貌	溶丘洼地	峰丛洼地	峰林洼地	峰林谷地	残丘坡地
岩溶低中山	岩溶中山峡谷	构造溶蚀及断陷沉积盆地	伏流及暗河		

图 2.1-1　　地貌分区图

2.2　地层岩性

水库区出露地层有泥盆系、石炭系、二叠系、三叠系、新近系、第四系，岩性复杂多样，但缺失震旦系、寒武系、奥陶系、志留系、白垩系地层。

1．泥盆系（D）

（1）中统坡折落组（$D_2 p$）。薄至中厚层状细砂岩、砂岩、页岩夹少量薄至中层状泥灰岩、灰岩、硅质灰岩，厚约315.3m；分布于库尾西南侧。

（2）中统东岗岭组（$D_2 d$）。厚层—块状隐晶灰岩，白云岩夹泥质灰岩，局部为硅质灰岩，岩溶发育，厚为333.7～1149.2m；分布于库尾西南侧。

2．石炭系（C）

（1）下石炭统（C_1）。厚层块状细晶—中晶灰岩，局部粗晶，部分地区为硅质灰岩、硅质岩，岩溶强烈发育，厚为0～450.7m；分布于库尾牛腊冲及坝址区，是库盆区主要地层。

（2）中石炭统（C_2）。灰白色、灰色块状、中—厚层状细晶灰岩，局部夹白云岩、白云质灰岩及硅质岩，厚为170.4～411m；分布于库尾太平坡及坝址区附近土锅寨至岔河一带，是库盆区主要地层。

（3）上石炭统（C_3）。灰白色、灰色厚层及块状灰岩、结晶灰岩，局部夹白云岩、白云质灰岩及生物灰岩、硅质岩，厚为41.83～198.2m；分布于咪哩河对门山及坝址区，是库盆区主要地层。

3. 二叠系（P）

（1）下二叠统（P₁）。浅灰色厚层及块状灰岩，局部地段为白云质灰岩及白云岩，夹深灰色薄层及团块状硅质岩，厚为0～603.21m；分布于祭天山至坝址及倮朵一带，是库盆区主要地层。

（2）上二叠统峨眉山玄武岩组（P₂β）。下部为半玻晶玄武岩夹玄武质熔凝灰角砾岩、熔火山角砾岩；上部为玄武质层凝灰岩、熔凝灰岩，厚为0～864.38m；分布于煤炭沟至坝址及倮朵一带，是库盆区地层。

（3）上二叠统龙潭组（P₂l）。灰色、棕黄色粉砂质泥岩夹细砂岩及煤层，顶及底部夹多量薄层硅质岩，局部地区底部为铝土岩或砂、砾岩，厚为32.64～202.79m；分布于煤炭沟至坝址及倮朵一带，是库盆区地层。

（4）二叠纪华力西期基性侵入岩（βμ）。属浅层基性侵入岩，岩性为辉绿岩，仅分布于坝址区右岸及库区局部地带。

4. 三叠系（T）

（1）下三叠统飞仙关组（T₁f）。暗紫色粉砂岩、粉砂质页岩、钙质页岩夹深灰色薄层至厚层状泥质灰岩，厚约230m；分布于石桥坡及坝址下游一线，是库盆区地层。

（2）下三叠统永宁镇组上段（T₁y³）。紫红、紫灰、灰白色薄—中厚层状泥质灰岩夹泥灰岩、灰岩，厚40～280m；主要分布于咪哩河库岸河尾子以东一线，是库盆区主要地层。

（3）下三叠统永宁镇组中段（T₁y²）。灰黄、灰白色薄层状钙质砂页岩夹泥质灰岩，厚约30～80m；主要分布于咪哩河库岸河尾子以东一线，是库盆区地层。

（4）下三叠统永宁镇组下段（T₁y¹）。灰、深灰色薄—中厚层状泥质灰岩夹泥灰岩、灰岩，厚为40～500m；分布于库尾牛腊冲西北及石桥坡以东一带，是库盆区主要地层。

（5）中三叠统个旧组（T₂g）。灰至深灰色中—厚层状灰岩、白云质灰岩、白云岩，下部白云质成分较多，底部夹泥灰岩、砂泥岩，厚为242～2499m；分布于库尾茅草冲以北一带，大面积分布于水库北侧大尖山至务路大坡一带，是库盆区（咪哩河）主要地层。

（6）中三叠统法朗组（T₂f）。灰绿、灰、黄褐色薄—中厚层状钙质、粉砂质泥岩与薄层粉砂岩及中层细砂岩呈不等厚互层，中部夹细砾岩，见锰质浸染夹锰质砂岩，厚约436m；分布于水库北西侧新寨及坝址北东上倮朵至以切下寨一带。

（7）上三叠统鸟格组（T₃n）。为黄色中层状砾岩及含砾砂岩，夹粉细砂岩，局部夹中粒砂岩，厚度大于181m；分布于坝址以北打铁寨一带。

5. 新近系（N）

新近系下部为灰色、深灰色、紫灰色砂岩、含砾砂岩与砾岩呈不等厚互层，砾石成分复杂；中部灰绿、灰黄色泥岩、粉砂细砂岩，夹褐煤；上部灰色、灰白色薄层泥灰岩，厚为124～593m；分布于水库北部双胞山一带。

2.3　地质构造

按照"槽台学说"观点，水库区位于华南褶皱系一级构造单元，为滇东南褶皱带二级构造单元，属文山-富宁断褶带三级构造单元。按照"地质力学学说"观点，水库区位于青藏川滇歹字型构造体系、川滇经向构造体系及南岭纬向构造体系交接地带。经历了多期次构造运动塑造，使得构造十分复杂，故不同规模、不同方位、不同序次的构造形迹比较发育，其中以扭动构造体系占据首要地位。根据构造形迹的组合规律和它们所反映出来的地壳运动的方式和方向，可分为文麻断裂、季里寨山字型构造、鸣就 S 形构造、老鹰窝弧形构造、秉烈弧形构造、咪哩河-盘龙河构造带等 6 个构造类型（单元），各构造类型之间，形成复杂的复合与联合关系，见区域构造纲要图（图 2.3-1）。

德厚水库地处季里寨山字型构造带 SE 方向，该构造带主要由泥盆系、石炭系、二叠

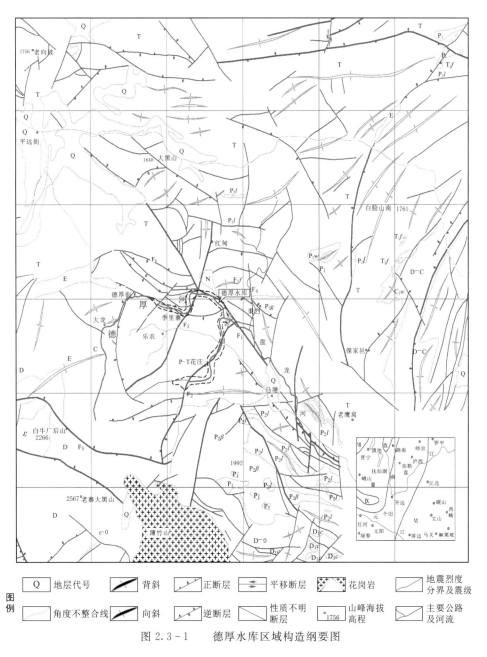

图 2.3-1　德厚水库区域构造纲要图

系及三叠系地层组成，为两翼不对称向南突出弧度较小的小型山字型构造；前弧为 F_5 断层，从弧形顶端到脊柱构造北端约 8km，由数条相辅而行的压性断裂、褶皱带组成构造弧；脊柱在水库库区中部东山及以北地区，南端被 NW 向文麻断裂所切。水库区较大规模的断裂主要有文麻断裂、布烈-白石岩断裂、红甸-写捏断裂、稼依河断裂及咪哩河-盘龙河 EW 向构造带等。区内主要断裂、褶皱特征简表见表 2.3-1 和表 2.3-2。

表 2.3-1　　　　　　　　主 要 断 裂 特 征 简 表

编号	断裂名称	级别	长度/km	走向	断裂面产状		两盘地层	性质	主 要 特 征
					倾向	倾角/(°)			
F_1	文麻断裂北段	I	>150	NW—SE	NE	50～80	上盘：T、P_2 下盘：T、P_2	压扭	区域性深大断裂，断层带宽为 40～100m，主要由碎裂岩、糜棱岩、断层角砾岩构成
F_2	布烈-白石岩断裂	II	>17	NE—SW	SE	50～80	上盘：P_2、T 下盘：P_1、T	压扭	断层带宽为 5～10m，主要由碎裂岩、糜棱岩、断层角砾岩等构成
F_3	红甸-写捏断裂	II	21	NE—SW	SE	50～80	上盘：C、P、T、N 下盘：D、C、P、T	压扭	属季里寨山字型构造体系，断层带宽约 10m，主要由碎裂岩、糜棱岩、断层角砾岩等构成
F_4	稼依河断裂	II	>10	N—S	E、NE	50～80	上盘：T、P_2 下盘：T、P_2	张扭	属秉烈弧形构造体系，破碎带宽约 10m，主要由碎裂岩构成
F_5	季里寨断裂	II	16	NW—SE	SW、S	60～70	上盘：D、C 下盘：D、C	压扭	属季里寨山字型构造体系，破碎带宽为 5～10m，主要由断层角砾岩构成
f_8	马塘-他德断裂	III	10	NW—SE	SW	80	上盘：$T_{1,2}$ 下盘：$T_{1,2}$	压扭	破碎带宽约 10m，主要由泥质充填断层角砾岩等构成，北段具阻水性
f_9	大红舍-罗世鲊断裂	III	16	EW	N	70～80	上盘：C～T_2g 下盘：T_1y、T_2g	张扭	断层带宽大于 10m，主要由碎裂岩、断层角砾岩等构成

表 2.3-2　　　　　　　　主 要 褶 皱 特 征 简 表

褶皱名称	背向斜轴		地层代号	两翼岩层倾向倾角		褶皱形态
	走向	长度/km				
母鲁白背斜	N88°E	2.5	T_2g	8°～20° ∠40°～50°	180°～200° ∠40°～45°	宽缓短轴背斜
母鲁白向斜	N65°W	1.5	T_2f	190°～200° ∠30°～40°	20°～35° ∠35°～40°	宽缓短轴向斜
上保朵向斜	N50°W	2.1	T_3n	50°～55° ∠20°～30°	200°～230° ∠20°～25°	宽缓短轴向斜
跑马塘向斜	N87°E	4.7	T_1y、T_2g	190°～190° ∠65°～75°	10°～20° ∠60°～70°	狭陡短轴向斜

续表

| 褶皱名称 | 背向斜轴 | | 地层代号 | 两翼岩层倾向倾角 | | 褶皱形态 |
	走向	长度/km				
跑马塘背斜	N86°E	4.2	T_1y、T_2g	10°~20° ∠70°~75°	160°~170° ∠40°~45°	狭陡短轴向斜
他德向斜	N83°E	4.6	T_2g	180°~190° ∠35°~45°	340°~350° ∠40°~50°	宽缓短轴向斜
麻栗树背斜	N85°W	5.7	T_2g	340°~350° ∠20°~30°	160°~165° ∠25°~35°	宽缓短轴背斜
蔡天坡向斜	N85°E	15.8	T_2f、T_3n	180°~190° ∠50°~55°	20°~25° ∠30°~35°	宽缓长轴向斜

（1）文麻断裂北段（F1）。是水库区的控制性断裂构造，距离坝址区最近距离0.8km，走向 SE，倾向 NE，倾角 70°左右，上盘为三叠系灰岩、砂岩、页岩，下盘为石炭系、二叠系灰岩，断层破碎带宽 80~300m，成分主要为碎裂岩、断层角砾岩、糜棱岩、断层泥，碎裂岩块径一般为 1~6cm，岩性主要为青灰、灰黑色灰岩，不同位置断裂带物质组成有部分差异。

（2）咪哩河-盘龙河 EW 向构造带。位于库区咪哩河和盘龙河河间地块，以 EW 向褶皱、断层为主，另外发育 NW 向断层 f8、NE 向断层 F2；由北向南依次发育 EW 向的跑马塘向斜、跑马塘背斜、他德向斜、麻栗树背斜、祭天坡向斜、f8 断层。

（3）节理（含层面）。水库区发育 NE、NW 和近 SN 向 3 组节理，是多期构造运动的产物，其中 NE 向节理最为发育。

2.4　岩溶发育规律研究

2.4.1　碳酸盐岩岩溶层组类型划分

碳酸盐岩是岩溶发育的基础，水库区从泥盆系到三叠系均有碳酸盐岩出露，碳酸盐岩分布面积约占水库正常蓄水位以下面积的 79%，但不同时代地层碳酸盐岩的成分、层组结构不同，岩溶发育的程度有较大差异。根据区域地层岩性表、区域代表性地层剖面（表 2.4-1）、野外实测的代表性地层剖面（图 2.4-1、图 2.4-2），对碳酸盐岩进行分析并划分岩溶层组类型。

表 2.4-1　　　　　　　　重点区域岩溶地层代表性剖面

| 剖面 | 三叠系 | | | 二叠系 | | 石炭系 | | 泥盆系 | |
	上统	中统	下统	上统	下统	上统	中统	下统	中统
位置	文山	广南	文山 马塘、杨柳井	文山	文山	砚山	砚山	砚山	广南 西畴
名称	所成里	马龙库	林角塘、打铁寨	他痴者黑	核桃寨	二道箐	统卡	统卡	九克 龙保地
厚度/m	181.1	628.4	472.2、89.73	1049	210.0	153.4	101.8	387.7	537.5

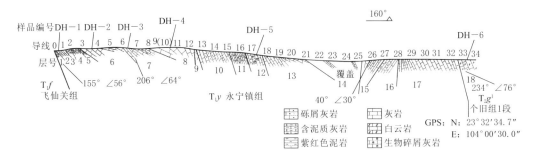

图 2.4－1 永宁镇组实测剖面（坝址下游，德厚河右岸，含采样点位置）

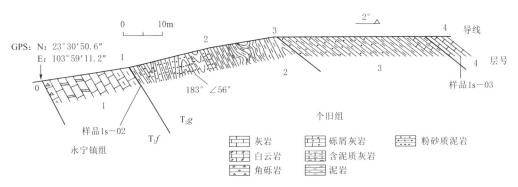

图 2.4－2 个旧组底部实测剖面（罗世鲊剖面，含采样点位置）

1. 碳酸盐岩岩石层组结构的统计学特征

（1）以"系"为单位的岩层厚度统计学特征。以"系"为单位，对不同时代的地层中碳酸盐岩、不纯碳酸盐岩和纯碳酸盐岩单层厚度、连续厚度和厚度比例进行统计，结果见表 2.4－2。

1）三叠系。非碳酸盐岩、不纯碳酸盐岩与纯碳酸盐岩比例分别为 42%、26% 和 32%，为非碳酸盐岩、不纯碳酸盐岩与纯碳酸盐岩间层组合。

2）二叠系。非碳酸盐岩占 89%，碳酸盐岩（含不纯碳酸盐岩和纯碳酸盐岩）占 11%，为非碳酸盐岩夹碳酸盐岩组合。

3）石炭系。纯碳酸盐岩占 100%，为纯碳酸盐岩组合。

4）泥盆系。非碳酸盐岩占 15%，纯碳酸盐岩占 85%，为纯碳酸盐岩夹非碳酸盐岩组合。

（2）以"组"为单位的岩层厚度统计学特征。以"组"或"统"为单位，统计其石灰岩、灰质白云岩或白云质石灰岩、白云岩和不纯碳酸盐岩单层厚度、连续厚度和厚度比例，其结果见表 2.4－3。

1）个旧组。灰岩约占 42%，灰质白云岩或白云质灰岩约占 5%，白云岩约占 48%，不纯碳酸盐岩约占 5%，为灰岩与白云岩间层组合；可进一步分为上、下两段，其中上段灰岩比例 100%，下段白云岩比例约 82%，形成上段纯石灰岩组合和下段白云岩组合。

2）永宁镇组。不纯碳酸盐岩（泥质灰岩夹泥灰岩、砂页岩）约占 78%，纯灰岩约占 22%，为不纯碳酸盐岩与灰岩不等厚互层或间层型组合。

表 2.4－2　重点区域非碳酸盐岩与碳酸盐岩厚度比例及连续厚度

系	统计厚度/m	非碳酸盐岩 累计厚度/m	厚度比例/%	连续厚度 最小值/m	连续厚度 平均值/m	连续厚度 最大值/m	不纯碳酸盐岩 累计厚度/m	厚度比例/%	连续厚度 最小值/m	连续厚度 平均值/m	连续厚度 最大值/m	纯碳酸盐岩 累计厚度/m	厚度比例/%	连续厚度 最小值/m	连续厚度 平均值/m	连续厚度 最大值/m
三叠系	1965.9	865.32	44.02	181.09	280.20	436.56	472.17	24.02		472.17		628.41	31.97		628.41	
二叠系	1259.21	1119.2	88.88	70.00	184.81	864.4	50.00	3.97		50.00		90.00	7.15	20.00		70.00
石炭系	642.8											642.8	100.00		642.8	
泥盆系	537.50	63.07	11.73	17.43		45.64	17.43	3.24				457.00	85.02	76.83		380.17

表 2.4－3　重点区域主要岩溶层位灰岩—白云岩厚度比例及连续厚度

组	统计厚度/m	不纯碳酸盐岩 累计厚度/m	厚度比例/%	层数	连续厚度 最小值/m	连续厚度 平均值/m	连续厚度 最大值/m	石灰岩 累计厚度/m	厚度比例/%	层数	连续厚度 最小值/m	连续厚度 平均值/m	连续厚度 最大值/m	白云质灰岩或灰质白云岩 累计厚度/m	厚度比例/%	层数	连续厚度 最小值/m	连续厚度 平均值/m	连续厚度 最大值/m	白云岩 累计厚度/m	厚度比例/%	层数	连续厚度 最小值/m	连续厚度 平均值/m	连续厚度 最大值/m
个旧组上段	263.36							263.36	100	4	23.38	65.84	90.96												
个旧组下段	364.99	31.21	8.6	1										33.42	9.2	1		35.80		300.36	82.3	6	35.80	50.06	87.60
永宁镇组	89.73	70.37	77.8	2				19.36	22.2	1															
下二叠统	210.00							210.00	100	2		70.0													
上石炭统	153.37							153.4	100	1		153.4													
中石炭统	150							150	100	2		150													
下石炭统	387.65							352.8	91.0	2	117.3		235.5	14.06	3.6	1				20.79	5.4	1		20.8	
东岗岭组	380.17							380.2	100.	3	53.5	81.55	245.1												
坡折洛组	157.33	17.43	11.1	1	17.4															76.83	48.8	1		76.8	

3）下二叠统。石灰岩占100%，为纯石灰岩组合。

4）上石炭统。石灰岩占100%，为纯石灰岩组合。

5）中石炭统。石灰岩占100%，为纯石灰岩组合。

6）下石炭统。石灰岩占91%，灰质白云岩或白云质灰岩约占4%，白云岩约占5%，为纯石灰岩夹白云岩组合。

7）东岗岭组。石灰岩占100%，为纯石灰岩组合。

8）坡折落组。白云岩约占60%，硅质岩约占40%，为白云岩与硅质岩组合。

2. 岩溶层组类型划分及其空间分布

岩溶层组划分为类、型和亚型3个等级。其中，岩溶层组"类"以"系"为单位，依据非碳酸盐岩与纯碳酸盐岩的厚度比例及其配置格局划分。岩溶层组"型"以"组"为单位，依据石灰岩与白云岩及其过渡类型的厚度比例及其配置格局划分。岩溶层组"亚型"以"段"为单位，依据石灰岩与白云岩及其过渡类型的厚度比例及其配置格局划分。据此，将德厚水库库区岩溶层组划分为3类4型5亚型（表2.4-4）。

表 2.4-4　　　　　　　　　　德厚水库库区岩溶层组类型划分

地层	岩　溶　层　组			地层代号
	类	型	亚型	
三叠系	非碳酸盐岩、不纯碳酸盐岩和纯碳酸盐岩间层类	石灰岩与白云岩间层型	连续式石灰岩亚型	T_2g^2
			连续式白云岩亚型	T_2g^1
		泥质灰岩（泥灰岩、页岩）与石灰岩互层型	泥质灰岩（泥灰岩）与灰岩互层亚型	T_1y^1、T_1y^3
			页岩夹泥质灰岩亚型	T_1y^2
二叠系	纯碳酸盐岩类	连续式石灰岩型		P_1
石炭系	纯碳酸盐岩类	连续式石灰岩型		C_3
		连续式石灰岩型		C_2
		石灰岩与白云岩间层型		C_1
泥盆系	纯碳酸盐岩和非碳酸盐岩、不纯碳酸盐岩类	连续式石灰岩型		D_2d
		白云岩与硅质岩间层型	白云岩夹硅质白云岩亚型	D_2p^1

（1）三叠系岩溶层组"类"与"型"。为非碳酸盐岩、不纯碳酸盐岩和纯碳酸盐岩间层类；包括石灰岩与白云岩间层型、泥质灰岩与石灰岩互层型；其中，石灰岩与白云岩间层型可进一步分成连续式石灰岩亚型、连续式白云岩亚型，主要分布在咪哩河流域。泥质灰岩与石灰岩互层型则可分为泥质灰岩与石灰岩互层亚型、页岩夹泥质灰岩亚型，主要分布在咪哩河流域。

（2）二叠系岩溶层组"类"与"型"。二叠系为纯碳酸盐岩类，又分为连续式石灰岩型，分布于咪哩河流域、德厚河流域。

（3）石炭系岩溶层组"类"与"型"。石炭系为纯碳酸盐岩类，又分为连续式石灰岩型、石灰岩与白云岩间层型，主要分布于德厚河、咪哩河流域。

（4）泥盆系岩溶层组"类"与"型"。泥盆系为纯碳酸盐岩和非碳酸盐岩、不纯碳酸盐岩类，分为连续式石灰岩型、白云岩与硅质岩间层型；白云岩与硅质岩间层型又分为白云岩夹硅质白云岩亚型，仅分布在叽哩寨一带。

2.4.2 岩溶分布规律

2.4.2.1 岩溶地貌形态组合及其分布

（1）峰丛洼地。峰洼相对高差一般小于100m；洼地多呈椭圆形、长条形及不规则形态，底部一般都有黏土覆盖，发育有落水洞。由于上覆 T_2f 覆盖，在 T_2g^2 分布区常以边缘峰林谷地形式出现。峰丛洼地大面积出现在德厚河源头，杨柳河背斜倾伏端的羊皮寨和白鱼洞地下河流域，也在大红舍—罗世鲊谷地南部、文麻断裂东侧呈带状分步（图2.4-3）。

（2）岩溶洼地。相对高差小于100m，洼地中一般皆有红黏土覆盖，发育落水洞。主要分布在德厚河中游和咪哩河中上游的 T_2g^1 和 T_1y 分布区（图2.4-4）。

图2.4-3 峰丛洼地（白山、小红舍）

图2.4-4 岩溶洼地（跑马塘背斜核部）

（3）岩溶高原（孤峰平原）。主要分布在咪哩河下游右岸与德厚河之间的花庄、土锅寨、红石崖、乐农一带石炭系、二叠系石灰岩分布区，形成海拔约1500.00m的岩溶夷平面。在起伏不大的岩溶波地上，散布着岩溶孤峰和残丘（图2.4-5）。波地地形平缓开阔，被厚度不大的棕红色残坡积黏土所覆盖，分布有少量漏斗、洼地及落水洞。孤峰、残丘与高原面的相对高差小于100m，发育有岩溶裂隙、岩溶孔或岩溶洞，个别残丘上发育有少量石牙、石林（图2.4-6）。

图2.4-5 土锅寨孤峰平原地貌

图2.4-6 土锅寨开挖揭露的埋藏型石林

2.4.2.2　岩溶发育分期

岩溶发育的阶段性表现在层状岩溶地貌，即不同高度岩溶发育程度的差异性上，岩溶发育，即水岩交互作用是一个相对缓慢的过程。地壳间隙性抬升运动对岩溶发育有着重要的影响：在地壳相对稳定的时期，水岩作用充分，通常形成规模较大的水平岩溶洞、管道、通道，水流溶蚀能力越强、水流量越大、稳定时间越长，水平岩溶形态规模越大；当地壳快速抬升时，早期形成的水平岩溶地貌被抬升，地表水、地下水表现为快速下切，形成岩溶峡谷、竖井、落水洞等垂直岩溶地貌形态，这一时期岩溶总体不发育；如此反复，形成分布在不同高程的层状岩溶地貌。因此，不同高度岩溶发育程度可能有着明显的差异。

德厚水库汇水区内，最高峰为薄竹山主峰，海拔 2991.00m；水库坝址处河床高程约 1323.00m；工程区最低点位于图幅最东面热水寨附近的盘龙河河床，海拔约 1286.00m。根据岩溶形态、新构造运动特征、剥夷面高程、岩溶水动力条件等因素，对比区域岩溶发育演化史分析，对岩溶进行分期，工程区新生代以来岩溶发育经历了高原期（S_1）、平远期（S_2）和盘龙河期（S_3）3 个主要岩溶期。其中平远期和盘龙河期岩溶特征在水库区周边保存较完好（表2.4-5）。

表 2.4-5　　　　　　　　　　　岩溶发育分期及其特征

岩 溶 分 期			岩 溶 发 育 特 征		
分期	时代	高程/m	洞穴分布	地貌形态	水文地质
S_1	E	1800.00～2200.00		残余夷平地面	沿落水洞等的地表水渗漏
S_2	N	1400.00～1500.00	1400.00～1500.00m	峰丛洼地、岩溶洼地、孤峰夷平面（土锅寨波状高原）、石林群、倾斜洞穴、垂直岩溶裂隙等、母鲁白盆地	落水洞、季节性泉、岩溶泉、地下河（伏流、暗河）
S_3	Q	1200.00～1400.00	1300.00～1400.00m　1200.00～1300.00m	水平洞穴、天生桥等，岩溶峡谷，河流阶地；岩溶裂隙；地下埋藏型洞、管道、通道	低温泉与泉群、地下河（伏流、暗河）

1. 高原期（S_1）

高原期岩溶形成于古近纪（E），主要位于工程区西部的牛作底、白牛厂、乌鸦山、大尖坡一带，残余山峰顶部平坦，高程为 1900.00～2200.00m，局部保留有侵蚀岩溶谷地、洼地，有流量较小的泉水出露，并在低洼处积水形成山塘。该夷平地面自南向北倾斜，至以诺多以西高程约为 1800.00m，其上或有古近系（E）残余沉积，例如，如位于里白克的沉积物。在库区及周边没有保留该时期的地貌形态。

2. 平远期（S_2）

平远期岩溶形成于新近纪（N），是工程区重要的岩溶发育期，广泛分布于德厚河、咪哩河两岸，表现为以波状起伏为特征的岩溶孤峰夷平地面、齐顶峰顶面。其中，在红石崖、土锅寨、乐农一带，主要以波状岩溶孤峰夷平面为主，高程 1450.00～1500.00m，有红黏土覆盖，由于后期的冲刷、岩溶作用，其上散布有碟形洼地（含积水洼地）、落水洞、孤峰，在土锅寨、红石崖可见出露（或开矿揭露）的石牙、石林，以及表2.4-6中海拔1400.00m以上的岩溶洞，如位于卡左南部大山上的癞子洞、乐农村西北的恨虎洞等，洞口高程约1480.00m，高出坝址区附近河床150m左右。在地形低洼处，如母鲁白盆地，有新近纪（N）内陆河湖相沉积，表明该时期经历了长期的岩溶作用、剥蚀和沉积过程。

表 2.4-6　　　　　　　　　　　岩溶洞穴特征表

序号	编号	位　置	洞口高程/m	方向	长度/m	备注
1	C1	红石崖桥头 德厚河左岸	1348.00（Ⅰ级阶地）	8°		干洞
2	C2	红石崖下游 （以东，德厚河左岸）	1345.00	160°	7.5	干洞
3	C3	打铁寨西南 三家界南	1345.00（Ⅱ级阶地）	SN 转 NE	实测 210	地下河
4	C4	打铁寨西南 德厚河左岸	1408.00	145°	7	
5	C5	岔河口北 250m 德厚河左岸	1340.00（Ⅱ级阶地）	145°	93	采方解石
6	C20	小红舍公路边	1393.00（Ⅱ级阶地）	140°		
7	C21	马塘镇水库坝子	1345.00（Ⅱ级阶地）		111	
8	C22	岔河拟建坝址吊桥下	1332.00			
9	C23	坝址区	1323.00	NNE NNW	177.4	岩溶洞
10	C24	倮朵村西南 800m 岔河左岸渠道旁	1327.00	NE	9.5	干洞
11	C25	倮朵村西南 850m 岔河左岸渠道旁	1326.00	NE	207.3	地下河
12	C26	卡左西南大山癞子洞	1485.00			干洞
13	C27	和尚塘西南落水洞	1475.00			干洞
14	C28	岔河口西北 250m 陡崖	1410.00			干洞

在德厚河上游的白鱼洞、羊皮寨地下河两岸及咪哩河两岸，地表水、地下水强烈下切，夷平地面被侵蚀、岩溶作用破坏，形成以落水洞、岩溶干谷、叠套型复合洼地为代表的典型峰丛洼地、峰丛谷地地貌。夷平面残留峰顶高程为1500.00~1600.00m，德厚河岩溶谷地底部宽广、平坦，有多个岩溶大泉或泉群出露，是新近纪（N）地壳有较长稳定时期的岩溶作用的结果，而后期尚未受河流溯源深切破坏。

3. 盘龙河期（S₃）

盘龙期岩溶形成于第四纪（Q），区内新构造运动以强烈抬升为主，其间经历了几个相对稳定的阶段，形成了以岩溶峡谷为主体，分布在现河床及以下Ⅰ级阶地（高于河床面3～6m，坝址附近分布高程 1323.00～1330.00m）、Ⅱ级阶地（高于河床 10～30m，坝址附近分布高程 1335.00～1355.00m）和Ⅲ级阶地（高于河床 50～60m）4 个高度的河谷阶地及对应的水平岩溶洞穴（岩溶强发育带）。这些不同高程的洞穴具有较好的继承性，如方解石管道系统（C5）有上下两层，通过由塌陷形成竖井而连通，两层高差约 10m；红石崖水电站对岸（德厚河左岸）的母鲁白管道系统（C1）也有上下两层，层间高差 10～15m；打铁寨伏流（C3）洞高 30 余米，显然是多期继承、下切的结果。

（1）高层岩溶带。在坝址及库区，高层岩溶带大致相当于Ⅲ级河流阶地，高于德厚河（或咪哩河）河床 40～60m。坝址附近高程为 1360.00～1380.00m。典型的有坝址下游（拦河坝之下约 20m）右岸的高层岩溶洞，高程在 1360.00m 左右，高于河床 40m；此外，在该岩溶洞对岸（左岸）有规模较小的岩溶洞，德厚河与咪哩河交汇口、德厚河右岸也发育洞穴（高程约 1380.00m，高于河床 55m）。这一阶段的岩溶洞不多，规模也不大，岩溶发育中等偏弱。

（2）中层岩溶带。在坝址及库区，中层岩溶发育带大致相当于Ⅱ级河流阶地，高于德厚河（或咪哩河）河床 10～30m，在坝址附近高程为 1335.00～1355.00m，低于水库正常蓄水位（高程 1377.50m）。发育典型层状（水平）岩溶，例如，分布在德厚河左岸与文麻断裂之间的多条大型岩溶地下管道系统，包括打铁寨伏流（C3）、母鲁白伏流上层管道（C1）、方解石洞伏流上层管道（C5）、坝址左岸住人洞（C22）出口等。这一阶段的岩溶洞、管道较多、规模较大（一般洞长在 100m 以上），反映岩溶发育强烈。除打铁寨伏流目前有水流出还在继承、演化中外，其余岩溶洞、管道已经干枯，地下水下潜到洞下形成新的地下管道（如方解石洞下层、母鲁白下层洞等）。

1）打铁寨伏流系统（C3）：为地下河型管道系统，洞口向西朝向德厚河，洞口高程为 1345.00m，洞底平缓，洞道单一，洞高 20～30m，洞体总体走向由近 SN 向转向 NE，大致沿 NW、NE 两组节理发育，洞穴规模较大。已探明洞段长度 210m，入口可能为分布在文麻断裂带上的打铁寨落水洞，见图 2.4 - 7。目前，该洞仍然有地下水流动，并在出口形成瀑布，流向德厚河。表明该洞属于演化过程中，应该属于多期继承性岩溶管道系统。

2）方解石管道系统（C5）：为双层单一廊道峡谷式洞穴系统，洞口向西朝向德厚河，上层洞口高程为 1340.00m，高于当地河床 18m。洞底平缓，洞道单一，总体为由近 EW 转向近 SN 的弧形，受 NW 向节理控制。洞体规模不大，洞宽一般不足 2m，洞高 1.6～3.2m，已探明洞长 93m，入口可能为分布在文麻断裂带上的上堡朵羞鱼塘，见图 2.4 - 8。在距洞口 60m 处入洞左侧洞底见一洞内岩溶塌陷，塌陷为圆形，直径 4m，深 9m，从该塌陷坑往下可见下层岩溶洞，也为单一廊道地下河式洞穴，无水，以洞壁生长大量完好晶体的方解石而著名，大致相当于Ⅰ级河流阶地。

3）红石崖发电站对岸岩溶洞穴系统（C8）：为双层廊道式洞穴，洞口高于河面 5m（Ⅰ级河流阶地），洞口呈圆拱形，朝向西南（SW217°），洞口向里（NE 方向）为宽廊

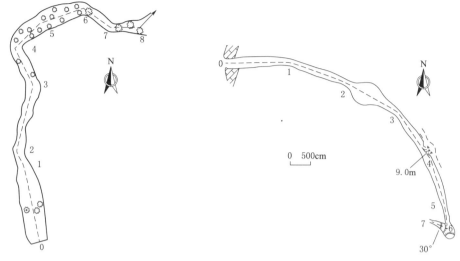

图 2.4-7　打铁寨伏流（C3）　　　　图 2.4-8　方解石管道系统（C5）

道，顶部穹形，高 20 余米，为继承上层岩溶洞穴向下溶蚀、切割而成；向内约 50m，分为两条洞，右边支洞为下层洞，向 N 延伸，洞道逐渐变窄、洞高变小，10 余米后人不能进；左边支洞为一陡崖，陡崖上垂直上升 20 余米后再向下约 10m 见第二层岩溶洞，高于下层洞约 10m，高于河床约 15m（Ⅱ级河流阶地）。该洞反映中层和下层岩溶洞穴发育具有阶段性和继承性的特点。

4）坝址左岸住人洞（C22）：位于德厚水库坝址上游左岸，为沿 NW 向较大破裂面（小断层）发育的峡谷式洞穴，洞穴出口朝向 SE 的德厚河，洞口高于河水面约 10m（Ⅱ级河流阶地）。

5）咪哩河河口（右岸）岩溶洞穴：位于咪哩河与德厚河交汇口附近，现引水渠道桥边，咪哩河右岸，洞口有两个，分别朝向咪哩河和德厚河（岔河口下游），洞口高于河床 5~8m（高于Ⅰ级阶地 0~3m）。该洞为一厅堂式洞穴，洞穴规模庞大，有宽度在 50m 以上的大厅，洞内次生碳酸钙沉积物较多，为干洞，雨季有洪水从洞中流出，见图 2.4-9。在德厚河一侧有两个泉点出露，为该洞现今地下水排泄口。

图 2.4-9　咪哩河河口（右岸）岩溶洞穴

（3）下层岩溶带。形成于全新世，下层岩溶带大致相当于Ⅰ级河流阶地，高于德厚河（或咪哩河）河床为 3~5m，在坝址附近高程为 1325.00~1335.00m，低于水库正常蓄水位（高程 1377.50m）。发育典型层状（水平）岩溶洞、管道，主要有方解石洞下层（C5）、红石崖发电站对岸岩溶洞穴下层（C8）、上倮朵季节性伏流系统（C25）等。

上保朵季节性伏流系统（C25）：为地下河管道式洞穴系统，洞口位于德厚河左岸渠道下，向南朝向德厚河，洞口高于当地河床 3m 左右。洞底平缓，洞道单一，总体向 NE 方向延伸，受岩层走向控制。洞体规模较大，洞宽一般 5～10m，洞高 2.0～5.0m，已探明洞长 207m，入口分布在文麻断裂带上的上保朵落水洞，见图 2.4－10。本洞穴系统大部分已经抬升，仅雨季有水流出，流量较小。

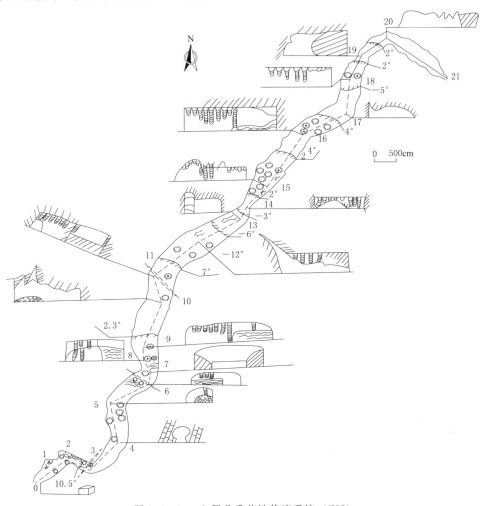

图 2.4－10　上保朵季节性伏流系统（C25）

（4）浅部及深部岩溶带。为地下水活动下界面（根据钻孔资料，从海拔 1320.00m 至河床以下约 120m 范围内）岩溶带，是当前水-岩作用频繁、岩溶发育带，区域上较大规模的有羊皮寨地下河、白鱼洞地下河、大红舍龙洞地下河等，出露高程相差较大，位于当前地下水位及以下。坝址附近可见到地下河或洞穴，包括牛鼻子洞、八大碗岩溶泉群、隐伏岩溶洞（见图 2.4－11）等。

2.4.2.3　钻孔揭示的地下岩溶发育及垂直分带

根据钻孔统计资料（表 2.4－7）分析，总体上看，钻孔揭示的岩溶发育与层状岩溶（洞、管道、地下河）具有高度的相关性。

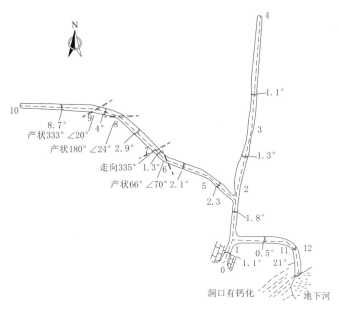

图 2.4-11 C23 隐伏岩溶洞及人工开挖平洞

表 2.4-7 钻孔岩溶发育统计表

序号	钻孔编号	钻孔位置	孔深/m	岩溶发育位置/m	线洞穴率/%	线岩溶率/%	备 注
1	JZK03	上坝左岸	100.15	0.15~100.15		1	水位 1323.89m，在高程 1323.00m、1328.00~1330.00m 见岩溶洞
				48~48.4	0.4		
2	JZK04	上坝左岸	80.63	8.7~74.0		10~13	地下水位之下：1315.00~2323.00m，$q=10\sim100Lu$
				74.0~80.63		5~8	地下水位之上：1356.00~1362.00m，$q=10\sim100Lu$
3	JZK05	上坝左岸	115.24	2~18.53		>15	
				18.53~66.59		7~10	
				66.59~74.6		5	
				74.6~115.24		10	
4	JZK06	上坝左岸	100.04	1.6~10.3		15~20	在高程 1295.00m、1322.42m 和大约 1345.00m 处见 3 层岩溶洞
				30.0~100.4		5~10	
				48.0	0.2		
				71.0	0.2		
5	ZK19	左岸	100.23	0~5		5	在高程 1318.00m、1326.00m 见两层岩溶洞（充填黏土）
				5~28.0		4	
				32~42.0			
				42~75		6~8	
				43.9~44.9			
				75~100.23		4~5	

续表

序号	钻孔编号	钻孔位置	孔深 /m	岩溶发育位置/m	线洞穴率 /%	线岩溶率 /%	备　注
6	ZK23	岔河左岸 150m	138.0	3.7～4.2	0.4		
				13.6～16.0		5	
				75～138.0		5	
7	ZK24	左岸下游 Ⅰ级阶地	94.72	14.3～31		8	
				31～55		5	
				55～94.72		7	
8	ZK26	岔河左岸 100m	120.29	0.6～7.7		10	在高程1321.16m处见岩溶孔、岩溶洞，大致在1321.00～1328.00m处不起压；在1335.00～1350.00m段也不起压（q值大于100Lu）
				4.6～5.2	0.6		
				7.7～37.2		1.5	
				37.2～61.5		1	
				61.51～76.8		1	
				76.8～120.2		1	
				76.87～77.87	1.0		
9	ZK29	岔河左岸	130.0	4.2～24.6		2～4	
				24.6～41		4～8	
				41.0～80.0	30	7～10	
				80～122		10	
				119.0			
				122～130	6.2	10	
10	ZK32	左岸 Ⅰ级阶地	100.25	13.5～50.0		5～7	
				24.73～25.03	0.3		
				26.9～27.23	0.3		
				38.8	0.2		
				44.5	0.1		
				50.0～100.25		1～3	
				83～97.2	14.2		
11	ZK35	岔河左岸 300m	163.09	1.8～10.0		1	孔口高程1465.07m，地面以下120m（高程1346.07～1346.97m）处见高度为0.9m岩溶洞，线岩溶率达8%；高程1301.98～1330.07m线岩溶率为3%～5%，地面以下160m岩溶依然发育
				10.0～50.0		2～5	
				25.2～25.85	0.4		
				45.1～45.72	0.4		
				50.0～135.0		5～8	
				72.2～73.1	0.6		
				118.1～119.0	0.6	8	
				135～163.09		3～5	

续表

序号	钻孔编号	钻孔位置	孔深/m	岩溶发育位置/m	线洞穴率/%	线岩溶率/%	备 注
12	JZK07	岔河右岸	100.21	0.7～8.0		15～20	在高程 1280.00m 处见岩溶洞，q 值在 10～100Lu 及以上的有 3 层，分别为：地下水位以下约 10m、地下水位附近及稍上、高于水位 25～30m。在终孔前 5～10m 见岩溶洞，但 q 值小于 4Lu
				8.0～100.21		10	
				100	1		
13	ZK22	岔河右岸	100.0	1.6～12.6		3	水位 1323.40m，在高程 1306.00m 见充填岩溶洞
				12.6～20.2		5	
				20.2～35.3		4	
				35.3～57.9		6～7	
				49.81～51.31	1.5		
				57.9～100.0		2～3	
14	ZK25	岔河右岸	120.1	1.5～15.0		5～8	
				15.0～62.5		2	
				62.5～90.6		1	
				90.6～100.4		3～5	
				100.4～120.1		2	
15	ZK27	岔河右岸	100.04	30～45		＜2	与 ZK26 对应，在高程 1322.40m 见地下水位，高程 1322.00～1326.00m 处不起压；在地下水位及以上有两层 q 值大于 10Lu，水位以下 q 值低于 2.0Lu
				45～60		1～2	
				60～100		＜1	
16	ZK30	岔河右岸 200m	119.63	1.8～47.8		40～50	孔口高程 1414.30m，在水位附近见大岩溶洞，水位以下至终孔还有两层小岩溶洞（如高程 1305.70～1306.26m，洞高 0.56m，未充填），终孔不起压（q＝10～100Lu），水位以上有两层（高程 1374.00～1378.00m，1390.00～1414.00m）q＝10～100Lu；高程 1294.67～1366.50m 段，线岩溶率高达 15%～20%
				47.8～119.63		15～20	
				85.38～95.35	8.3		
				99.38～99.68	0.3		
				108.04～108.6	0.5		
17	ZK31	岔河右岸	60.21	5.3～33.0		6	在地下水位以下有两层岩溶洞，分别位于大约高程 1315.00m、高程 1308.00m，并且河床（水位）以下约 50m 不起压，q＞100Lu
				40.3～60.21		4～5	
				40.5～41.2	1.2		
				43.63～43.93	0.5		
				45.33～46.43	1.8		

序号	钻孔编号	钻孔位置	孔深/m	岩溶发育位置/m	线洞穴率/%	线岩溶率/%	备　注
18	ZK33	岔河右岸	99.6	12.7~16.5	3.8		
				18.5~19.8		3~5	
				20.3~24.5		1~2	
				34.6~52.0		2~3	
				52.0~99.6		1~2	
19	ZK21	岔河河床	90.65	7~33.0		8	
				33.0~45.7		6	
				45.7~60.5		3~5	
				60.5~70.5		8	
				70.5~83.0		3~5	
				83.0~90.65		8	

（1）钻孔揭示的地下岩溶发育特征。据钻孔资料，在统计的 18 个钻孔中，揭露岩溶洞的钻孔有 13 个，遇洞率为 72.2%；洞高度为 0.15~39.0m（掉钻）不等，多数小于 1m，线洞穴率为 0.2%~36.2% 不等，一般低于 2%；线岩溶率小于 1%~50%，多在 1%~10% 之间。在孔深 100m 以下，3 个钻孔仍然揭露岩溶洞，占孔深超过 100m 钻孔的 43%，遇洞率为 16.7%；洞高度为 0.56~8.0m，线洞穴率为 0.5%~6.2%；线岩溶率为 3%~20%。

1）德厚河左岸地下岩溶。在左岸的 11 个钻孔中，8 个钻孔见岩溶洞，遇洞率为 72.7%；洞高度为 0.15~39.0m（掉钻），多数小于 1m，线洞穴率为 0.2%~36.2%，一般低于 1%；线岩溶率为 1%~20%，多在 4%~10% 之间。两个孔深 100m 以上的钻孔发现洞，占孔深超过 100m 钻孔的 40%，遇洞率为 18.2%；洞高度为 0.62~8.0m，线洞穴率为 0.5%~6.2%；线岩溶率为 3%~10%。据 ZK35 孔（孔深 163.09m）钻探结果，高程为 1346.07~1346.97m 处仍然见高度 0.9m 洞穴，线岩溶率达 8%，表明地面以下 120m 岩溶很发育；在高程在 1301.98~1330.07m 之间，线岩溶率为 3%~5%，地面以下 160m 岩溶依然发育（图 2.4 - 12）。

2）德厚河右岸地下岩溶。在德厚河右岸的 7 个钻孔中，5 个钻孔揭露有岩溶洞，遇洞率为 71.4%；洞高度为 0.3~9.97m，多数小于 2m，线洞穴率为 0.3%~8.3%，一般低于 2%；线岩溶率多在 1%~8% 之间。1 个孔深 100m 以上的钻孔发现岩溶洞，占孔深超过 100m 钻孔的 50%，遇洞率为 14.3%。据孔深 119.63m 的 ZK30 孔揭露的情况，在高程 1305.70~1306.26m 处，仍然见高度 0.56m 的未充填洞；1294.67~1366.5m 段，线岩溶率高达 15%~20%（图 2.4 - 13）。表明地面以下 120m 岩溶很发育。

3）坝址附近河床以下岩溶。坝址附近德厚河河谷布置的钻孔有 GZK2、ZK21、JZK04、ZK24、GZKx2、ZK4 和 ZK32 等。据 ZK21（图 2.4 - 14），线岩溶率 3%~8%，其中深度 7~33.0m、60.5~70.5m、83.0~90.65m，线岩溶率最大，达 8%。这意味着，

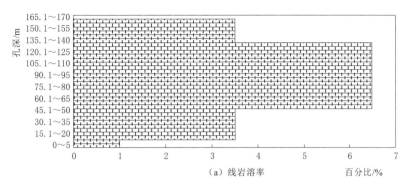

(a) 线岩溶率　　　　　　　　　百分比/%

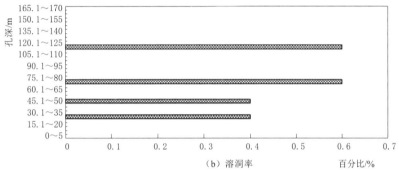

(b) 溶洞率　　　　　　　　　百分比/%

图 2.4-12　ZK35 钻孔揭露的岩溶发育特征

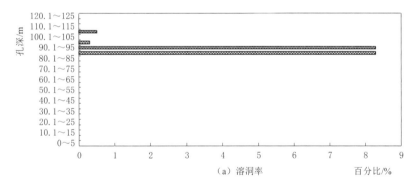

(a) 溶洞率　　　　　　　　　百分比/%

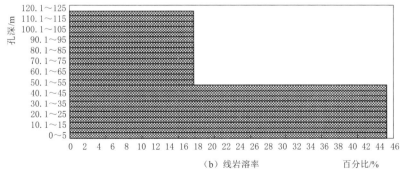

(b) 线岩溶率　　　　　　　　　百分比/%

图 2.4-13　ZK30 钻孔揭露的岩溶发育特征

河床以下 90m 虽没有发现洞穴，但岩溶裂隙等仍较发育。ZK24 也揭示，在孔深 55～94.72m 线岩溶率仍达 7%，表明岩溶发育较强。位于左岸 I 级阶地上的钻孔 ZK32 揭示，在孔深 83～97.2m 处仍然发育有直径 14.2m 的充填洞穴（蜂窝形小溶孔），均表明在河床下 90m 仍有岩溶发育。

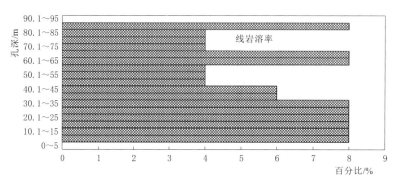

图 2.4-14　ZK21 钻孔揭露的河床岩溶发育特征

（2）地下岩溶发育的垂直差异。根据钻孔揭示的地下岩溶现象、规模及钻孔线岩溶率、透水率等参数综合分析，尽管地下岩溶发育的不均匀性非常明显，有些钻孔自始至终岩溶发育强烈，而有些钻孔岩溶基本不发育，不同地点（钻孔）岩溶发育程度差异较大，但总体上表现出有一定的规律，即地下岩溶发育在垂直高程上也具有明显的分层性（表 2.4-5），并大致上与区域新构造活动的上述几个阶段或岩溶发育阶段相对应。

1）高程 1400.00m 以下，为盘龙河期（Q）的岩溶，形成于第四纪，为表层岩溶上带。在高程 1390.00m 以上遇见洞的钻孔仅有 ZK23、ZK25 和 ZK30 三个钻孔。其中，ZK25 在 1385.69～1398.89m 遇见洞，洞高达 13m，ZK30 在 1395.00～1397.00m 见洞，洞高 2m。其余钻孔虽然在 1390.00m 以上未见洞，但岩体透水率多较大，如 ZK26 在 1387.00～1393.00m 段透水率为 29.7Lu，GZKx3 在 1401.00～1415.00m 透水率为 39.5～247.3Lu，ZK39 在高程 1378.00～1394.00m 段透水率大于 57.8Lu，均表明该高程段岩溶发育。

2）高程 1360.00～1380.00m，大致相当于高层岩溶带，为表层岩溶上带，这一高程段岩溶总体发育较弱，钻孔遇洞率极低（仅 JZK5 见有密集的岩溶孔），岩溶发育主要表现为岩体透水率中等—强，如 ZK26 在高程 1357.00～1367.00m 段透水率为 15～33Lu，ZK27 在高程 1375.00～1381.00m 段透水率为 47.29Lu，JZK6 在 1375.00～1379.00m 段透水率为 199.31Lu，ZK99 在 1369.76～1379.99m 段不起压，均是该高程段岩溶发育的体现。

3）高程 1335.00～1355.00m，大致相当于中层岩溶带，为表层岩溶上带，这一高程段钻孔遇洞率仍然较低，岩溶发育与高层岩溶相似。其中 ZK6、JZK3、JZK5 和 JZK6 见有规模不大的洞（洞高 0.2～1.0m），其余钻孔岩溶发育也主要体现在岩体透水率中等—强（一般为 10～100Lu，仅个别钻孔透水率高于 100Lu，如 ZK3、ZK5、ZK26）。个别钻孔在该高程段还表现出岩溶不发育。

4）高程 1323.00～1335.00m，大致相当于低层岩溶带，为表层岩溶上带，即河流 I

级阶地高程，这一高程段钻孔遇洞率仍然较低，但洞规模较大，并且与河床水位高程的洞通常是相互连通的。典型的如 ZK30，在高程 1318.95～1328.92m 段发育高达 10m 的巨型岩溶洞，表明两个岩溶发育期的继承性良好。这与野外调查的 C23、C25 和 C5 的继承、连通是一致的。此外，此高程段钻孔岩体透水率也明显高于中层及高层岩溶带。如 ZK27 在高程 1326.00～1330.00m 不起压，ZK3、ZK5 的钻孔透水率大于 100Lu，JZK3 在 1321.00～1351.00m 段透水率为 24.31～483.87Lu，JZK5 在高程 1310.00～1336.00m 段透水率为 19.83～303.25Lu。

5）高程 1320.00～1323.00m，在地下水位附近，岩溶发育最为强烈，为表层岩溶下带。反映在钻孔岩溶发育上，即在大致相当于德厚河河床高程（1320.00m），或德厚河枯季与丰水期水面变动范围，钻孔遇洞率最高，并且洞穴的规模最大，洞穴高度从 0.5～39m 不等。典型的如 ZK30，地下水位附近高程 1318.95～1328.92m 见高度近 10m 的洞；ZK25 孔在高程 1300.33～1310.09m 也见近 10m 洞；ZK19 在地下水位附近（高程 1318.60～1331.50m）见连续洞，累计高在 12m 以上；在地下水位附近及以下遇洞的钻孔高达 65%～70%，即便未见岩溶洞的也在该高程有极高的岩体透水率，表明该段岩溶发育。

2.4.2.4 岩溶发育深度

（1）钻孔揭示的岩溶发育深度。关于在地下水位以下岩溶发育深度，鉴于大多数钻孔在河流两岸，孔深一般在 100m 左右，多数钻孔只到水位附近，仅分布在河床、坝址附近的少部分钻孔的深度较大。根据表 2.4-8，在地下水位以下一般发育有 2～4 层洞或强透水岩层，分别为高程 1318.00～1324.00m、1298.00～1310.00m、1276.00～1290.00m 和 1230.00～1250.00m。如 ZK30 发育 3 层洞。钻孔揭示总体上在水位以下 60m 以下岩溶发育已经微弱，表现在岩溶洞遇见率低，透水率一般在 5Lu 以下（可作为弱岩溶发育的标志），但由于岩溶发育的各向异性，在局部地段（如张性断层、节理裂隙密集带）水位以下 60m 更深处仍有岩溶发育，如位于德厚河附近河床的 ZK32，在河床（地下水位）以下 20～90m 发育 5 层岩溶洞，尤其在河床以下 90m 仍然见高达 14.2m 的规模巨大的洞。尽管该溶洞已经胶结，但至少反映该高程岩溶曾比较发育。

表 2.4-8　　　　　　　　钻孔揭示的地下岩溶发育统计

编号	钻孔编号	位置	孔口高程/m	孔深/m	地下水位高程/m	岩溶洞或岩溶裂隙分布高程/m	洞高/m	透水率/Lu	高程/m
1	ZK26	左岸 100m	1401.70	120.29				29.71	1387.00～1393.00
								15～33	1357.00～1367.00
								>100	1337.00～1352.00
					1321.16	1323.00～1325.00	2	<2.0	1323.00～1327.00
2	ZK27	右岸 130m	1385.70	100.04				47.29	1375.00～1381.00
								13.17	1361.00～1370.50
								>600	1326.00～1330.00
					1322.40	1321.79（水位）		<2.0	水位及以下

编号	钻孔编号	位置	孔口高程/m	孔深/m	地下水位高程/m	岩溶洞或岩溶裂隙分布高程/m	洞高/m	透水率/Lu	高程/m
3	GZKx3	左岸120m	1415.00	110.13				39.5～247.3	1401.00～1415.00
								39～211.6	1368.00～1381.00
						1326.50～1327.00	0.5		
					1322.85	1322.00～1324.00	2		
4	JZK6	左岸60m	1395.02	100.40				199.31	1375.00～1379.50
						1346.50～1347.50	1	26.0	1346.00～1351.00
					1322.42	1323.00～1323.50 1298.50～1302.00	0.5, 3.5		
5	GZK02 (GZKx2)	河床,偏左岸10m	1328.50	100.04	1322.40			8.60～16.09	1297.00～1312.00
6	JZK7		1369.95	100.21				20.25	1349.00～1354.00
					1322.45			12.56	1324.00～1328.00
								13.07	1309.00～1314.00
						1278.00～1280.00	2	<3.50	
7	GZKx1	右岸180m	1402.00	100.11				11.95～93.53	1377.00～1392.00
						1341.00～1342.00	1		
					1323.11			17.36～18.21	1319.00～1334.00
8	ZK31	右岸30m	1352.40	60.21				61.86	1343.00～1348.00
					1321.75	1312.00～1313.00 1307.00～1308.00	1 1	>600	1292.19～1318.00
9	ZK24	河床 (偏右岸)	1324.70	105.54	1323.00	55m以上至孔口垂直贯通型无充填裂隙		22～82, 45.16	1276.00～1324.00 1266.00～1272.00
10	JZK3	右岸90m	1393.09	100.15		1344.69～1345.09 充填黏土夹碎石	0.4	24.31～483.87	1321.00～1351.00
					1323.89				
11	JZK4	河床 (偏左岸)	1327.20	80.63	1322.00			99.01～193.22, 46.29～48.14	1307.00～1327.00, 1281.00～1291.00
12	JZK5	右岸170m	1384.97	115.24		密集岩溶裂隙带		91.18～513.3	1345.00～1382.00
					1324.45			19.83～303.25	1310.00～1336.00
								13.5～25.02	1269.73～1296.00
13	ZK19	左岸150m	1363.50	100.23				90.19	1343.00～1348.00
						1321.50～1331.50 无充填	10		
						1326.46～1327.60 无充填	1.14	≥36.42	1318.00～1333.00
					1322.90	1318.60～1319.60	1		

编号	钻孔编号	位置	孔口高程/m	孔深/m	地下水位高程/m	岩溶洞或岩溶裂隙分布高程/m	洞高/m	透水率/Lu	高程/m
14	ZK21	河床偏右5m	1323.30	90.65	1323.00			<4.0	全孔
15	ZK22	右岸80m	1357.20	100.0	1323.40			5.99～38.61	1337.00～1342.00
						1305.90～1309.39 半充填黏土碎石	1.49	0.17～1.4, 39.83	1323.00～1324.00 1291.00～1311.00
16	ZK32	河床偏左5m	1327.10	100.25	1322.10			51.36～75.7	1288.00～1327.10
						1302.07～1302.37 全充填	0.3		
						1299.97～1300.20 全充填	0.23		
						1286.10～1288.30 全充填	0.2		
						1282.60～1282.75 全充填	0.15	5.07～15.67	1267.00～1278.00
						1229.90～1244.10 全充填，碎石胶结	14.2		
17	ZKx4	左岸850m	1415.00	110.09	1320.08			>100	1362.00～1366.00
						1328.00～1329.00	1	>100	1319.00～1329.00
18	ZK3	左岸90m	1393.09	100.15				>100	1344.00～1350.00
								10～100	1335.00～1344.00
					1323.89			>100	1323.00～1335.00
19	ZK4	河床偏左	1327.20	80.63	1322.00	一层岩溶洞		99～184, 10～100	1302.00～1322.00, 1281.00～1291.00
20	ZK5	右岸155m	1384.97	115.24				>100	1345.00～1380.00
					1324.45			>100	1236.00～1310.00
21	GZK04	左岸920m	1415.00	110.09				10～100	1356.00～1362.00
					1337.00	1322.00～1323.00	1	10～100	1315.00～1323.00
22	JZK2	左岸600m	1460.44	120.2	低于孔底			10～100, 10～100	1440.00～1445.00, 1384.00～1430.00
23	ZK30	右岸220m	1414.30	119.63	1323.30	1395.00～1397.00	2	≥55.17	1389.00～1409.00
								25.65	1375.00～1380.00
						1318.95～1328.92 粉砂充填	10	≥18	1294.67～1336.00
						1314.62～1314.92	0.3		
						1305.70～1306.26	0.56		

续表

编号	钻孔编号	位置	孔口高程/m	孔深/m	地下水位高程/m	岩溶洞或岩溶裂隙分布高程/m	洞高/m	透水率/Lu	高程/m
24	ZK36	右岸550m	1463.02	138.48				>100	1430.00~1463.00
								≥10.22	1395.00~1410.00
								10~100	1382.00~1389.00
					1341.62			15.0	1372.00~1379.00
25	ZK6		1395.02					188.72	1375.00~1380.00
						1347.02 无充填	0.2		
								24.31	1329.00~1338.00
						1324.02 无充填	<0.2		
						1298.02~1302.52 充填碎石红黏土	4.5		
26	ZK23	左岸	1400.73	158.3		1396.53~1397.03 全充红黏土	0.5	≥74.21	1341.73~1395.00
						1384.73~1387.13 方解石重结晶	2.4		
					1322.83			>600	1309.85~1318.75
						1242.43~1262.73 密集裂隙,岩溶发育	20.3		
								>600	1300.75~1305.04
								≥11.59	1276.45~1295.86
								>600	1256.34~1262.21
27	ZK25	右岸	1400.69	120.10		1385.69~1398.89	13.2	80.75~88.36	1384.82~1394.79
								80.87	1374.66~1379.49
					1323.69				
						1300.33~1310.09	9.76	173	1305.62~1310.37
28	ZK28		1396.34	102.65				22.59~46.57	1364.31~1374.92
					1315.34			≥12.89	1302.60~1342.50
29	ZK29	坝址	1406.11	142.51				>600	1369.76~1379.99
								>600	1339.31~1349.68
					1322.01			>600	1319.07~1329.30
								>600	1288.79~1304.08
30	ZK35	坝址	1465.07	163.09				>600	1454.00~1459.10
								≥17.42	1448.90~1357.70
								>600	1347.46~1332.28
					1328.42			>600	1322.35~1317.067

编号	钻孔编号	位置	孔口高程/m	孔深/m	地下水位高程/m	岩溶洞或岩溶裂隙分布高程/m	洞高/m	透水率/Lu	高程/m
31	ZK39		1398.32	120.05				≥57.82	1376.40~1394.28
								>600	1368.56~1371.20
								4.5~37.17	1330.99~1346.43
					1325.52				

综上所述,钻孔揭示岩溶发育段,大致与地面调查的层状岩溶地貌相对应,并且具有自河床(地下水位附近)向上、向下减弱的趋势。以高程 1320.00~1335.00m、地下水位附近(1298.00~1320.00m)两个高程段岩溶最为发育,并且相互连通,继承性明显,其透水率一般在 100Lu 以上;在高程 1350.00~1380.00m 两个段岩溶发育强烈,其透水率一般在 10~100Lu 之间,以透水率 10Lu 作为强岩溶发育的下限,岩体透水率大于 10Lu 作为强岩溶发育的标志;而岩体透水率为 1~10Lu 孔段的岩溶总体上发育微弱,基本无岩溶洞或岩溶现象少见,可作为弱岩溶发育的标志。

(2)岩溶水化学揭示的岩溶水循环深度。本地区岩溶泉的水温度、TDS、Ca^{2+}、HCO_3^-、F^- 浓度等普遍偏低或一般,属于典型的冷水岩溶作用产物,岩溶发育总体较弱,或没有大的深部岩溶水循环。其中,咪哩河岩溶水系统除大红舍龙洞地下河出口流量较大外,其余地下水出露水点的流量均比较小,虽然其以高 TDS、Ca^{2+}、HCO_3^- 浓度为特征,部分岩溶泉还具有上升泉性质,但其地下水温度低,高 SO_4^{2-} 浓度表明地下水主要来源于 T_1y 附近的 P_2l 煤系地层分布区,反映为一种水岩交互作用较充分的岩溶慢速裂隙流的地下水化学特征,其没有明显的深部岩溶带水循环;坝址附近库区的"八大碗"岩溶泉群地下水温度为 22~23.8℃,明显高于周边其他岩溶泉水温度,也高于当地多年平均气温。但其 TDS 仅为 260~323mg/L,Ca^{2+} 浓度仅为 94~118mg/L,HCO_3^- 浓度为 109~298mg/L,总体较低,可能反映为非承压的管道岩溶水性质,不存在深部岩溶带地下水循环通道。即便是热水寨温泉,虽然其泉水温度稍高,但其他各项指标均低于或相当于本区域的岩溶泉的平均指标,可能反映了其补给区距离出口较近,岩溶发育深度较浅,地下水运行速度较快,水-岩交互作用不充分所致。

(3)施工揭示的岩溶发育深度。水库正常蓄水位高程为 1377.50m,库水位以下的岩溶均为盘龙河期(Q)岩溶,与渗漏密切相关,岩溶强烈发育区段是防渗处理的重点,因此研究盘龙河期(Q)岩溶在垂向上的分带规律是十分必要的。

德厚河及近坝库岸、咪哩河多为补给型岩溶水动力类型,将盘龙河期(Q)岩溶进行垂直分带:表层岩溶带、浅部岩溶带、深部岩溶带,见图 2.4-15。其中表层岩溶带分为表层岩溶上带(高程 1323.00~1400.00m)、表层岩溶下带(高程 1320.00~1323.00m);表层岩溶上带水动力条件为垂直渗流带,位于雨季时期地下水位以上的地带,以垂直岩溶形态为主,将大气降水及地表水导入地下,水以垂直运动为主;表层岩溶下带水动力条件为季节变动带,位于由于季节变化引起地下水位升级波动地带,以水平岩溶形态为主,地下水位升降频繁，水以水平运动为主。浅部岩溶带（1310～1320m）水动力条件为水平循环渗流带，位于枯季地下水位以下、岩溶地下水排泄口影响带以上地带，以水平岩溶形态为主，地下水以水平运动为主。深部岩溶带分为深部岩溶上带（高程 1250.00～1310.00m）、深部岩溶中带（高程 1200.00～1250.00m）、深部岩溶下带（高程 1200.00m以下）；深部岩溶带水动力条件为虹吸循环渗流带，以水平岩溶形态为主，局部垂直岩溶形态发育，地下水以虹吸运动为主，形成深部岩溶。

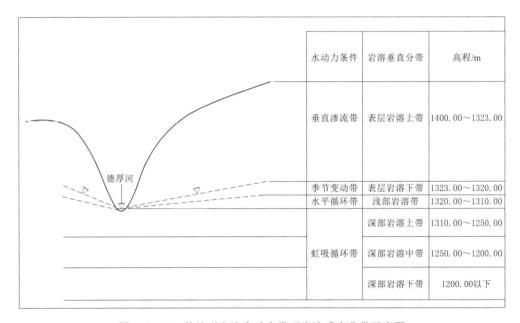

图 2.4 - 15　补给型岩溶水动力类型岩溶垂直分带示意图

　　咪哩河库尾右岸罗世鲊—荣华一带为补排交替型岩溶水动力类型，将盘龙河期（Q）岩溶进行垂直分带：岩溶垂直分带与补给型相同，发育表层岩溶上带（高程 1325.00～1400.00m）、表层岩溶下带（高程 1330.00～1370.00m）、浅部岩溶带（高程 1320.00～1330.00m）、深部岩溶上带（高程 1260.00～1320.00m）、深部岩溶中带（高程 1210.00～1260.00m）、深部岩溶下带（高程 1210.00m以下），见图 2.4 - 16。

　　水库进行防渗处理有 3 个区段：①近坝左岸渗漏段；②坝基绕坝渗漏及右岸渗漏段（以下简称"近坝右岸"）；③咪哩河库尾右岸罗世鲊—荣华一带（以下简称"咪哩河库区"）。

　　1）近坝左岸。地层岩性为 C_2、C_3 灰岩，揭露岩溶洞 116 个，钻孔单位进尺遇洞数量 0.10 个/100m，其中表层岩溶带、浅部岩溶带、深部岩溶带的洞分别为 61 个、19 个、36 个，见图 2.4 - 17，所占比例分别为 52.59%、16.38%、31.03%，表层岩溶带洞最多，岩溶发育最强烈；浅部岩溶带洞最少，岩溶发育相对较弱；深部岩溶带介于两者之间。深部岩溶带揭露洞 36 个，分布在深部岩溶上带，分布高程在 1250.00m 以上，中带、下带基本无岩溶洞发育，见图 2.4 - 18。

　　2）近坝右岸。地层岩性为 C_3、P_1 灰岩，揭露岩溶洞 235 个，钻孔单位进尺遇洞数量

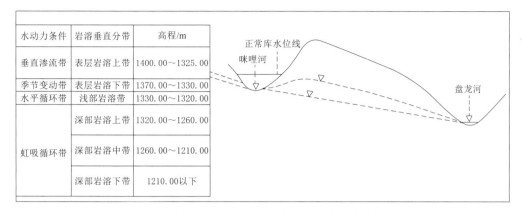

图 2.4-16　补排交替型岩溶水动力类型岩溶垂直分带示意图

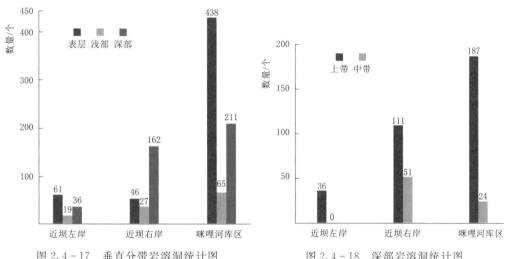

图 2.4-17　垂直分带岩溶洞统计图　　　图 2.4-18　深部岩溶洞统计图

0.26 个/100m，其中表层岩溶带、浅部岩溶带、深部岩溶带的洞分别为 46 个、27 个、162 个，见图 2.4-17，所占比例分别为 19.57%、11.50%、68.93%，深部岩溶带洞最多，岩溶发育最强烈；浅部岩溶带洞最少，岩溶发育相对较弱；表层岩溶带介于两者之间。有"近坝左岸"洞数量少、"近坝右岸"洞数量多的特点，表明"近坝右岸"岩溶发育更强烈，"近坝左岸"岩溶发育程度相对较弱，主要原因是右岸发育 F_2 断层带、辉绿岩与灰岩接触带、玄武岩与灰岩接触带，沿此三带岩溶强烈发育。深部岩溶带揭露洞162 个，深部岩溶上带、中带洞分别为 111 个、51 个，所占比例分别为 68.52%、31.48%，分布高程在 1200.00m 以上，仅玄武岩与灰岩接触带附近岩溶洞的最低高程为1197.50m，下带基本无岩溶洞发育，见图 2.4-18。

　　3）咪哩河库区。地层岩性为 T_2g 灰岩，揭露岩溶洞为 714 个，钻孔单位进尺遇洞数量 0.99 个/100m，其中表层岩溶带、浅部岩溶带、深部岩溶带的洞分别为 438 个、65 个、211 个，见图 2.4-17，所占比例分别为 61.34%、9.10%、29.56%，表层岩溶带洞最多，岩溶发育最强烈；浅部岩溶带洞穴最少，岩溶发育相对较弱；深部岩溶带介于两者之间。深部岩溶带揭露洞 211 个，深部岩溶上带、中带洞分别为 187 个、24 个，所占比例分别为 88.63％、11.37％，分布高程在 1235.00m 以上，下带基本无岩溶洞穴发育，见图 2.4-18。

综上所述，无论是近坝左岸、近坝右岸，还是咪哩河库区，深部岩溶上带的洞数量最多，岩溶最发育；中带的洞数量次之，岩溶发育相对较强；下带基本没有揭露岩溶洞，岩溶发育微弱；随着深度增加，岩溶发育程度减弱。

2.4.3　影响岩溶发育演化的主要因素

不同岩性（成分、结构与层厚差异）的碳酸盐岩中，岩溶发育具有明显的差异性；地质构造可决定岩溶水的流动趋向，控制岩溶发育的延伸方向，也控制岩溶地下水的补、径、排、蓄等。

2.4.3.1　岩性对岩溶发育的影响

碳酸盐岩是水岩交互作用的物质基础，岩石的可溶性是判别岩溶作用强度的重要依据。碳酸盐岩的可溶性与其化学成分、结构及层组组成有关，就岩石化学成分而言，通常可用岩石中的 CaO 含量来衡量其可溶性。不同 CaO 含量的碳酸盐岩岩溶发育有明显差异，表现在地表岩溶形态及其组合、个体岩溶形态及规模、岩溶发育程度（通常用岩溶率表征）、地下水富水性和泉点数量与规模等。可以说，岩性对岩溶发育的影响体现在不同成分的碳酸盐岩岩溶发育的区域差异，或是岩溶发育程度分区的标准。

一般岩溶发育程度具有纯灰岩＞白云质灰岩＞灰质白云岩＞白云岩＞不纯（泥质、硅质等）灰岩的特点，也有连续厚层碳酸盐岩＞夹层型碳酸盐岩＞互（间）层型碳酸盐岩＞非碳酸盐岩夹碳酸盐岩的特点。表 2.4-9 表明，工程区岩溶发育基本符合上述规律，如碳酸盐岩中 D_2p 岩性不纯、CaO 含量最低（仅 17.5％）、而 MgO 含量高、间层型的硅质白云岩岩溶发育程度最低，地表表现为半岩溶的侵蚀山地地貌，地表水系发育，泉点少与流量小，径流模数仅 4.23L/(s·km²)；而岩性单纯、连续、CaO 含量高的岩溶层组，如石炭系（C）及泥盆系东岗岭组（D_2d）连续石灰岩型岩溶层组，CaO 含量高达 52.4％～54.6％，厚层连续，其岩溶发育强烈，地表以典型峰丛洼（谷）地、岩溶高原、石牙和石林为主，其上洼地、漏斗、落水洞密布，地下岩溶形态以管道为主，钻孔中见多层岩溶洞；多岩溶大泉或地下河，典型的如"八大碗"岩溶泉群、白鱼洞地下河、打铁寨地下河等，地下径流模数在 10L/(s·km²) 以上；永宁镇组（T_1y）为泥质灰岩与灰岩、泥灰岩、页岩间层型岩溶层组，其 CaO 含量为 50.3％，介于上述两种岩溶层组类型之间，岩溶发育中等，地表岩溶形态以峰顶较圆滑的峰丘谷地、峰丘洼地为主，岩溶洼地、漏斗以浅碟形为主，地下岩溶发育以岩溶裂隙为主，其间的多层页岩限制了岩溶发育，地下水以岩溶裂隙泉的方式排泄，数量多，单个泉点流量小。

岩性对岩溶发育的影响还表现在岩性接触界面，包括溶蚀性能不同的岩溶层组之间及碳酸盐岩与非碳酸盐岩之间的接触界面，尤其后者，岩溶发育最为强烈。典型的如位于小红舍—荣华村一线的 T_2g 石灰岩与 T_2f 砂页岩交界处，由于来自地形高处的外源水的岩溶作用，形成地形低洼的边缘岩溶谷地，在谷地底部分布有串珠状的洼地、塌坑、积水潭，规模大小不一；与此类似的还有沿薄竹镇落水洞—以哈底一线的 T_1f/T_1y 界面发育

表 2.4－9　　岩性对岩溶发育的影响

地层	岩溶层组类	岩溶层组型	岩性	岩石化学成分 采样地点	CaO/%	MgO/%	酸不溶物/%	岩溶发育特征	面岩溶率/%	径流模数/[L/(s·km²)]
T₂g²	非碳酸盐岩、不纯碳酸盐岩和纯碳酸盐岩间岩层类	石灰岩与白云岩间层型	灰岩	开远大庄驻马哨	51.8	1.9	3.4	岩溶发育强烈：峰林平原或谷地、地下河管道发育、富水性中等—强，热水寨泉常见、小流量泉群，如入家寨岩溶泉、务路泉群和路梯泉等	17.0	8.9
				蒙自草坝碧色寨	55.2	0.28	0.46			
					54.6	0.56	0.54			
T₂g¹		白云岩与石灰岩间层型（云岩间岩层型）	白云岩	罗世鲊剖面 LS-01	31.9	16.5	3.9	岩溶发育中等：地表岩溶形态以峰丘谷地或峰丛洼地为主、地下河少见，多中、小泉，如大红舍泉、黑末大寨泉	9.1	3.95～5.77
			泥质灰岩	罗世鲊剖面 LS-02C	43.2	0.57	21.33			
			白云质灰岩	罗世鲊剖面 LS-01	50.9	3.6	1.77			
T₁y		泥灰岩、页岩（泥灰岩）与石灰岩互层型	灰岩	文平路咪哩河桥边	50.3	1.3	4.4	岩溶发育中等：长条形峰丘、平底大洼地、峰洼状溶穴、漏斗与落水洞、岩溶裂隙泉、流量一般3～20L/s（如黑末大龙潭、河尾左岸田中泉等）、局部大泉（大红舍地下河3000L/s）		3.53～10.0
			泥质灰岩、页岩		45.4	0.91	15.24			
			泥质灰岩	布烈东剖面 DH-1	37.5	1.28	24.69			
			泥质灰岩	布烈东剖面 DH-3	45.6	0.81	13.86			
P₁	纯碳酸盐岩类	连续式石灰岩型	灰岩	马塘庄庄村 D23C	52.4	1.6	1.7	岩溶发育强烈、岛状峰丘残丘高原、仅见层状 S19、流量1～5L/s	9.6	>10.0
			灰岩	土锅寨东 D28-1C	54.9	0.32	0.60			
			硅质灰岩		50.3	0.31	9.86			
C₃	纯碳酸盐岩类	连续式石灰岩型	灰岩、生物岩	马塘红石崖 D26-1C	52.4	0.9	1.0	岩溶发育强烈：波状麦平高原面、孤峰、碟形洼地或漏斗普遍、深切岩溶峡谷及地下河管道发育、多石岩溶峡谷、地下河，打铁寨溶泉群、地下河等	13.2	
			生物碎屑灰岩		55.4	0.30	0.17			
C₂	纯碳酸盐岩类	连续式石灰岩型	灰岩	马塘土锅寨 D24-1C	54.6	0.6	1.1	岩溶发育强烈：溶蚀残丘高原、溶蚀岩溶及层状洞穴、碟形洼地、地表沟溪不发育	6.3	
			生物碎屑灰岩		55.6	0.24	0.72			
C₁	纯碳酸盐岩类	石灰岩与白云岩间层型（云岩间岩层型）	生物岩	坝址区	54.0	0.6	1.8	岩溶发育强烈、普遍、波状麦平高原面、深漏斗普遍、多石林和石牙、地表沟溪发育、深切岩溶峡谷及层状洞穴、地下河，如"八大碗"岩溶泉群、打铁寨泉、地下河等	11.5	

的落水洞、以哈底落水洞等，以及位于西南五色冲西北的 D_2d/C 界面的五里冲沟串珠状落水洞，乃至沿阿尾下寨—马脚基—以诺多一线的 D_2p/D_2d 岩性接触界面发育的众多边缘岩溶谷地、洼地和落水洞；而"八大碗"岩溶泉群、打铁寨地下河沿 C_1/C_2 接触界面出露或沿界面发育；在银海凹子—海尾—小耳朵一线的 T_2g 石灰岩与 T_2f 砂页岩交界处，也发育地形平缓的边缘岩溶谷地，由于岩溶地下水自北向南运移受 T_2f 砂页阻挡后，地下水蓄积并使地下水位抬升至地表，在边缘谷地形成众多的岩溶潭（湖）及沼泽。此外，白云岩、石灰岩与玄武岩接触部位有利于岩溶发育，出露岩溶泉，如龙树山 S32 泉。

2.4.3.2　构造对岩溶发育的影响

构造对岩溶发育的影响主要表现在区域构造对岩溶发育及岩溶地下水运移（补、径、排、蓄）格局的控制，以及具体断裂、褶皱和节理对个体岩溶形态的控制或影响。

（1）区域构造对岩溶发育格局及岩溶地下水运移的控制。受西南部薄竹山岩体和杨柳山背斜（核部为碎屑岩）的构造"隆起"的影响，区域构造特征表现为南升北降，不仅造成南高北低的地形格局，地下水自南向北运移，也控制了区域岩溶发育格局。工程区西部、南部为补给区，地下水深埋，岩溶作用以垂直作用为主，地表发育起伏大的峰丛洼地、边缘谷地、落水洞、竖井，以及密集岩溶塌陷坑等；而工程区东北部布烈—倮朵一带，为岩溶地下水排泄区，并在新构造抬升作用下，盘龙河溯源侵蚀、下切，发育深切岩溶峡谷、层状岩溶洞穴、岩溶大泉（泉群）和地下河。在峡谷两岸岩溶地貌以岩溶高原为主。季李寨山字型总体 NWW 向，前弧转向 EW 和 NE 向，其南端被 NW 向文麻断裂所切，其总体上控制了区内泥盆系、石炭系、二叠系及三叠系等岩溶地层的区域分布、走向以及地下水流向，也成为岩溶地下水排泄的主要控制因素。鸣就 S 形构造在工程区内表现为在大黑山—荣华一带为一系列发育在三叠系中的轴向 NE 向转 EW 向再转 NE 向的向斜与背斜（如跑马塘向斜与背斜、大黑山向斜与背斜），以及 EW 走向的逆断层（如大红舍-罗世鲊断层 f_9）组成，其总体上控制了咪哩河流域的地表水与岩溶地下水运移与岩溶发育。

（2）褶皱对岩溶发育的影响。①沿褶皱核（轴）部或转折端岩溶发育强烈：工程区背斜核部发育的岩溶现象主要表现在沿背斜核部发育有地下河、密集岩溶洞、岩溶大泉（泉群）等；典型的如沿牛作底—白牛厂背斜轴部发育、在铁则附近出露的双龙潭地下河及其沿途的落水洞、竖井；白鱼洞地下河比较复杂，但地下河岩溶管道主要沿向斜核部发育，并且发育有众多的落水洞、密集岩溶塌陷坑群、竖井等；此外，"八大碗"岩溶泉群地下水也主要沿季李寨山字形（背斜）轴部运移并在褶皱转折端（倾伏端）出露地表等。在大黑山—荣华一带，为一系列发育在三叠系中的轴向 EW 的向斜与背斜，形成复式褶曲，如跑马塘向斜与背斜、他德向斜、麻栗树背斜及向斜、大黑山向斜与背斜组成。复式褶曲在罗世鲊—大龙潭倾伏，形成岩溶河谷地貌（咪哩河支流），并使河谷由 EW 向转向 SN 向，形成咪哩河—盘龙河隐伏岩溶管道，控制隐伏岩溶管道的发育方向及地下水流向，使咪哩河库尾段为补排交替型岩溶水动力类型。②沿褶皱两翼岩溶发育：工程区内褶皱两翼岩溶发育，代表性的如穿越祭天坡—马塘向斜西部抬起端然后沿向斜北翼发育的大红舍大龙洞地下河、发育于牛作底—白牛厂背斜东翼的羊皮寨地下河；路梯岩溶泉群也是沿卡莫背斜的西翼发育和出露。

（3）断层对岩溶发育的影响。工程区断裂构造发育，控制岩溶发育的断层或断裂带有NE、NW、近SN和近EW向4组，以NW、NE两组表现最为明显。断层对岩溶发育的影响表现在，沿断层破碎带或在断层（一般为压性断层）的一侧岩溶发育强烈；典型的如文麻断裂（F_1）为压性断层，断层带宽80～300m，断裂带本身阻水，在断层的NE盘有地下水溢出，地下水受阻蓄积后水位抬高，形成地下储水体，如八家寨附近的岩溶地下水受阻溢出地表形成八家寨泉群，而在断层的另一盘，岩石破碎，岩溶发育强烈，发育串珠状落水洞，如打铁寨落水洞、母鲁白落水洞、八家寨落水洞和茅草冲落水洞等。NNE向F_2断层对岩溶发育的影响表现在，咪哩河岩溶谷地大致沿F_2断层发育，沿断层带有串珠状岩溶泉发育，控制了"近坝右岸"岩溶洞发育底界（最低高程为1197.50m）。此外，德厚河岩溶谷大致沿近SN、NE和NW向断层发育，白鱼洞地下河也在断层带出露。近EW向断层对岩溶发育的影响主要体现在沿横塘子—小红舍断层分布有串珠状洼地、边缘岩溶谷、咪哩河上游河谷，以及沿断层分布的龙洞地下河、岩溶潭和岩溶泉。

（4）节理对岩溶发育的影响。工程区发育NE、NW和近SN向3组节理，对岩溶发育的影响十分明显，主要表现在沿这三组节理发育规模较大的洞穴或岩溶裂隙。例如，C25地下河洞穴系统，洞体单一，沿NE向节理发育；C5洞穴系统：洞道较简单，呈弧形，整体上沿NW向延伸，与NW向节理大体一致，可能受叽哩寨山字型构造的影响；C3地下河洞穴系统：洞道较简单，走向由SN向转向NE，表明其沿NE、近SN向节理发育；C21洞穴系统：洞道较复杂，主洞走向NW，支洞走向NE，体现了其发育受

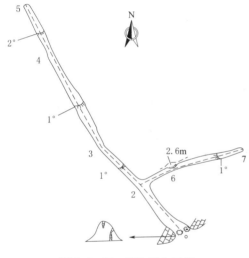

图2.4-19　C21洞穴系统

NW节理控制为主、NE向节理为辅（图2.4-19）；C23洞穴系统：洞道复杂，由主洞和两条支洞组成，主洞长80余米，走向NE，支洞两条，一条支洞走向NW向，长约75m，另一条支洞走向EW转NW向，长约25m，NW向与NE向节理共同作用控制了其形成；坝址附近的住人洞（C22）则是受NE、NW和近NS 3组节理的共同作用，在节理的交合部发育两层洞（图2.4-20）。此外，"八大碗"岩溶泉群分布在C_1、C_2岩性接触界面附近，与季李寨山字型构造前弧的放射状节理有关。

2.4.3.3　现代排泄基准面对岩溶发育的影响

工程区位于红河水系盘龙河流域与珠江水系南盘江流域的分水岭地带，红河水系总体上具有向北袭夺的趋势，因此，区域岩溶发育总体上受盘龙河侵蚀基准面的影响。工程区受季李寨山字型构造与F_1区域阻水断层、$P_2\beta$与T_1f隔水岩层构成的封闭岩溶地下水构造体的影响，咪哩河、德厚河以及两河交汇后的河床（海拔约1314.00m）是本区的排泄基准面。调查结果表明，区内主要的岩溶地下水都是在河水面附近排出地表，如"八大碗"泉（群）在咪哩河河床河水面下或高于河水面几米的位置出露，咪哩河河谷两岸地下

（a）在NE、NW和近SN向3组构造裂隙交合处发育溶洞
（坝址住人洞）

（b）坝址附近沿NE、NW两组构造裂隙发育的溶蚀裂隙

（c）沿节理发育的溶蚀裂隙

（d）坝址附近沿近SN向构造裂隙发育的溶沟

图 2.4-20　坝址附近节理对岩溶发育的影响

水也主要排向咪哩河谷并沿河谷以串珠状岩溶泉方式排出地表，表明排泄基准面控制了岩溶的形成与发育。

　　工程区在现代排泄基准面以下90m仍然揭示有岩溶现象，岩溶发育具明显的分层性，岩溶发育已呈现出明显减弱的趋势，这应该与区域水动力条件有关。至于钻孔揭示的河床下深部洞穴充填物多数具有胶结现象，除表明往下岩溶发育已经减弱外，推测可能该地区经历过地壳抬升-下沉的构造旋回，造成早期形成的洞穴深埋河床以下。特别是位于坝址右岸玄武岩与灰岩接触带附近的岩溶洞，高约5m，底板高程1197.50m，低于坝址河床约125m；地下水位低于下游河床约6.6m，形成"倒虹吸"现象，有利于地下水向深部运移，形成深部岩溶洞，该洞还受 F_2 断层控制和影响。

2.4.3.4　新构造运动对岩溶发育的影响

　　新构造运动主要是指喜马拉雅运动中新近纪和第四纪（前23Ma至现代）时期内发生的垂直升降运动，新构造运动隆起区现在是山地或高原，沉降区是盆地或平原。工程区新构造运动特征为间歇性掀斜抬升运动，工程区位于云南高原南缘，呈现为浅至中等切割中山山地高原地貌，总体地势北高南低、西高东低，主要发育两级夷平面及Ⅲ级阶地，除Ⅰ级夷平面外，其余是新构造运动的产物。

　　Ⅰ级夷平面：高程 1800.00～2200.00m，由西向东、由南向北降低，主要分布在工程区西部的牛作底、白牛厂、乌鸦山、大尖坡一带，仅局部残留，是燕山运动晚期的产物。

Ⅱ级夷平面：高程 1400.00～1500.00m，由北向南逐渐降低，广泛分布，例如北部平远盆地高程 1470.00～1500.00m，中部感古盆地及德厚河与咪哩河之间的夷平面高程均为 1430.00～1450.00m，南部德厚盆地及母鲁白-平坝盆地高程均为 1400.00～1420.00m；局部有新近纪（N）的沉积物，如母鲁白盆地。

阶地：德厚河及咪哩河阶地发育，其中，Ⅲ级阶地，高于河床 40～60m，坝址区高程为 1363.00～1383.00m，仅局部残留；Ⅱ级阶地，多为基座阶地，高于河床 10～30m，坝址区高程为 1333.00～1353.00m，分布较广；Ⅰ级阶地，多为堆积阶地，高于河床 3～5m，坝址区高程为 1326.00～1328.00m，分布较广。

Ⅰ级夷平面及Ⅲ级阶地的存在，说明工程区新构造运动中整体抬升具有多期性、间歇性特征；当地壳运动处于相对稳定时，形成了夷平面和阶地，地下水以水平渗流为主，也有虹吸渗流运动，相对稳定的时间越长，虹吸循环带岩溶越发育，从而控制了地下水的排泄高程，控制了岩溶的发育程度，以水平岩溶形态为主；当地壳隆升时，地下水以垂直渗流为主，主要形成垂直岩溶形态；上期的水平岩溶与下期的垂直岩溶具有继承性特点，易形成统一的岩溶管道系统，例如，母鲁白管道系统（C1）、打铁寨管道系统（地下河，C3）、方解石洞管道系统（C5）、坝址区住人洞管道系统（C22）、上倮朵管道系统（地下河，C25）等岩溶管道系统及坝址区 C23、防渗处理区揭露的隐伏岩溶管道系统等。

2.5　岩溶水文地质研究

2.5.1　含水层组类型及其空间分布

工程区水文地质条件复杂，地下含水层（组）类型较齐全，包括松散岩类孔隙水、非碳酸盐岩类基岩裂隙水和碳酸盐岩岩溶水 3 种地下水含水层组类型（表 2.5-1）。

表 2.5-1　　　　　　　　　　含水层组分类及特征

含水层组类型	地层岩性组代号	地层岩性	水文地质特征
松散岩类孔隙水	Q	坡积、湖积、残积黏性土；冲积或洪积砂砾石层	冲积或洪积砂砾石层富水性强，含水性均匀，常与下伏基岩地下水有水力联系；坡积、湖积、残积黏性土富水性弱，常被视为隔水层，在 F_1 断层上因第四系泥沙淤积，形成多个积水岩溶潭
非碳酸盐岩类基岩裂隙水	$\in_1$、D_1c、D_1p、$P_2\beta$、P_2l、T_1f、T_2f、T_3n、T_3h、$\beta\mu$、$\eta\gamma_5^2$、E	砂岩、粉砂岩、泥岩、页岩等碎屑岩类；玄武岩、花岗岩和基性岩等岩浆岩体等	地下水主要赋存于构造裂隙、层间裂隙、风化裂隙中。含水性较均匀，多分散小泉点出露，或沿裂隙线状溢出，泉流量小（一般 0.3～2L/s 或更小），泉分布高程无规律。常成为阻隔地下水（尤其岩溶地下水）运移促使地下水出露地表的隔水岩层或水文地质边界

含水层组类型	地层岩性组代号	地层岩性	水文地质特征
碳酸盐岩岩溶水	T_1y、T_2g、C、$\in_2$、$\in_3$、D_2g、D_2d、D_1b、P_1、P_2w	灰岩、白云岩、白云质灰岩、泥质灰岩等，或夹碎屑岩，或与碎屑岩成互层状	岩溶发育程度不一，地下水多赋存于岩溶裂隙、孔洞或地下河管道中，含水性较丰富但地下水空间分布不均匀。岩溶地下水多以地下河、岩溶泉方式出露地表，泉（地下河）流量较大。泉分布高程受岩溶侵蚀基准面控制，成层性明显

2.5.1.1 第四系（Q）松散堆积物含水层组类型

包括分布在河流谷地中的河床相冲积砂砾石层、黏土层和分布在岩溶高原面上的残坡积红黏土、分布在各种非碳酸盐岩分布区的风化残坡积黏土，厚度一般为0~20m。其中，河床相冲积砂砾石层、黏土层主要分布在河床两岸，具有含水性均匀、透水性强等特点；分布在岩溶地区的残坡积红黏土具有一定的隔水性能，使大气降水汇集成地表沟溪，并通过岩溶漏斗（落水洞）集中补给地下水；而分布在各种非碳酸盐岩分布区的风化残坡积黏土厚度大，隔水性能强，常形成密集的地表沟谷水系，其中部分入渗补给下伏基岩含水层，并集中以基岩裂隙泉方式排出地表。典型基岩裂隙泉如八家寨泉群、平坝上寨泉、下寨泉、母鸡冲—新寨沟中泉、横塘子—大红舍之间田中泉等，均出露于低洼沟谷中，流量一般在0.1~3.0L/s之间。

2.5.1.2 非碳酸盐岩基岩裂隙水含水层组类型

该类型包括构造裂隙水、风化裂隙水、层间裂隙水等。除规模较大的张性断层或破碎带、裂隙带附近地下水循环较深外，其余构造裂隙和风化裂隙水均赋存于地表3~5m的表层，或沿裂隙线状溢出，形成的泉水规模小，一般流量在0.3~5.0L/s，流量较稳定但分布高程无规律。区内出露最多的是$P_2\beta$、P_2l中出露的风化裂隙泉和T_2f中的构造裂隙泉，在德厚卡西以西、测区扯格白—菠萝一带等地集中出露。如德厚南部$P_2\beta$玄武岩中出露的清水塘泉，属构造裂隙泉，其枯季流量在1.5L/s左右，雨季流量3.0L/s左右；菠萝腻南部$P_2\beta$、P_2l中出露两个风化裂隙泉，流量分别为0.14L/s、0.26L/s。此外，分布在德厚河与鸣就分水岭地带大山脚—卡西一带T_2f和E接触界面附近，出露有多个小泉点，其流量在0.04~0.89L/s之间。而分布在小红舍南面（后山）T_2f碎屑岩中的构造裂隙泉，属于断层泉，沿F_2断层现状出露，总流量较大，在5L/s左右。总体上看，非碳酸盐岩类基岩裂隙水含水层组通常成为相邻岩溶地下水系统边界。属于此类的有下寒武统（$\in_1$）、下泥盆统翠峰山组（D_1c）和坡脚组（D_1p），上二叠统峨眉山组（$P_2\beta$）和龙潭组（P_2l），三叠系飞仙关组（T_1f）、法朗组（T_2f）、鸟格组（T_3n）和火把冲组（T_3h），古近系（E）和新近系（N），以及侏罗纪燕山期火山侵入岩（$\eta\gamma_5^2$）和二叠纪华力西期基性侵入岩（$\beta\mu$），见表2.5-2和表2.5-3。

2.5.1.3 碳酸盐岩岩溶含水层组类型

碳酸盐岩岩溶含水层组在工程区分布最广，大气降水以或分散、或集中（包括从碎屑岩分布区汇入岩溶区的）补给的方式进入岩溶含水层，在含水层中通过岩溶裂隙、管道等方式汇集后在适宜地点排出地表，形成典型的"三水"转换，有岩溶水甚至经过地表水-地下水多次循环转化。地下水集中富集并主要赋存在地下岩溶管道、裂隙中，但在空间分

表 2.5－2   **非碳酸盐岩基岩裂隙水含水层组特征**

含水层组名称	地层代号	地 层 岩 性	水 文 地 质 特 征
下寒武统	$\in_1$	紫红色、浅黄色页岩夹薄层状粉砂岩；厚大于 71.50m，仅测区西南零星出露	地下水赋存于构造裂隙中，水量贫乏，未见泉水出露
翠峰山组	D_1c	灰色、棕黄色细砂、粉砂岩，厚 91.07～1333.89m，分布于测区南部	地下水赋存于构造裂隙中，水量贫乏，未见泉水出露
坡脚组	D_1p	薄—中厚层泥岩，局部夹细砂岩及粉砂岩，厚 43.11～264.80m，分布于测区东南	地下水主要赋存于构造裂隙中，出露零星，未见泉水出露
峨眉山组	$P_2\beta$	以玄武岩为主	地下水主要赋存于构造裂隙和浅层风化裂隙中，或沿裂隙线状溢出，含水性较均匀。风化裂隙泉泉点数量多、流量小；构造裂隙泉流量稍大，如德厚清水塘泉枯季流量在 1.5L/s。地下水径流模数小于 0.1L/s。常成为邻近岩溶地下水系统稳定边界
龙潭组	P_2l	顶部为硅质岩，中部为粉砂岩、页岩夹煤层，底部为铝土岩，厚 29.20～168.00m，分布于测区东南一带	地下水主要赋存于构造裂隙中。其中，煤层松散，含水性较丰富，但因出露面积少，泉点出露少
飞仙关组	T_1f	暗紫色粉砂岩及页岩夹泥质灰岩，厚 230.00m，分布于测区东南及东北	
法朗组	T_2f	薄—中厚层状粉砂岩粉砂质页岩，含锰矿层，厚 151.1～704.9m，分布于测区东北及北部	地下水主要赋存于风化裂隙中。泉点数量多，但单个泉流量小，泉流量一般为 0.5L/s，常成为邻近岩溶地下水系统稳定边界
鸟格组	T_3n	黄褐色、黄色薄—中层钙质粉细砂岩与粉砂质页岩、砾岩及含砾砂岩，厚 386.80m，分布于测区西北部	富水性贫乏，未见泉水出露，常与 T_2f 一起组成邻近岩溶地下水系统稳定边界
火把冲组	T_3h	灰色、浅黄色粉细砂岩、粉砂质页岩，灰色页岩互层，局部夹砾状粗砂岩、灰岩及煤层，厚 214.40～441.60m，分布于测区西部	富水性贫乏，未见泉水出露
侏罗纪燕山期火山侵入岩	$\eta\gamma_5^2$	中粒黑云二长花岗岩，仅分布于测区南部	地下水主要赋存于风化裂隙中，未见泉水出露，分布区外
二叠纪华力西期基性侵入岩	$\beta\mu$	浅层基性侵入岩（辉绿岩），仅分布于坝址区右岸及库区局部地带	分布坝址右岸，地下水主要赋存于风化裂隙、构造裂隙中，水量贫乏，未见泉水出露，阻水，是"八大碗"泉出露的主要原因
古近系、新近系	E—N	砾岩、砂岩、粉砂岩和泥岩，局部夹煤。厚度 654.00～1123m，分布于测区中部	多风化裂隙水，泉点多，流量小。上覆于灰岩之上，对岩溶地下水运移影响小

表 2.5-3　　　　　　　　　　部分非碳酸盐岩基岩裂隙水出露泉点特征

序号	水 点 名 称	出露地层代号	构造部位	流量/(L/s)	测流时间/(年-月-日)
1	龙古寨泉	$P_2\beta$		0.71	1979-04
2	哈鲊底泉	C_3		0.26	1979-04
3	新寨（母鸡冲）泉1	Q、D_2p		1.24	1979-04
4	新寨（母鸡冲）泉2	Q、D_2p		1.83	1979-04
5	衣格坡泉1	Q、$\in_3$	断层附近	7.73	1979-04
6	衣格坡泉2	Q、O_1	断层附近	1.70	1979-04
7	水头坡泉	$P_2\beta$		0.20	1979-04
8	石头寨泉	$P_2\beta$		0.16	1979-03
9	菠萝腻泉1	$P_2\beta$		0.26	1979-03
10	菠萝腻泉2	$P_2\beta$		0.14	1979-03
11	德厚旧寨泉	T_2f		0.04	1980-03
12	德厚大山脚北泉	E		0.89	1980-03
13	德厚烧瓦冲北泉	E		0.04	1980-03
14	德厚旧寨—卡西间泉1	T_2f		0.48	1980-03
15	德厚旧寨—卡西间泉2	T_2f		0.26	1980-03
16	德厚旧寨—卡西间泉3	T_2f		0.04	1966-06
17	卡西西北泉	E		0.04	1966-08
18	木期得西南清水寨泉1	D_2p、D_2d	断层	1.50	2007-09
19	木期得下寨泉	T_1f、C_3	断层	5.50	1979-03
20	小红舍后山泉	T_2f	F_2断层	3.0~5.0	2012-08-11

布不均匀，水文动态变化大；区内典型的岩溶泉点（地下河）包括德厚河谷上游的白鱼洞地下河、大红舍龙洞地下河、坝址附近的"八大碗"岩溶泉群等。不同岩溶含水层因岩性及组合的不同，其导水性、含水性、透水性差异较大。

2.5.2　岩溶含水层组及其富水性强度划分

2.5.2.1　岩溶含水层组及其富水性

（1）岩溶含水层组划分。岩溶含水层（组）指能赋存岩溶水的碳酸盐岩体（组），由各类碳酸盐岩岩石地层单位组成。与其他含水层组相比，岩溶含水层组具有赋存岩溶地下水丰富，但地下水具有分布极不均匀、含水介质具有含水和透水（渗漏）的双重功能。而且不同碳酸盐岩岩石地层单元或其组合的含（富）水性、透水性有较大差异。本次根据各岩性单位的厚度与岩石层组结构（岩性组合）、岩溶发育程度，将岩溶含水层组类型划分为：纯碳酸盐岩岩溶含水层组、碳酸盐岩夹非碳酸盐岩岩溶含水层组、碳酸盐岩与非碳酸盐岩互（间）层型岩溶含水层组和非碳酸盐岩夹碳酸盐岩岩溶含水层组4种类型。

1）纯碳酸盐岩岩溶含水层组。为单一岩性连续厚度较大、质地较纯的灰岩或白云岩。德厚水库主要分布有二叠系栖霞-茅口组（P_1）、石炭系（C_1、C_2、C_3）、三叠系个旧组（T_2g）等灰岩、白云岩或白云质灰岩。纯碳酸盐岩岩溶含水层组岩溶发育，地下水主要赋存于岩溶管道、岩溶孔、岩溶裂隙中，为岩溶裂隙水、岩溶管道水并存，富水性强但分布不均匀，是德厚水库库区及汇水区的主要岩溶水的发育层位，同时，也是岩溶渗漏的主要层位。其中，石炭系灰岩在坝址和库区分布最广，尤其是德厚河流域两岸，是德厚水库库区及汇水区的主要岩溶含水层组，大部分岩溶大泉和地下河、规模较大洞都分布在石炭系灰岩分布区，如"八大碗"岩溶泉群、白鱼洞岩溶泉、坝址附近的上偀朵地下河、打铁寨地下河等，均发育在石炭系灰岩含水层组中。其次是分布在咪哩河库尾及上游、马塘镇和 F_1 断层东北盘（打铁寨、母鲁白）的三叠系个旧组纯碳酸盐岩（T_2g^2）也是区内岩溶发育最强烈的含水层组；如大红舍附近的龙洞地下河即在该含水层组中出露；小红舍-荣华村碳酸盐岩分布区，岩溶发育并形成典型的边缘岩溶峰林谷地（坡立谷）。

2）碳酸盐岩夹非碳酸盐岩岩溶含水层组。以连续厚度较大的纯碳酸盐岩为主，间夹非碳酸盐岩的岩溶含水层组。其中，碳酸盐岩连续厚度大，占含水层总厚度的比例大，非碳酸盐岩呈夹层状，连续厚度较小，在整个层组总厚度中所占比例少（10％～30％）。工程区内此类含水层组主要有泥盆系东岗岭组（D_2d）、三叠系永宁镇组（T_1y）、个旧组（T_2g^1）。其中，个旧组为白云岩夹碎屑岩为主，岩溶发育较弱，在其与 T_1y 界面常有小规模泉水出露。永宁镇组为薄—中厚层状泥质灰岩夹泥灰岩、灰岩、页岩，厚 881.70m，在库区主要分布在咪哩河流域，岩溶发育弱—中等，地下水多赋存与岩溶裂隙、孔洞中，个别地方有规模较大的岩溶洞发育，地下水分布较均匀，泉点数量多，泉水规模中等，流量多在 5～20L/s；典型岩溶泉如黑末大寨龙潭、黑末大龙潭、河尾子田间泉、砒霜厂抽水泉等；由于本含水层组中含厚度较大的页岩夹层，对德厚水库蓄水有着十分重要的意义。

3）碳酸盐岩与碎屑岩互（间）层型岩溶含水层组。碳酸盐岩与非碳酸盐岩相间分布，碳酸盐岩与非碳酸盐岩地层累计厚度大体相当。岩溶地下水赋存于碳酸盐岩地层中，被上、下非碳酸盐岩夹持，岩溶发育较弱，没有大的岩溶泉出露，空间上或形成相互平行、流域面积较小的狭长条带状（地层产状较陡时）或层叠状但含水层厚度有限（地层产状较和缓）的相互独立的岩溶泉域系统。工程区内属于此种类型的岩溶含水层组主要有中寒武统（$\in_2$）、上寒武统（$\in_3$）灰岩与碎屑岩互层或不等厚互层。

4）非碳酸盐岩夹碳酸盐岩岩溶含水层组。以非碳酸盐岩为主，碳酸盐岩夹于非碳酸盐岩之间或仅分布于其中某段，连续厚度多在 5～20m 之间，累计厚度占该含水层组地层总厚度的 30％以下。岩溶地下水赋存于碳酸盐岩中，顺层面径流，地下水系统规模小，岩溶发育弱。与许多非碳酸盐岩一样，在区域地下水流格局中以阻水性能为主，多成为较大岩溶地下水系统的边界。属于此类型的含水层组有下奥陶统（O_1）、中泥盆统坡折落组（D_2p）等，坡折落组仅分布于西北德厚街—木期德和西南部阿伟下寨以西和南部所作底一带，仅在南部所作底一带零星出露，均无泉水出露。

（2）岩溶含水层组的富水性划分。富水性指含水层中地下水的富集程度。岩溶含水层组的含（富）水性受包括岩石成分与结构、地形地貌、气候、大气降水与汇水区面积、水化学性质、水文格局以及岩溶发育程度等多因素影响，富水性有较大的差异，甚至同一岩溶含水层组，因其空间出露（裸露、覆盖和埋藏等）情况不同，富水性也不相同。一般将岩溶含水层（组）划分为强、中等、弱、极弱（非岩溶含水层）几个定性的等级。富水性差异通常用泉水流量、钻孔涌水量、地下水径流模数等来表征，其在地表与地下岩溶形态上也通常有明显的反映。但目前对碳酸盐岩岩石地层的富水性能的强弱等级的认定没有统一标准，通常根据以下几个方面（指标）进行划分。

1）岩溶发育形态与规模。包括岩溶地貌组合形态和个体地貌形态。岩溶地貌组合形态中，以峰林平原、峰丛洼（谷）地为主体的塔状岩溶地貌通常被认为是典型热带、亚热带岩溶地貌，其地表水系不发育，多洼地、漏斗、落水洞等，但地下多发育规模较大的岩溶管道（地下河），被认为属于强富水性岩溶含水层（组）。岩溶（峰）丘洼（谷）地通常作为中等富水岩溶含水层（组）。而地表岩溶形态发育不明显的侵蚀半岩溶地貌，通常被认为属于弱富水性岩溶含水层（组）。在定量上，通常采用岩溶漏斗、洼地、落水洞等地表负形态的密度（单位面积内个数），或洞穴、暗河等地下岩溶形态的规模（洞穴总长度或最大洞穴长度等）作为定量表征岩溶含水层（组）富水性强弱的标准。

2）含水层岩溶水流量。是岩溶含水层富水性强弱的最直接的证据，定量上通常采用分布于单一岩溶含水层（组）的地下水排泄（地下河或岩溶大泉）的个数、流量或径流模数，或钻孔涌（出）水量来区分。

3）地下岩溶空间及其连通性。包括钻孔的岩溶洞、孔或岩溶裂隙率、遇见率（岩溶率）；而岩溶洞、孔或岩溶裂隙的连通性通常采用入渗系数来表征。

考虑到岩溶大泉或暗河流量还受流域汇水区面积、降水量、外源水（非碳酸盐岩区等）补给等的影响，采用单位面积地下水流量（地下水径流模数，或单位进尺出水量）来表征岩溶含水层富水性更为科学，而钻孔的岩溶洞、孔或裂隙受岩溶发育不均匀性影响较大，因此，岩溶含水层组类型（含水层）的富水性划分主要采用径流模数或入渗系数作为富水性强弱的划分标准，而将岩溶发育形态及规模、地下河（泉）数量和流量等作为参考指标。对埋藏、覆盖岩溶含水层，则采用钻孔单位涌水量作为富水性划分主指标体系；如果钻孔较少的地区，富水性划分参照裸露区同岩性含水层组，其钻孔涌水量只作为划分的参考指标。由于岩溶含水层具有储（富集）水和透水的双重性质，富水性强的岩溶含水层其岩溶渗漏也强，两者呈正相关关系，因此，富水性等级也是判别岩溶渗漏的主要指标。根据德厚水库汇水区岩溶水文地质现状，初步拟定的岩溶含水层（组）富水性划分指标体系见表 2.5－4。

表 2.5－4　　　　德厚水库岩溶含水层（组）富水性划分指标体系

岩溶含水层（组）分类	主指标体系		参考指标体系			
	地下水径流模数 /[L/(s·km²)]	入渗系数	暗河或大泉（泉）流量 /(L/s)	钻孔单井单位涌水量 /[L/(s·m)]	洼地或漏斗密度 /(个/100km²)	洞穴或暗河规模 /(m/100km²)
强岩溶含水层（组）	>10.0	>0.4	>100	>5	>70	>100
中等岩溶含水层（组）	5.0～10.0	0.2～0.4	10～100	3～5	30～70	100～20
弱岩溶含水层（组）	5.0～1.0	0.1～0.2	10～1	1～3	10～30	20～5
极弱（非）岩溶含水层（组）	<1.0	<0.1	<1	<1	<10	<5

2.5.2.2 德厚水库岩溶含水层组及其富水性

德厚水库库区及汇水区碳酸盐岩分布广泛，从寒武系到三叠系不同时代的岩石地层单位中均有厚度不一的海相碳酸盐岩，碳酸盐岩出露面积占水库区面积的79%左右，不同岩溶含水层组富水性差异明显。根据表2.5-4确定的岩溶含水层组富水性划分指标体系，将区内含水层组富水性划分为强、中等、弱3个等级（以下分别称为强、中、弱岩溶含水层组）共11个主要岩溶含水层组（表2.5-5）。

表2.5-5 德厚水库岩溶含水层组富水性等级划分

含水层组名称及富水性		地层代号	岩性、厚度及分布	岩溶发育及水文地质特征	备 注
强岩溶含水层组	泥盆系东岗岭组	D_2d	灰色—深灰色中层—块状隐晶和细晶灰岩夹白云岩，厚333.70～1149.20m，主要分布于测区南部、西南部	岩溶发育强烈，岩溶管道水和岩溶裂隙水，地表发育溶丘谷地，多落水洞，岩溶盲谷、地表渗漏现象明显，有岩溶泉、地下河出露，流量大，$M=5.16\sim15.00$L/(s·km²)	羊皮寨地下河流量875.15～988.36L/s，双龙潭泉流量2.00～77.93L/s
	石炭系	C	厚层、块状结晶灰岩，生物碎屑灰岩，底部硅质含量较高，在土锅寨附近见在埋藏石牙、石林中有铁锰矿，厚284.4～1041.4m	岩溶发育强烈，地表以岩溶高原面为主，地形平坦，埋藏石牙、石林分布普遍，多大型平缓浅洼地，洼地底部有落水洞、竖井和天窗等，地下有多层洞穴，多伏流，含丰富管道岩溶裂隙水，岩溶泉、地下河发育，$M>10.0$L/(s·km²)	"八大碗"岩溶泉群总流量566.36L/s，白鱼洞地下河流量707.50～1652.42L/s
	二叠系栖霞-茅口组	P_1	块状隐晶和细晶灰岩，局部夹硅质条带或砾状灰岩，厚896.3m	水文地质特征与石炭系灰岩相同，在区内形成统一含水岩体，有规模较大洞穴和地下河，$M>10.0$L/(s·km²)	C25地下河区内最长，枯季流量1～5L/s
	三叠系个旧组	T_2g	厚层块状隐晶至细晶灰岩，厚度420～813.3m，分布于库区东北、北部及咪哩河上游	岩溶发育强烈。地表多形成典型的峰林，以小红舍—荣华村一带最为典型。岩溶发育，含丰富岩溶裂隙水、管道水，$M=8.90\sim40.72$L/(s·km²)	八家寨泉、务路泉、务路大坡泉（两个）、热水寨温泉及冷水泉（两个）、路梯泉群等
中等岩溶含水层组	吴家坪组	P_2w	下部为厚层及块状生物灰岩夹硅质条带及泥质灰岩；上部厚层白云岩及白云质灰岩，局部地区底部为砾岩、铝土岩及劣质煤，厚167.06～266.27m。仅零星分布于以切、秉烈东部的林角塘—丫科格山一带	根据区域水文地质资料，$M=4.54\sim14.76$L/(s·km²)	区内主要有以切电厂清水泉、浑水泉等，流量3～10L/s
	三叠系个旧组	T_2g	灰色中厚层、块状隐晶至细晶白云岩，底部夹页岩、泥灰岩，厚度740.00～1686.30m，分布于库区东北及中部咪哩河上游	岩溶发育中等，地表多为溶丘地貌，含中等溶蚀裂隙空洞水，泉流量小—中等，流量稳定，钻孔成井率高，$M=3.95\sim5.77$L/(s·km²)	大红舍泉2～3L/s；大红舍路边泉0.5～2.0L/s，黑末大寨泉3～5L/s

55

含水层组名称及富水性		地层代号	岩性、厚度及分布	岩溶发育及水文地质特征	备　注
中等岩溶含水层组	三叠系永宁镇组	T_1y	薄—中厚层状泥质灰岩夹多层泥灰岩、页岩、灰岩，下部含泥质较多，厚 881.70m，在库区主要分布在咪哩河流域	地表以岩溶洼地、谷地为主，多落水洞、伏流。岩溶发育中等，除局部发育规模较大的洞穴外，地下水多赋存于岩溶裂隙、孔洞中。地下水分布较均匀，泉点多，流量中等（一般 3~20L/s）；泉水动态变化小，形成相互独立岩溶水系统，$M = 3.53~10.00$L/($s·km^2$)	由页岩等分隔成多个岩溶水系统，各系统之间水力联系微弱，有利于德厚水库库区蓄水。主要泉：大红舍龙洞地下河（3000L/s）、黑末大泉、黑末机井泉、砒霜厂抽水泉、河尾子左岸泉、河尾子右岸田间泉、河尾子右岸路边泉、河尾子拦河坝泉等
	中寒武统	$\in_2$	上部页岩、细砂岩夹灰岩、白云质灰岩或两者互层；下部为白云质灰岩与页岩互层；总厚 693.32m，分布于测区西南	仅分布在西部龙树作—牛作底一带，组成背斜核部。地下水主要赋存于背斜核部张性岩溶裂隙中，岩溶发育中等，富水性中等，泉点流量中等，$M = 3.59~5.19$L/($s·km^2$)	龙树脚泉，流量5.37L/s、22.87L/s
弱岩溶含水层组	上寒武统	$\in_3$	砂岩、细砂岩夹白云质灰岩与细晶灰岩互层，厚 715.5m，分布于测区西南	仅在南部烂泥洞花岗岩体旁零星出露，发育弱，$M = 2.66~7.88$L/($s·km^2$)	在断层旁上覆第四系覆盖层上有小泉出露，流量 7.72L/s
	下奥陶统	O_1	石英砂岩夹灰岩、页岩，厚 505.6m。出露零星	含中等风化裂隙水、构造裂隙水为主。未见泉点出露，$M = 2.57$L/($s·km^2$)	
	中泥盆统坡折落组	D_2p	灰色、深灰色薄—厚层状细砂岩及页岩，局部夹有钙质泥岩和薄层泥灰岩、硅质灰岩，厚 315.3m，分布于西北德厚街—木期德一带、西南牛作底和南部所作底一带	整体上地下水富水性弱，地下水主要赋存于构造裂隙、岩溶裂隙中，可视为区域隔水层。但局部灰岩夹层中岩溶发育，形成岩溶大泉出露，$M = 4.23$L/($s·km^2$)	西部西冲子泉1、泉2，流量分别达6.20~60.39L/s、40.18L/s

（1）石炭系强岩溶含水层组。石炭系为一套厚层块状结晶灰岩，底部硅质含量较高（包括 C_1、C_2、C_3），在土锅寨及红石崖附近以生物碎屑灰岩为主，灰岩中含大量的生物化石（图 2.5-1）及铁锰质结核，风化后局部铁锰质富集成矿（图 2.5-2）。石炭系灰岩总厚为 284.4~1041.4m，由于连续分布，岩性接近并且地下水联系密切，在本次研究中统一归为石炭系岩溶含水层组。石炭系地层主要分布在德厚河流域，占德厚河流域内碳酸盐岩出露面积的一半以上，尤其是在坝址及水库蓄水区德厚河谷一侧，其岩性单纯、连续

厚度大，质纯（CaO含量高）、层组结构以厚层—巨厚层状为主，属岩溶发育最强烈的连续纯碳酸盐岩类强岩溶含水层组。在土锅寨—红石崖附近，形成典型的波状起伏的岩溶夷平面（图2.5-3），其上分布有岩溶丘、孤峰、大型岩溶洼地（碟形浅洼地为主）或漏斗、竖井、落水洞，偶有孤立石峰。高原面上有较厚的土层，在沟谷或坡地、或矿山开挖处可见揭露出的埋藏型石林、石牙、岩溶沟等；如在土锅寨因开矿揭露石林高2～10m，在红石崖德厚河斜坡地带也有被地表水冲刷后揭露的石林（图2.5-4）。在德厚街以上河流左岸，主要表现为典型的岩溶峰丛洼地、峰丛谷地地貌。岩溶地下形态有规模较大的洞、地下河和宽大岩溶裂隙，典型地下岩溶形态如打铁寨伏流、德厚河和咪哩河两河交汇处的水平洞穴、坝址附近的众多地下河、洞穴等。石炭系岩溶含水层组岩溶发育和地下水富水性最强，是水库库区最重要的岩溶含水层组，也是最主要的潜在岩溶渗漏岩组。大气降水多直接入渗地下，或在地表短暂汇集后通过洼地底部落水洞、岩溶裂隙进入地下含水层，主要赋存于较大的岩溶管道、岩溶裂隙中，并以地下河、岩溶大泉或泉群的方式排泄出地表。代表性的岩溶泉（地下河）有白鱼洞地下河、双龙洞岩溶泉群、"八大碗"岩溶泉群等，地下水径流模数大于$10L/(s \cdot km^2)$。

图2.5-1　土锅寨附近石炭系灰岩及生物化石

图2.5-2　土锅寨附近石炭系灰岩中的铁锰结核

图 2.5 - 3 土锅寨附近石炭系波状岩溶夷平面

图 2.5 - 4 红石崖后山石林

（2）二叠系栖霞-茅口组强岩溶含水层组。为连续块状隐晶和细晶灰岩，局部夹硅质条带或砾状灰岩，厚 896.3m。属于含水性丰富的纯碳酸盐岩连续强岩溶含水层组，主要分布在德厚水库坝址及以下—菠萝腻上寨—白虎山一带、德厚清水寨—石头寨一线。栖霞-茅口组灰岩岩溶发育强烈，地表岩溶形态以峰丛洼地、谷地为主，发育有规模较大洞穴、漏斗、竖井和地下河，如在坝址下游左岸发育的上倮朵（C25）地下河和众多洞穴。但在坝址下游右岸没有泉点出露，可能与受土锅寨基性岩体的阻水有关，但仍可见有规模较大的洞穴发育。由于与石炭系碳酸盐岩为连续沉积，两者形成统一的岩溶水系统，地下水集中在咪哩河河口的石炭系灰岩中排泄，形成"八大碗"岩溶泉群，其水文地质特征与石炭系灰岩相同，地下水径流模数大于 $10L/(s \cdot km^2)$。

（3）泥盆系东岗岭组强岩溶含水层组。为灰色—深灰色中层—块状隐晶和细晶灰岩夹白云岩，为连续沉积，厚 333.70～1149.20m，主要分布于测区南部、西南部的杨柳河背斜两翼和 NE 倾伏端附近的里白克、羊皮寨、阿尾一带，此外，在德厚街东部的乐熙、木期得一带也有较大面积出露。岩溶发育强烈，地表以峰丛（丘）谷地为主，多岩溶干谷、落水洞、漏斗、竖井。大气降水有两种补给方式：直接入渗地下含水层（地表水系不发育），或外源水（主要源自薄竹山、龙树脚-牛作底背斜核部）以地表沟溪的方式在东岗岭组灰岩分布区边缘通过落水洞方式集中入渗补给含水层，富含岩溶管道水、岩溶裂隙水，地下水主要沿背斜倾伏端放射性节理、破裂面或 D_2d 和 C 接触界面运移，以岩溶大泉或地下河方式出露地表，流量大，如羊皮寨地下河流量雨季流量达 $875.15\sim988.36L/s$，双龙潭泉流量 $77.93L/s$，属于连续纯碳酸盐岩类强岩溶含水层组，地下水径流模数 $M=5.16\sim15.0L/(s\cdot km^2)$。

（4）三叠系永宁镇组中等岩溶含水层组。为薄—中厚层状泥质灰岩夹泥灰岩、灰岩、页岩，厚 $881.70m$，主要分布在祭天坡-马塘向斜两翼，尤其是北翼的咪哩河流域。永宁镇组是除石炭系岩溶含水层组以外工程区内最为重要、在德厚水库库区分布广泛，对水库蓄水影响最大的岩溶含水层组。地表多发育岩溶丘陵、岩溶洼（谷）地。由于夹数层页岩，将该岩溶层组分隔成多个相互独立的较小的岩溶水系统（或泉域系统），属于碳酸盐岩夹非碳酸盐岩类岩溶含水层组，岩溶发育弱—中等。地下水主要含水介质为岩溶裂隙、中小型孔洞，富水性中等。地下水沿裂隙、岩溶裂隙中运移，并在地形低洼的咪哩河河谷以岩溶泉方式出露地表，单个岩溶泉的流量较小（一般在 $20L/s$ 以下），但相对稳定。典型岩溶泉有黑末大泉、黑末大寨泉、黑末机井泉、砒霜厂抽水泉、河尾子左岸泉、河尾子右岸田间泉、河尾子右岸路边泉、河尾子拦河坝泉等。沿 T_1y 和 T_2g 边缘出露的大红舍龙洞地下河的补给、径流区也主要分布在 T_1y 泥质灰岩分布区内，地下水径流模数 $M=3.53\sim10.0L/(s\cdot km^2)$。

（5）三叠系个旧组中等—强岩溶含水层组。属于纯碳酸盐连续岩岩溶含水层组，其下段（T_2g^1）为灰色中厚层白云岩夹白云质灰岩，底部夹页岩、泥灰岩，厚度 $740.00\sim1686.30m$，分布于咪哩河上游、北部的明湖—双宝，以及东部跑马塘背斜两翼。上段（T_2g^2）为灰色厚层块状隐晶至细晶灰岩，厚度 $420\sim813.3m$，主要分布在咪哩河库尾以哈底—大红舍—小红舍—白沙—荣华村—罗世鲊一线，跑马塘背斜核部和汤坝—热水寨一带，以及八家寨、海尾等地。个旧组灰岩总体上岩溶中等—强烈发育，但不同岩性段的岩溶发育或富水性强弱有较大差异。如个旧组下段岩溶弱—中等发育，在大部分地区地表多表现为岩溶丘地貌，地下水主要赋存在岩溶裂隙介质中，多出露岩溶小泉，如大红舍泉流量为 $2\sim3L/s$，大红舍路边泉流量为 $0.5\sim2L/s$，黑末大寨泉流量为 $3\sim5L/s$。但在测区北部的明湖—双宝一带，由于有外源水的补给，岩溶发育强烈，形成典型的边缘岩溶谷地，谷地底部发育岩溶塌陷、渗漏坑等，在牛腊冲小河右岸有地下河（流量在 $30L/s$ 以上）出露。个旧组上段岩溶发育强烈，地表发育典型的峰林平原（坡立谷）或边缘岩溶谷地地貌，以八家寨、小红舍等地最为典型；地下洞穴、隐伏管道发育，例如在大黑山—荣华一带，为一系列发育在三叠系中的轴向 EW 的向斜与背斜，复式褶曲在罗世鲊—大龙潭倾伏，形成岩溶河谷地貌（咪哩河支流），并使河谷由 EW 向转向 SN 向，形成跨越咪哩河与盘龙河地形分水岭的 3 条隐伏岩溶管道。含丰富岩溶裂隙水、管道水，有岩溶大泉出露，如八家寨岩溶泉群（流量可达 $60L/s$ 左右）、热水寨温泉及冷水泉（流量可达 $40\sim50L/s$）、路梯泉群等。在母鲁白—务路一带，以峰丘洼（谷）地为主，岩溶发育中等，含岩溶裂隙水，泉流量小，典型岩溶泉有务路泉、务路大坡泉（流量约 $5.5L/s$）等。个旧组灰岩为中等—强岩溶含水层组，地下水径流模数 $M=3.95\sim40.72L/(s\cdot km^2)$。

2.5.3　岩溶水文地质特征

2.5.3.1　区域水流格局

　　德厚水库位于盘龙河上游的德厚河，属红河水系，其北部、西部与珠江水系分界。汇入水库的地表河有德厚河及其支流咪哩河、牛腊冲河。水库坝址位于德厚河岔河峡谷段，库区沿咪哩河至白沙村、荣华村和捏黑村，并沿德厚河至牛腊冲村。德厚水库汇水区为典型岩溶区，碳酸盐岩分布区约占水库区面积的 79%。库区两条主要河流（德厚河及其支流咪哩河）主要接受岩溶地下水的补给，地表水、地下水主要受西南薄竹山岩体及杨柳山背斜、老寨大黑山向斜、德厚向斜、巨美（阿尤）背斜和文麻断裂（F_1）的控制。尤其受薄竹山岩体的影响，区内背斜或向斜轴向均具有围绕该岩体自 NE 转 NEE，再转向近 EW 方向的弧形变化格局。尤其是薄竹山岩体及杨柳山背斜（核部为碎屑岩）的构造"隆起"，不仅造成区内"南高北低、西高东低"的地形格局，而且造就了泥盆系—三叠系岩溶含水层组及碳酸盐岩"底板"或"夹层"总体由北向南、由西向东倾伏的水文地质格局（在西南烂泥洞可见老寨大黑山向斜轴部抬起），是地表水、地下水先由南向北，后由西向东径流的主要原因。而文麻断裂带良好的阻（隔）水性能，以及红河水系总体由南向北袭夺的新构造格局使地表水、地下水在文麻大断裂带以西汇集后最终自北向南径流，汇入盘龙河。这种地表水、地下水先由南向北，后由西向东，最终向南径流的水文地质格局在德厚河及其支流咪哩河、牛腊冲河均表现明显，即河流总体上为自南向北径流，然后转向东流，在牛腊冲、岔河口（德厚河与咪哩河）等汇合后经峡谷向南汇入盘龙河，盘龙河干流上游稼依河流域也具有类似的水径流格局。

2.5.3.2　岩溶地下水的补、径、排、蓄

　　区内岩溶水补给、径流、排泄和蓄存（岩溶水运移或水循环）受大气降水、地形地貌、植被、岩性与构造等众多因素的影响，总体上具有先由南向北，后由西向东，最终向南径流，途中历经地表水—地下水—地表水的循环转换，最终在特殊的构造-岩性-地形条件下排出地表，其中，地形地貌、地层岩性和构造是控制岩溶地下水循环的主导因素。

　　（1）岩溶水补给。水库区岩溶地下水主要接受大气降水补给，补给强度受降雨量空间分布的差异、入渗强度和补给方式的影响，大气降水包括分散补给和集中补给两种补给方式；前者大气降水直接通过土壤较薄或地表裸露、岩溶发育强烈区（如分布于土锅寨一带岩溶发育强烈的裸露岩溶高原面，或德厚以西的封闭岩溶洼地区）的岩溶裂隙、孔洞或竖井、漏斗等垂直入渗进入地下含水层，一般称为垂直入渗补给，在裸露岩溶区十分普遍。在岩溶发育较差的峰（岭）丘谷地或非岩溶区，或土壤较厚的岩溶区，大气降水在地表汇集成地表沟溪后，在进入岩溶发育区，尤其是碎屑岩与碳酸盐岩接触带附近，以落水洞的方式集中入渗补给地下含水层，可称为侧向入渗补给；典型的如西部杨柳河背斜核部龙树脚—牛作底附近和薄竹山北咪哩河的源头，大气降水在或碎屑岩分布区汇集成地表河，进入碳酸盐岩分布区后，一般在碎屑岩与碳酸盐岩接触边界附近通过落水洞（如牛作底—龙树脚以东的大黑山东山山麓发育的串珠状落水洞，薄竹镇落水洞、白租革落水洞等）入渗地下，见图 2.5-5。此外，德厚河在德厚镇上游段河道属补-排型河流，即可能存在左岸

排泄，然后补给右岸，也反映了地下水自西向东运移的特点。

（2）岩溶地下水运移。区内岩溶地下水的运移主要受地形、地层岩性（岩溶层组或岩溶含水层组类型）、地质构造的控制。地下水以沿岩溶管道方式运移为主，在岩溶发育中等或较弱的岩溶含水层组中则主要沿岩溶裂隙或岩溶裂隙与管道混合介质运移，区内岩溶地下水的水力坡度较大，一般可达到 $1\% \sim 2\%$。西南薄竹山岩体和大黑山背斜造就的西南构造隆起和自西南向北东掀斜，形成本区西南高、东北低的地形格局和碳酸盐岩底板或边围（含夹层，控制地下水运移方向、岩溶发育深度）的西南高、东北低的构造格局，加上区内最低排泄基准

图 2.5 - 5 地表水通过落水洞集中
补给地下含水层

面位于坝址下游的盘龙河，盘龙河自南向北袭夺，决定了岩溶地下水总体自南向北→转向东→转向南运移的总体水流格局。但地下水的具体径流方向和途径（主径流带）主要受岩性和构造控制，尤其是受碳酸盐岩和非碳酸盐岩的岩性接触界面、构造（褶皱轴部或两翼）的控制。如羊皮寨岩溶管道（地下河）主要沿 NNE 向的杨柳河背斜东翼东岗岭组灰岩与石炭系接触界面发育，地下水主要自南部薄竹山岩体向北运移，沿途汇集了来自牛作底—白牛厂、通过串珠状落水洞自西向东以伏流方式补给的外源水，这也与德厚河右岸的 P_2l、$P_2\beta$ 隔水岩层对地下水运移的控制有着一定的影响；白鱼洞地下河和双龙洞地下河的岩溶水运移主要沿杨柳河背斜西北翼，尤其是 C_1 和 C_2、D_2d 和 C_1 的接触界面，自西向东（背斜倾伏端）运移；"八大碗"岩溶泉群的地下水运移主要受 F_5、F_1 断层（阻水）与山字型构造南翼的 P_2l、$P_2\beta$ 隔水岩层的夹持，沿季李寨山字型构造南翼石炭系地层走向自西北向东南方向运移；大红舍龙洞地下河源于水头坡、老寨一带地表河，地下水主要沿 T_1y 和 T_2g 接触界面经落水洞、双包潭、大凹子，绕老寨大黑山（祭天坡—马塘）向斜中间抬起端自南向北转向东径流；牛腊冲右岸地下河主要发育于个旧组灰岩，地下水沿岩层界面自西部明湖经双宝至牛腊冲方向径流；此外，坝址下游上偲朵地下河、打铁寨地下河、八家寨大泉地下河均沿岩层面发育；此外，位于云峰—海尾—平坝一线，沿 T_2f 与 T_2g 岩性接触界面的碳酸盐岩一侧岩溶发育强烈，形成典型的边缘岩溶谷地，地下水直接出露地表形成湖泊湿地，推测地下水也主要沿 T_2f 与 T_2g 岩性接触界面自西北向东南径流；黑末大龙潭泉沿跑马塘向斜轴部发育，地下水自东向西运移；区内地下水沿断层发育和运移的仅见于砒霜厂供水泉（沿 f_8 断层自东向西径流），见表 2.5 - 6。

本区岩溶水运移在局部地区可能历经地表水—地下水的多次循环，但根据区内出露的岩溶泉、地下河的水化学和同位素分析，除热水寨温泉外，其余地下水系统均为冷水泉，推测各岩溶泉运移路径较近、较浅，没有规模较大的深部岩溶地下水循环。

表 2.5 - 6　　　　　　　　　　　　　　　岩溶水运移及控制因素

地下水系统名称	径 流 路 径	发育层组	控制因素
羊皮寨地下河	烂泥洞（分水岭→乐诗冲）→五色冲→伏流入口→羊皮寨地下河出口； 坝心落水洞（阿尾岩峰窝落水洞、田尾巴落水洞）→羊皮寨地下河出口	D_2d、C，沿 D_2d 和 C 界面	杨柳河背斜东翼
双龙潭地下河	马脚基→以哈→双龙潭	D_2d、C，沿 D_2d 和 C 界面	杨柳河背斜西翼
白鱼洞地下河	以奈黑→大龙村→白鱼洞	C，沿 C_1 和 C_2 界面	杨柳河背斜西翼
大红舍龙洞地下河	水头坡→老寨→落水洞（野龙树→白租革）→以哈底落水洞→双包潭（大凹子）→龙洞	T_1y、T_2g；沿 T_1y 和 T_2g 接触界面	老寨大黑山向斜中间抬起端
"八大碗"岩溶泉群	乐农→土锅寨→岔河口	C、P_1q+m；沿季李寨山字型构造轴部	F_5、F_1 阻水断层与山字型构造南翼 P_2 隔水岩层夹持
八家寨岩溶泉群	小红甸→平坝→八家寨	T_1y、T_2g；沿 T_1y 和 T_2g^1 或 T_2g^1 和 T_2g^2 接触界面	F_1、f_3 阻水断层夹持
云峰-海尾-平坝地下水富水块段	云峰村→海尾→平坝	T_2f、T_2g；沿 T_2f 和 T_2g^2 接触界面	F_1、f_3 阻水断层夹持并阻水
牛腊冲右岸地下河	明湖→双宝→牛腊冲左岸地下河出口	T_1y、T_2g；沿 T_2g 层面发育	NW 向断层与岩性接触界面夹持
打铁寨地下河	打铁落水洞→三家界→地下河出口（德厚河左岸悬崖）	C，沿 C 层面、破裂面发育	季李寨山字型构造
方解石洞地下河	上倮朵鱼塘→方解石洞口（德厚河左岸悬崖）	C，沿 C 层面、破裂面发育	季李寨山字型构造
母鲁白伏流	母鲁白地表河→母鲁白溶洞（导水洞）→母鲁白地下河出口	C，沿 C 层面、破裂面发育	季李寨山字型构造
上倮朵地下河	上倮朵落水洞→大坝下左岸洞口	P_1，沿 P_1 层面、破裂面发育	季李寨山字型构造
砒霜厂供水泉	砒霜厂→砒霜厂供水泉	T_1y，沿 f_8 断层发育	f_8 断层
黑末大泉	跑马塘→黑末大龙塘	T_1y，沿跑马塘向斜轴部发育	跑马塘向斜、T_1y 隔水夹层
河尾子田间泉	精怪塘→河尾子田间泉	T_1y，沿层面	季李寨山字型构造，单斜灰岩

（3）岩溶地下水排泄与赋存。根据本次调查，德厚水库流域内共有发现规模不等、类型多样的岩溶泉或地下河共 60 余个（表 2.5 - 7），集中分布在羊皮寨—德厚街河谷、横塘子—大红舍咪哩河河谷、黑末—河尾子咪哩河河谷、牛腊冲附近河谷、德厚河与咪哩河口段等几个主要的地下水集中排泄带。岩溶地下水排泄主要受构造（阻水断裂）、隔水岩层、岩溶发育演化（侵蚀基准面）的控制。从河流发育演化史看，区内岩溶地下水主要以

岩溶泉和地下河的方式在德厚河、咪哩河当前河床或峡谷底部或两侧出露地表。有多个分布在不同高程的地下水排泄口，反映区内岩溶发育经历了多个不同的岩溶发育期。当前地下水排泄高程主要受当地当前侵蚀基准面（位于坝址区下游盘龙河，高程大约为1295.00m）控制。从地下水出露的地质条件分析，区内的岩溶地下水主要受阻水界面（隔水岩层、阻水断层或结构面）的阻挡而出露并排出地表，区内大多数断层为压扭性逆断层或逆冲断层，具有良好的阻水性能，典型的阻水断层有 F_1、F_3、f_9 等断层，其中，以 F_1 深大断裂带对区域地下水的运移、排泄影响最大，大致可以分成以下几种类型，见表 2.5－8。

表 2.5－7　　　　　　　　　　　德厚水库流域岩溶水点统计表

编号	设计院编号	水点名称	地理位置	岩溶含水层组代号	所处构造部位	水点性质	流量/(L/s)	所属岩溶水系统
咪哩河岩溶水系统								
W－24	S8	黑末大龙潭泉	马塘镇黑末小寨	T_1y	阻水断层交会处附近	下降泉	20.0	咪哩河河谷岩溶水子系统（Ⅰ2）
W－29		河尾子右岸田间泉	马塘镇河尾子河边，咪哩河右岸田间	T_1y	F_2 阻水断层带	上升泉	8.48	
W－25	S25	河尾子大坝泉	马塘镇河尾子拦河坝咪哩河右岸	T_1y	F_2 阻水断层带	上升泉	10.02	
W－27	S11	河尾子右岸路边泉	马塘镇河尾子—黑末小寨之间，咪哩河右岸路边，山脚	T_1y	页岩和灰岩界面	下降泉	4.3	
W－28		河尾子左岸田间泉	马塘镇河尾子咪哩河左岸，水田中	T_1y	F_2 阻水断层带	上升泉	4.9	
W－32		黑末机井泉	马塘镇黑末大寨，左岸，路边机井	T_1y	F_2 阻水断层带	上升泉	0.5	
W－33	S9	黑末田间泉	马塘镇黑末大寨，大龙潭对岸	T_1y	F_2 阻水断层带	上升泉	5	
W－30	S26	河尾子桥边泉	马塘镇河尾子河边，右岸，桥边	T_1y	灰岩、页岩界面	下降泉	1	
W－31	S10	黑末大寨泉	马塘镇黑末大寨村南边，咪哩河左岸	T_1y、T_2g	岩性接触界面	下降泉	5	
W－34		砒霜厂抽水泉	马塘镇文平路咪哩河大桥上游，公路边	T_1y	阻水断层交会处附近	上升泉	15	
W－23		收鱼塘积水洼地	马塘镇河尾子"收鱼塘"	T_1f	背斜核部	地表积水	—	
W－37		塘子寨积水潭	马塘镇潭子寨、入潭河流、积水潭	T_1y、T_2g	岩性界面	地表水	2～3	
W－36	S4	下俅朵对岸泉	马塘镇下俅朵对河边	T_1y	断层与岩性接触界面	下降泉	18	
W－26		咪哩河	马塘镇河尾子大坝	T_1y		河水	1386	地表水

编号	设计院编号	水点名称	地理位置	岩溶含水层组代号	所处构造部位	水点性质	流量/(L/s)	所属岩溶水系统
W-21		小红舍后山泉	马塘镇小红舍后山（南山）	T_2f	F_2 阻水断层带	下降泉	3.0~5.0	大龙洞岩溶水子系统（Ⅰ1）
W-12		以哈底双龙包溶潭	老廻镇以哈底	T_2g	断层	地表水	—	
W-15		横塘子后山饮用泉	横塘子村西边山坳口	T_2f、T_1y	断层、岩性界面	下降泉	0.3	
W-16		横塘子—大红舍间田中泉	横塘子村—大红舍村间田中	T_1y	断层带	上升泉	4	
W-18	S18	大红舍村后泉	大红舍村北沟	T_2g	F_2 断层、裂隙	下降泉	3	
W-20		打磨冲泉	大红舍与打磨冲之间，咪哩河右岸	T_2g	小断层	下降泉	8	
W-35	S16	大红舍龙洞地下河	大红舍—横塘子之间，咪哩河主要地下水源	T_2g	断层、岩性界面	地下河	1500	
W-11		大凹子溶潭（水外）	老廻龙水外村采石场、积水洼地	T_1y、T_2g		地表水	—	
W-13		薄竹镇落水洞	薄竹镇落水洞村	T_1f、T_1y	岩性界面、断层、向斜抬起端	地表水	145.6	
W-14		横塘子积水潭	德厚乡横塘子村东边	T_2g	断层、岩性界面	地表水	—	
W-17	S17	大红舍西层间泉	马塘镇大红舍西（层间岩溶水）	T_1y、T_2g	岩性界面	下降泉	5	
W-19		大红舍西山坳湿地	马塘镇大红舍村西	T_2g	岩性界面	下降泉	5	
W-42		白租革落水洞	文山市老廻龙乡白租革，公路边	T_1y	向斜抬起端	地表水	467	
德厚河喀斯特水系统								
Q-1	S31	"八大碗"泉群1	马塘镇咪哩河河口段	C	山字型弧顶	泉	100	"八大碗"岩溶水子系统（Ⅱ3）
Q-1'		"八大碗"泉群1'	马塘镇咪哩河河口段	C	山字型弧顶	泉	3	
Q-2	S30	"八大碗"泉群2	马塘镇咪哩河河口段	C	山字型弧顶	泉	140	
Q-3	S24	"八大碗"泉群3	马塘镇咪哩河河口段	C	山字型弧顶	泉	18	
Q-4		"八大碗"泉群4	马塘镇咪哩河河口段	C	山字型弧顶	泉	3	
Q-5		"八大碗"泉群5	马塘镇咪哩河河口段	C	山字型弧顶	泉	6	

编号	设计院编号	水点名称	地理位置	岩溶含水层组代号	所处构造部位	水点性质	流量/(L/s)	所属岩溶水系统
Q-6	S22	"八大碗"泉群6	马塘镇咪哩河河口段	C	山字型弧顶	泉	70	
Q-6'	S21	"八大碗"泉群6'	马塘镇咪哩河河口段	C	山字型弧顶	泉		
Q-12		"八大碗"泉群12	马塘镇咪哩河河口段	C	山字型弧顶	泉	5~8	
Q-13	S23	"八大碗"泉群13	马塘镇咪哩河河口段	C	山字型弧顶	泉	155	
Q-14	S29	"八大碗"泉群14	马塘镇咪哩河河口段	C	山字型弧顶	泉	104	
Q-15	S35	"八大碗"泉群15	马塘镇咪哩河河口段	C	山字型弧顶	泉	72.93	
Q-16	S13	木期德清水寨泉	德厚乡木期德南清水寨	D_2d、D_2p	岩性界面	泉	4.67	
Q-17	S12	木期德泉	德厚乡木期德	D_2d、C、$P_2\beta$	岩性界面、断层交会	泉	5.5	
w-50		木期德清水寨西断层旁岩性界面泉	德厚乡木期德南清水寨西断层旁岩性界面上	D_2d、D_2p	岩性界面、断层	泉	1.5	"八大碗"岩溶水子系统（Ⅱ3）
W-9		打铁寨地下河	打铁寨西南（对应C-3溶洞）	C	F_1阻水断层带	地下伏流	26.4	
W-10		牛腊冲下游泉	牛腊冲东500m德厚河左岸、山边	C	裂隙	下降泉	26.4	
J-1		坝址左岸井水	马塘镇岔河德厚水库	C	岩溶裂隙	井水	—	
RD-1	S19	坝址下游地下河	马塘镇德厚水库坝址下游（水渠下方）	P_1	山字型弧顶	地下河	1	
C-23	S20	坝址左岸地下河	马塘德厚水库坝址左岸、人工开挖隧洞尽头揭示	C	山字型弧顶	地下河		
ZK29		ZK29	坝址左岸坡顶钻孔	C	山字型弧顶	钻孔		
BZK9		BZK9	坝址左岸钻孔	C	山字型弧顶	钻孔		
ZK30		ZK30	坝址右岸钻孔（山腰玉米地，取样浑浊）	P_1	山字型弧顶	钻孔		
W-6		溢水带	牛腊冲东南1200m德厚河左岸	C	裂隙、层面	泉水	0.5	
W-7		德厚河	牛腊冲东1500m，德厚河拦河坝	C	德厚断裂带	河水	6400	
HL-1		岔河	德厚水库坝址下游拦河坝	P_1	山字型弧顶	河水	13550	

续表

编号	设计院编号	水点名称	地理位置	岩溶含水层组代号	所处构造部位	水点性质	流量/(L/s)	所属岩溶水系统
Q-19		白鱼洞地下河	德厚河白鱼洞(1360)	C	背斜倾伏端、断层	地下河	1652.4	白鱼洞岩溶水子系统(Ⅱ2)杨柳河东翼岩溶水子系统(Ⅱ1)
Q-20		双龙泉群清水	德厚河谷双龙村	C	背斜倾伏端、断层、岩性界面	泉	1.5	
Q-21		双龙泉群浑水	德厚河谷双龙村	C	背斜倾伏端、断层、岩性界面	泉	77.93	
Q-22		羊皮寨地下河	德厚乡羊皮寨	D_2d、C	岩性界面、背斜倾伏端	地下河	875.15	
Q-23		白牛厂泉1	德厚乡白牛厂南	ϵ_2	背斜核部张裂	泉	22.78	
Q-24		白牛厂泉2	德厚乡白牛厂南	ϵ_2	背斜核部张裂	泉	5.37	
Q-25		西冲子泉1	德厚乡西冲子南	D_2p	单斜构造	泉	6.2~64.39	
Q-26		西冲子泉2	德厚乡西冲子南	D_2p	单斜构造	泉	40.18	
W-2		平坝西山后水库水	文山德厚乡山后旧寨西南1000m，小尖山北	T_2g	断层与岩性接触界面	地表水	—	明湖-双宝岩溶水子系统(Ⅱ4)
W-38	S28	牛腊冲河右岸地下河	牛腊冲河右岸，牛腊冲—茅草冲间公路下边	T_2g、T_1y	阻水断层交会	地下河		
W-39	S27	牛腊冲河左岸泉	牛腊冲河左岸，牛腊冲—茅草冲间公路边对岸	T_2g	断层带	下降泉		
W-1		山后旧寨泉	红甸乡平坝寨村山后旧寨	T_2g	断层	下降泉	24.8	
W-47		茅草冲落水洞	文山马塘茅草冲—八家寨间公路边	C	断层带附近	地表水		
Q-7	S33	牛腊冲桥边泉	德厚镇牛腊冲老石拱桥河边	C	构造裂隙、断层交会点附近	下降泉	5	海尾-平坝岩溶水子系统(Ⅱ5)
Q-8		八家寨泉群	平坝八家寨	T_2g、Q	阻水断层交会处附近	上升泉	18	
Q-9		八家寨泉群	文山八家寨	T_2g	阻水断层带交会	上升泉	41.17	
Q-10		平坝上寨溶井	红甸乡平坝寨上寨	T_1y、T_2g	岩层界面	井水	—	
Q-11		平坝下寨泉	红甸乡平坝寨下寨	T_1y、T_2g	岩层界面	上升泉	2	
SK-1		后山水库	红甸乡平坝上寨西后山水库	T_2g	岩层界面	地表水	—	

编号	设计院编号	水点名称	地理位置	岩溶含水层组代号	所处构造部位	水点性质	流量/(L/s)	所属岩溶水系统
					稼依河下游喀斯特水系统			
W-3		上保朵落水洞	文山马塘上保朵屯西北300m	T_2f、C、P_1	F_2阻水断层带、岩性界面	地表水	101	稼依河下游岩溶水系统（Ⅲ）
W-8		母鲁白隧洞水	文山德厚母鲁白村正南排水隧洞	C	F_1阻水断层带	地表水	163.8	
LSD-1		打铁寨落水洞	文山德厚镇打铁寨	C、T_2g、T_3n	F_1阻水断层带	地表水	12.54	
W-44		路梯浑水泉	马塘镇路梯对岸，盘龙江左岸泉群（浑水泉）	T_2f/T_2g	导水断层和岩性界面	下降泉	80	
S-1	S6	务路电站右岸泉	务路电站北50m，稼依河右岸（清水）	P_2w	稼依河断层和岩性界面	下降泉	3	
S-2		务路电站左岸泉	务路电站北50m，稼依河左岸（浑水）	P_2w	稼依河断层和岩性界面	下降泉	20	
S-3	S7	以切中寨泉	文山秉烈以切中寨稼依河对岸山沟	T_2f、T_2g	稼依河断层和岩性界面	下降泉	2	
S-4	S18	下务路饮水泉	文山秉烈下务路西南山坡	T_2f、T_2g	岩性界面	表层岩溶泉	15	
W-45	S34	路梯清水泉	文山马塘镇路梯对岸，盘龙江左岸泉群（清水泉）	T_2f、T_2g	导水断层与阻水断层交会和岩性界面	上升泉	560	
W-4		积水潭	马塘镇上保朵积水洼地（羞鱼塘）	T_2f、C	F_1阻水断层带	地表水	—	
W-5		积水潭	马塘镇上保朵屯积水洼地	T_2f、C	F_1阻水断层带	地表水	—	
BZK12	BZK12		打铁寨积水潭旁，怀疑与地表水潭水有关	T_2g	F_1阻水断层带附近	地下水		
ZK38	ZK38		上保朵大水潭旁，坡上玉米地中，地下水位高于湖水	T_2f、T_2g	F_1阻水断层带和岩性界面	地下水		
BZK13	BZK13		新打钻孔，抽水取样	T_2g		地下水		
					热水寨喀斯特水系统			
W-41	S1	热水寨河边冷水泉2	马塘镇热水寨西北，盘龙江右岸，河边	T_2f、T_2g	F_1阻水断层带	上升泉	20（估）	热水寨岩溶水系统（Ⅳ）
W-40	S2	热水寨河边冷水泉1	马塘镇热水寨西北，盘龙江右岸，河边	T_2f、T_2g	F_1阻水断层带	上升泉、间隙	15（估）	
S-6	S3	热水寨温泉	马塘镇热水寨西北，盘龙江右岸，河边	T_2f、T_2g	导水断层与阻水断层交会和岩性界面	上升泉	20（估）	

表 2.5 - 8　　　　　　　　　　　　　　主要岩溶泉（地下河）排泄特征

水点名称	出露位置	出露地质条件
羊皮寨地下河	德厚乡羊皮寨东 1.2km，德厚河河谷底，无色冲岩溶盲谷北端	杨柳河背斜倾伏端，NW 向断层阻水与德厚河下切
双龙潭地下河	德厚乡铁则北，德厚河河谷左岸	杨柳河背斜倾伏端，NW 向断层阻水与德厚河下切
白鱼洞地下河	德厚街道南 2km，德厚河河谷左岸	杨柳河背斜倾伏端，NW 向断层阻水与德厚河下切
大红舍龙洞地下河	大红舍—横塘子之间，咪哩河溶蚀谷地源头靠南边。老寨大黑山向斜中间抬起端北翼	f_9 断层、$T_1 y$ 与 $T_2 g$ 岩性接触界面联合阻水
"八大碗"泉群	咪哩河与德厚河交汇口至以上 2km 咪哩河河段，季李寨山字型构造弧顶	F_1 与 F_2 断层、辉绿岩体、C_1、C_2 地层接触界面、$T_1 f$ 碎屑岩联合阻水
八家寨泉群	平坝八家寨岩溶谷地中央	F_1 与 f_3 阻水断层联合阻水、地下水富集形成富水块段
云峰—海尾—平坝地下水富水块段	云峰—海尾附近的老乌海（德厚河流域）和差黑海（稼依河流域）	F_1、f_3 及 $T_2 f$ 联合阻水、地下水富集形成富水块段
牛腊冲右岸地下河	牛腊冲村北西方向 1km 公路下，牛腊冲左岸	NW 向断层、$T_1 y$ 与 $T_2 g$ 岩性接触界面联合阻水，牛腊冲沟深切
打铁寨地下河	德厚河峡谷左岸三家界附近悬崖边	德厚河峡谷深切
方解石洞地下河	德厚河峡谷左岸，咪哩河与德厚河交汇口北 700m，方解石洞口	德厚河峡谷深切
母鲁白伏流	母鲁白南 1.5km 积水潭附近，人工导水洞口，F_1 断层东南盘，德厚河峡谷左岸悬崖边（电厂对岸）	德厚河峡谷深切
上保朵地下河	德厚水库坝址下游约 300m，德厚河左岸洞口，季李寨山字形构造弧顶转折端	$P_2 \beta$ 与 F_2 阻水、德厚河峡谷深切
砒霜厂供水泉	文山—平坝公路与咪哩河交会点（公路桥）上游 300m，咪哩河右岸	f_8 与 F_2 断层联合阻水
黑末大龙潭泉	黑末小寨北 300m，咪哩河右岸，跑马塘向斜轴部	F_2 断层阻水，咪哩河下切
黑末机井泉、黑末田中泉	咪哩河捏黑支流于公路交汇口附近（黑末机井泉）、大龙潭泉对岸	F_2 断层阻水
河尾子田间泉	黑末小寨—河尾子之间，咪哩河右岸	$T_1 y$ 砂页岩夹层阻水
大红舍西层间泉、大红舍西山坳湿地泉	大红舍西 2km，咪哩河北拐处	$T_1 f$ 顶部与 $T_1 y$ 下部砂页岩夹层阻水

　　1）压扭性断层阻水。因压扭性断层对地下水运移的阻挡而造成岩溶地下水以岩溶泉（泉群）或地下河方式出露地表的在本工程区内最典型或具有代表性，属于此类的岩溶泉（地下河）有大红舍龙洞地下河、黑末机井泉、黑末田中泉、河尾子左岸田中泉、河尾子右岸田中泉、打磨冲泉、八家寨泉群、牛腊冲右岸地下河、牛腊冲左岸泉、热水寨冷水泉

群、热水寨温泉、白鱼洞地下河、路梯岩溶泉群、砒霜厂供水泉（图2.5-6）、以切电站清水泉、以切电站浑水泉和大红舍龙洞地下河等，地下水通常在压扭性断层一侧或在压扭性断层交会处出露地表。其中，砒霜厂供水泉、八家寨泉群为压扭性断层交会联合阻水；以切电站清水泉和以切电站浑水泉位于导水断层与阻水断层交会处。

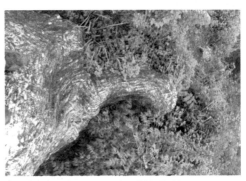

（a）砒霜厂供水泉　　　　　　　　　（b）断层对岩层的挤压褶皱

图2.5-6　砒霜厂供水泉及附近断层对岩层的挤压褶皱

　　2）非碳酸盐岩或弱岩溶含水层组阻水，或断层与隔水岩层联合阻水。岩溶地下水运移受非碳酸盐岩或岩溶不甚发育的弱岩溶含水层组阻挡，在有利地形条件（河谷）下而以岩溶泉或地下河方式排出地表，排泄点多位于碳酸盐岩含水层组与非碳酸盐岩的岩性接触界面（或断层接触界面）处。典型的如黑末大寨泉、八家寨岩溶泉群、务路大坡岩溶泉（两个）、大红舍村西部山坳泉、横塘子后山山坳泉、河尾子右岸路边泉、河尾子桥边泉、下倮朵对岸泉、热水寨温泉和路梯岩溶泉群等。造成上述地下水出露的非碳酸盐岩（阻水）岩层包括 T_2f 碎屑岩（如务路大坡两个季节性岩溶泉、热水寨温泉和路梯岩溶泉群）、T_1y 中砂页岩夹层（图2.5-7河尾子右岸路边泉、河尾子田中承压泉、下倮朵对岸泉）、T_2g 底部接触界面附近的红色泥页岩（图2.5-8黑末大寨泉，图2.5-9大红舍村后泉）。

（a）承压泉　　　　　　　　　　（b）T_1y薄层泥质灰岩

图2.5-7　河尾子右岸田中承压泉及附近的 T_1y 薄层泥质灰岩

（a）黑末大寨泉

（b）T_2g红色泥页岩

图 2.5-8 黑末大寨泉及附近的 T_2g 红色泥页岩

（a）大红舍村后泉

（b）T_2g红色泥页岩

图 2.5-9 大红舍村后泉及附近的 T_2g 红色泥页岩

3）褶皱转折端或褶皱轴部与断层复合阻水。岩溶地下水沿向斜或背斜轴部或翼部运移过程中，遇深切河流或被阻水断层阻挡出露地表。典型的如地下水沿杨柳河背斜核部、两翼向 N、NE 运移过程中，在背斜轴部遇 NW 走向断层阻挡出露地表（龙树脚泉1、龙树脚泉2）；或在背斜倾伏端受 NW 走向断层阻挡而出露地表（羊皮寨地下河、双龙潭地下河、白鱼洞地下河）；黑末大龙潭泉则是沿跑马塘向斜轴部自东向西运移，遇 F_2 断层阻挡而出露地表；大红舍龙洞地下河则发育于沿老寨大黑山向斜南翼，绕过向斜在大凹子附近向斜抬起端后，沿北翼运移，受 f_9 断层阻挡出露地表。

4）多种界面复合或多原因出露。在 C_1 和 C_2、D_2d 和 C_1 岩层接触界面附近由于岩溶发育的差异性，也是地下水排泄的重要地段，出露的岩溶泉以"八大碗"泉群、羊皮寨地下河、白鱼洞及双龙洞地下河为代表。"八大碗"岩溶泉群地处季李寨山字型构造弧顶转折端，又是华力西期浅成基性侵入岩（辉绿岩体）与 C_1 和 C_2 地层接触界面，并位于 F_1\ F_2 阻水断层及灰岩与玄武岩界面复合处附近，加上新构造运动抬升造成河谷深切，穿越岩溶含水层，河流地表水位低于岩溶地下水位，而在河谷交汇处地下水出露地表形成岩溶泉群。

5）地下水赋存。主要赋存于岩溶管道（D、C）或岩溶裂隙中，在云峰—海尾—平坝—八家寨一线，因受 F_1、F_3 阻水断层与隔水岩层 T_2f 联合阻水，地下水位较高，赋存丰富岩溶地下水，成为富水块段，大部分时间地表积水成湖，成为典型的岩溶湿地（图 2.5-10），雨季内涝现象显著。

图 2.5-10 海尾—平坝地下水溢出的岩溶湿地

2.5.4 岩溶水系统研究

岩溶水系统是指有相对固定的边界、汇流范围、蓄积空间，具有独立的补给、径流、排泄关系和统一的水力联系所构成的水文地质单元，是岩溶系统中最活跃、最积极的地下水流系统。岩溶水系统研究是指应用岩溶水的系统理论，根据岩溶水文地质场中的结构场、水动力场、水化学场、水温度场、水同位素场等资料和信息，研究他们之间的内在联系，分析岩溶发育与发展的时空变化，演绎出地下水补给、径流、排泄关系。德厚河和咪哩河流域均为典型岩溶区，碳酸盐岩分布区约占水库区面积的 79%，枯季汇水大部分来源于岩溶地下水。根据德厚水库流域内岩溶地下水点的空间分布及其补、径、排、蓄及水文地质边界，结合岩溶泉之间的相互关系、含水层组类型及组合关系、水点的水文动态变化、水温度、水化学、水同位素特征等综合分析，将岩溶水系统划分为 4 个岩溶水系统，9 个岩溶水子系统（表 2.5-9），本节主要研究岩溶水系统中的结构场、水动力场等方面的内容。

表 2.5-9 德厚水库流域区岩溶水系统分区表

序号	岩溶水系统名称		备　注
1	Ⅰ 咪哩河岩溶水系统	Ⅰ1 大龙洞岩溶水子系统	
2		Ⅰ2 咪哩河河谷岩溶水子系统	
3	Ⅱ 德厚河岩溶水系统	Ⅱ1 杨柳河背斜岩溶水子系统	
4		Ⅱ2 白鱼洞岩溶水子系统	
5		Ⅱ3 "八大碗" 岩溶水子系统	
6		Ⅱ4 明湖-双宝岩溶水子系统	
7		Ⅱ5 海尾-平坝岩溶水子系统	
8	Ⅲ 稼依河下游岩溶水系统		
9	Ⅳ 热水寨岩溶水系统		

2.5.4.1 咪哩河岩溶水系统（Ⅰ）

1. 结构场

咪哩河岩溶水系统位于咪哩河流域，地质构造上位于老寨大黑山向斜中部抬起端及北翼。系统北部与西部边界大致位于上保朵—布烈—花庄—菠萝腻—址格白—水头树大坡—水头坡—老尖坡一线，地表水分水岭与地下水分水岭之间不一致，地下水水文地质边界以上二叠统玄武岩（$P_2\beta$）、煤系地层（P_2l）作为系统隔水边界与德厚河岩溶水系统（Ⅱ）为界，边界稳定。南部边界位于老尖坡—白石岩—老廻龙（薄竹镇）—祭天坡—荣华村后山，大致以老寨大黑山向斜轴部的 T_2f 碎屑岩组成的地表分水岭与南部的马过河流域为界，边界稳定。东部边界位于荣华村—罗世鲊东部尖山—河尾子—石桥坡以东的地表分水岭，T_1y 顶部泥质灰岩库段以地表分水岭为界，与东部的热水寨岩溶水系统（Ⅳ）为界，边界稳定；T_2g 灰岩、白云岩库段，由于 T_2g 地层及 f_9 断层由西向东延伸至热水寨岩溶水系统，在地表分水岭西侧（咪哩河）存在地下水低槽，分析其与热水寨岩溶水系统之间可能存在某种程度的水力联系，边界不清晰。咪哩河岩溶水系统汇水总面积为 $105km^2$，其中，岩溶区面积约占 50%。咪哩河岩溶水系统主要岩溶含水层组为永宁镇组（T_1y）薄—中层状泥质灰岩夹泥灰岩、页岩、灰岩，个旧组（T_2g）厚层隐晶—细晶质灰岩、白云岩（底部含泥页岩），岩溶发育中等—强烈。

（1）永宁镇组（T_1y）为中等岩溶含水层组。岩溶发育弱—中等，富水性中等。地下水主要赋存并沿岩溶裂隙运移，流速缓慢。由于存在多层相对隔水的页岩、泥灰岩及阻水断层，使该含水层地下水被分隔成较多的相对独立、规模较小的岩溶水泉域系统，造成岩溶泉出露数量多、泉流量少。除位于西南向斜抬起端、咪哩河源头的大红舍龙洞地下河（主要补给、径流区位于 T_1y 泥质灰岩分布区）因有发源于薄竹山花岗岩体的非饱和、具有强烈侵蚀和岩溶能力的多处外源水的补给，地下水在岩溶裂隙-管道双重介质中运移、赋存，地下河流量较大（最大 3000L/s），其余单个泉点泉水流量一般在 $5\sim20L/s$，但总体上各泉点的水文动态变化较稳定。

（2）个旧组（T_2g）为中—强岩溶含水层组。在区内仅分布于横塘子—华荣村—罗世鲊—黑末一带的咪哩河河床两岸。下段（T_2g^1）岩性以白云岩为主，夹白云质灰岩、灰质白云岩、页岩、泥岩、泥灰岩，岩溶发育弱—中等，水文地质特征与永宁镇组含水层组类似，地下水主要赋存于小孔洞、岩溶裂隙中，岩溶泉数量少、规模也小，如大红舍村中泉，流量约 2L/s，大红舍西山腰泉以及黑末大寨泉，流量均在 $3\sim5L/s$ 之间。上段（T_2g^2）岩性以厚层块状灰岩为主，在咪哩河库区仅分布于咪哩河南（右）岸小红舍—荣华村一带，由于来源于碎屑岩非饱和外源水的侵蚀和岩溶作用，岩溶发育强烈，地表常形成典型的边缘岩溶谷地和线性排列的孤立石峰；地下水主要赋予岩溶管道中（如大红舍龙洞地下河、打磨冲泉，白沙村岩溶塌陷，穿越地表分水岭的隐伏岩溶管道等），地下水点（咪哩河左岸）少但单个水点流量大，水文动态变化也大，咪哩河右岸无泉水出露。由于其向东延伸至热水寨岩溶水系统，是咪哩河库区主要的岩溶渗漏地段。

2. 水动力场

咪哩河发源于测区南部薄竹山花岗岩体南缘的老寨、水头坡一带，受薄竹山花岗岩岩体、杨柳河背斜构造隆起造成的南高北低地形格局和碳酸盐岩底板（碎屑岩夹层，控制地下水运移方向、岩溶发育深度）自南向 NE 掀斜的地质格局的影响，地表水、地下水总体自南向北、自西向东运移，最终汇入北部的德厚河。岩溶发育受区内最低排泄基准面（德厚河、盘龙河）控制，具体径流方向和途径主要受老寨大黑山（祭天坡—马塘）向斜自 SW—NE 转向东的 S 形扭曲及其在老寨大黑山的抬起以及伴随的 SW—NE 走向的 F_2 和 F_3 断层的控制，可分为大龙洞岩溶水子系统和咪哩河河谷岩溶水子系统。

（1）大龙洞岩溶水子系统（Ⅰ1）。来源于南部薄竹山北麓碎屑岩（P_2l、$P_2\beta$、T_1f）分布区的地表水（外源水）通过水头坡→老寨→落水洞、野龙树→白租革落水洞、三岔冲→童子营→以哈底落水洞三条地表沟溪在穿越 T_1y/T_1f 接触界线后不远处通过位于向斜抬起端（轴部、南翼）的落水洞集中补给 T_1y 岩溶含水层，地下水从东南翼绕过向斜抬起端转向向斜东翼，后顺层面（T_1y/T_2g 接触界面运移），通过双包潭、大凹子至龙洞附近，在 T_1y 和 T_2g 接触界面与 f_9 断层交会处受阻排出地表，见图 2.5-11。系统属开放性岩溶水系统，地下水流量大，水文动态变化约 10 倍，一般在大雨后第二天达到峰值，地下水浑浊，洪峰流量在 5000L/s 以上，洪峰过后流量快速衰减，枯季不足

图 2.5-11 大红舍龙洞地下河出口（雨季）

500L/s，地下水径流模数为 $M=8.9\sim40.72\text{L}/(\text{s}\cdot\text{km}^2)$。关于以哈底落水洞与龙洞地下河之间的水力联系，不仅在地表可见两点间沿 T_1y/T_2g 接触界线呈线状展布的串珠状深大洼地，大多数洼地底部常年积水成潭，如双包潭、大凹子、横塘子，属于典型岩溶潭或地下河天窗，而且，对上游作为某矿山尾水、尾渣排放地（图 2.5-12）的双包潭与大红舍龙洞地下河出口的水质检测表明，两者具有良好的相关性，前者如 K^+（6.42mg/L）、Na^+（13.65mg/L）、SO_4^{2-}（315.1mg/L）、永久硬度（314.83mmol/L）、固形物（502.4g/L）、电导率（766.4S/m）等均远远超过周边地表水和地下水同类指标及国家饮用水水质标准，属于重度污染源；大红舍龙洞地下河出口虽然因有源头外源水及沿途地下水汇合、稀释，但上述指标仍然远远高于其他泉水，如永久硬度达 44.64、SO_4^{2-} 浓度为 43.22mg/L、K^+ 浓度为 1.26mg/L、Na^+ 浓度为 3.45mg/L，表明两点具有良好的水力联系。此外，大红舍龙洞地下河出口地下水中 Al、Cd、Mn、Hg 指标也远超该地区背景值，也应该是双包潭矿山污染所致。大龙洞岩溶水子系统的地下水最低排泄面为咪哩河，为补给型岩溶水动力类型。

（a）双包潭污染水体

（b）尾矿渣

图 2.5-12 双包潭污染水体与拟排放的尾矿渣

（2）咪哩河河谷岩溶水子系统（Ⅰ2）。为典型单斜层叠式半封闭储水型岩溶水系统，地表水、地下水自咪哩河两岸向河谷径流。其中，受杨柳河背斜、季李寨山字型构造的影响，咪哩河左岸的横塘子北边小河、捏黑支流发源于水结一带约 1600m 上二叠统玄武岩

剥蚀高原面上，地表水汇集后自西向东径流，进入灰岩含水层后部分沿层面、裂隙入渗地下，成为本岩溶水子系统的主要补给源，地下水顺层面倾向（受不透水夹层夹持）或裂隙自西向东、向下运移，受 F_2 断层或含 T_1y 和 T_2g 灰岩层间隔水层阻挡出露于咪哩河河谷的断层带及两侧（图 2.5 - 13）；由于 T_1f、T_1y、T_2g 中或碎屑岩夹灰岩、或灰岩中夹碎屑岩，造成含水层组被夹持，地下水相互独立形成独立的岩溶水泉域系统，地下水出露泉点多、单个泉点流量小（一般 3～20L/s）、水文动态稳定，并具有一定的承压性（一般高出周边水田水面 30～50cm），典型的如黑末机井泉、河尾子右岸田间泉、河尾子左岸田间泉等（图 2.5 - 14）。发源于咪哩河右岸的 T_1y 岩溶地下水受走向与河流平行的隔水碎屑岩下层的阻挡，地下水也主要垂直岩层面的裂隙，或沿次级构造面岩层走向方向运移（如黑末大龙潭泉沿跑马塘背斜核部发育），或沿岩溶裂隙、自东向西运移，受咪哩河下切出露，属于开放岩溶水系统，循环深度较浅，不承压，水文动态变化大，雨季常出浑水，旱季多干枯。典型泉如沿节理发育的河尾子右岸路边泉（图 2.5 - 14）等；位于文山—平远街公路边、咪哩河右岸的砒霜厂供水泉为承压泉，水文地质调查表明，该泉可能来源于咪哩河右岸的砒霜厂（位于公路北的峰丛洼地中，洼地原来积水）附近，大致沿 f_8 断层北东盘自 NE 向 SW 运移，受 F_2 断层阻挡出露地表，泉水水质分析检测到 Cd 离子浓度（0.022mg/L）、Mn 离子浓度（0.0022mg/L）、As 离子浓度（1.110mg/L）和 Se 离子浓

（a）河谷田间泉

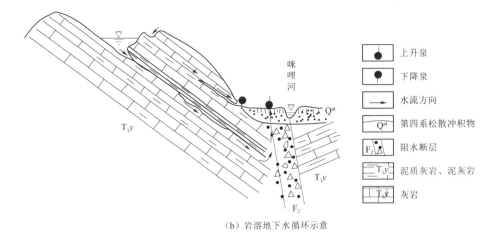

（b）岩溶地下水循环示意

图 2.5 - 13　咪哩河河谷田间泉及河谷岩溶地下水循环示意图

度（0.001mg/L）的含量明显高于周边其他泉水，尤其是 As 离子浓度高达 1.11mg/L，超过《生活饮用水卫生标准》（GB 5749—2006）的 110 倍，证实地下水来自砒霜厂附近并被污染。咪哩河中下游岩溶水子系统地下水主要出露于抹黑—河尾子咪哩河河谷两岸，共有岩溶泉点 20 余个，总流量为 270.1L/s（调查期间雨季），雨季 $M=6.0$ L/($s·km^2$)。咪哩河左岸岩溶含水层、咪哩河右岸 T_1y 岩溶含水层的地下水以咪哩河为最低排泄面，属补给型岩溶水动力类型。

图 2.5-14　河尾子右岸路边泉

咪哩河右岸荣华—罗世鲊一带，岩性为 T_2g 灰岩、白云质灰岩、白云岩，发育三条隐伏岩溶管道，其走向与褶皱轴部走向、断层走向、岩层走向局部一致，三条管道在盘龙河右岸相交，长约 6250m，并在盘龙河右岸河边出露 S1、S2 泉水（热水寨岩溶水系统）。咪哩河库区右岸 T_2g 岩溶含水层无泉水出露，咪哩河河水高程 1360.00～1380.00m；河间地块 T_2g 灰岩地下水位枯季为 1321.00～1371.00m，雨季为 1365.00～1405.00m；ZK2、ZK15 钻孔地下水位最低分别为 1342.00m、1326.00m，低于咪哩河水位 23m、39m，见图 2.5-15；盘龙河右岸 S1、S2 泉水高程 1300.00～1302.00m。河间地块（咪哩河与盘龙河）的灰岩仅雨季（8 月至次年 1 月）存在地下水分水岭，含水介质为双重介质（岩溶裂隙、隐伏岩溶洞及管道），雨季接受降雨补给，分水岭西侧地下水向咪哩河排泄（咪哩河河谷岩溶水子系统），分水岭东侧地下水向盘龙河排泄（热水寨岩溶水系统）。枯季（2—7 月）河间地块无地下水分水岭，接受降雨及咪哩河河水补给，通过岩溶裂隙及管道径流，向盘龙河排泄，见图 2.5-16，与热水寨岩溶水系统（Ⅳ）的水力联系密切。咪哩河库区右岸（荣华—罗世鲊一带）为补排交替型岩溶水动力类型。

2.5.4.2　德厚河岩溶水系统（Ⅱ）

1. 结构场

德厚河岩溶水系统位于德厚河流域，地质构造上位于季李寨山字型构造区、杨柳河背斜北部倾伏端。其南部、东南部边界大致位于上倮朵—布烈—花庄—菠萝腻—址格白—水头树大坡—水头坡—老尖坡—烂泥洞（风丫口）一线，地下水边界以上二叠统玄武岩（$P_2\beta$）、煤系地层（P_2l）作为系统隔水边界与咪哩河岩溶水系统（Ⅰ）、马过河流域为界，边界稳定，但址格白以东地表水分水岭与地下水分水岭不一致。西部边界位于分水岭—老寨大黑山—老营盘—颇者大黑山—楚者冲—坝心一线，大致以杨柳河背斜轴部的碎屑岩（D_2p、$\in_2$）组成的中高山地表分水岭与南盘江水系为界，地表水与地下分水岭一致（背斜 NE 倾伏端附近，西翼的西冲子—大山脚一带地下水汇入德厚河）。北部地下水边界位于红甸乡与马塘镇交界的海尾—平坝一线，即冲白拉—云峰村—九架山—小耳朵—小红甸—红甸，地表水分水岭与地下水分水岭不一致；地下水分水岭大致以 T_2f 碎屑岩与南盘江水系及稼依河流域为界，地表分水岭位于地形平缓的平原区，为可变边界线，丰水期与枯水期变化较大，位于地表分水岭与地下水分水岭之间的地下水以泉的方式出露地表

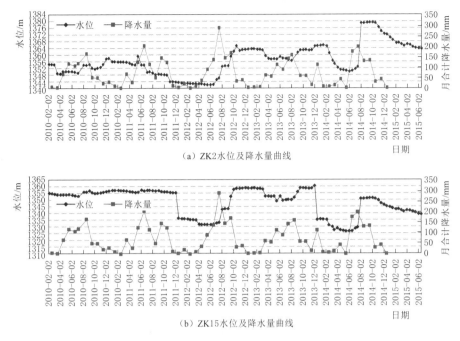

（a）ZK2水位及降水量曲线

（b）ZK15水位及降水量曲线

图 2.5-15　ZK2、ZK15 钻孔地下水位观测图

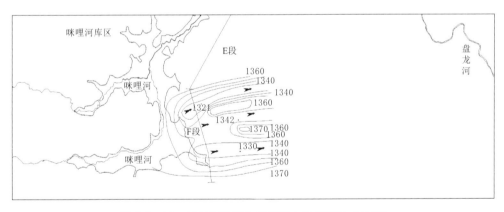

图 2.5-16　咪哩河库区右岸地下水等值线图（枯季）

后，在平坝八家寨、海尾和平坝后山水库等地通过地表沟、落水洞补给牛腊冲河；北东边界较为复杂，地下水主要以文麻区域深大断裂（F_1）阻水断裂、N、T_2f 及 T_3n 碎屑岩和德厚河谷作为其与稼依河下游岩溶水系统（Ⅲ）的边界，但地表水分水岭位于 F_1 断裂的东部，即系统还接受母鲁白—务路山以西的地表水（通过母鲁白河、打铁寨河、上倮朵羞鱼塘和地表河）的补给。德厚河流域总面积为 521km²，德厚河岩溶水系统为典型的岩溶区，碳酸盐岩分布面积占 80% 以上。岩溶含水层组主要为石炭系灰岩（C_1、C_2、C_3），遍布全区，占整个水系统的 70% 以上，其次是东岗岭组（D_2d）灰岩，集中分布在杨柳河背斜 NE 倾伏端马脚基—铁则—羊皮寨—阿尾下寨一带；个旧组（T_2g）灰岩则主要呈条带状分布于明湖—双宝—茅草冲一线，被 NW 走向断层所夹持。

大气降水是地下水主要补给来源，外源水通过落水洞集中补给地下含水层和背斜倾伏端储水（包括杨柳河背斜 NE 倾伏端、八角寨附近的背斜轴部破碎带、季李寨山字型弧顶）是本岩溶水系统的主要特征。此外，东北部还接受稼依河下游岩溶水系统来自母鲁白—务路大坡地表分水岭以西的地表水补给；北部接受海尾、平坝地表水和岩溶泉水补给。地下水主要赋存于背斜两翼以岩溶洞（管道）为主的含水介质中，以顺构造线或地层走向运移为主，地下水运移快，并在背斜倾伏端富集、排泄，出露水点少，但单个水点的流量大，水文动态变化也大。岩溶地下水以地下河、泉（泉群）的方式集中在杨柳河背斜倾伏端（羊皮寨—铁则—白鱼洞一带）、季李寨山字型构造弧顶转折端（德厚河与咪哩河交汇口段）、海尾—八角寨和牛腊冲以北沟溪两岸排泄；出露大小水点（泉、地下河）共 30 余个，总流量约 3600L/s（不含来自东北务路地表水，德厚上游为枯季流量），地下水径流模数为 $M = 7.5 \sim 10.0 \text{L}/(\text{s} \cdot \text{km}^2)$。重要水点包括羊皮寨地下河、双龙潭地下河、白鱼洞地下河、"八大碗"岩溶泉群、牛腊冲右岸地下河、牛腊冲左岸泉、八角寨泉群等；单个泉（地下河）流量一般在 $50 \sim 1500 \text{L/s}$ 之间，雨季最大流量在 3000L/s 以上，并且地下水的发育演化历经多个阶段（在规模较大的地下河出口通常可见 3～4 层水平洞穴）。可分为 5 个岩溶水子系统，其中，海尾—平坝岩溶水子系统（Ⅱ5）地下水赋存于构造断块山、边缘岩溶谷地（总体为背斜倾伏端，轴部被 F_1 断层穿越，岩石破碎）的 T_2g 灰岩、白云质灰岩和 T_1y 泥质灰岩（属于岩溶裂隙、管道双重含水介质）中。受 F_1、F_3、NW 向明湖阻水断层及 T_2f 隔水岩层的夹持，为南部、东部和西部相对封闭、北部开放（地表、地下水分水岭）的半封闭地下水系统，地下水位高，富水性强（局部形成富水块段），岩溶发育总体强烈，地表形成典型的岩溶谷地（边缘谷地）和峰林平原地貌。尤其在南部 T_2f 和 T_2g 接触界面低洼的边缘谷地积水，形成典型的岩溶湿地，代表性的湿地如海尾凹子、后山水库。出露的明显的岩溶泉点较少，包括牛腊冲左岸泉、八家寨岩溶泉群等，地下水总流量约 61.17L/s。

2. 水动力场

德厚河发源于南部薄竹山附近，受西南部薄竹山花岗岩体、西部杨柳河背斜隆起造成的西南高北东低地形格局、和碳酸盐岩底板（碎屑岩夹层，控制地下水运移方向、岩溶发育深度）自南向北东掀斜的地质格局、盘龙河自南向北袭夺的控制，地表水、地下水总体自南向北、再转向东、转东南运移，即德厚河自烂泥洞向北经母鸡冲、羊皮寨向德厚街方向流动，沿途接受岩溶地下水的补给，在德厚街以北急转 90°，向东经木期德流向牛腊冲；在牛腊冲与牛腊冲河汇合后转向东南方向，流向坝址所在的德厚河岔河峡谷河段，具体径流方向和途径主要受背斜或岩层走向、断层控制。

（1）杨柳河背斜岩溶水子系统（Ⅱ1）。位于薄竹山南缘、杨柳河背斜核部及东翼，是德厚河源头，系统主要接受大气降水补给，主要岩溶含水层组为东岗岭组（D_2d）灰岩，其次为中寒武统（$\in_2$）碎屑岩与灰岩互层、石炭系（C）灰岩。除碳酸盐岩裸露区地下水直接接受大气降水补给外，地下水主要接受来源于非碳酸盐岩地区的外源水补给，有多个补给径流途径。①地下河主径流：来源于薄竹山的地表汇水→分水岭→烂泥洞→母鸡冲→五色冲落水洞→顺杨柳河背斜东翼 D_2d 和 C_1 接触界面→羊皮寨地下河出口 D_2d 和 C_1 接触界面出露地表；在五色冲落水洞至羊皮寨地下河出口，发育典型的岩溶干谷，为早期的德厚河河床；②来源于老寨大黑山向斜核部的外源水→大桥冲→乐诗冲→汇入五色冲；

③来源于杨柳河背斜核部（牛作底—白牛厂）的外源水，汇集成洋羊街子→坝心、大尖坡→阿尾、龙树脚（乌鸦山→白牛厂→牛作底）3 条地表沟溪，分别通过坝心、阿尾上寨岩峰窝和菲古小塘子落水洞入渗地下，然后顺背斜东翼岩层走向（D_2d 和 C_1 接触界面）向北或背斜倾伏端的放射性破裂面（垂直岩层走向）向东运移，在五色冲附近及岩溶干谷底汇入羊皮寨地下水主管道；④杨柳河背斜倾伏端 2123 高地→中寨→田尾巴落水洞→沿背斜倾伏端放射状节理（破裂面，垂直层面）→铁则双龙潭出露地表。位于杨柳河背斜核部牛作底—白牛厂一带中寒武统中等岩溶含水层组分布区，岩溶水循环历经地表水→地下水→地表水→地下水→地表水的多次转换，其中，中寒武统岩溶地下水在牛作底、白牛厂附近龙树脚出露的两个岩溶泉（龙树脚泉 1、龙树脚泉 2），流量为 30L/s 左右，并在牛作底、阿尾附近形成两个较大的湖泊，成为系统稳定的补给源。杨柳河背斜岩溶地下水系统的两个主要排泄点羊皮寨地下河出口和双龙潭地下河出口的枯季流量分别为 875.15L/s、77.93L/s（1979 年 4 月）。杨柳河背斜岩溶水子系统地下水径流模数为 $M=3.59\sim15.00L/(s \cdot km^2)$，地下水以德厚河为最低排泄面，属补给型或排泄型岩溶水动力类型。

（2）白鱼洞岩溶水子系统（Ⅱ2）。位于杨柳河背斜西翼与德厚向斜分布区，主要岩溶含水层组为石炭系（C）灰岩，其次为东岗岭组（D_2d）灰岩，系统主要接受大气降水补给和来源于非碳酸盐岩地区的外源水的补给，大气降水在五里冲、西子冲、龙包寨一带汇集成地表沟溪，至马脚基进入岩溶区，雨季部分（枯季全部）入渗地下，沿杨柳河背斜与德厚向斜之间（大致顺层面）自西向东从马脚基→以奈黑→大龙一线至白鱼洞，受近 SN 向断层的阻挡而出露地表；白鱼洞另一支流源自岩子脚、楚者冲一带，地表沟溪自西南至北东方向至坝心逐渐深入地下，地下水沿 E 与 C 接触接面运移，途径以诺多、长山村至白鱼洞，白鱼洞地下河出口流量约为 1004L/s，白鱼洞岩溶水子系统地下水径流模数为 $M=5.19\sim15.00L/(s \cdot km^2)$，地下水以德厚河为最低排泄面，属补给型岩溶水动力类型。

（3）"八大碗"岩溶水子系统（Ⅱ3）。位于季李寨山字型构造西翼，季李寨山字型西翼呈弧形，自德厚街西北的感古一带地层走向和断层等呈 NW 走向，到花庄、土锅寨一带转为 EW 向，至水库坝址附近转 NE 向，并被文麻区域深大断裂带切割，弧形不完整，整体上呈现为一不完整弧形背斜。背斜核部位于德厚乐熙—木期德—卡左一线，由泥盆系坡折落组（D_2p）碎屑岩及东岗岭组（D_2d）组成，岩溶发育较弱，德厚河自西向东穿越背斜核部。背斜核部被 NW 走向断层切断，南翼较完整。地下水主要接受大气降水的直接入渗补给，或通过位于乐农—土锅寨一带高原面上的落水洞集中补给，地下水主要沿夹于近 EW 走向的背斜核部坡折落组（包括核部 NW 向 F_5 阻水断层）及南翼南部的上二叠系（P_2l、$P_2\beta$）隔水岩层之间，即季李寨山字型构造西翼（背斜南翼）的 C、P_1 灰岩强岩溶含水层组层面自西向东径流，在花庄、土锅寨以东的背斜倾伏端因咪哩河深切而出露地表。其中，布烈以西的基性岩体、文麻断层（F_1）及 F_2 断层对地下水运移起阻挡作用，是地下水主要出露于下石炭统灰岩中的主要原因。"八大碗"岩溶泉群共出露各类大小泉点 15 个（图 2.5 - 17），泉水总流量约 700L/s，地下水动态变化较大。"八大碗"岩溶水子系统地下水径流模数为 $M>10.00L/(s \cdot km^2)$，左岸地下水以德厚河为排泄面、右岸地下水以德厚河与咪哩河交汇口的咪哩河为排泄面，多为补给型岩溶水动力类型。

（4）明湖-双宝岩溶水子系统（Ⅱ4）。位于德厚河以北、牛腊冲西北的明湖、双宝、

图 2.5-17　"八大碗"岩溶泉群主要泉点照片

茅草冲一线，主要岩溶含水层组个旧组（T_2g）灰岩呈 NW 走向条带展布，东北、西南两边分别被 NW 向断层及 T_2f、T_1f（$P_2\beta$）等隔水岩层所夹持，形成 NW 走向的条带型边缘岩溶谷地，岩溶水系统具有典型的双层结构。雨季大气降水在西北 T_2f 碎屑岩山区汇集成地表沟溪，自北向南汇入岩溶谷地，在碳酸盐岩与碎屑岩接触界线附近岩溶洼地积水形成大明湖、小明湖和双宝附近的水库，地表水、地下水自西北沿谷地向东南径流（其中，地表水沿途入渗补给地下水，在平坝旧寨南有落水洞集中入渗地下），在牛腊冲河谷受 F_1 断层阻挡和牛腊冲下切而以地下河形式于牛腊冲河右岸（公路边）出露地表（图 2.5-18），水文动态变化大，雨季一般在下雨后 3～5h 即出现洪峰，洪峰流量最大可达 300L/s 以上，但一天后流量可衰减到 30～50L/s，变幅可达 5～10 倍，地下河的水质浑浊，水化学特征等表现出明显的地表河流特征。明湖-双宝岩溶水子系统地下水径流模数为 $M=5.00\sim15.00$L/(s·km²），地下水以湖泊为临时排泄面，最终向德厚河排泄，属补给型岩溶水动力类型。

（5）海尾-平坝岩溶水子系统（Ⅱ5）。受盘龙河自南向北袭夺的影响，区内地表水、下水总体自北向南或自西向东南径流。其中，平坝子系统自小红甸，经平坝上寨，至八家寨岩溶谷地中央，以岩溶泉群的方式出露地表，再通过地表沟溪向南运移，越过八家寨与茅草冲之间的 F_1 断层带，再通过落水洞入渗地下，推测最后于牛腊冲左岸泉出露于地表。与此类似，来源于煤厂沟的地表沟水自北向南至 F_1 断层带后，转向沿断层向 NW 方向运移，穿越 F_1 断层后于茅草冲公路边的落水洞入渗地下，推测也于牛腊冲左岸泉出露于地

图 2.5-18　牛腊冲右岸（公路边）的地下河出口

表。海尾沿与 T_2f 和 T_2g 岩性接触界面的碳酸盐岩一侧岩溶发育强烈，形成典型的边缘岩溶谷地，地表水、地下水总体自北向南运移，遇 T_2f 和 T_2g 岩性接触界面阻挡，顺层面向东南方向运移，至茅草冲、平坝附近再次受阻于 F_1 断层挡，地下水富集形成富水块段（岩溶地下水储水盆地）。由于地下水位高于洼地，地下水在洼地溢出并积水成潭，即形成典型的岩溶湿地，典型的如海尾大凹子、后山水库等。岩溶地下水通过这些岩溶地下水储水盆地在地表的"窗口"向南部茅草冲沟径流，成为牛腊冲河的主要水源。明湖-双宝岩溶水子系统地下水径流模数为 $M = 5.00 \sim 10.00\text{L}/(\text{s} \cdot \text{km}^2)$，地下水以泉水为临时排泄面，最终向德厚河排泄，属补给型岩溶水动力类型。

海尾-平坝岩溶水子系统与北部的稼依河的地下水之间没有明显的分水岭，两者之间的地下水、地表分水岭随季节（降水量与后山水库排泄量）变动，特大洪水季节海尾积水可能通过差黑海向北排向稼依河。

2.5.4.3　稼依河下游岩溶水系统（Ⅲ）

1. 结构场

位于母鲁白—务路—以切一带的稼依河下游两岸，稼依河自北向南从中部穿越本岩溶水系统，大致沿中倮朵—打铁寨—母鲁白—八家寨煤厂—土锅寨—下务路—舍舍—下平坝西—热水寨—汤坝—下倮朵一线，面积约 70km^2。西南边界以文麻区域深大断裂与 T_2f、T_3n 碎屑岩组成联合阻（隔）水边界，即德厚河岩溶水系统（Ⅱ）边界，地表水与地下水分水岭不一致。北部、东部边界以 T_2f、T_3n 碎屑岩为界，地表水与地下水分水岭一致。主要岩溶含水层组为 P_2w、T_1y、T_2g 灰岩，在牛腊冲至坝址的德厚河左岸出露有石炭系（C）和下二叠统（P_1）灰岩，被断层和隔水岩层分隔成母鲁白、务路大坡、以切、德厚河左岸和汤坝山等几个独立的岩溶水子系统。由于灰岩露头面积小，碎屑岩风化土层厚、疏松，易产生水土流失，高泥沙含量的地表水进入岩溶区影响其入渗地下含水层。地下岩溶发育弱—中等，地表以岩溶峰丘谷（洼）地地貌为主，有地表河、季节性地表沟溪发育。由于碳酸盐岩分布区周边的碎屑岩风化作用强烈，水土流失严重（图 2.5-19），洼地常因泥沙淤积而积水成塘（湖），以沿 F_1 断层东北盘呈串珠状分布的积水潭、务路龙潭坝、务路水库等最为典型。由于碳酸盐岩呈岛状分布于碎屑岩之中，大部分地区碳酸盐岩被覆盖于碎屑岩之下，共出露岩溶水点 7 个（含打铁寨地下河进口、母鲁白积水、上倮朵地下河进口），地下水总流量约 100L/s，地下水径流模数为 $M=3.0\sim5.0L/(s\cdot km^2)$。

2. 水动力场

碎屑岩分布区大气降水汇集成地表沟溪，以外源水的形式汇入岩溶区，在碎屑岩与碳酸盐岩接触边界形成边缘岩溶谷地，并因泥沙的淤积形成积水潭，典型的如母鲁白积水潭。岩溶含水层中地下水主要赋存于岩溶裂隙中和规模较小的洞穴中，自务路大坡向东、西两边运移。德厚河地表水、地下水

图 2.5 - 19　母鲁白水土流失

总体上自务路大坡（德厚河与稼依河分水岭）向德厚河河谷方向运移；其中，地下水向西径流至 F_1 断层带时受阻，在母鲁白积水塘、上倮朵羞鱼塘附近溢出地表（图 2.5 - 20），然后汇入母鲁白河、打铁寨河、羞鱼塘河和上倮朵河等地表河流，再分别通过母鲁白落水洞、打铁寨落水洞、羞鱼塘渗漏带、上倮朵落水洞等入渗地下，经母鲁白地下河（包括人工开挖的泄洪洞）、打铁寨地下河、羞鱼塘（方解石洞）地下河和上倮朵地下河排向德厚河，并在德厚河峡谷左岸形成瀑布或较大落差的跌水（图 2.5 - 21）和层状岩溶洞穴景观。

图 2.5 - 20　母鲁白附近 F_1 断层阻水造成地下水自东向西溢出

稼依河总体上受地形控制，在务路大坡以北，地表水、地下水总体自南向北运移，在 T_2g 和 T_2f 地层或断层接触界面附近出露地表，形成季节性岩溶泉，如下务路饮水泉等；在务路大坡以南，地表水、地下水总体沿 NW 走向断层向东南方向运移，在以切电站、以切中寨对岸受近 SN 向断层和碎屑岩阻挡而出露地表，典型泉点如务路电站右岸泉、以切中寨泉。在稼依河左岸，主要岩溶含水层组为下三叠统永宁镇组（T_1y）及下二叠统（P_1）灰岩，地表水、地下水总体从务路山自东向西顺层面运移，在稼依河河谷受 SN 向断层阻挡而出露地表，典型岩溶泉如务路电站左岸泉。汤坝山岩溶区比较特殊，大部分大气降水通过小汤坝地表沟溪排向盘龙河，但推测部分岩溶地下水可能沿汤坝山—热水寨近 SN 向断层穿越上覆的 T_2f 碎屑岩流向热水寨，形成路径较短的深部循环，在热水寨受 F_1 断层阻挡而出露地表，出露的热水寨温泉流量约 20L/s，水温约 30℃。

稼依河下游岩溶水系统的地下水以德厚河、稼依河为最低排泄面，德厚河与稼依河之间存在地下水分水岭，属补给型岩溶水动力类型。

（a）打铁寨落水洞　　　　　　　　　　　　（b）上倮朵落水洞

（c）打铁寨地下河出口　　　　　　　　　　（d）上倮朵地下河出口

（e）母鲁白水潭　　　　　　　　　　　　　（f）母鲁白排涝

图 2.5-21　　地表水、地下水向德厚河排泄

2.5.4.4　热水寨岩溶水系统（Ⅳ）

1. 结构场

位于咪哩河、盘龙河与马过河之间的三角形河间地块，其东部边界从下倮朵—汤坝—热水寨，以作为区域排泄基准面的盘龙河为界。西部边界位于荣华村—罗世鲊东部尖山—河尾子—石桥坡一线的地表分水岭，水文地质上北段以 T_1y 顶部与 T_2g 底部的碎屑岩（页岩、泥岩、砂岩）夹层与东部的热水寨岩溶水系统为界，边界条件稳定；但南段由于 T_2g 灰岩地层及 f_9 断层由东向西延伸至咪哩河河谷岩溶水子系统（I2）在荣华—罗世鲊地表分水岭以西的咪哩河右岸存在地下水低槽区，分析两个岩溶水系统之间存在水力联系。南部边界位于荣华村—大铁山—马塘—热水寨一线，以 T_2f、T_3n 碎屑岩组成的地表分水岭与马过河流域为界，地表水与地下水分水岭一致，边界条件稳定。热水寨岩溶水系统总面积为 $31km^2$，流域主要岩溶含水层组为 T_2g 灰岩、白云质灰岩、白云岩，岩溶发育中等—强，地下水主要赋存在岩溶裂隙、管道的双重介质中，地貌上围绕他德向斜（侵蚀丘陵）周边形成典型的岩

溶平原、岩溶谷地或边缘岩溶谷地（荣华—马塘镇）。热水寨岩溶水系统出露泉点包括下偀朵对岸泉、热水寨冷水泉 1（S1）、热水寨冷水泉 2（S2），地下水总流量约 55L/s。

2. 水动力场

受地形和地质构造控制，地表水、雨季地下水主要围绕跑马塘背斜、他德向斜、麻栗树背斜及向斜、f_9 断层自西向东运移。地下水有多条主要运移途径，形成各自独立的水文系统。主要地表水系有五里桥沟溪、塘子寨沟。盘龙河左岸塘子寨—下偀朵：地表水、地下水沿 T_1y 和 T_2g 接触界面自南向北运移，具体运移途径从砒霜厂东→塘子寨沟→塘子寨水潭（落水洞）→下偀朵对岸，于 F_1 与 T_1y 和 T_2g 接触界面交会处出露地表。

为了研究咪哩河右岸荣华—罗世鲊岩溶地下水与盘龙河的水力联系，进行了连通试验工作，于 2015 年 7 月 4 日选择了 ZK2 孔投放石松粉 25kg，在盘龙河右岸的 S1、S2 进行监测，根据监测结果，于 2015 年 7 月 14—18 日在 S1、S2 接收到石松粉成分，见图 2.5 - 22、图 2.5 - 23。石松粉示踪成果说明，ZK2 孔地下水与泉水 S1、S2 连通，泉水 S1、S2 属于同一个岩溶水系统的两个出口。初步估算，从示踪剂投放到接收历时 10d，按投放点到接收点直线距离 6.2km 计算，岩溶地下水平均流速为 620m/d。

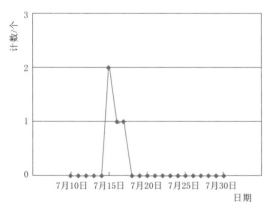 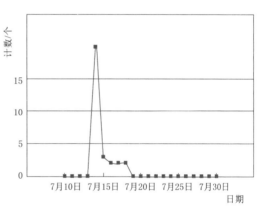

图 2.5 - 22 S1 监测点石松粉计数-时间过程线　　图 2.5 - 23 S2 监测点石松粉计数-时间过程线

河间地块（咪哩河右岸荣华—罗世鲊与盘龙河右岸）的灰岩仅雨季（8 月至次年 1 月）存在地下水分水岭，含水介质为双重介质（岩溶裂隙、隐伏岩溶洞及管道），雨季接受降雨补给，分水岭西侧地下水向咪哩河排泄（咪哩河河谷岩溶水子系统），分水岭东侧地下水向盘龙河排泄（热水寨岩溶水系统）。枯季（2—7 月）咪哩河与盘龙河之间无地下水分水岭，接受降雨及咪哩河河水补给，通过岩溶裂隙及管道径流，向盘龙河排泄，咪哩河河谷岩溶水子系统与热水寨岩溶水系统（Ⅳ）的水力联系密切。因此，咪哩河库区右岸（荣华—罗世鲊）为补排交替型岩溶水动力类型；盘龙河右岸、左岸均为补给型岩溶水动力类型。

2.5.5 水化学场、温度场、同位素场研究

德厚水库流域内分布有各类岩溶泉点 60 余个，各个泉的成因机制、岩溶水补径排条件差异较大，根据野外实地测量和室内水化学、同位素分析测试结果（表 2.5 - 10～表 2.5 - 13），对岩溶水系统中的水化学场、水温度场、水同位素场等方面的内容进行研究。

表2.5-10　水点水文特征指标野外测试分析结果表

编号	水点名称	流量/(L/s)	岩溶水系统	水温/℃	pH	ORP/mV	氧分压/%	电导率/(μS/cm)	HCO₃⁻/(mg/L)	Ca²⁺/(mg/L)	NO₂⁻/(mg/L)	NO₃⁻/(mg/L)	NH₄⁺/(mg/L)	HDO	叶绿素	蓝绿藻	浊度	调查、测量和取样时间
W-24	黑末龙潭泉	20	咪哩河岩溶水系统Ⅰ	20.2	7.31	245	67.40	851.7	408.7	—	—	10.2	0.3	6.09	1.61	272.5	2.92	2012年8月20日
W-29	河尾子右岸田间泉	8.48		20.29	7.23	242	67.70	762.5	402.6	—	—	13.9	0.3	6.1	0.15	348	0.98	2012年8月21日
W-25	河尾子大坝泉	10.02		20.29	7.2	265	62.80	728.5	372.1	—	—	25.1	0.2	5.67	-0.12	191	2.3	2012年8月21日
W-27	河尾子右岸路边泉	4.3		20.02	7.17	235	66.30	722.1	—	—	—	11.4	0	6.02	-0.22	227	31.6	2012年8月21日
W-28	河尾子左岸田间泉	4.9		20.46	7.21	233	47.10	774.5	433.1	—	—	8.7	0.3	4.24	0.48	-2093	1.27	2012年8月21日
W-33	黑末田间泉	5		20.16	7.22	274	66.20	704.3	427	—	—	11.3	0.1	5.99	1019	536	1.18	2012年8月21日
W-30	河尾子桥边泉	1		22.8	7.52	225	90.90	755.2	420.9	—	—	11.8	0.5	7.8	0.97	-1490	10.4	2012年8月21日
W-31	黑末大寨泉	5		19.3	7.29	262	66.75	723.7	445.3	—	0.027	10.7	0.1	6.62	-0.22	174.2	3.46	2012年8月21日
W-34	矼霜厂抽水泉	15		20.45	7.18	254	63.90	740.1	420.9	—	0.01	12.5	0.2	5.75	0.126	115.3	9.5	2012年8月21日
W-22	荣华水库	—	地表水	28.88	8.48	203	109.9	183.2	33	—	—	3.5	1.3	8.46	19.22	1032	115	2012年8月20日
W-37	塘子寨积水潭	2~3		26.34	9.02	192	138.1	251.1	97.6	—	—	10.7	1.6	11.1	0.62	364	46.7	2012年8月22日
W-36	下倮朱对岸泉	18		20.08	7.27	231	48.60	639.2	359.9	—	—	7.2	0.2	4.42	-0.1	289.2	35.6	2012年8月22日
W-26	咪哩河	1386		21.55	7.66	226	85.60	448.1	115.9	—	—	8.5	0.9	1.69	1.82	1706	超限	2012年8月21日
W-21	小红舍后山泉	3.0~5.0	咪哩河岩溶水系统Ⅰ	19.56	7.11	268	72.30	65	42	—	—	2.6	0.6	6.63	0.8	274	22.1	2012年8月20日
W-12	以哈底双龙包溶潭	—		26.24	7.48	222	33.70	766.4	—	132	0.039	1.3	2.1	2.72	0.7	271.6	9.95	2012年8月17日
W-15	横塘子后山饮用泉	0.3		21.45	7.5	31	62.30	590.6	—	110	0.027	3.9	0.4	5.51	0.95	-1368	0.89	2012年8月17日
W-16	横塘子-大红舍田中泉	4		19.69	7.23	241	58.50	723.3	—	140	—	15	0.3	5.34	-0.18	193.3	2.09	2012年8月17日
W-18	大红舍村后泉	3		19.59	7.21	221	66.00	719.3	445.3	—	0.022	11.2	0.2	6.05	-0.006	210.2	1.39	2012年8月19日
W-20	打磨冲泉	8		22.83	7.77	263	73.10	302.5	189.1	—	—	4.5	3.2	6.28	4.5	370.7	78.3	2012年8月20日

续表

编号	水点名称	流量/(L/s)	岩溶水系统	水温/℃	pH	ORP/mV	氧分压/%	电导率/(μS/cm)	HCO₃⁻/(mg/L)	Ca²⁺/(mg/L)	NO₂⁻/(mg/L)	NO₃⁻/(mg/L)	NH₄⁺/(mg/L)	HDO	叶绿素	蓝绿藻	浊度	调查、测量和取样时间
W-35	大红舍龙洞地下河	1500	咪哩河岩溶水系统 I	20.33	7.36	238	73.70	462	—	92	—	5.9	0.3	6.65	0.31	355	76.6	2012年8月17日
W-11	水外积水洼地	—		26.08	8.96	240	95.90	116.9	—	20	—	0.8	0.2	7.77	9.584	521	13.5	2012年8月17日
W-13	薄竹镇落水洞	145.6		24.92	8.43	183	90.80	304.7	—	36	0.027	2.6	0.4	7.5	1.01	-230	71.9	2012年8月17日
W-14	横塘子积水潭	—		29.43	7.91	236	88.00	284.8	—	43	—	1.6	2.4	6.71	2.6	440.5	24.2	2012年8月17日
W-17	大红舍层间泉	5		23.31	8.28	234	87.60	315.5	170.8	—	—	6.8	0.7	7.46	3.89	577	323	2012年8月19日
W-42	白租革落水洞	467		18.32	7.74	181	90.5	94.5	49	—	—	2.2	0.5	8.51	1.063	521	39.7	2012年8月23日
Q-1	"八大碗"泉群1	100	德厚河岩溶水系统 II	22	7.47	250	65.20	497.6	—	102	0.023	3.7	0.2	5.71	-0.23	271	1.59	2012年8月10日
Q-2	"八大碗"泉群2	140		22.45	7.5	262	60.10	516.9	—	96	0.012	3.7	0.2	5.21	0.86	631	3.68	2012年8月10日
Q-3	"八大碗"泉群3	18		23.18	7.48	251	54.90	547	—	102	0.037	4.0	0.2	4.69	0.75	421.6	10.1	2012年8月10日
Q-4	"八大碗"泉群4	3		23.39	7.48	249.2	52.70	575	—	110	0.018	4.1	0.2	4.48	-0.16	551	16.5	2012年8月10日
Q-5	"八大碗"泉群5	6		23.36	7.41	238	41.63	574.8	—	118	0.034	4.0	0.2	3.90	-0.4	245.3	14.9	2012年8月10日
Q-6	"八大碗"泉群6	70		23.38	7.43	234	46.70	576.2	—	118	0.030	4.2	0.2	3.97	0.12	291.7	16.6	2012年8月10日
W-9	打铁寨地下河	26.4		24.09	8.43	221	0.00	273	—	64	—	6.6	0.9	0	4.39	758	165	2012年8月15日
W-10	牛腊冲地下河	26.4		20.09	7.17	289	39.70	688.9	—	138	0.035	10.2	0.1	3.6	0.23	387	87.1	2012年8月15日
J-1	坝址左岸井水			22.66	7.40	252	58.40	546.5	—	108	0.026	5.3	0.3	5.05	-0.22	216	4.42	2012年8月11日
RD-1(S19)	坝址下游地下河	1		22.3	8.18	245	89.80	439.5	—	74	—	10.8	0.7	7.79	0.97	577	12.8	2012年8月11日
W-7	德厚河	6400	地表河流	20.62	8.54	255	91.10	417.6	—	74	—	5.3	0.4	8.17	0.93	472	228	2012年8月15日
HL-1	岔河	13550		21.89	8.32	265	94.40	436.1	—	78	—	6.1	0.3	8.26	1.264	666	702	2012年8月11日

续表

野外测试结果

编号	水点名称	流量/(L/s)	岩溶水系统	水温/°C	pH	ORP/mV	氧分压/%	电导率/(μS/cm)	HCO₃⁻/(mg/L)	Ca²⁺/(mg/L)	NO₂⁻/(mg/L)	NO₃⁻/(mg/L)	NH₄⁺/(mg/L)	HDO	叶绿素	蓝绿藻	浊度	调查、测量和取样时间
W-2	平坝西山后水库水	—		26.36	7.74	257.6	49.20	300.7	—	54	0.121	3.9	1.1	3.977	9.435	418.3	29.5	2012 年 8 月 13 日
W-38	牛腊冲河右岸地下河	192		22.96	7.68	220	77.5	472.1	231.8	—	—	4.0	1.3	6.65	2.08	419.4	170	2012 年 8 月 22 日
W-39	牛腊冲河左岸泉	490		22.17	7.41	223	71.5	362	152.5	—	1	6.2	0.9	6.22	5.75	450	157	2012 年 8 月 22 日
W-1	山后旧寨泉	24.8	德厚河岩溶水系统 II	21.37	7.49	309	24.50	387.6	—	74	0.023	9.1	0.7	2.17	45.26	299	43.1	2012 年 8 月 13 日
Q-7	牛腊冲桥边泉	5		20.38	7.25	332.7	54	696.8	—	128	0.029	8.6	0.2	4.87	-0.25	187	7.91	2012 年 8 月 12 日
Q-8	八家寨泉群	18		21.12	7.31	244	58.10	615.2	—	118	0.026	9.6	0.3	5.16	5.55	244	1.26	2012 年 8 月 12 日
Q-9	八家寨泉群	41.17		24.88	8.07	212	80.20	570.1	—	114	0.02	1.9	0.1	6.64	4.04	313	5.81	2012 年 8 月 12 日
Q-10	平坝上寨溶井	—		25.14	8.12	229	100	559.7		86	0.018	21.4	2.7	8.23	5.452	958	4.12	2012 年 8 月 12 日
Q-11	平坝下寨泉	2		20.25	7.48	224	26.40	655.8		112	0.009	15.8	0.4	2.38	1.84	216	4.05	2012 年 8 月 12 日
SK-1	后山水库	—		26.98	7.54	273	78.00	264.2		40	0.038	10.2	1.2	6.21	1.616	1242	6.75	2012 年 8 月 12 日
W-3	上保朵落水洞	10		25.89	8.4	245	93.30	185.6		22	—	7.3	0.9	7.58	15.14	1036	494	2012 年 8 月 14 日
W-8	母鲁白隧洞水	163.8		25.11	8.28 (8.43)	212	91.2 (39.7)	352.4		64	—	8.645	0.6	7.51	26.61	962.2	348	2012 年 8 月 15 日
LSD-1	打铁寨落水洞	12.54	稼依河下游岩溶水系统 III	24.2				56.0										2012 年 8 月 13 日
W-46	路梯清水泉	409.2		23.83	7.49	215	50.5	486	286.7	—	—	4.0	0.5	4.26	-0.26	201.6	7.8	2012 年 8 月 24 日
W-45	路梯清泉（中）	159.8		23.82	7.47	233	49.9	486.3	292.8	—	—	3.7	0.4	4.21	-0.25	209.5	8.8	2012 年 8 月 24 日
W-44	路梯祥水泉	142.45		23.1	7.51	220	65	515.3	323.3	—	—	6.1	0.5	5.5	-0.1	115.6	22.7	2012 年 8 月 24 日
S-1	务路电站右岸泉	5.16		19.1				223~450	427	130								2012 年 8 月 28 日
S-2	务路电站左岸泉	5.0		20.8				396.5		112								2012 年 8 月 28 日
S-3	以切中寨泉	1.0		19.9				1425 ?	427	140								2012 年 8 月 28 日
S-4	下务路泉	0.5+		28.5				749	244	80								2012 年 8 月 28 日
S-5	八家寨东洗矿潭	—		25.1				736	231.8	48								2012 年 8 月 29 日
W-4	上保朵养鱼潭	—		29.7	7.81	221	56.60	235.1		32	—	4.3	1.1	4.32	2.06	2126	92.1	2012 年 8 月 14 日

续表

编号	水点名称	岩溶水系统	流量/(L/s)	野外测试结果															调查、测量和取样时间
				水温/℃	pH	ORP/mV	氧分压/%	电导率/(μS/cm)	HCO₃⁻/(mg/L)	Ca²⁺/(mg/L)	NO₂⁻/(mg/L)	NO₃⁻/(mg/L)	NH₄⁺/(mg/L)	HDO	叶绿素	蓝绿藻	浊度	
W-41	热水寨河边冷水泉2	热水寨岩溶水系统	14+4寸管抽水/2	20.64	7.33	251	66.7	646.4	390.4	—	0.034	6.9	0.1	5.98	-0.19	182	8.13	2012年8月22日
W-40	热水寨河边冷水泉1	IV系统岩溶水	113.2/2	20.72	7.4	248	63.9	644	414.8	—	—	6.8	0.1	5.72	-0.2	217	37.9	2012年8月22日

表 2.5 – 11　水点水化学（阴、阳离子）室内测试结果

单位：mg/L

编号	水点名称	岩溶水系统	阳离子							阴离子						
			K⁺	Na⁺	Ca²⁺	Mg²⁺	NH₄⁺	T$_{Fe}$	ΣK	Cl⁻	SO₄²⁻	HCO₃⁻	F⁻	NO₃⁻	NO₂⁻	ΣA/TDS
W-0	雨水样		0.22	0.09	3.53	0.46	0.72	0.01	5.03	1.11	12.91	13.00	0.50	4.83	0.01	32.36/30.89
W-24	黑末大龙潭泉		0.83	3.44	153.70	17.30	<0.02	0.02	175.29	2.47	92.58	424.58	0.14	17.50	<0.002	537.27/500.27
W-29	河尾子右岸田间泉		0.75	1.84	140.60	12.15	<0.02	0.01	155.36	3.87	22.52	422.41	0.15	44.95	0.01	493.91/438.06
W-25	河尾子大坝泉		0.64	1.32	146.90	4.96			153.82	8.22	12.27	376.92		49.78		447.19/418.55
W-27	河尾子右岸路边泉	咪哩河岩溶水系统	0.53	0.20	143.50	8.56			152.79	1.42	10.61	431.08		28.53		471.64/408.89
W-28	河尾子左岸田间泉		0.62	4.00	150.50	10.12			165.24	4.85	55.74	398.58		23.74		482.91/448.85
W-32	黑末机井泉	I系统	1.06	4.35	164.40	12.18			181.99	4.48	90.25	411.58		27.24		533.55/509.75
W-33	黑末田间泉		0.42	1.15	149.50	3.57			154.64	1.29	9.54	428.91		21.15		460.89/401.07
W-31	黑末大寨泉		0.42	0.42	112.65	28.42	0.03	0.04	141.94	0.15	12.41	446.24	0.15	18.99	0.01	477.95/396.55
W-34	硇霜厂抽水泵		0.49	0.53	147.90	2.83	0.02	0.02	151.77	3.10	17.34	428.91	0.16	25.16	<0.002	474.67/411.98
W-36	下俣采对岸泉		0.42	1.07	129.60	3.77	<0.02	0.05	134.86	0.34	35.47	372.59	0.18	11.35	0.00	419.93/368.49

续表

编号	水点名称	岩溶水系统	K^+	Na^+	Ca^{2+}	Mg^{2+}	NH_4^+	T_{Fe}	ΣK	Cl^-	SO_4^{2-}	HCO_3^-	F^-	NO_3^-	NO_2^-	$\Sigma A/TDS$
W-21	小红舍后山泉	咪哩河岩溶水系统 I	1.27	2.26	16.23	2.97	0.05	0.18	22.96	0.34	6.92	62.82	0.13	3.90	<0.002	74.11/65.66
W-12	以哈底双龙包溶潭		6.42	13.65	121.50	10.54			152.11	4.04	315.10	38.99		2.67		360.80/493.41
W-15	横塘子后山饮用泉		1.13	4.11	114.00	7.58				1.15	25.86	346.59		8.27		381.87
W-16	横塘子—大红舍间田中泉		0.86	4.42	142.50	5.96				7.35	12.45	398.58		37.11		455.49
W-18	大红舍村后泉		0.56	1.84	150.50	4.55			157.45	1.27	6.62	441.90		21.05		470.84/407.29
W-20	打磨冲泉		9.08	5.08	44.17	4.95			63.28	4.83	25.42	134.30		7.79		172.34/168.47
W-35	大红舍龙洞地下河		1.26	3.45	68.43	7.76	0.08	0.078	80.98	1.94	43.22	192.8	0.16	8.14	<0.002	246.26/230.84
W-42	白租革落水洞		0.65	2.98	10.10	3.94			17.67	1.32	4.71	47.66		4.85		58.54/52.38
Q-1	"八大碗"泉群1	德厚河岩溶水系统 II	0.59	1.03	95.20	5.64	0.04	0.01	102.50	0.09	6.90	316.27	0.10	5.31	<0.002	328.67/273.03
Q-1'	"八大碗"泉群1'		0.54	0.50	105.02	4.53			110.59	1.74	4.10	320.60		4.22		330.66/280.95
Q-2	"八大碗"泉群2		0.68	1.20	97.44	6.84	0.02	0.01	106.18	0.10	10.76	314.10	0.10	6.12	<0.002	331.18/280.31
Q-3	"八大碗"泉群3		0.70	1.17	103.90	8.73			114.50	1.67	10.83	333.59		5.53		351.62/299.32
Q-4	"八大碗"泉群4		0.70	1.13	108.70	9.79			120.32	1.84	10.88	355.26		5.97		373.95/316.64
Q-5	"八大碗"泉群5		0.70	1.14	108.70	9.77			120.31	1.83	10.57	350.92		5.82		369.14/313.99
Q-6	"八大碗"泉群6		0.71	1.13	106.80	9.49	0.60	0.09	118.73	0.48	10.88	372.59	0.12	6.77	<0.002	390.84/323.27
Q-6'	"八大碗"泉群6'		0.80	0.69	108.63	9.22			119.34	2.15	10.22	342.26		6.42		361.05/309.26
Q-12	"八大碗"泉群12		0.54	0.93	94.07	5.04	<0.02	0.00	100.58	1.22	4.79	298.94	0.12	4.32	0.03	309.27/260.38
Q-13	"八大碗"泉群13		0.74	1.16	106.35	8.74	<0.02	0.04	116.99	0.47	13.04	342.26	0.12	3.85	<0.002	359.77/305.63
Q-14	"八大碗"泉群14		0.66	1.10	98.70	6.36	<0.02	0.04	106.82	0.12	9.75	316.27	0.10	8.63	<0.002	334.87/283.56
Q-15	"八大碗"泉群15		0.66	1.22	94.9	6.42	<0.02	0.009	103.2	1.42	6.93	311.93	0.09	4.69	<0.002	325.06/272.29
W-9	打铁寨地下河		3.63	2.98	42.32	5.24			54.17	2.56	13.82	138.64		7.79		162.81/147.66

续表

编号	水点名称	岩溶水系统	阳离子							阴离子						ΣA/TDS
			K^+	Na^+	Ca^{2+}	Mg^{2+}	NH_4^+	T_{Fe}	ΣK	Cl^-	SO_4^{2-}	HCO_3^-	F^-	NO_3^-	NO_2^-	
W-10	牛腊冲下游泉		0.56	0.50	135.10	4.81				1.69	13.81	411.58		17.01		444.09
J-1	坝址左岸井水		0.88	1.29	105.80	6.91			114.88	1.56	7.92	337.93		7.09		354.50/300.41
RD-1(S19)	坝址下游地下河	德厚河河岩溶水系统II	2.68	5.86	52.00	8.88	0.05	0.03	69.47	0.23	14.98	192.80	0.24	10.08	<0.002	218.33/191.4
C-23(S20)	坝址左岸地下河		1.48	1.54	77.60	8.81	<0.02	0.03	89.43	1.78	8.05	257.78	0.11	17.70	<0.002	285.42/246.06
W-2	平坝西山后水库水		3.29	1.54	44.53	7.22			56.58	1.98	19.07	142.97		10.60		174.62/159.71
W-38(S28)	牛腊冲河右岸地下河		2.75	1.87	67.25	9.24	0.05	0.01	81.16	0.70	15.54	223.12	0.26	10.12	<0.002	249.74/219.34
W-39(S27)	牛腊冲河左岸泉		2.17	1.23	33.87	3.72			40.99	2.35	34.60	60.65		14.02		111.62/122.28
W-47	茅草冲落水洞		2.25	2.30	65.18	7.87			77.60	3.18	66.23	138.64		8.21		216.26/224.54
Q-7(S33)	牛腊冲桥左岸泉		0.88	1.28	125.10	16.00	0.66		143.26	2.54	8.46	435.40		14.98		461.38/386.94
Q-8	八家寨泉群		0.48	1.79	109.00	13.43		0.01	125.36	4.71	8.74	368.25	0.11	17.78	<0.002	399.59/340.82
W-3	上堡朵落水洞	稼依河下游岩溶水系统III	4.07	4.55	21.13	6.12			35.87	1.57	14.25	82.32		13.56		111.70/106.41
W-8	母鲁白隆洞洞水		2.67	1.94	56.58	7.67			68.86	2.31	16.59	184.12		7.63		210.65/187.45
LSD-1	打铁寨落水洞		3.81	2.43	43.38	4.80			54.42	2.83	12.57	132.14		12.41		159.95/148.3
W-44	路梯浑水泉		1.16	2.10	89.04	12.60			104.90	1.93	10.26	333.59		9.76		355.54/293.64
S-1	务路电站右岸泉		0.60	0.82	135.30	12.43	<0.02	0.01	149.15	1.20	7.91	441.90	0.12	2.29		457.21/385.41
S-2	务路电站左岸泉		0.82	0.36	123.17	6.82			131.17	1.84	6.35	394.25		12.26	3.79	414.70/348.74
S-3	以切中寨泉		3.17	2.73	158.70	15.40			180	1.64	85.88	426.74		3.62		517.88/484.51
S-4	下务路饮水泉		2.16	1.54	84.63	3.24	0.04	0.01	91.57	2.34	15.68	236.12		7.69		261.83/235.34
W-45	路梯清水泉		0.97	2.39	79.80	12.52	<0.02		95.72	0.56	10.76	303.27	0.15	4.66	0.32	319.72/263.81
W-41	热水寨冷水泉2	热水寨岩溶水系统IV	0.43	0.41	105.90	20.45	<0.02	0.03	127.19	0.15	7.23	398.58	0.14	22.87	<0.002	428.97/356.87
W-40	热水寨冷水泉1		0.49	0.45	108.60	21.31			130.85	1.66	7.20	394.25		23.33		426.44/360.16
S-6	热水寨温泉		1.26	3.11	95.25	23.82	<0.02	0.03	123.44	1.33	5.42	407.25	0.16	2.70	<0.002	416.86/336.67

表 2.5－12　水点水化学（微量元素）室内测试结果

单位：mg/L

编号	水点名称	岩溶水系统	微量元素											
---	---	---	Al	Cu	Pb	Zn	Cr⁶⁺	Ni	Co	Cd	Mn	As	Hg	Se
W-0	雨水样		0.10	0.0023	0.026	0.055	0.002	<0.002	<0.002	0.0017	0.2600	0.002	<0.0001	0.0006
W-24	黑末大龙潭泉	咪哩河岩溶水系统I	<0.02	<0.001	<0.005	<0.002	<0.002	<0.002	<0.002	<0.0006	0.0013	<0.002	<0.0001	0.0005
W-29	河尾子右岸田间河		<0.02	<0.001	<0.005	<0.002	<0.002	<0.002	<0.002	<0.0006	<0.001	<0.002	<0.0001	0.0003
W-31	黑末大寨泉		<0.02	<0.001	<0.005	<0.002	<0.002	<0.002	<0.002	<0.0006	0.0010	<0.002	<0.0001	0.0011
W-34	砒霜厂抽水泉		<0.02	<0.001	<0.005	<0.002	<0.002	<0.002	<0.002	0.0220	0.0022	1.110	<0.0001	0.0010
W-36	下保朵对岸泉		<0.02	<0.001	<0.005	<0.002	<0.002	<0.002	<0.002	<0.0006	0.0020	<0.002	<0.0001	0.0007
W-21	小红舍后山泉	咪哩河岩溶水系统I	<0.02	<0.001	<0.005	<0.002	<0.002	<0.002	<0.002	<0.0006	0.0036	<0.002	<0.0001	<0.0002
W-35	大红舍龙洞地下河		0.16	<0.001	<0.005	<0.002	<0.002	<0.002	<0.002	0.0006	0.017	<0.002	0.001	0.0011
Q-1	"八大碗"泉群1	德厚河岩溶水系统II	0.023	<0.001	<0.005	<0.002	<0.002	<0.002	<0.002	<0.0006	0.0012	<0.002	<0.0001	<0.0002
Q-2	"八大碗"泉群2		<0.02	<0.001	<0.005	<0.002	<0.002	<0.002	<0.002	<0.0006	0.0016	<0.002	<0.0001	0.0002
Q-6	"八大碗"泉群6		0.03	<0.001	<0.005	<0.002	<0.002	<0.002	<0.002	<0.0006	0.0086	<0.002	<0.0001	0.0004
Q-13	"八大碗"泉群13		<0.02	<0.001	<0.005	<0.002	<0.002	<0.002	<0.002	<0.0006	0.0015	<0.002	<0.0001	0.0004
Q-14	"八大碗"泉群14		<0.02	<0.001	<0.005	<0.002	<0.002	<0.002	<0.002	<0.0006	0.0028	<0.002	<0.0001	0.0002
Q-15	"八大碗"泉群15		<0.02	<0.001	<0.005	<0.002	<0.002	<0.002	<0.002	<0.0006	<0.001	<0.002	<0.0001	0.0007
RD-1	坝址下游地下河		<0.02	0.0014	<0.005	<0.002	<0.002	<0.002	<0.002	<0.0006	0.0012	<0.002	0.0002	0.0016
C-23	坝址左岸地下河		<0.02	0.0012	<0.005	<0.002	<0.002	<0.002	<0.002	<0.0006	0.0045	0.0023	0.0003	0.0003
W-38	牛腊冲河右岸地下河	德厚河岩溶水系统II	<0.02	<0.001	<0.005	<0.002	<0.002	<0.002	<0.002	<0.0006	0.0014	<0.002	<0.0001	0.0004
Q-8	八寨泉群	德厚河岩溶水系统II	<0.02	<0.001	<0.005	<0.002	<0.002	<0.002	<0.002	<0.0006	0.0010	<0.002	<0.0001	0.0004
S-1	务路电站右岸泉	稼依河下游岩溶水系统III	<0.02	<0.001	<0.005	<0.002	<0.002	<0.002	<0.002	<0.0006	<0.001	<0.002	0.0001	0.0010
W-45	路梯清水泉		<0.02	<0.001	<0.005	<0.002	<0.002	<0.002	<0.002	<0.0006	0.0030	<0.002	0.0001	<0.0002
W-41	热水寨河边冷水泉2	热水寨岩溶水系统IV	<0.02	<0.001	<0.005	<0.002	<0.002	<0.002	<0.002	<0.0006	0.0030	0.002	0.0002	0.0007
S-6	热水寨温泉		<0.02	<0.001	<0.005	<0.002	<0.002	<0.002	<0.002	<0.0006	0.0022	0.002	0.0001	0.0004

表 2.5-13　水点水化学（特殊项目及同位素）室内测试结果

编号	水点名称	岩溶水系统	二氧化硅 SiO$_2$	固形物	固定 CO$_2$	游离 CO$_2$	耗氧量 COD$_{Mn}$	磷酸根 PO$_4^{3-}$	总硬度 (CaCO$_3$)	总碱度 (CaCO$_3$)	总酸度 (CaCO$_3$)	永久硬度 (CaCO$_3$)	暂时硬度 (CaCO$_3$)	负硬度 (CaCO$_3$)	δD$_{(V-SMW)}$ /‰	δ^{18}O$_{(V-SMW)}$ /‰	^{3}H/TU
W-0	雨水样		0.74	31.62	4.69	4.05	<0.5	0.18	10.71	10.66	4.61	0.05	10.66	0.00	-62.8	-9.4	9.97
W-24	黑末大龙潭泉	咪哩河岩溶水系统 I	9.42	509.67	153.19	5.39	0.67	<0.02	455.11	348.46	6.13	106.65	348.46	0.00			
W-29	河尾子右岸田间泉		6.80	444.85	152.42	5.39	<0.5	<0.02	401.16	346.71	6.13	54.45	346.71	0.00	-68.4	-8.98	4.73
W-25	河尾子大坝泉		7.38	419.93	135.98	13.49			387.25	309.33	15.34	77.92	309.33	0.00			
W-27	河尾子右岸路边泉		6.35	415.24	155.54	13.49			393.60	353.82	15.34	39.78	353.82	0.00			
W-28	河尾子左岸田间泉		9.60	458.46	143.81	10.79			417.53	327.14	12.27	90.39	327.14	0.00			
W-32	黑末机井泉		11.35	521.10	148.50	10.79			460.71	337.80	12.27	122.91	337.80	0.00			
W-33	黑末田间泉		8.05	409.13	154.75	8.09			388.05	352.02	9.20	36.03	352.02	0.00			
W-31	黑末大寨泉	咪哩河岩溶水系统 I	6.59	403.36	161.00	4.05	0.52	<0.02	398.36	366.23	4.61	32.13	366.23	0.00	-63.7	-8.68	2.33
W-34	砒霜厂抽水泉		6.75	418.74	154.75	5.39	<0.5	0.18	380.99	352.02	6.13	28.97	352.02	0.00			
W-36	下倮朵对岸泉		7.06	375.56	134.42	4.05	<0.5	<0.02	339.15	305.77	4.61	33.38	305.77	0.00			
W-21	小红朵后山泉		11.30	76.78	22.66	4.05	1.42	<0.02	52.75	51.55	4.61	1.20	51.55	0.00			
W-12	以哈底双龙包溶潭		8.98	502.40	14.06	5.39			346.81	31.98	6.13	314.83	31.98	0.00			
W-15	横塘子后山饮用泉		22.33	357.73	125.05	10.79			315.93	284.46	12.27	31.47	284.46	0.00			
W-16	横塘子大红舍田中泉		11.61	421.55	143.81	8.09			380.44	327.14	9.20	53.30	327.14	0.00			
W-18	大红舍村后泉		9.86	417.20	159.43	13.49			394.55	362.68	15.34	31.87	362.68	0.00			
W-20	打磨冲泉		9.86	178.33	48.47	5.39	0.60	<0.02	130.67	110.25	6.13	20.42	110.25	0.00	-77.8	-10.1	8.9
W-35	大红舍龙洞地下河		11.67	242.51	69.56	5.39			202.88	158.24	6.13	44.64	158.24	0.00			
W-42	白革草落水洞	咪哩河岩溶水系统 I	17.95	70.33	17.20	2.70			41.44	39.14	3.07	2.30	39.14	0.00			

续表

编号	水点名称	岩溶水系统	二氧化硅 SiO_2	固形物	固定 CO_2	游离 CO_2	耗氧量 COD_{Mn}	磷酸根 PO_4^{3-}	总硬度 $(CaCO_3)$	总碱度 $(CaCO_3)$	总酸度 $(CaCO_3)$	永久硬度 $(CaCO_3)$	暂时硬度 $(CaCO_3)$	负硬度 $(CaCO_3)$	δD$_{(V-SMW)}$ /‰	δ^{18}O$_{(V-SMW)}$ /‰	^3H/TU
Q-1	"八大碗"泉群1	德厚河岩溶水系统II	10.10	283.14	114.11	4.05	1.05	0.02	260.93	259.58	4.61	1.35	259.58	0.00	-74.6	-9.9	<2
Q-1'	"八大碗"泉群1'			280.95	115.68	5.39			280.90	263.14	6.13	17.76	263.14	0.00			
Q-2	"八大碗"泉群2		9.89	290.20	113.32	4.05	<0.5	<0.02	271.49	257.78	4.61	13.71	257.78	0.00	-74	-10.1	<2
Q-3	"八大碗"泉群3		10.68	310.01	120.36	5.39			295.42	273.80	6.13	21.62	273.80	0.00			
Q-4	"八大碗"泉群4		9.75	326.39	128.17	8.09			311.78	291.56	9.20	20.22	291.56	0.00			
Q-5	"八大碗"泉群5		10.06	324.05	126.61	8.09			311.68	288.01	9.20	23.67	288.01	0.00			
Q-6	"八大碗"泉群6		10.15	333.43	134.42	4.05	<0.5	<0.02	305.77	305.77	4.61	0.00	305.77	0.00	-68.9	-9.74	<2
Q-6'	"八大碗"泉群6'			309.68	123.49	5.39			309.28	280.90	6.13	28.38	280.90	0.00			
Q-12	"八大碗"泉群12		9.13	269.51	107.87	5.39	0.67	<0.02	255.68	245.37	6.13	10.31	245.37	0.00			
Q-13	"八大碗"泉群13		8.74	314.37	123.49	5.39	<0.5	<0.02	301.57	280.90	6.13	20.67	280.90	0.00	-68.5	-9.86	<2
Q-14	"八大碗"泉群14		10.20	293.76	114.11	4.05	0.67	<0.02	272.65	259.58	4.61	13.07	259.58	0.00			
Q-15	"八大碗"泉群15		10.64	282.94	112.55	4.05	0.67	0.03	263.44	256.03	4.61	7.41	256.03	0.00			
W-9	打铁寨地下河		5.99	153.65	50.03	10.79			127.26	113.80	12.27	13.46	113.80	0.00			
W-10	牛腊冲下游泉		5.84	385.11	148.50	5.39			357.17	337.80	6.13	19.37	337.80	0.00			
J-1	坝址左岸井水		10.78	311.20	121.92	10.79			292.66	277.35	12.27	15.31	277.35	0.00			
RD-1	坝址下游地下河		5.81	197.21	69.56	4.05	1.64	<0.02	166.45	158.24	4.61	8.21	158.24	0.00	-63.3	-9.07	2.27
C-23	坝址左岸地下河		12.19	258.15	93.02	4.05	0.52	0.12	230.06	211.59	4.61	18.47	211.59	0.00	-71.1	-10.4	<2

(特殊项目)

续表

编号	水点名称	岩溶水系统	二氧化硅 SiO₂	固形物	固定 CO₂	游离 CO₂	耗氧量 COD_Mn	磷酸根 PO₄³⁻	总硬度 (CaCO₃)	总碱度 (CaCO₃)	总酸度 (CaCO₃)	永久硬度 (CaCO₃)	暂时硬度 (CaCO₃)	负硬度 (CaCO₃)	δD(V-SMW) /‰	δ¹⁸O(V-SMW) /‰	³H/TU
W-2	平坝西山后山冷库水	德厚河岩溶水系统 II	4.55	164.27	51.59	8.09			140.93	117.36	9.20	23.57	117.36	0.00			
W-38	牛腊冲河地下河		5.34	224.68	80.50	4.05	1.50	<0.02	205.99	183.11	4.61	22.88	183.11	0.00	−72.2	−9.71	12.86
W-39	牛腊冲河左岸泉		3.83	126.12	21.89	5.39			99.89	49.79	6.13	50.10	49.79	0.00			
W-47	茅草冲落水洞		3.57	228.11	50.03	5.39			195.18	113.80	6.13	81.38	113.80	0.00			
Q-7	牛腊冲桥边泉		6.15	393.09	157.10	8.09			378.29	357.37	9.20	20.92	357.37	0.00			
W-3	上课朵落水洞		5.01	111.42	29.70	5.39			77.97	67.56	6.13	10.41	67.56	0.00			
W-8	母鲁白陇洞水		5.27	192.72	66.44	8.09			172.86	151.14	9.20	21.72	151.14	0.00			
LSD-1	打铁寨落水洞	稼依河下游岩溶水系统 III	8.67	156.97	47.67	2.70			128.12	108.45	3.07	19.67	108.45	0.00			
W-44	路梯寨水泉		12.02	305.67	120.36	5.39	0.60	<0.02	274.25	273.80	6.13	0.45	273.80	0.00			
S-1	务路电站右岸泉		9.76	395.17	159.43	5.39	<0.5	<0.02	389.05	362.68	6.13	26.37	362.68	0.00	−77	−9.6	5.5
S-2	务路电站左岸泉			348.75	142.25	14.83	<0.5	<0.02	335.65	323.59	16.87	12.06	323.59	0.00			
S-3	以切中寨泉			484.51	153.98	9.44			459.71	350.26	10.74	109.45	350.26	0.00			
S-4	下务路饮水泉			235.34	85.18	2.70			224.70	193.77	3.07	30.93	193.77	0.00			
W-45	路梯清水泉	热水寨岩溶水系统 IV	13.81	277.62	109.43	4.05	0.90	<0.02	250.83	248.92	4.61	1.91	248.92	0.00	−71.3	−9.95	3.72
W-41	热水寨河边冷水泉 2		6.18	363.05	143.81	4.05		<0.02	348.66	327.14	4.61	21.52	327.14	0.00	−73.8	−9.1	<2
W-40	热水寨河边冷水泉 1		6.76	366.93	142.25	10.79		<0.02	358.97	323.59	12.27	35.38	323.59	0.00			
S-6	热水寨温泉		15.34	352.02	146.94	4.05		<0.02	335.95	334.25	4.61	1.70	334.25	0.00	−63.7	−9.86	<2

2.5.5.1　岩溶水化学场

岩溶水化学特征受多种因素的影响，尤其与岩溶作用关系密切，一般来说，地下水作用越强烈，水中的 Ca^{2+}、Mg^{2+}、HCO_3^-、溶解性固体总量（TDS）和硬度等值越高。

（1）水化学类型。对工程区泉点采样进行测试分析，水化学检测结果显示，除以哈底双龙包潭水因受人类活动（洗矿）影响属于硫酸型（$Ca \cdot Mg - SO_4 - HCO_3$ 型）钙镁水外，其余样品的水化学类型均为 $Ca - HCO_3$、$Ca \cdot Mg - HCO_3$ 型低 TDS 淡水，TDS 均在 52.38～484.51mg/L 之间。

（2）雨水水化学成分。雨水化学成分来源有两种途径：海水蒸发吸附和大气尘埃溶解。雨水中化学成分较多，其中，Cl^- 只有海水吸附一种来源，因此，常用来作为分析海水对 TDS 贡献的指标。

文山市马塘镇取雨水样进行了化学分析，从分析结果看，Cl^- 浓度为 1.11mg/L，与西欧内陆大致相同，显示海水起源物质贡献量微弱，雨水的化学成分主要来源大气尘埃溶解（吸附）。马塘镇雨水样的 TDS 为 32.36mg/L，指标偏低，属于极软淡水，表明本区大气降水总体上处于不饱和状态，在地表径流和渗入地下过程中具有极强的溶蚀能力，通过溶解—沉淀、氧化还原、吸附—解吸、碳酸平衡等作用，再与沿途岩石、土壤、植被等发生岩溶作用，是形成不同化学成分的岩溶地下水的主要介质。其中，Ca^{2+}、SO_4^{2-} 和 HCO_3^- 的含量分别为 3.53mg/L、12.91mg/L、13.0mg/L，指标偏高。

（3）地表水水化学成分。地表水由于流速快、与岩交互作用过程短，其岩石的水-岩交互作用弱，水中各种离子浓度一般均比较低，尤其反映岩溶发育程度的 Ca^{2+}、HCO_3^- 浓度和 TDS 等更为明显，一般 Ca^{2+} 浓度均在 10～50mg/L 之间，TDS 一般在 50～150mg/L 之间，硬度在 40～140mg/L（以 $CaCO_3$ 计）之间，但有地下水补给或污染水体的上述指标偏高。

1）碎屑岩区地表水。白租革地表水、小红舍后山泉来源于非碳酸盐岩地区，各项指标偏低，如 Ca^{2+} 浓度仅分别为 10.1mg/L 和 16.23mg/L，HCO_3^- 浓度仅为 47.66mg/L 和 62.82mg/L，TDS 分别为 52.38mg/L 和 65.66mg/L，硬度分别为 41.44mg/L 和 52.75mg/L（以 $CaCO_3$ 计），属于非饱和水，对碳酸盐岩的溶蚀能力极强，通常在与碳酸盐岩接触界线处形成规模较大的岩溶管道（伏流入口、地下河管道、洞）和典型的岩溶景观（如小红舍—荣华村的东西方向线性展布的典型峰林景观）。

2）相对静止地表水体。一般各项指标均略高于碎屑岩区地表水，如水外（大凹子）积水塘 Ca^{2+} 浓度为 20mg/L、电导率为 116.9S/m；上保朵羞鱼塘 Ca^{2+} 浓度仅 32mmg/L、电导率为 235.1S/m；荣华水库 HCO_3^- 浓度为 33mg/L、电导率为 183.2S/m；平坝山后水库 Ca^{2+} 浓度为 40mg/L、电导率为 264.2S/m；平坝西后山水库 Ca^{2+}、HCO_3^- 浓度和 TDS 等指标稍高，分别为 54mg/L、142.97mg/L 和 159.71mg/L，可能与库区碳酸盐岩有一定的交互作用，或者与有地下水的补给有关。受污染的水库水体的上述指标也明显偏高，如以哈底双龙包潭水的各项指标均较高，尤其是 SO_4^{2-} 浓度高达 315.1mg/L，Ca^{2+} 浓度达 132mg/L、电导率为 766.4S/m，TDS 为 493.41mg/L，但 HCO_3^- 仅 38.99mg/L，Ca^{2+}、HCO_3^- 浓度的不一致反映系人为活动影响所致，现场调查表明，以哈底双龙包潭为大型洗矿尾水、污泥存放处，是长期排放污染所致。

（4）地下水水化学成分。地下水化学成分是大气降水与其在地表流经各种不同化学成分的岩石地层单元、地表土壤和植被交互作用的结果。区内岩溶地下水的 Ca^{2+}、HCO_3^- 浓度和 TDS 等指标明显高许多，但不同地点（岩溶水系统）、不同类型的岩溶地下水的各项指标仍然有较大的差异。岩性主要通过两类因素对地下水的水化学产生影响：①成岩矿物的溶解度和溶蚀动力，由于碳酸盐矿物（特别是方解石）的溶解很快，多数地下水都处于或接近方解石饱和状态；②岩性对含水层透水性的影响，主要表现在溶蚀系统所积蓄的 P_{CO_2} 分压大小及封闭/开放程度。因此，地下水化学成分与其流经的地层岩性特征关系密切，研究岩溶地下水的化学成分，可以逆向分析岩溶地下水系统形成与运行的地质条件（包括地下水来源、径流方式与途径等），为岩溶水系统分析提供依据。

1）岩溶地下水。主要赋存于 C、P_1、T_2g、T_1y 灰岩、白云岩、泥质灰岩等地层岩性中，不同含水层中地下水的水-岩（岩溶）作用强度、过程不同，表现在出露泉（地下水）的水化学成分存在明显的差异，尤其是 TDS，HCO_3^-、Ca^{2+} 等浓度，与碎屑岩区地下水的指标差异明显。因此，可以用地下水中几个主要检测指标（HCO_3^-、Ca^{2+} 浓度）和溶解性固体总量（TDS）或电导率来表征岩溶作用强度、过程。赋存于石炭系（C）与下二叠统（P_1）灰岩中的地下水，属于裂隙-管道型岩溶地下水，以"八大碗"岩溶泉群为代表，其 Ca^{2+} 浓度在 94～109mg/L，Mg^{2+} 浓度为 4.5～9.8mg/L，TDS 在 260～323mg/L 之间，HCO_3^- 浓度为 298.94～372.59mg/L，SO_4^{2-} 为 4.10～13.04mg/L。赋存于下三叠统永宁镇组（T_1y）泥质灰岩中的地下水，属于裂隙型岩溶地下水，以沿 F_2 断层发育的岩溶泉为代表，其 Ca^{2+} 浓度为 140～160mg/L，Mg^{2+} 浓度为 4.5～12mg/L，TDS 在 400～509.75mg/L 之间，HCO_3^- 浓度为 372～446mg/L；各项指标均明显高于石炭系与下二叠统（C、P_1）灰岩地下水，反映了慢速流岩溶裂隙水的水岩交互作用更为充分，这与水温度场一样，两者均表明两个岩溶水系统之间有明显的差异；而 SO_4^{2-} 浓度为 10～55mg/L，其中黑末大龙潭泉高达 92.58mg/L，黑末机井泉高达 90.25mg/L，反映其有上二叠统煤系地层（P_2l）的地下水来源。赋存于个旧组（T_2g^2）灰岩中的地下水，龙潭组裂隙-管道双重介质的岩溶地下水，Ca^{2+} 浓度一般在 80～110mg/L 之间（仅务路电站右岸安泉、热水寨温泉高于 130mg/L），TDS 在 260～400mg/L 之间（仅以切中寨泉为 484.5mg/L），HCO_3^- 浓度为 300～446mg/L；各项指标介于石炭系及下二叠统（C、P_1）灰岩与永宁镇组（T_1y）泥质灰岩之间，水岩相互作用较充分。赋存于个旧组（T_2g^1）白云岩中岩溶泉的 Mg^{2+} 含量普遍高于石炭系及下二叠统（C、P_1）灰岩和下三叠统永宁镇组（T_1y）泥质灰岩，一般均在 12mg/L 以上，可以作为识别 T_2g 白云岩地下水来源的重要岩溶水化学特征；如热水寨 3 个泉水（S1、S2、S3）的 Mg^{2+} 浓度均在 20mg/L 之上，黑末大寨泉 Mg^{2+} 浓度高达 28mg/L 以上。

2）非碳酸盐岩中的裂隙水。因为补给区非碳酸盐岩和补给、径流途径较短的原因，地下水与土壤、岩石交互作用较差，各种离子含量、TDS、硬度较低，尤其是 Ca^{2+} 浓度小于 20mg/L。如小红舍后山泉，TDS 为 65.66mg/L，Ca^{2+}、HCO_3^- 浓度分别为 16.23mg/L、62.82mg/L，硬度为 52.75mg/L（以 $CaCO_3$ 计）；白租革落水洞的 TDS 为 52.38mg/L，Ca^{2+}、HCO_3^- 浓度分别为 10.10mg/L、47.66mg/L。

（5）地下水补给与径流过程对地下水质的影响。是指地表水流经岩溶区，与碳酸盐岩在接触界面发生一定的水-岩交互作用，或外源地表水集中补给地下水。地下水径流在碳酸盐岩地区路径越远、时间越长，水岩作用越充分，各种离子含量较高；典型的如咪哩河与德厚河下游河段、白租革落水洞（薄竹落水洞、以哈底落水洞）—大红舍龙洞地下河、打铁寨落水洞—打铁寨地下河、牛腊冲右岸地下河、打磨冲泉、母鲁白泄洪洞水和上倮朵落水洞—上倮朵地下河等；各种水化学成分（Ca^{2+}、HCO_3^- 浓度和 TDS 指标）根据其来源（特别源自非碳酸盐岩区）、径流距离长短、流速等略有差别，介于非碳酸盐岩区地表水与岩溶地下水之间，其 Ca^{2+}、HCO_3^- 浓度和 TDS 分别为 42～78mg/L、134～223mg/L、148～230mg/L。德厚河牛腊冲以下河段的 Ca^{2+} 浓度为 74～78mg/L，从上游往下游有增加的趋势；来源于非碳酸盐岩区集中补给、径流距离很短的打铁寨地下河的 Ca^{2+}、HCO_3^- 浓度和 TDS 分别为 42.32mg/L、138.64mg/L 和 147.66mg/L；但同样来源于非碳酸盐岩补给区，但径流距离较长的大红舍龙洞地下河的 Ca^{2+}、HCO_3^- 浓度和 TDS 分别为 68.43mg/L、192.8mg/L 和 230.84mg/L，说明径流距离越长，上述各项指标越高；牛腊冲右岸地下河与此十分类似，Ca^{2+}、HCO_3^- 浓度和 TDS 分别为 67.25mg/L、223.12mg/L 和 219.34mg/L；母鲁白泄洪洞水 Ca^{2+}、HCO_3^- 浓度和 TDS 分别为 64mg/L、184.12mg/L 和 187.45mg/L，从上述各项指标看，应有岩溶水的补给。

（6）污染水体的化学成分。工业污染（采矿、选矿、砒霜生产）、生活污染对水体水质的影响十分普遍，典型的有以哈底双龙包潭、八家寨东洗矿水塘和砒霜厂抽水泉等，污染水体表现为与区域背景值相差明显，或某些指标的不协调性。如砒霜厂抽水泉的 Cd、Mn、As 均高于背景值；以哈底双龙包潭的 K^+、Na^+、SO_4^{2-}（315.1mg/L）、固形物（502.4mg/L）等均远远超过周边地表水和地下水同类指标及国家饮用水水质标准，属于重度污染源。

综上所述，可以用 Ca^{2+} 浓度小于 30mg/L（TDS＜150mg/L）、30～80mg/L（TDS＝150～260mg/L）、大于 80mg/L（TDS＞260mg/L）来识别地下水是非碳酸盐岩区的外源水、有外源地表水集中补给的岩溶地下水（伏流）或有岩溶地下水补给的地表水（岩溶河流）、岩溶地下水 3 种类型。来源于二叠系（T_1y）泥质灰岩的岩溶裂隙水（慢速流）与来源于石炭系及下二叠统（C、P_1）灰岩的岩溶裂隙—管道地下水的 Ca^{2+} 浓度、TDS 差异明显。白云岩（T_2g^1）地下水与灰岩（T_2g^2、T_1y、P_1、C 等）地下水可通过 Mg^{2+} 浓度来区分，白云岩一般不小于 10mg/L，灰岩一般小于 10mg/L。

2.5.5.2　岩溶水温度场

（1）地表水体。工程区地处中低山岩溶峡谷、高原区，当地年平均气温 19.7℃，各类地表水受调查期间（8月）气温影响较大，水体温度总体较高。但不同类型的地表水体因水体规模、水循环（流动）情况等不同，水体温度变化也较大。流动性较好、流量大的德厚河在牛腊冲下游拦河坝的水温仅 20.62℃，咪哩河在河尾子拦河坝水温度为 21.55℃，而流量较小的薄竹镇落水洞的水温较高，达到 24.9℃。而水体基本静止、流动性差的岩溶潭、水库、积水洼地等的水体温度最高，一般在 25℃以上，如荣华村水库（洼地成库）水的温度为 28.8℃，横塘子岩溶潭的水温高达 29.43℃，上倮朵积水岩溶潭的水温达 29.7℃。

　　地表河流自上而下水温也有规律性的变化，与沿途地表水、地下水的补给关系密切，德厚河、咪哩河均为典型的岩溶地下水补给型河流（咪哩河右岸荣华—罗世鲊除外），因此，河流水体温度与补给地下河或泉水温度大致相当或略高。如德厚河在牛腊冲下游拦河坝的水温为 20.62℃，到下游岔河温度达到 21.89℃，升高了约 1.3℃，可能与来自打铁寨、母鲁白、上倮朵等地表水汇入，以及温度较高的"八大碗"岩溶泉群的补给、温度较高的咪哩河水的混合有关。咪哩河河水温度从外源水补给的薄竹镇落水洞的 24.9℃，到大红舍龙洞出口的 20.3℃，再到河尾子的 21.55℃，呈现"V"字形变化趋势，与地表河—地下伏流—地表河的岩溶水循环方式有关。

　　（2）地下水。地下水温度受补给区气温（高程）、地下水循环的方式（封闭或开放、浅部或深部、静止或慢速流或快速流）等的影响明显。一般来说，浅部、开放（非承压、管道）岩溶地下水循环，水温度受气温影响较大，地下水循环越深（尤其是深部地下水循环），水温度越高，越有利于碳酸盐岩的溶解，反映其岩溶作用越强烈，水中 Ca^{2+}、HCO_3^- 浓度越高。工程区岩溶地下水各泉点的水温变化不大，除热水寨温泉温度较高外，泉点、地下河水温度一般在 19～23℃ 之间，大致相当于当地年平均气温，均属于浅部地下水循环的岩溶裂隙水、管道水。但不同含水介质、岩溶作用（水-岩交互作用）过程或地下水循环方式对水温有明显的影响。

　　1）岩溶裂隙地下水。主要指在 T_1y 岩溶弱—中等含水层组中出露泉水，含水介质以岩溶裂隙为主，地下水运移速度慢，水温度较低，一般在 19～21℃ 之间，属于典型的冷水岩溶作用产物。其中，黑末—河尾子之间沿 F_2 断层出露的各岩溶泉水温在 20.16～20.46℃ 之间，pH 值也十分接近，推测应为同源水或相互具有密切水力联系。黑末大寨泉属于沿层面发育，其水温较低（19.3℃），而横塘子饮用泉水量小，受气温影响大，水温度较高（21.45℃）。

　　2）岩溶管道地下水。主要指在 C、P_1、T_2g^2 等强岩溶含水层组出露的地下河、岩溶泉，以石炭系含水层组最为典型，含水介质为岩溶管道（洞）、岩溶裂隙的双重介质，地下水运移快，与地表水联系紧密，水温受地表水温影响明显。最典型的为"八大碗"岩溶泉群，出露泉水共 10 余个，泉流量大，水温在 22～23.38℃ 之间，略高于当地年平均气温，是受地表河影响或有较深的地下水循环影响。

　　3）裂隙、孔洞混合型岩溶水。主要指 T_2g^1 等白云岩弱—中等岩溶含水层组，地下水赋存和运移于岩溶裂隙、小型孔洞混合的含水介质中。地下水温度介于岩溶裂隙、管道型地下水之间，一般在 20～22℃ 之间；如热水寨冷水泉的水温为 20.72℃，以切中寨泉水温为 19.9℃，八家寨泉的水温为 21.12℃，牛腊冲泉水温为 22.96℃，可能与地表水补给有关。

　　4）地下河（伏流）。由于有地表水补给，其水温介于地表河与泉水之间，影响程度与伏流长度（离落水洞的距离）、含水介质形态（岩溶裂隙、管道等）有关。如打铁寨地下河出口的水温为 24.0℃，明显高于同一岩溶水系统泉水的水温，但低于打铁寨伏流入口的 24.2℃；而大红舍地下河上游有地表外源水的补给，但其水温也比较低（21.33℃），推测可能因为其主要在岩溶裂隙中运移，地下运移途径较远所致。

　　5）温泉。热水寨温泉水温度接近 30℃，高于热水寨冷水泉约 10℃，但其流量不大，虽然反映地下深部岩溶水循环的 F^-、SO_4^{2-} 和反映水-岩交互作用的 Ca^{2+}、Mg^{2+}、HCO_3^- 浓度指标等都偏低,应该属于通过上部有盖层覆盖的封闭岩溶水循环,地下水运移距离短、循环深度不大,可能与热水寨北部的 NS 向导水断层（f_{10}）及 NW 向文麻断裂（F_1）有关,推测地下水循环深度为 $300\sim400m$,地下水来源于个旧组白云岩含水层,泉水中较高的 Mg^{2+} 浓度也证实了这一点。

2.5.5.3 岩溶水同位素场

为从多个角度对德厚水库流域区的水文地质条件进行分析研究,对分布于不同岩溶水系统的地下水采样进行了同位素测试,以对比不同岩溶水系统地下水径流过程和同位素特征的差异,分析地下水的来源。对区内大气降水（马塘镇）、地表水（河水）及重要岩溶地下水出露点（岩溶泉、地下河）的水样进行稳定同位素测试,其测试结果见表 2.5-13,将水样的 $\delta^{18}O$、δD 值绘制在 $\delta D-\delta^{18}O$ 关系坐标图上,见图 2.5-24。

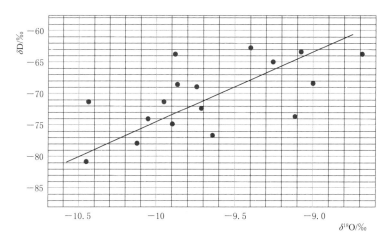

图 2.5-24 岩溶地下水及地表水 $\delta D-\delta^{18}O$ 关系图

从图 2.5-24 中可以看出,所有水点 $\delta D-\delta^{18}O$ 的关系基本上构成一条直线,它表征着区内的地表水、地下水均属大气降水成因,而非深部等其他来源的水。由于本次工作时间周期短,未能获取同位素的年度变化资料,水样同位素测试数据显示,各岩溶水系统（地下水点）与各河流或地表水体的 $\delta^{18}O$、δD 值差异并不明显。

根据昆明气象站的相关数据资料显示,其降水 $\delta^{18}O$ 的多年平均值为 $-10.30‰$,区域降水 $\delta^{18}O$ 的高度效应为 $-0.24‰/100m$；工程区地下水 $\delta^{18}O$ 的平均值为 $-9.62‰$,由此计算出工程区地下水的平均补给高程约为 1600.00m,高于德厚水库区河水位 $220.00\sim300.00m$。

根据地下水的氚同位素值试验成果,有以下特点：①大于 5TU 的岩溶地下水（大龙洞地下河、牛腊冲右岸地下河、务路电站右岸泉）,基本上属于现代大气降水,地下径流时间短；②$2\sim5TU$ 的岩溶地下水（T_1y 岩溶裂隙水）,为当前大气降水与多年地下水混合水,地下径流时间较长；③小于 2TU 的为近现代水,地下径流时间长,如热水寨泉等。

2.6 水库岩溶渗漏研究

2.6.1 远低邻谷渗漏研究

库区四周均有地形分水岭环绕，分水岭脊线位于务路大坡—红甸—银海凹子—卡西—老寨街—老尖坡—水头树大坡—田房—大汤坝一线，高程为 1386.00～2700.00m，无地形缺口。水库南部、西南约 40km 为南溪河支流那么果河（红河流域），属远低邻谷，分水岭宽厚，有砂泥岩相对隔水层分布，分水岭两侧均有泉水分布，存在地下水分水岭，其高程远高于水库正常蓄水位（1377.50m），库水不会向那么果河渗漏。水库西北、北部、东北为南盘江（珠江流域），亦属远低邻谷，分水岭宽厚，有砂泥岩相对隔水层分布，分水岭两侧均有泉水分布，存在地下水分水岭，其高程远高于水库正常蓄水位（1377.50m），库水不会向南盘江渗漏。水库东部约 80km 为南利河（红河流域），也属远低邻谷，分水岭宽厚，有砂泥岩相对隔水层分布，存在地下水分水岭，其高程远高于水库正常蓄水位（1377.50m），库水不会向南利河渗漏。因此，库水不会向远低邻谷（南盘江、红河支流南利河及那么果河）方向渗漏。

2.6.2 近低邻谷渗漏研究

2.6.2.1 地形条件

水库东北部有稼依河、下游德厚河及盘龙河、咪哩河库尾南部及东南部有马过河等几条近低邻谷存在。德厚河—稼依河河间地块宽为 4～7km，地表分水岭高程在 1302.00～2700.00m 之间，该段稼依河河床高程在 1302.00～1377.50m 之间。咪哩河—盘龙河河间地块宽为 2～6.5km，地表分水岭高程在 1350.00～1450.00m 之间，该段盘龙河（含德厚河）河床高程在 1299.00～1310.00m 之间。咪哩河—马过河间地块平均宽度约 2.5km，该段马过河河床高程在 1330.00～1370.00m 之间。水库正常库水位与低邻谷河水位的水位差达 7.5～78.5m，因此，库水存在越过河间地块向这三条近低邻谷渗漏的地形条件。

2.6.2.2 岩性条件

库区德厚河左岸平坝寨—小六寨 T_2g、T_1y 灰岩条带呈近 SN 向穿越流域地表分水岭至稼依河上游段，该灰岩条带地表平均出露宽度约 2km（砂岩区下部地层存在灰岩的可能），岩层走向近 SN，倾向 E，倾角 60°～70°；往西，平坝寨—差黑海大面积 T_2g 灰岩穿越流域地表分水岭至稼依河；从地层岩性角度分析，两者成为水库区德厚河左岸向外流域渗漏的可能途径。另外，咪哩河库区右岸河尾子—罗世鲊—荣华的 T_2g、T_1y 灰岩从咪哩河库区穿越流域地表分水岭至盘龙河低邻谷，亦成为咪哩河右岸库区向外流域渗漏的岩性条件。

2.6.2.3 水文地质条件

库周的相对隔水层为 $P_2\beta$、P_2l、T_1f、T_2f、T_3n 等岩组，由东、南、北三面对整个库盆形成不完全封闭状态，形成部分可利用的阻水天然屏障。其中 $P_2\beta$、P_2l、T_1f 玄武岩、砂页岩地层斜贯咪哩河-盘龙河河间地块，3 套地层走向与近库段咪哩河道大致平行，平均有效宽度大于 300m，未遭受较大断裂穿插破坏，出露高程均在 1400.00m 以上，部分阻断了咪哩河库水与下游河段（盘龙河）的水力联系，下游盘龙河高程约 1300.00m 附近大面积出露泥岩、粉砂岩，控制了岩溶的发育深度；两河交汇后的岔河（德厚河）和盘龙河是咪哩河-盘龙河河间地块的排泄基准面，排泄基准面控制了咪哩河-盘龙河河间地块岩溶的形成与发育。坝址左岸文麻断裂（F_1）及北盘的 T_2f、T_3n 砂页岩斜穿左岸河间地块，部分阻断了左岸库水与下游河段（盘龙河）的地下水力联系；再向北，T_2f、T_3n 隔水层随褶皱展布，部分阻断了库水与东侧稼依河的地下水力联系。从库区河段两岸出露泉点及地层岩性、地质构造等角度分析，水库区河段（德厚河、咪哩河）多属补给型岩溶水动力类型，部分河段属补排交替型岩溶水动力类型（咪哩河右岸荣华—罗世鲊），各河间地块岩溶水文地质条件十分复杂。

2.6.3　库区左岸德厚河—稼依河河间地块渗漏研究

德厚河左岸库区与稼依河右岸河间地块的地表分水岭脊线位于务路大坡—红甸—银海凹子—卡西—老寨街—老尖坡—水头树大坡—田房—大汤坝一线，高程 1302.00～2700.00m，稼依河高程 1302.00～1377.50m 的河道长约 13km，低于正常蓄水位 0～75.50m，根据河间地块地层岩性、地质构造、水文地质及岩溶发育特征将德厚河库区分为 A1、B1、C1 共 3 段进行岩溶渗漏研究。

2.6.3.1　A1 段

A1 段位于德厚河库尾平坝寨—八家寨—母鲁白（BZK11）一线，本区块沿地形分水岭位置长度约 4.2km，地表分水岭高程为 1520.00～1560.00m，河间地块宽厚，平均宽度超过 6km；德厚河河床高程大致在 1340.00～1377.50m 间，稼依河灰岩段河床高程 1335.00～1357.50m，低于正常蓄水位 20～42.5m。

（1）地层岩性特征。库岸为 C_3 灰岩，山坡至分水岭为 T_2g 白云质灰岩、灰岩、白云岩及 T_2f 粉砂岩、页岩和 T_3n 砂岩、含砾砂岩夹粉细砂岩，C_3 灰岩与 T_2g 灰岩相连，且 T_2g 灰岩穿越地表分水岭至稼依河右岸。

（2）地质构造特征。地表分水岭地段发育多级规模不等的褶皱，规模相对较大的是发育于母鲁白一带的母鲁白背斜，其核部为 T_2g 灰岩、白云岩，两翼为 T_2f 砂页岩地层。文麻断裂（F_1）距离水库正常蓄水位线为 170～750m 位置，未穿越分水岭，走向 SE，倾向 NE，倾角 70° 左右，断层破碎带宽 80～300m，成分主要为碎裂岩、断层角砾岩、糜棱岩、断层泥，碎裂岩块大小一般为 1～6cm，岩性主要为青灰、灰黑色灰岩，不同位置断裂带物质组成有部分差异，断层性质为压扭性。

（3）水文地质特征。据激电测深的测试成果，德厚河为库盆区灰岩地下水的最低排泄面，BZK11 位于母鲁白新寨后山，2012 年 10 月 31 日（钻孔结束半月后）测得灰岩的最高水位为 1423.52m，2013 年 6 月 15 日测得灰岩的最低地下水位为 1388.21m，据此分析，T_2g 灰岩存在地下水分水岭，位置与地表分水岭基本一致，地下水高程（最低 1388.21m）高于正常蓄水位（1377.50m），见图 2.6-1。属于补给型岩溶水动力类型，地下分水岭西侧灰岩地下水向德厚河排泄，东侧灰岩地下水向稼依河排泄。

（4）岩溶发育特征。近库岸 C_3 灰岩岩溶强烈发育，发育规模不等的岩溶沟、岩溶槽、

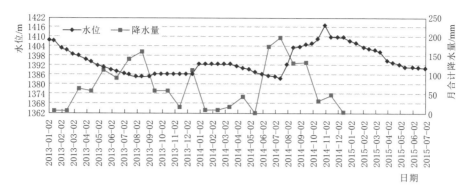

图 2.6-1 BZK11 钻孔水位观测与降水量关系图

石牙、石林、岩溶洼地、落水洞、地下河岩溶洞（管道）、岩溶裂隙等，地表面岩溶率为 15%～20%，较大规模的垂向岩溶管道（落水洞）跨越文麻断裂发育于断层南西盘，并以岩溶管道（岩溶洞、地下河）与德厚河相连。T_2g 灰岩岩溶中等—强烈发育，地表面岩溶率为 12%～18%，牛腊冲一带发育有落水洞及岩溶管道系统（地下河），据 BZK11 资料统计，钻孔线岩溶率 4%～10% 区间，钻孔单位进尺遇洞率小于 3 个/100m，主要岩溶形态为岩溶裂隙、小岩溶孔。

综上所述，水库蓄水后，库水不会沿 A1 段灰岩向稼依河方向渗漏。

2.6.3.2 B1 段

B1 段位于 BZK11—BZK14—ZK40—BZK10 区段，沿地表分水岭长约 1.58km，地表分水岭高程为 1460.00～1520.00m，河间地平均宽度为 5～6km；德厚河河床高程在 1330.00～1340.00m 间，稼依河河床高程 1325.00～1335.00m，低于正常蓄水位为 42.50～52.50m。

（1）地层岩性特征。为 C_3 块状细晶灰岩、T_2g 白云质灰岩、灰岩、白云岩及 T_2f 粉砂岩、页岩，T_2f 粉砂岩及页岩隔断了 C_3 灰岩与 T_2g 灰岩，砂页岩可视为相对隔水层。

（2）地质构造特征。地质构造复杂，Ⅰ、Ⅲ级断裂构造穿插（F_1、f_3、f_5、f_7）、小规模褶皱（母鲁白向斜）发育，文麻断裂（F_1）断层北东盘为个旧组（T_2g）白云质灰岩，南西盘为上石炭系（C_3）灰岩，走向 SE，倾向 NE，断层面陡倾，倾角为 60°～80°，文麻断裂在本段库岸地表出露宽度最窄处仅 75m，最宽处约 110m，为库岸 F_1 断裂出露最薄区段，断层带真厚度为 64～95m，地表探槽揭露物质组成为断层角砾岩（岩性为灰岩）、断层泥（灰黄、灰褐色黏土）、糜棱岩等，断层性质为压扭性。

（3）水文地质特征。具有地层岩性组合多样、地质构造复杂的特点，造成了河间地块水文地质条件极为复杂，BZK11—BZK14—ZK40 孔段，存在两层地下水，上层为法郎组（T_2f）砂页岩地下水，水位高程在 1390.00～1420.00m 区间，地下分水岭与地表分水岭重合。下层为个旧组（T_2g）灰岩地下水，2013 年 7 月，BZK11、BZK14 钻孔水位分别为 1388.21m 及 1466.94m；2014 年 5 月，BZK11、BZK14 钻孔水位分别为 1388.80m 及 1457.70m；均高于水库正常蓄水位，存在地下分水岭，并大致与地表分水岭重合，BZK14 钻孔水位观测见图 2.6-2。ZK40—BZK10 钻孔之间为砂页岩（T_2f），阻隔了库内灰岩（德厚河方向）与库外灰岩（稼依河方向）的地下水水力联系，沿砂页岩存在地下水分水岭，与地表分水岭不一致；BZK10 孔水位为 1445.00m，其高程远高于正常蓄水位。经过近 3 年的长期观测，ZK40 孔最低水位（灰岩水位）约 1333.00m（低于最近的德厚河河面约 7m），而其南侧与之相距不足 400m 的 BZK10 钻孔，孔深 250m，全孔均在法郎组（T_2f）砂岩中，钻孔稳定水位在 1445.00m 左右，而地处地形分水岭的另一侧的BZK13 水位 2013 年 1 月 5 日测得 1375.71m，2014 年 5 月测得 1374.80m。分析 ZK40 孔及向南一段的灰岩跨越分水岭向两侧延伸，根据 BZK11 与 BZK13 之间水力坡降为1.6%，地下水位高于正常蓄水位，加之 ZK40 孔所在的砂页岩层位稳定，厚度大，阻隔了分水岭两侧灰岩（德厚河左岸与稼依河右岸）地下水的水力联系，见图 2.6 - 3。BZK10 孔深约 250m，全孔均在法郎组（T_2f）砂页岩中，孔底高程 1211.00m，低于坝址河床高程约 110.00m，阻隔了分水岭两侧灰岩地下水的水力联系。属补给型岩溶水动力类型，地下分水岭西侧灰岩地下水向德厚河排泄，东侧灰岩地下水向稼依河排泄，且两侧灰岩地下水无水力联系。

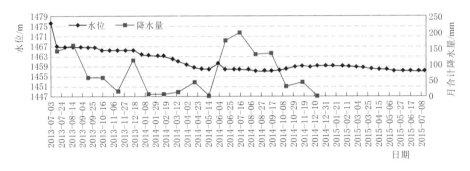

图 2.6 - 2　BZK14 钻孔水位观测与降水量关系图

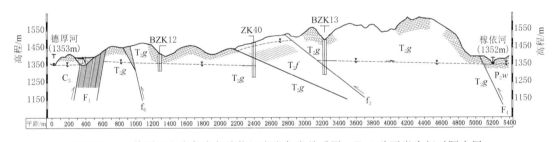

图 2.6 - 3　德厚河左岸灰岩与稼依河右岸灰岩关系图（T_2f 砂页岩为相对隔水层）

（4）岩溶发育特征。文麻断裂南西盘 C_3 灰岩岩溶强烈发育，发育规模不等的岩溶沟、岩溶槽、石牙、石林、岩溶洼地、落水洞、地下河岩溶洞（管道）、岩溶裂隙等，地表面岩溶率为 15%～20%，有较大规模的垂向岩溶管道（落水洞）跨越文麻断裂发育于断层南西盘，并以水平岩溶管道（地下河、岩溶洞）与德厚河相连。据现有资料统计，T_2g白云质灰岩岩溶中等—强烈发育，钻孔线岩溶率约 9%，钻孔单位进尺遇洞率小于 3 个/100m，主要岩溶形态为岩溶裂隙、小岩溶孔。

综上所述，水库蓄水后，库水不会沿 B1 段灰岩向稼依河方向渗漏。

2.6.3.3　C1 段

C1 段位于 BZK10—ZK37—ZK38 区段，本段直线长约 0.9km，地表分水岭高程为 1380.00～1460.00m，河间地块平均宽度 4～5km；德厚河河床高程在 1325.00～1330.00m 间，稼依河河床高程为 1302.00～1325.00m，低于正常蓄水位为 52.5～75.5m。

（1）地层岩性特征。出露 T_2f 粉砂岩、页岩及 T_3n 砂岩、含砾砂岩夹粉砂岩、细砂岩，文麻断裂南西盘（近库岸）主要为 $C_{2~3}$ 块状细晶灰岩，经钻孔 BZK10 揭露（孔底高程为 1211.00m），砂页岩深厚，低于坝址区德厚河河床约 110m，砂页岩从地表分水岭延伸至稼依河（1302～1310m 河段）两岸，为连续性好的相对隔水层。

（2）地质构造特征。发育一小规模向斜（上倮朵向斜）构造，核部及两翼都为砂岩、页岩地层；文麻断裂（F_1）走向 SE，倾向 NE，倾角 60°～80°，地表最大出露宽度可超过 200m，断层带真厚度在 170m 左右，经平洞揭露，断裂带物质以断层泥夹碎块石及断层角砾岩为代表，断层性质为压扭性；断层泥透水性弱、隔水性好，拟作为左岸近坝库岸防渗体系的防渗端点。

（3）水文地质特征。3 个钻孔（BZK10、ZK37、ZK38）终孔稳定水位均在 1390.00m 高程以上，最高水位（BZK10）为 1445.00m，高于拟建水库正常蓄水位（1377.50m）。砂页岩阻隔了分水岭两侧灰岩地下水的水力联系，见图 2.6-4。属补给型岩溶水动力类型，地下分水岭西侧灰岩地下水向德厚河排泄，东侧灰岩地下水向稼依河排泄，且两侧灰岩地下水无水力联系。

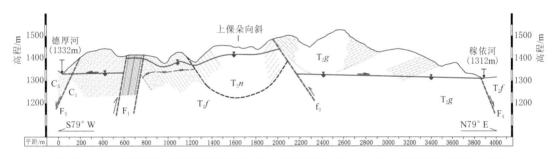

图 2.6-4　德厚河左岸灰岩与稼依河右岸灰岩关系图（T_2f、T_3n 砂页岩为相对隔水层）

综上所述，水库蓄水后，库水不会沿 C1 段灰岩向稼依河方向渗漏。

水库蓄水后，库水不会沿德厚河左岸灰岩向稼依河方向渗漏。

2.6.4　咪哩河库区右岸-盘龙河河间地块渗漏研究

咪哩河库区右岸与盘龙河（德厚河）右岸河间地块宽约 2～6.5km，分水岭脊线起于近坝右岸库区渗漏段南端，沿播烈后山—石桥坡—精山—罗世鲊后山，至南部的砂泥岩区，高程为 1410.00～1510.00m，走向与咪哩河的走向基本一致；盘龙河高程为 1299.00～1310.00m，低于正常蓄水位 67.50～78.50m，根据河间地块地层岩性、地质构造、水文地质及岩溶发育特征将咪哩河库区分为 A2、B2、C2、D2、E2、F2 共 6 段进行岩溶渗漏研究。

2.6.4.1　A2 段

"近坝右岸"渗漏段南端为起点，至播烈南侧石桥坡一线，长约 1.5km，地表分水岭高程为 1380.00～1480.00m，河间地块宽为 2～3.5km；咪哩河河床高程 1340.00～1345.00m，德厚河河床高程为 1310.00～1314.60m，低于正常蓄水位 62.90～67.50m。

（1）地层岩性特征。出露地层为 $P_2\beta$ 玄武岩及 T_1f 粉砂质页岩夹细砂岩，局部为 P_2l 泥岩夹砂岩、煤层，地层按真倾角折算出的有效厚度超过 150m，从咪哩河库区穿越地表分水岭至德厚河两岸，可视为相对隔水层。

（2）地质构造特征。以单斜状产出，玄武岩流面总体倾向 E、倾角 10°～36°，粉砂质页岩倾向 E 及 SE、倾角 30°～65°。区域性断裂 F_2 斜贯咪哩河及水库下游德厚河段，走向 NE，倾向 SE，倾角 50°～80°，断层带宽度超过 12m，由断层泥及断层糜棱岩等组成，属压扭性逆断层。

（3）水文地质特征。玄武岩区 ZK34 孔水位 1366.40m，低于正常蓄水位约 11m，正常蓄水位以下岩体透水率（q）多小于 1Lu，页岩夹砂岩区 ZK10 钻孔水位 1353.30m，低于正常蓄水位约 24m，正常蓄水位以下岩体透水率（q）小于 1.5Lu。虽然钻孔水位低于正常蓄水位 11～24m，但高程 1377.50m 以下岩体透水率（q）小于 1.5Lu，可视为相对隔水层。

综上所述，水库蓄水后，A2 段为非碳酸盐岩库区，从库内延伸至库外，阻隔了库水与分水岭东侧泥质灰岩（T_1y）地下水的水力联系，库水不会沿 A2 段的玄武岩及砂页岩向坝址下游的德厚河方向渗漏。

2.6.4.2　B2 段

播烈村南石桥坡一带（原砒霜厂），长约 0.621km，地表分水岭高程为 1400.00～1450.00m，河间地块宽为 3.9～4.4km，咪哩河河床高程 1345.00～1348.00m，德厚河河床高程为 1302.00～1310.00m，低于正常蓄水位为 67.50～75.50m。

（1）地层岩性特征。库岸（咪哩河右岸）出露 T_1y^1 薄至中厚层状泥质灰岩夹泥灰岩、灰岩，穿越地表分水岭至德厚河右岸，T_1y^2 砂页岩可视为相对隔水层，为该段的南部边界。

（2）地质构造特征。受岩性控制及多期构造运动影响，小规模断层及褶皱较为发育，岩层产状凌乱，但岩层总体倾向东及南东，基本属单斜构造。

（3）水文地质条件特征。BZK24 位于库盆区咪哩河一侧，观测日期 2014 年 2 月至 2014 年 12 月，最低水位为 1360.10m（2014 年 5 月）。BZK25 位于咪哩河与德厚河的地表分水岭，最低水位为 1382.50m（2014 年 5 月），高于水库正常蓄水位（1377.50m）5m，见图 2.6-5，河间地块存在地下水分水岭，与地表分水岭基本一致。属补给型岩溶水动力类型，地下分水岭西侧泥质灰岩地下水经岩溶裂隙以泉点（S40）或散状流的形式向咪哩河排泄，东侧泥质灰岩地下水经岩溶裂隙以泉点（S4）或散状流的形式向德厚河排泄。

（4）岩溶发育特征。主要受岩性（组）影响，岩溶弱—中等发育，地表难见岩溶地貌，地表面岩溶率不超过 6%，据钻孔资料统计 T_1y^1 泥质灰岩线岩溶率一般不超过 2%，钻孔单位进尺遇洞率也较低。

综上所述，水库蓄水后，库水不会沿 B2 段 T_1y^1 泥质灰岩向德厚河方向渗漏。

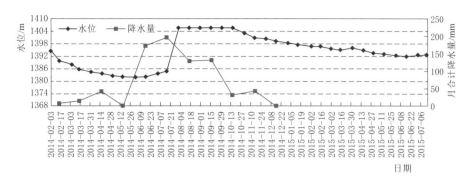

图 2.6-5　BZK25 钻孔水位观测与降水量关系图

2.6.4.3　C2 段

指砒霜厂至河尾子村一线，长约 0.498km，地表分水岭高程为 1390.00～1430.00m，河间地块宽为 4.4～5.0km，咪哩河河床高程 1348.00～1350.00m，盘龙河河床高程为 1301.00～1302.00m，低于正常蓄水位 75.50～76.50m。

（1）地层岩性特征。库岸出露 T_1y^2 砂页岩，层厚 30～200m；T_1f 页岩夹砂岩；砂页岩从咪哩河库区延伸至地表分水岭。分水岭以东的河间地块地层为 T_2g 灰岩、白云岩及 T_1y^3 薄至中厚层状泥质灰岩夹泥灰岩、灰岩，与 T_1f 呈断层（f_8）接触。

（2）地质构造特征。受多期构造运动影响，小规模断层及褶皱较为发育，但岩层总体倾向 E 及 SE，f_8 断层斜贯本区段，走向 NW—NNW，倾向 SW—SSW，倾角为 70°～80°，断层平面错距达 650m，破碎带宽度约 10m，断层物质为泥质胶结的角砾岩，断层带阻水，属压扭性逆断层。

（3）水文地质特征。ZK8 孔观测期 2009 年 7 月—2015 年 3 月，为 T_1f 页岩夹砂岩地下水位，枯季最低水位为 1333.00m（2014 年 5 月），低于正常蓄水位约 44.5m；雨季最高水位为 1402.20m（2014 年 9 月），与降雨关系非常明显，年变幅约 69.2m，高于正常蓄水位。ZK9 孔观测期 2009 年 7 月—2015 年 3 月，为 T_1y^2 砂页岩地下水，枯季最低水位为 1334.75m（2010 年 4 月）；雨季最高水位为 1365.55m（6 月），与降雨关系非常明显，年变幅约 30m；均低于正常蓄水位 12～43m。BZK23 孔位于咪哩河与盘龙河的地表分水岭附近，为 T_1y^3 泥质灰岩地下水，最低水位为 1374.00m（2014 年 6 月），略低于正常蓄水位，雨季最高水位为 1400.00m（2014 年 9 月）；除枯季部分月份低于正常库水位外，多高于正常蓄水位，见图 2.6-6。因此 T_1y^3 泥质灰岩地下水属补给型岩溶水动力类型，地下水经岩溶裂隙以散状流的形式向盘龙河排泄。T_1f 裂隙水以泉（S37、S38）向咪哩河方向排泄。盘龙河右岸 T_2g 灰岩地下水与库区碎屑岩地下水的水力联系弱，属补给型岩溶水动力类型，经岩溶裂隙以散状流的形式向盘龙河排泄。

（4）岩溶发育特征。主要受岩性控制，T_1y^3 泥质灰岩岩溶发育特征同 T_1y^1。

综上所述，水库蓄水后，库水基本不会沿 C2 段砂页岩向盘龙河方向渗漏；但 ZK9 孔水位低于正常蓄水位 12～43m，因此，库岸局部段砂页岩及断层带存在向盘龙河方向渗漏，为裂隙型渗漏，采用达西公式计算，年渗漏量为 1.05 万 m^3，占多年平均年来水量的 0.006%，渗漏量极小，暂不进行防渗处理，但应加强蓄水后的地下水位长期监测。

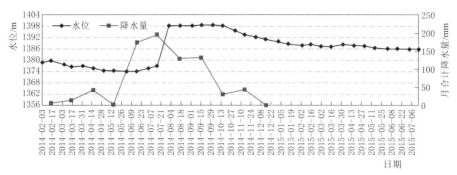

图 2.6 - 6　BZK23 钻孔水位观测与降水量关系图

2.6.4.4　D2 段

D2 段位于 ZK7—ZK6—河尾子村南东一线，长约 1.2km，地表分水岭高程为 1400.00～1450.00m，河间地块宽为 5.0～6.0km，咪哩河河床高程为 1350.00～1355.00m，盘龙河河床高程为 1300.00～1301.00m，低于正常蓄水位 76.50～77.50m。

（1）地层岩性特征。库岸（地表分水岭西侧）依次出露地层为 T_1y^1 薄至中厚层状泥质灰岩夹泥灰岩、灰岩；T_1y^2 钙质砂页岩（层厚 25～70m），层位稳定，连续性好；T_1y^3 薄至中厚层状泥质灰岩夹泥灰岩、灰岩。河间地块东部地层为 T_1y^1、T_1y^2、T_1y^3 泥质灰岩夹泥灰岩、灰岩、砂页岩及 T_2g 灰岩、白云岩（底部夹泥页岩），T_2g 地层延伸至盘龙河。

（2）地质构造特征。受多期构造运动影响，小规模断层及褶皱较为发育，但岩层总体倾向 S 及 SE，倾角 20°～40°。河间地块发育 f_8 断层，走向 NW，倾向 SW，倾角 70°～80°，破碎带宽度约 10m，断层物质为泥质胶结的角砾岩，断层带阻水，属压扭性逆断层。

（3）水文地质特征。ZK6 孔位于咪哩河与盘龙河地表分水岭东侧，为 T_1y^2 砂页岩的地下水位，于 2011 年 4 月后被破坏，观测期约两年半，以 2010 年为例，枯季最低水位在 4 月，为 1360.30m；雨季最高水位在 8 月，为 1370.20m，与降雨关系明显，年变幅约 10m；均低于正常蓄水位 7.3～17.4m。ZK7 孔位于咪哩河与盘龙河地表分水岭东侧，为 T_1y^3 泥质灰岩、泥灰岩的地下水位，观测期 2009 年 7 月至 2015 年 3 月，以 2010 年为例，枯季最低水位在 4 月，为 1347.90m；雨季最高水位在 8 月，为 1359.70m，与降雨关系明显，年变幅约 12m。均低于正常蓄水位为 17.80～29.60m。BZK22 孔位于咪哩河与盘龙河地表分水岭附近，为 T_1y^2 砂页岩的地下水位，观测期 2014 年 2 月—2015 年 3 月，最低水位出现在 3 月，水位为 1336.94m；最高水位出现在 8 月，水位为 1368.00m；均低于正常蓄水位 9.50～30.50m，见图 2.6 - 7；本孔位于砂页岩中，岩体透水率较低，据钻孔压水试验成果，1370.00m 以下岩体透水率均小于 10Lu。咪哩河与盘龙河之间存在地下水分水岭，与地表分水岭基本一致，属补给型岩溶水动力类型，分水岭西侧泥质灰岩地下水经岩溶裂隙以泉点（S25、S26、S11）或散状流的形式向咪哩河排泄，东侧灰岩、泥质灰岩、白云岩地下水经岩溶裂隙、管道以泉点（S1、S2）或散状流的形式向盘龙河排泄。

（4）岩溶发育特征。主要受岩性控制，岩溶弱—中等发育，地表难见岩溶地貌，地表面岩溶率不超过 8%，据钻孔资料统计 T_1y^1、T_1y^3 泥质灰岩线岩溶率一般不超过 3%，钻孔单位进尺遇洞率也较低。

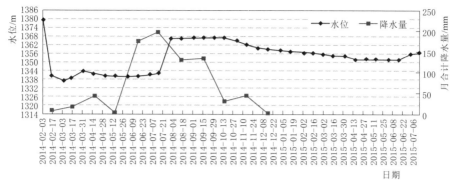

图 2.6-7   BZK22 钻孔水位观测与降水量关系图

综上所述，地下水位低于正常蓄水位 9.5～30.5m，泥质灰岩岩溶弱—中等发育，不存在贯穿地下水分水岭的岩溶管道，水库蓄水后，库水沿 D2 段 T_1y^1、T_1y^3 泥质灰岩存在向盘龙河方向的渗漏，渗漏形式为裂隙-岩溶裂隙型，采用达西公式估算，年渗漏量为 15.6 万 m^3，占多年平均年来水量的 0.09%，渗漏量轻微。暂不进行防渗处理，但应加强蓄水后的地下水位长期监测。

2.6.4.5   E2 段

E2 段位于黑末村北东跑马塘一带，南端至黑末村东冲沟，长约 0.63km，地表分水岭高程为 1420.00～1467.00m，河间地块宽为 6.0～6.5km，咪哩河河床高程为 1355.00～1360.00m，盘龙河河床高程约 1300.00m，低于正常蓄水位约 77.50m。

（1）地层岩性特征。地表分水岭西侧依次出露地层为 T_1y^3 薄—中厚层状泥质灰岩夹泥灰岩、灰岩；T_2g 灰岩、白云岩（底部夹泥页岩），正常蓄水位以下为 T_1y^3 地层。地表分水岭东侧河间地块为 T_2g 灰岩、白云岩（底部夹泥页岩），并延伸至盘龙河。

（2）地质构造特征。发育 EW 向的跑马塘宽缓向斜，轴部从咪哩河延伸至十里桥道班以北，交于 f_8 断层上；河间地块发育 f_8 断层，走向 NW，倾向 SW，倾角为 70°～80°，破碎带宽度约 10m，断层物质为泥质胶结的角砾岩，断层带阻水，属压扭性逆断层。

（3）水文地质特征。咪哩河右岸于黑末村附近发育岩溶泉 S8，泉水出露高程 1359.00m，泉流量 10～40L/s，在 2010—2012 三年大旱期间枯季断流。ZK05 孔位于咪哩河与盘龙河地表分水岭附近，为 T_2g 灰岩与 T_1y^3 泥质灰岩地下水，观测期 2009 年 7 月—2015 年 3 月，最低水位出现在 2010 年 6 月，为 1368.80m；雨季最高水位在 12 月，为 1384.60m，与降雨关系明显，年变幅约 16m，枯季低于正常蓄水位约 9m，雨季高于正常蓄水位。2011—2015 年期间除 2014 年最低枯季水位（1368.80m）低于正常蓄水位外，其余时段均高于正常蓄水位，见图 2.6-8。因此，咪哩河与盘龙河之间存在地下水分水岭，与地表分水岭基本一致，多高于正常蓄水位，属补给型岩溶水动力类型，分水岭西侧灰岩、泥质灰岩地下水经岩溶裂隙以泉点（S8）或散状流的形式向咪哩河排泄，东侧灰岩地下水经岩溶裂隙、管道以泉点（S1、S2）或散状流的形式向盘龙河排泄。

（4）岩溶发育特征。主要受岩性、层厚控制，据钻孔资料统计 T_1y^3 泥质灰岩岩溶弱—中等发育，线岩溶率一般在 1%～3% 区间；T_2g 灰岩、白云岩岩溶中等—强发育，线岩溶率 8%～13% 区间，钻孔单位进尺遇洞率也较低，已发现的最大岩溶洞大小约

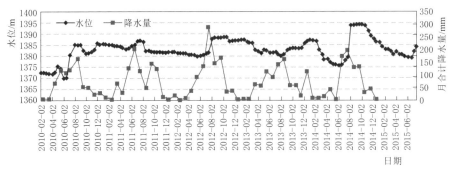

图 2.6-8　ZK05 钻孔水位观测与降水量关系图

0.7m，且多具黏土及岩屑充填。

综上所述，干旱的枯季地下水位低于正常蓄水位约 9.00m，水库蓄水后，沿 E2 段泥质灰岩存在向盘龙河方向渗漏，为岩溶裂隙型，采用达西公式估算，年渗漏量为 6.8 万 m³（按 6 个月估算），占多年平均来水的 0.04%，渗漏量轻微。暂不进行防渗处理，但应加强蓄水后的地下水位长期观测。

2.6.4.6　F₂（咪哩河库区）段

F_2 段位于黑末村东分水岭至罗世鲊村南山坡，长约 3.06km，地表分水岭高程为 1400.00～1510.00m，河间地块宽为 6.0～6.5km，咪哩河河床高程 1360.00～1377.50m，盘龙河河床高程 1299.00～1300.00m，低于正常蓄水位 77.5～78.5m。

（1）地层岩性特征。库岸及河间地块（盘龙河右岸）出露地层为 T_2g 隐晶—微晶灰岩、白云质灰岩、白云岩（底部夹泥页岩）；北端出露 T_1y^3 薄—中厚层状泥质灰岩夹泥灰岩、灰岩及 T_1y^2 页岩；南端出露 T_2f 薄至中厚层状粉砂岩、页岩，可视为相对隔水层。

（2）地质构造特征。岩层以单斜为主，岩层总体倾向 S、SE，倾角 30°～50°。发育有跑马塘背斜、他德向斜、麻栗树背斜及向斜、f_9 断层，走向均为近 EW 向，基本贯通本段河间地块，构造控制了该区岩层产状、裂隙发育程度、延伸方向、组合形式等，从而影响地下水径流通道，影响岩溶发育，构造带岩石破碎（BZK21 钻孔揭露），裂隙发育亦为地下水赋存运移提供了空间通道，从而促使岩溶发育。f_9 断层从咪哩河库区向东穿越地表分水岭交于 f_8 断层，f_9 断层走向 EW，倾向 N，倾角 70°～80°，破碎带宽度约 10m，断层物质为碎裂岩、角砾岩，属张扭性逆断层。

（3）水文地质特征。经地表地质测绘，本段咪哩河右岸无泉水点发育。BZK21 孔位于北部地形分水岭位置，孔内地下水为 T_1y^3 泥质灰岩及 T_1y^2 砂页岩地下水，观测日期 2014 年 2 月—2015 年 3 月，最低水位为 2014 年 5 月，为 1353.60m，低于水库正常蓄水位约 24.00m；最高水位为 2014 年 8 月的 1385.00m，高于水库正常蓄水位约 7.5m；见图 2.6-9。BZK19、BZK20、BZK29 三个钻孔均位于地表分水岭，孔内地下水为 T_2g 灰岩地下水，2014 年 6 月初测得的最低水位分别为 1365.64m、1368.67m、1370.66m，均低于水库正常蓄水位（1377.50m），枯季（2—7 月）低于水库正常蓄水位 7～12m，高于咪哩河河水位 5.6～6.6m；2014 年 10 月测得的最高水位，分别为 1405.00m、1430.00m、1400.00m，均高于水库正常蓄水位（1377.50m），雨季（8 月至次年 1 月）高于水库正常蓄水位 22.5～

52.5m，高于咪哩河河水位 22.5～70m；见图 2.6-10～图 2.6-12。

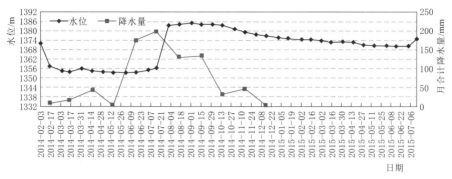

图 2.6-9　BZK21 钻孔水位观测与降水量关系图

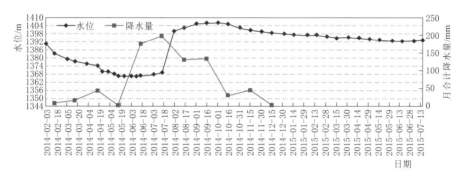

图 2.6-10　BZK19 钻孔水位观测与降水量关系图

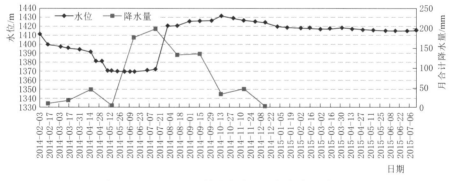

图 2.6-11　BZK20 钻孔水位观测与降水量关系图

　　ZK2 孔位于罗世鲊村南东的库岸边，孔内地下水为 T_2g 灰岩地下水，观测期 2009 年 7 月—2015 年 3 月，最低水位出现在 2012 年 5 月，为 1336.35m；最高水位在 2012 年 12 月，为 1357.75m，年变幅约 21m；咪哩河主河床水位 1365.00m，地下水低于河水位 8～29m。2010 年 4 月最低水位为 1342.85m，12 月最高地下水位为 1352.45m，仍低于咪哩河河水位 12～22m；2014 年 5 月最低水位 1344.80m，低于咪哩河河水位约 20m；2014 年 9 月最高水位为 1379.00m，高于咪哩河河水位约 1.5m（图 2.6-13）。

　　ZK3 孔位于 ZK2 孔南部的库岸边，孔内地下水为 T_2g 灰岩地下水，观测期 2009 年 7 月—2015 年 3 月，2010 年 6 月最低水位为 1352.70m，2010 年 9 月最高水位为

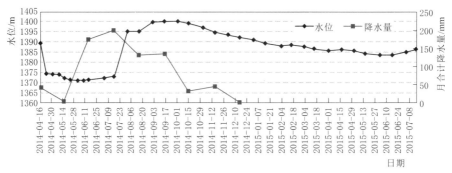

图 2.6-12　BZK29 钻孔水位观测与降水量关系图

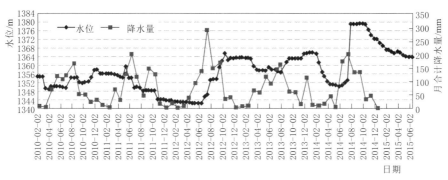

图 2.6-13　ZK2 钻孔水位观测与降水量关系图

1358.80m，年变幅约 6m；咪哩河主河床水位 1370.00m，低于河水位 11～17m。2012 年 4 月最低水位为 1358.30m，2012 年 7 月最高地下水位为 1370.10m，低于河水位 0～12m；2014 年 6 月最低水位为 1349.90m，2014 年 10 月最高水位为 1371.90m，低于河水位约 1.9～20m（图 2.6-14）。

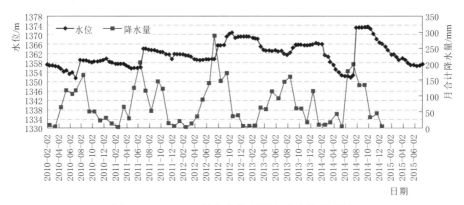

图 2.6-14　ZK3 钻孔水位观测与降水量关系图

ZK4 孔位于营盘北部冲沟，孔内地下水为 T_1y^3 泥质灰岩地下水，观测期 2009 年 7 月—2015 年 3 月，2010 年 6 月最低水位为 1357.90m，2010 年 7 月最高水位为 1365.00m，与降雨关系较明显，年变幅约 7m，低于正常蓄水位 12.5～20m；咪哩河河水位约 1360.00m，地下水位与河水位基本一致；2012 年 5 月最低水位为 1361.30m，

2012 年 9 月最高水位为 1374.00m，与降雨关系明显，年变幅约 13.7m，低于正常蓄水位 3.5～16.20m；高于河水位 1.3～14m；2014 年 6 月最低水位为 1346.00m，2014 年 9 月最高水位为 1370.20m，与降雨关系较明显，年变幅约 24m，低于正常蓄水位 7.3～31.5m；枯季低于河水位约 14m，雨季高于河水位约 10m（图 2.6－15）。

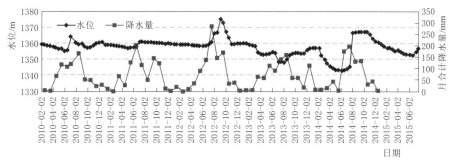

图 2.6－15　ZK4 钻孔水位观测与降水量关系图

ZK15 孔位于营盘南部，孔内地下水为 T_2g 灰岩、白云岩地下水，观测期 2009 年 7 月—2015 年 3 月，2012 年 5 月最低水位为 1336.15m，2012 年 12 月最高水位为 1363.45m，年变幅约 27m；咪哩河主河床水位 1363.00m，低于河水位 0～27m。2010 年 4 月最低水位为 1358.45m，2010 年 8 月最高地下水位为 1361.45m，低于河水位 1.5～4.5m；2014 年 6 月最低水位为 1330.70m，2014 年 10 月最高水位为 1355.60m，年变幅 24.9m，低于河水位 7～32m（图 2.6－16）。

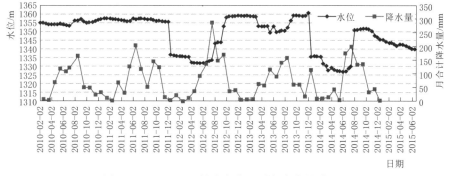

图 2.6－16　ZK15 钻孔水位观测与降水量关系图

从上面可以看出，地表分水岭钻孔地下水位与库岸边钻孔地下水位监测资料存在矛盾的情况，因此进行了连通试验，于 2015 年 7 月 4 日选择了 ZK2（咪哩河库岸边）孔投放石松粉 25kg，在盘龙河右岸的 S1、S2 进行监测，根据监测结果，于 2015 年 7 月 14—18 日在 S1、S2 接收到石松粉成分，见图 2.5－22 和图 2.5－23。石松粉示踪成果说明，ZK2 孔地下水与泉水 S1、S2 连通，S1、S2 属于同一个岩溶水系统的两个出口。初步估算，从示踪剂投放到接收历时 10 天，按投放点到接收点直线距离 6.2km 计算，岩溶地下水平均流速约 620m/d。

河间地块（咪哩河右岸荣华—罗世鲊与盘龙河右岸）的灰岩仅雨季（8 月至次年 1 月，有滞后效应）存在地下水分水岭，含水介质为双重介质（岩溶裂隙、隐伏岩溶洞及管道），雨季接受降雨补给，分水岭西侧地下水向咪哩河排泄（咪哩河河谷岩溶水子系统），分水岭东侧地下水向盘龙河排泄（热水寨岩溶水系统）。枯季（2—7 月，有滞后效应）两河之间无地下水分水岭，接受降雨及咪哩河河水补给，通过岩溶裂隙及管道径流，向盘龙河排泄，见图 2.5 - 16，与热水寨岩溶水系统（Ⅳ）有水力联系。因此，咪哩河库区右岸（荣华—罗世鲊）为补排交替型岩溶水动力类型，盘龙河右岸为补给型岩溶水动力类型。

（4）岩溶发育特征。主要受岩性、层厚控制，T_2g^1 岩性为白云岩夹白云质灰岩、泥灰岩、泥页岩，地下岩溶形态以岩溶裂隙为主，岩溶发育弱—中等。T_2g^2 岩性为灰岩、白云质灰岩，钻孔线岩溶率多为 7%～11%，地表面岩溶率为 9%～17%，13 个钻孔中 9 个钻孔揭露有岩溶洞，遇洞率为 69.2%；钻孔单位进尺遇洞数量 1.6 个/100m；洞高度为 0.20～21.30m，多数小于 2m。在孔深 100m 以下，1 个钻孔发现岩溶洞，最大高度为 21.30m，最低发育高程为 1269.53m；岩溶发育中等—强烈。勘察期揭示岩溶洞数量为 24 个，最大高度 21.30m。

施工期在 T_2g 灰岩中揭示岩溶洞（管道）数量为 714 个，洞高度为 0.20～75m，多数小于 1m，最大高度 75m；勘察期揭示洞数量仅为施工期的 3.36%。充填状态为无充填、半充填、全充填；充填物质为红黏土夹碎块石。960 个钻孔中有 171 个钻孔遇岩溶洞，遇洞率 17.81%（明显低于勘察期）；钻孔单位进尺遇洞数量 0.99 个/100m（与勘察期基本接近）。岩溶洞分布高程 1235.00～1377.50m，为表层岩溶带、浅部岩溶带、深部岩溶带，其中深部岩溶下带基本没有揭示岩溶洞。

咪哩河右岸荣华—罗世鲊一带，T_2g 灰岩、白云质灰岩发育 3 条隐伏岩溶管道：①ZK15 孔附近隐伏岩溶管道（GD1），岩性为白云质灰岩，高程 1334.50～1335.50m，岩溶管道高约 1.00m，地下水位高程 1335.00m，低于咪哩河河水位约 28m；②ZK2 孔附近隐伏岩溶管道（GD2），岩性为灰岩，高程 1353.00～1358.54m，岩溶管道高约 5.54m，地下水位高程 1358.00m，低于咪哩河河水位约 5m；③沿 f_9 断层带上盘的隐伏岩溶管道（GD3），岩性为灰岩，该管道发育方向主要受 f_9 断层控制，洞高程 1328.07～1334.50m，洞高 6.43m，地下水位高程 1334.00m，低于咪哩河河水位约 29m。3 条管道在盘龙河右岸相交，管道长约 6200m，在盘龙河的河边出露 S1、S2 泉水，见图 2.6 - 17。

综上所述，"咪哩河库区"段 T_2g 灰岩、白云岩地下水为补排交替型岩溶水动力类型，雨季（8 月至次年 1 月，有滞后效应）咪哩河与盘龙之间存在地下水分水岭，地下水分别向盘龙河、咪哩河排泄；枯季（2—7 月，有滞后效应）咪哩河与盘龙河之间不存在地下水分水岭，咪哩河河水补给地下水，沿 EW 向岩溶管道、裂隙向东径流，在盘龙河右岸排泄（S1、S2）。因此，水库蓄水后，库水沿"咪哩河库区"段灰岩存在向盘龙河方向的渗漏，形式为岩溶裂隙-管道型，渗漏严重，渗漏量难以计算。

水库蓄水后，库水沿 A2 段砂泥岩、玄武岩不会向德厚河方向渗漏；库水沿 B2 段灰岩不会向德厚河方向渗漏；库水沿 C2 段砂页岩向盘龙河方向产生裂隙型渗漏，渗漏量极小，暂不进行防渗处理，但运行期需要进行监测；库水沿 D2、E2 段灰岩向盘龙河方向产生岩溶裂隙型渗漏，渗漏量小，暂不进行防渗处理，但运行期需要进行监测。库水沿"咪哩河库区"（F_2）段灰岩向盘龙河方向产生岩溶裂隙-管道型渗漏，渗漏量难以计算，必须进行防渗处理。

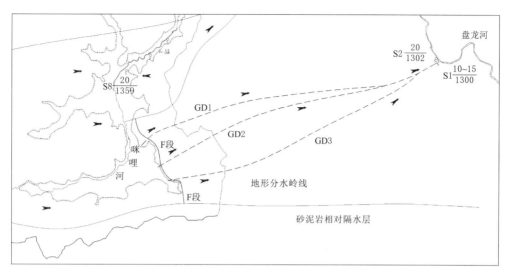

图 2.6-17　咪哩河库区右岸隐伏岩溶管道与盘龙河关系图

2.6.5　库区右岸咪哩河-马过河河间地块渗漏研究

咪哩河库尾段（G2 段）是指荣华村北部，河床高程为 1370.00～1377.50m；南部为马过河（盘龙河支流）的上游，河床高程为 1324.00～1377.50m 的河段长约 7.5km。

咪哩河与马过河之间的地形分水岭高程为 1430.00～1570.00m，出露宽厚的砂泥岩，但库尾的 T_2g 灰岩与马过河的 T_2g 灰岩相连；发育祭天坡向斜，核部地层为 T_2f、T_3n 砂页岩，两翼为 T_2g 灰岩，向斜两翼较完整而对称，向斜为良好的储水构造。咪哩河 T_2g 灰岩地下水自西向东径流，与主要构造线（EW 向）方向一致，咪哩河与马过河之间存在地下水分水岭，与地表分水岭基本重合，地下水位高于正常蓄水位（1377.50m），属补给型岩溶水动力类型，地下水分水岭两侧地下水分别向马过河、咪哩河排泄。

综上所述，水库蓄水后，库水不会沿灰岩向马过河方向渗漏。

2.6.6　近坝库岸段及坝基渗漏研究

德厚水库近坝左岸、坝址区及近坝右岸（以下简称"近坝右岸"）灰岩（C、P）地下水位低，岩溶强烈发育，正常蓄水位（1377.50m）之下为盘龙河期（Q）岩溶，从上到下可划分为表层岩溶带、浅部岩溶带、深部岩溶带，岩溶洞、地下河（伏流、暗河）管道系统、岩溶裂隙发育，水库蓄水后，是库水的主要渗漏地段。

1. 近坝左岸（D1）段渗漏

该段北起 F_1 断层北侧 T_2f 砂页岩区，南止左坝端以北 100m 位置，下游德厚河高程为 1314.60～1320.00m，低于正常蓄水位 57.50～62.90m，长约 1.4km。

（1）地层岩性特征。出露地层为石炭系中、上统（$C_{2\sim3}$）厚至巨厚层状细晶灰岩，下游出露二叠系下统（P_1）厚层块状灰岩。

（2）地质构造特征。岩层基本呈单斜状展布，岩层走向 NE、倾向 SE，倾角 30°～60° 不等，局部位置岩层倾角大于 60°，走向 NE、NW 的节理发育。文麻断裂位于北段，断裂带物质为断层泥、断层角砾岩、碎块岩等，透水性弱，可视为相对隔水层。

（3）水文地质特征。岸坡钻孔终孔稳定水位均接近或略高于坝址区河面水位，雨季 BZK09 孔地下水位为 1329.30m，低于正常蓄水位约 48m，高于河水位（1322.37m）。 BZK08 孔地下水位 1322.38m，与河水位基本一致，近坝段地下水水力坡降平缓，北段为 0.96‰，雨季岸坡地下水补给河水。CZK02 孔地下水位略低于河水位，枯季地下水水力坡降仅 4‰，水力联系弱，地下水主要从上游德厚河补给，沿顺河向构造节理向下游径流。总体上属补给型岩溶水动力类型，接受大气降水补给，在岩溶洞（管道）、裂隙中径流，以泉点（S19、S20）或散浸形式向德厚河排泄。

（4）岩溶发育特征。$C_{2\sim3}$ 灰岩岩溶强烈发育，正常蓄水位以下为盘龙河期（Q）岩溶，发育规模不等的岩溶沟、岩溶槽、石牙、小石林、岩溶洼地、掩埋型落水洞、水平岩溶洞、宽大岩溶裂隙、垂直岩溶管道、地下河管道系统等，地表面岩溶率为 15%～20%，据现有资料统计，厚层、巨厚层灰岩钻孔线岩溶率为 5%～12%，钻孔遇洞率高；规模次之的宽大岩溶裂隙、岩溶孔密布，一般无充填或全充填，物质为黏土及岩屑。坝址上游约 2km 发育有打铁寨地下河管道系统（C3 伏流）、岔河口北 250m 德厚河左岸发育有方解石岩溶管道系统（C5）、坝址区发育住人洞岩溶管道系统（C22）、坝址下游约 400m 发育上偎朵地下河管道系统（C25 伏流）。勘察期 4 个钻孔中 3 个钻孔见岩溶洞，遇洞率为 75%；揭示岩溶洞数量为 8 个，最大高约 4.12m（无充填），洞最低高程为 1265.77m（BZK08 孔），钻孔单位进尺遇洞数量为 1.72 个/100m。

施工期在 $C_{2\sim3}$ 灰岩中揭示岩溶洞（管道）数量为 116 个，洞高度为 0.20～24.10m，多数小于 1m，最大高度 24.10m（上层灌浆廊道 ZSQ389 孔，全充填黏土夹碎块石）；勘察期洞数量仅为施工期 7.76%。充填状态为无充填、半充填、全充填；充填物质为红黏土夹碎块石。1531 个钻孔中有 83 个钻孔遇岩溶洞，遇洞率为 5.42%（明显低于勘察期）；钻孔单位进尺遇洞数量为 0.10 个/100m（明显低于勘察期）。岩溶洞分布高程为 1250.00～1377.50m，为表层岩溶带、浅部岩溶带、深部岩溶带，其中岩溶洞最低高程为 1250.00m（下层灌浆廊道 ZXQ61 孔洞高约 5m，高程 1250.00～1255.00m，深部岩溶上带），深部岩溶中带、下带基本没有揭示岩溶洞，但局部有岩溶裂隙发育（例如 CZK02 孔以北段）。

综上所述，近坝左岸段灰岩地下水位低，岩溶强烈发育，以岩溶洞（管道）、岩溶裂隙为主，渗径较短，水库蓄水后，存在向下游德厚河的渗漏，渗漏形式为岩溶裂隙-管道型，渗漏严重，渗漏量无法计算。

2. 近坝右岸段渗漏

近坝右岸渗漏段包含坝基及绕坝渗漏、右岸渗漏段（H2），北端起于近坝左岸渗漏段的南端，依次为左岸绕坝渗漏段（长 100m）、坝基渗漏段（长 159m）、右岸绕坝渗漏段（长 100m）、右岸渗漏段（长度约 593m），南端止于 $P_2\beta$ 玄武岩，下游德厚河高程为 1314.60～1320.00m，低于正常蓄水位 57.50～62.90m，长约 0.95km。

（1）地层岩性特征。出露地层为二叠系下统（P_1）厚至巨厚层状细晶、微晶灰岩，石炭系上统（C_3）厚至巨厚层状细晶灰岩；南端出露上二叠统（$P_2\beta$）玄武岩组，BZK05 与 BZK28 之间出露辉绿岩脉，玄武岩及辉绿岩透水性弱，可视为相对隔水层。

（2）地质构造特征。岩层基本呈单斜状展布，岩层走向 NE，倾向 SE，倾角 17°～40°

不等，局部位置岩层倾角大于40°。发育 f_2 断层，斜穿坝区右岸至下游交于德厚河床，小规模断层，断层破碎带宽度一般小于8m，主要由灰黄色断层角砾岩、碎裂岩、断层泥等组成，走向 N20°E，倾向 NW，倾角 50°～80°，张性断层。发育 F_2 断层，走向 NE，倾向 SE，倾角 50°～80°，断层带宽度超过 10～30m，断层物质为糜棱岩夹断层泥、碎裂岩等，属压扭性逆断层。另外，走向 NE、NW 的节理发育。

（3）水文地质特征。辉绿岩与河床之间灰岩地下水位接近或略高于坝址区河面水位，雨季 BZK05 孔地下水位 1322.55m，河水位为 1322.37m，低于正常蓄水位约 55m。辉绿岩与玄武岩之间的灰岩地下水位低，CZK03 孔地下水位 1313.30m，低于下游河水位约 1.30m，低于正常蓄水位约 64m；BZKY1 孔地下水位 1308.00m，低于下游河水位约 6.60m，低于正常蓄水位约 70m。辉绿岩与河床之间灰岩总体上属补给型岩溶水动力类型，接受大气降水补给，在岩溶洞、裂隙中径流，以散浸形式向德厚河排泄。辉绿岩与玄武岩之间灰岩总体上属排泄型岩溶水动力类型，接受大气降水及咪哩河河水补给，地下水径流以岩溶洞及管道、裂隙呈"倒虹吸"形式为主，以散浸形式向坝址下游德厚河排泄。

（4）岩溶发育特征。C_3、P_1 灰岩岩溶强烈发育，正常蓄水位以下为盘龙河期（Q）岩溶，发育规模不等的岩溶沟、岩溶槽、石牙、小石林、岩溶洼地、掩埋型落水洞、水平岩溶洞、宽大岩溶裂隙、垂直岩溶管道等，地表面岩溶率 13%～20%，据现有资料统计，灰岩钻孔线岩溶率为 7%～16%，钻孔遇洞率高；规模次之的宽大岩溶裂隙、岩溶孔密布，一般无充填或全充填，物质为黏土及岩屑。坝址上游约 2km 发育有打铁寨地下河管道系统（C3 伏流）、岔河口北 250m 德厚河左岸发育有方解石岩溶管道系统（C5）、坝址区发育住人洞岩溶管道系统（C22）、坝址下游约 400m 发育上倮朵地下河管道系统（C25 伏流）。勘察期 39 个钻孔中 28 个钻孔见岩溶洞，遇洞率为 71.79%；揭示岩溶洞数量为 28 个，最大高约 9.97m（半充填粉砂），洞最低高程为 1218.35m（BZK05 孔），钻孔单位进尺遇洞数量 0.56 个/100m。

施工期在 C_3、P_1 灰岩中揭示岩溶洞（管道）数量为 235 个，洞高度为 0.20～61.00m，多数小于2m；最大高度61.00m（右岸上层灌浆廊道 YSQ333 与下层灌浆廊道 YXQ336 孔的岩溶管道相连，全充填黏土夹碎块石，洞高程 1319.00～1380.00m）；左岸坝基发育 C23 垂直岩溶管道，洞高 39m，高程 1284.00～1323.00m，半充填，黏土夹孤块石、细砂，为浅部岩溶带向深部岩溶上带继承性发展；河床坝基 YXH48 孔发育高 38m 的 4 层相连通岩溶洞，高程为 1250.00～1288.00m，全充填，黏土夹细砂、碎块石，为深部岩溶上带；右岸下层灌浆廊道 YXQ330 孔附近发育垂直岩溶管道，洞高 29m，高程为 1303.00～1332.00m，无充填，为表层岩溶带、浅部岩溶带、深部岩溶上带继承性发展；右岸下层灌浆廊道 YXQ428 孔发育岩溶洞，洞高约 5m，高程 1197.50～1202.50m，无充填，为深部岩溶中带的底界，主要受 F_2 断层及灰岩与玄武岩接触带的控制。洞数量勘察期仅为施工期 11.91%；充填状态为无充填、半充填、全充填；充填物质为红黏土夹碎块石、砂砾石、粉细砂等。1233 个钻孔中有 101 个钻孔遇溶洞，遇洞率 8.19%（明显低于勘察期）；钻孔单位进尺遇洞数量 0.26 个/100m（低于勘察期）。岩溶洞分布高程为 1197.50～1377.50m，为表层岩溶带、浅部岩溶带、深部岩溶带，其中岩溶洞最低高程为 1197.50m，深部岩溶下带基本没有揭示岩溶洞，高大的岩溶洞、管道多位于辉绿岩与玄武岩之间的灰岩段，断层带（F₂）及与非碳酸盐岩接触带为地下水向深部循环创造了条件，有深部岩溶带的洞明显多于表层岩溶带的特点。

综上所述，"近坝右岸"段灰岩地下水位低，岩溶强烈发育，以岩溶洞、管道、岩溶裂隙为主，渗径较短，发育 F₂ 及 f₂ 断层、辉绿岩与灰岩接触带、玄武岩与灰岩接触带，水库蓄水后，存在向下游德厚河的渗漏，渗漏形式为岩溶裂隙-管道型，渗漏严重，渗漏量难以计算。

2.7　防渗处理建议

德厚水库蓄水后，因"近坝左岸"段、"近坝右岸"段、"咪哩河库区"段存在渗漏，形式为岩溶裂隙-管道型，渗漏严重，是水库成败的关键工程地质问题，会严重影响水库经济效益、社会效益，因此，必须进行防渗处理。根据水库地层岩性、地质构造、水文地质、岩溶发育规律及分带、岩溶发育程度、地下水水位、岩体透水率等因素，提出合理的防渗处理建议，为防渗处理设计提供依据。

2.7.1　防渗处理边界及底界

2.7.1.1　防渗处理范围

德厚河库区左岸-稼依河河间地块、咪哩河库区右岸-马过河河间地块存在砂岩、泥岩等相对隔水地层，也存在高于水库正常蓄水位（1377.50m）的地下水分水岭，水库蓄水后，库水不会向稼依河低邻谷、马过河低邻谷产生渗漏。咪哩河库区右岸 A2 段为非碳酸盐岩，不存在渗漏问题；右岸 B2 段地下水分水岭高于正常蓄水位，不存在渗漏问题；右岸 C2、D2、E2 段存在地下水分水岭，但低于正常蓄水位，渗漏形式为裂隙型或岩溶裂隙型渗漏，渗漏量小，允许一定渗漏存在，暂不进行防渗处理，但运行期须要进行监测；右岸 F₂（"咪哩河库区"）段存在严重的渗漏问题，渗漏形式为岩溶裂隙-管道型渗漏，必须进行防渗处理。"近坝左岸""近坝右岸"段也存在严重的渗漏问题，渗漏形式为岩溶裂隙-管道型渗漏，必须进行防渗处理。因此，德厚水库岩溶防渗系统由"近坝左岸"段、"近坝右岸"段、"咪哩河库区"段组成，其中"近坝左岸"段、"近坝右岸"段构成连续的防渗体系。

2.7.1.2　防渗边界

（1）"近坝左岸"段。北部防渗边界进入 F₁ 断裂带内，断层泥透水性微弱，可视为相对隔水层，以正常蓄水位线与 F₁ 断层带 SW 方向断层线的交点外延 50m 为端点；南部接"近坝右岸"段北部端点（左岸绕坝渗漏端点）。

（2）"近坝右岸"段。北部接"近坝左岸"段南部端点（左岸绕坝渗漏端点）；南部防渗边界进入 P₂β 玄武岩内，玄武岩透水性小，可视为相对隔水层，以正常蓄水位线与 P₁/P₂β 分界线的交点外延 50m 为端点。

（3）"咪哩河库区"段。跑马塘背斜为复式褶皱，轴部张性结构面发育，沿结构面是岩溶优势发育方向，且 BZK21 孔地下水位低（2014 年地下水位低于河水位），北部防渗边界以跑马塘背斜轴部向北延伸 50m 为端点；南部防渗边界进入 T₂f 砂泥岩内，砂泥岩透水性微弱，可视为相对隔水层，以正常蓄水位线与 T_2f/T_2g 分界线的交点外延20m为端点。

2.7.1.3 防渗底界

（1）岩溶发育程度。根据地下岩溶形态、洞（管道、地下河）数量、岩体透水率，对正常蓄水位（1377.50m）以下的岩溶发育程度进行分带，见表2.7-1，满足表中条件之一，采用就高的原则。根据上述划分原则，近坝左岸段强岩溶带下限高程为1235.00～1265.00m；近坝右岸段强岩溶带下限高程为1216.00～1300.00m，局部为1192.00～1216.00m（YSQ404～YSQ460孔之间）；咪哩河库区段强岩溶带下限高程为1300.00～1350.00m，其中设计桩号 MKG1+584～MKG1+615 段高程为1265.00～1280.00m，设计桩号 MKG1+881～MKG1+917 段高程为1232.00m。

表 2.7-1　　　　　　　　　　岩溶发育程度划分表

岩溶发育程度	地下岩溶形态	钻孔单位进尺岩溶洞数量/（个/100m）	岩体透水率/Lu
强岩溶带	岩溶洞、管道、地下河、宽大岩溶裂隙（1～20cm）	>0.01	>10
弱岩溶带	岩溶裂隙（0.5～10mm），基本无岩溶洞	0～0.01	1～10
微岩溶带	无（结构面闭合）	0	<1

（2）防渗底界必须同时满足以下3个条件：①补给型岩溶水动力类型进入地下水位以下不小于20m，补排交替型岩溶水动力类型进入排泄点以下不小于10m；②进入强岩溶带下限以下不小于10m；③进入相对隔水层顶板以下5m，"近坝左岸"段及"近坝右岸"段以 $q\leqslant5Lu$ 为相对隔水层顶板，"咪哩河库区"段以 $q\leqslant10Lu$ 为相对隔水层顶板。

2.7.2 防渗处理建议

2.7.2.1 近坝左岸段

"近坝左岸"段灰岩岩溶强烈发育，地下水位低，存在岩溶裂隙-管道型渗漏，渗漏量计算困难，必须进行防渗处理。北部防渗边界进入 F_1 断裂带内，南部接"近坝右岸"段北部端点。

（1）防渗处理底界。岩溶洞高程为1250.00～1377.50m（表层岩溶带、浅部岩溶带、深部岩溶上带），深部岩溶中带、下带基本没有揭示岩溶洞，局部发育岩溶裂隙（CZK02孔以北）。强岩溶下限高程多为1240.00m以上，局部高程为1211.00～1240.00m（CZK02孔以北）。建议按照上述确定原则，"近坝左岸"段防渗底界高程多为1250.00m，局部高程为1201.00～1250.00m（CZK02孔以北）；防渗处理深度多为122.5m，局部为122.5～176.5m（CZK02孔以北），防渗处理底界已进入深部岩溶中带内至少10m、强岩溶带下限以下至少10m、相对隔水层顶板以下5m。地下水位高程一般为1323.00～1329.00m，防渗底界低于地下水位约70m（局部约90m）。

（2）建议采用帷幕灌浆处理，由于灌浆深度为122.5～176.5m（地表灌浆深度更大），至少设计2层灌浆廊道；建议设计单排孔，孔距约2m，岩溶洞发育段增至2～3排；建议下层灌浆廊道采用高压灌浆，上层灌浆廊道灌浆压力可适当降低。

（3）建议施工前进行灌浆试验，以确定合理的孔距、材料、施工工艺及施工参数。建议灌浆前首先进行先导孔的勘探工作，包括但不限于取岩芯、电磁波 CT 测试、压水试验等，先导孔的深度不低于设计灌浆底界以下 10m，以查明岩溶发育情况。

2.7.2.2　近坝右岸段

"近坝右岸"段灰岩岩溶强烈发育，地下水位低（局部存在"倒虹吸"现象），存在岩溶裂隙-管道型渗漏，渗漏量计算困难，必须进行防渗处理。北部接"近坝左岸段"南部端点，南部防渗边界进入 $P_2\beta$ 玄武岩内。

（1）防渗处理底界。岩溶洞分布高程为 1197.50～1377.50m（表层岩溶带、浅部岩溶带、深部岩溶上带及中带），局部高程为 1270.00～1377.50m（表层岩溶带、浅部岩溶带、深部岩溶上带），深部岩溶下带基本没有揭示岩溶洞，高大的岩溶洞（管道）多位于辉绿岩与玄武岩之间的灰岩，断层带（F_2）及与非碳酸盐岩接触带为地下水向深部循环创造了条件，深部岩溶带的洞数量明显多于表层岩溶带。强岩溶下限高程多为 1215.00m，局部略有抬高（河床部位）、局部更低（下层廊道 YXQ428、YXQ394 孔附近）。建议按照上述确定原则，"近坝右岸"段中的坝基及绕坝渗漏段、辉绿岩与右岸绕渗段之间防渗处理高程多为 1205.00m，局部略有抬高（河床部位），防渗处理深度多为 105～172.5m；辉绿岩与玄武岩之间灰岩段防渗处理高程多为 1255.00～1270.00m，局部高程为 1187.50～1220.00m（下层廊道 YXQ428、YXQ394 孔附近），防渗处理深度多为 106.5～139m。防渗处理底界已进入深部岩溶中带内至少 10m（局部已进入深部岩溶下带内 10m）、强岩溶带下限以下至少 10m、相对隔水层顶板以下 5m。地下水位高程一般为 1308.00～1323.00m，防渗底界低于地下水位 105～120m。

（2）建议采用帷幕灌浆处理，由于灌浆深度为 105～172.5m（地表灌浆深度更大），至少设计 2 层灌浆廊道；建议坝基及绕坝渗漏段设计为两排孔，孔距约 2m，排距为 1.0～1.5m，岩溶洞发育段增至 3～5 排；建议右岸绕坝渗漏端点至玄武岩段设计为单排孔，孔距约 2m，岩溶洞发育段增至 2～3 排；建议下层灌浆廊道采用高压灌浆，上层灌浆廊道灌浆压力可适当降低。

（3）建议施工前进行灌浆试验，以确定合理的孔排距、材料、施工工艺及施工参数。建议灌浆前首先进行先导孔的勘探工作，包括但不限于取岩芯、电磁波 CT 测试、压水试验等，先导孔的深度不低于设计灌浆底界以下 10m，以查明岩溶发育情况。

2.7.2.3　咪哩河库区段

"咪哩河库区"段中 T_1y 泥质灰岩夹页岩、T_2g^1 白云岩夹泥页岩及白云质灰岩段岩溶弱-中等发育，形态多为岩溶裂隙；存在地下水分水岭，但低于正常蓄水位。"咪哩河库区"段中 T_2g^2 灰岩岩溶强烈发育，形态多为岩溶洞（管道）、岩溶裂隙；地下水为补排交替型岩溶水动力类型，雨季（8 月至次年 1 月，有滞后效应）咪哩河与盘龙之间存在地下水分水岭，地下水分别向盘龙河、咪哩河排泄；枯季（2—7 月，有滞后效应）咪哩河与盘龙河之间不存在地下水分水岭，咪哩河河水补给地下水，沿 EW 向岩溶管道、裂隙向东径流，在盘龙河右岸排泄。因此，水库蓄水后，库水沿"咪哩河库区"段灰岩、泥质灰岩、白云岩存在向盘龙河方向的渗漏，形式为岩溶裂隙-管道型，渗漏严重，渗漏量计算困难，必须进行防渗处理。北部防渗边界为跑马塘背斜轴部向北延伸 50m 的 T_1y 泥质灰岩内；南部防渗边界进入 T_2f 砂泥岩内。

（1）防渗处理底界。T_1y 泥质灰岩夹页岩、T_2g^1 白云岩夹泥页岩的岩溶洞分布高程为 1330.00～1377.50m（表层岩溶带、浅部岩溶带），深部岩溶上带基本没有揭示岩溶洞。T_2g^2 灰岩的岩溶洞分布高程为 1305.00～1377.50m（表层岩溶带、浅部岩溶带、深部岩溶上带），局部岩溶洞（管道）分布高程为 1235.00～1377.50m（表层岩溶带、浅部岩溶带、深部岩溶上带和中带），深部岩溶中带（局部下带）基本没有揭示岩溶洞。T_1y、T_2g^1 段强岩溶带下限高程约 1320.00m；T_2g^2 段强岩溶带下限高程约 1295.00m，局部高程 1225.00m（MKG1＋881～MKG1＋917）。建议按照上述确定原则，"咪哩河库区"段 T_1y、T_2g^1 段防渗处理底界高程多为 1315.00～1320.00m，防渗处理深度多为 57.5～62.5m。T_2g^2 段防渗处理底界高程多为 1290.00～1295.00m，防渗处理深度多为 82.5～87.5m；局部防渗处理底界高程为 1225.00～1290.00m（MKG1＋881～MKG1＋917），防渗处理深度多为 87.5～152.5m。T_1y、T_2g^1 段防渗处理底界已进入深部岩溶上带至少 10m、强岩溶带下限以下至少 10m、相对隔水层顶板以下 5m；地下水位为 1335.00～1365.00m，防渗底界低于地下水位为 20～50m。T_2g^2 段防渗处理底界多已进入深部岩溶上带至少 10m（局部已进入深部岩溶中带至少 10m）、强岩溶带下限以下至少 10m、相对隔水层顶板以下 5m；地下水位高程为 1330.00～1365.00m，防渗底界低于地下水位 40～75m；排泄点高程约 1300.00m，防渗底界低于排泄点约 10m，局部低于排泄点约 75m（MKG1＋881～MKG1＋917）。

（2）建议采用帷幕灌浆处理，设计为单排孔，孔距约 2m，岩溶洞发育段增至 2～3 排，建议采用高压灌浆，因上部岩体厚度不大，上部孔段的灌浆压力可适当降低。

（3）建议施工前进行灌浆试验，以确定合理的孔距、材料、施工工艺及施工参数。建议灌浆前首先进行先导孔的勘探工作，包括但不限于取岩芯、电磁波 CT 测试、压水试验等，先导孔的深度不低于设计灌浆底界以下 10m，以查明岩溶发育情况。

2.8　施工期帷幕灌浆调整

根据"近坝左岸"段、"近坝右岸"段、"咪哩河库区"段灌浆廊道施工、帷幕灌浆施工揭露岩性、地质构造、岩溶洞（管道）与裂隙特征、地下水位、压水试验、电磁波 CT 测试等资料，施工期对帷幕灌浆的边界、底界进行了复核，局部进行了调整。

2.8.1　近坝左岸

2.8.1.1　灌浆边界

初步设计阶段拟定边界为正常蓄水位线与 F_1 断层带 SW 方向断层线的交点外延 50m。施工阶段下层灌浆廊道开挖至 XP0＋082 处进入文麻断裂带（F_1），XP0＋032～XP0＋082 断裂带物质以角砾岩为主夹碎裂岩，角砾岩的母岩为灰岩，胶结物为钙质，岩溶洞、宽大岩溶裂隙发育，岩体透水率多为 10～27Lu，为中等透水层，不宜作为灌浆边界；XP0＋024～XP0＋032 断裂带物质为断层泥（黏土），透水率多小于 5Lu，为弱透水层，且断层泥岩相稳定、连续性好，是良好的隔水层；XP0＋010～XP0＋024 断裂带物质以角砾岩为主夹碎裂岩，角砾岩的母岩为灰岩，胶结物为钙质，岩溶洞、宽大岩溶裂隙发育，岩体透水率多为 10～26Lu，为中等透水层。因此，将边界调整至 XP0＋010 处（上层灌浆廊道出露地表，同时延长进行地表灌浆），利用断层泥作为隔水边界（见图 2.8－1），设计里程 XP0＋010.000～XP1＋097.699，灌浆长度为 1087.699m。

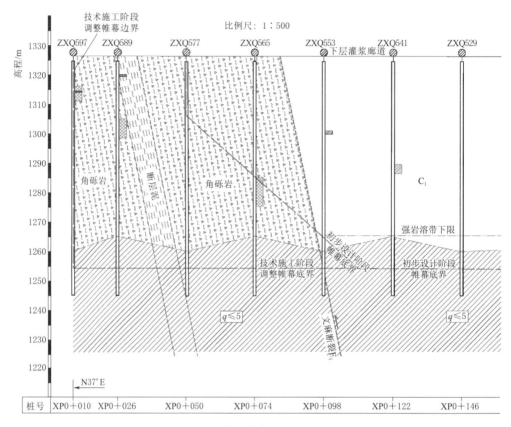

图 2.8－1　近坝左岸北部边界调整示意图

2.8.1.2　灌浆底界

根据揭示的岩溶发育特征及岩体透水率，帷幕灌浆底界高程为 1201.00～1255.00m，除 ZXQ349、ZXQ361、ZXQ373 三个灌浆孔加深 6～16m 外，其他段与初步设计阶段确定的帷幕灌浆底界一致。

2.8.1.3　补强灌浆

（1）上层灌浆廊道。因为岩溶洞（裂隙）发育，对两段进行补强灌浆，上层灌浆廊道 SP0＋394～SP0＋492 段、SP1＋004.006～SP1＋101.018 段。

1）上层灌浆廊道 SP0＋394～SP0＋492 段：开挖揭露的上下层廊道的地质条件较差，岩溶强烈发育，上层廊道全部为Ⅳ、Ⅴ类围岩，下层廊道 54％为Ⅳ、Ⅴ类围岩。该段上、下层廊道靠顶拱均揭露 3 个较大岩溶洞，灌浆孔内宽大岩溶裂隙普遍可见，竖向发育，上、下层廊道岩溶洞位置基本对应，多为无充填或半充填，下层廊道有两个岩溶洞，为季节性流水，可能与上层廊道及地表连通，上层廊道里程 SP0＋445～SP0＋470 段开挖中发生冒顶，形成地表岩溶塌陷。上层廊道衬砌后固结灌浆及帷幕灌浆施工时，下层廊道多处发现冒浆现象，说明上、下层廊道之间的岩溶发育，岩溶洞、宽大岩溶裂隙连通性好。该段灌浆施工中遇强岩溶特殊情况处理 31 个孔，主要为竖向岩溶裂隙及洞，遇洞 27 个，最大高度 24.1m（ZSQ389 孔）。灌前岩体透水率普遍较大，Ⅰ、Ⅱ、Ⅲ序孔灌前透水率大于 10Lu 分别占 89.5%、93.5%、74%。补强灌浆方案为：对 SP0+394～SP0+492 段增加 1 排帷幕灌浆孔，排距 1.2m，孔距 2m，灌浆底界至下层廊道底板。

2) 上层廊道 SP1+004.006～SP1+101.018 段：根据灌浆孔（ZSQ54～ZSQ101 号孔）的岩芯、压水试验、灌浆施工及钻孔影像分析，该段岩溶强烈发育，岩溶洞及宽大岩溶裂隙现象普遍，存在较多垂直向发育的岩溶裂隙，大部分岩溶洞及岩溶裂隙为不密实的黏土充填。灌前压水试验透水率普遍较大，经统计 SP1+012.522～SP1+106.522 段 47 个孔的灌浆资料（压水试验 503 段），灌前透水率 $q \geqslant 10Lu$ 的孔段占 89.1%，其中Ⅲ序孔灌前透水率 $q \geqslant 10Lu$ 的孔段仍占 77.7%。补强灌浆方案为：对 SP1+004.006～SP1+101.018 段增加 1 排帷幕灌浆孔，排距 1.2m，孔距 2m，灌浆底界至下层廊道底板。

(2) 下层灌浆廊道。下层廊道开挖共揭露 32 处岩溶洞及宽大岩溶裂隙，多处岩溶洞（裂隙）为较大的渗水点，从灌浆及钻孔影像分析，下层廊道以下一定深度范围内的陡倾角岩溶裂隙发育；揭露的岩溶洞多为全充填，充填物质多为黏土夹碎石；补强灌浆方案为：ZXQ58～ZXQ68、ZXQ71～ZXQ82、ZXQ86～ZXQ91、ZXQ100～ZXQ104、ZXQ191～ZXQ194、ZXQ249～ZXQ252、ZXQ375～ZXQ389、ZXQ406～ZXQ410 共 8 段增加一排帷幕孔，排距 1.2m，孔距 2m，灌浆底界高程为 1275.00～1290.00m。

2.8.2 近坝右岸

2.8.2.1 灌浆边界

(1) P_1 和 $P_2\beta$ 分界线。初步设计阶段拟定边界为正常蓄水位线与 P_1 和 $P_2\beta$ 分界线的交点外延 50m。施工阶段上层灌浆廊道 P_1 和 $P_2\beta$ 分界线设计里程为 SP1+888.6，与初步设计相比提前了 5m，外延 50m 后设计里程为 SP1+938.6。下层灌浆廊道 P_1 和 $P_2\beta$ 分界线设计里程为 XP1+930.6，与初步设计相比外延了 23m，外延 50m 后设计里程为 XP1+980.6。上、下层廊道沿帷幕轴线方向 P_1 和 $P_2\beta$ 分界线的倾角计算为 55°，根据下层灌浆廊道先导孔 YXQ360～YXQ384 之间 P_1 和 $P_2\beta$ 分界线的倾角计算为 35°～45°，其中 YXQ384～YXQ394 孔之间趋于平缓，从地表到地下深部 P_1 和 $P_2\beta$ 分界线呈波状起伏，总体趋势逐渐变缓，因此，P_1 和 $P_2\beta$ 分界线与初步设计阶段相比变缓。

(2) 补充勘察。下层廊道灌浆孔 YXQ394 实施至设计底界（高程 1264.00m）时，灌前压水不起压，继续加深钻孔，于高程 1248.00～1255.00m 孔段掉钻约 7m；为查明该岩溶洞向坝址方向的规模，对灌浆孔 YXQ392 和 YXQ387 进行加深勘探，YXQ392 孔于高程 1251.00～1254.00m 掉钻约 3m；YXQ387 孔未发生掉钻，根据钻孔影像资料，高程 1256.00～1257.00m 发育无充填宽大岩溶裂隙。YXQ394 孔揭露的岩溶洞回填 3000 余立方米水泥浆及级配料后填至孔口，说明该洞规模大，由于 YXQ394 孔为下层廊道的边界孔，外延方向岩溶洞的空间形态及规模不清，为查明右岸下层廊道外延方向的边界及底界，在地面主要采用了物探与钻探相结合的方法。

1) 物探。本次物探工作目的有 3 方面：①查明 P_1 和 $P_2\beta$ 分界线的空间分布；②查明

P_1 灰岩岩溶发育特征；③查明 YXQ394 孔揭露岩溶洞的空间形态及规模。采用天然源面波（微动）进行勘探，在防渗轴线延长线及垂直方向布置 3 条勘探线，主要成果见图 2.8－2。①测线控制范围内 P_1 灰岩与 $P_2\beta$ 玄武岩接触带体现一定的波速差异带，1280.00m 高程附近差异带向下倾斜的角度有变缓的趋势；②P_1 灰岩与 $P_2\beta$ 玄武岩接触带附近灰岩侧存在明显的低波速异常带，异常带顺接触带发育特征显著，在 1200.00m 高程以上直至地表，推测接触带灰岩侧岩溶发育较为强烈；③平距 190～280m、高程 1260.00m～地表，波速差异带灰岩侧的团状低速异常，解释为岩溶破碎带，编号为 3－3；平距 400～440m、高程 1200.00～1260.00m，波速差异带灰岩侧的团状低速异常，解释为岩溶破碎带，编号为 3－4；平距 280～300m、高程 1180.00～1250.00m，条带状、团状低速异常，解释为岩溶洞，编号为 3－5，即为 YXQ394 孔揭示的岩溶洞；平距 305～350m、高程 1105.00～1160.00m，条带状、团状低速异常，分析为深部异常带，低于坝址河床 160～215m，编号为 3－6。

2）钻探。为了验证 3－4 异常带及 P_1 和 $P_2\beta$ 分界线，在防渗轴线延长线布置 BZKY1 钻孔，孔口地面高程为 1428.00m，孔深 252.11m，对应孔底高程为 1175.90m。主要勘探成果：①P_1 和 $P_2\beta$ 分界线高程约 1277.00m，YXQ394 孔分界线高程为 1289.00m，两孔水平距离约 122m，两孔之间分界线较平缓，倾角 8°～10°；②高程 1241.00～1277.00m 孔段，灰岩透水率均小于 5Lu；③高程 1198.00～1241.00m 段透水率大于 600Lu，钻进至 1238m 时，孔内水位从 1398.00m 掉至 1342.00m；④钻进至 1236m 开始不返水，孔内水位降至 1308.00m，直至终孔，孔内水位无较大变化，低于坝址河水位约 15m，低于坝址下游河水位约 6.6m；⑤高程 1198.00～1241.00m 段岩芯采取率仅为 35％左右，岩体破碎，岩芯表面普见岩溶裂隙，泥质充填；⑥钻孔影像资料，高程 1217.00～1235.00m 段岩溶发育，形态以岩溶裂隙为主，张开宽度为 3～10mm，延伸方向以竖向为主，延伸长大于 7m，泥质充填。

钻探资料与物探成果基本一致，说明天然源面波（微动）探测深部岩溶是可行的、合适的勘察手段，是国内首次利用天然源面波（微动）探测深部岩溶的案例，探测深度可达300 余米。

3）渗漏研究及建议。根据物探成果，沿防渗轴线从灌浆廊道端头外延方向存在 3 个岩溶带，编号为 3－4、3－5、3－6。其中，①3－5 岩溶带对应 YXQ394 灌浆孔的岩溶洞，声呐测试约有 50％无反射现象，洞往延长方向及深部延伸情况不清，仅靠 YXQ394 钻孔处理岩溶洞的效果不佳；②3－6 异常带分布较深（高程 1105.00～1160.00m），分析以岩溶裂隙为主，推测异常带周边灰岩为弱岩溶带，基本不会产生渗漏，本次暂不处理，但运行期应加强监测；③3－4 岩溶带布置 BZKY1 钻孔，地下水位为 1308.00m，低于坝址下游玄武岩与灰岩分界处河水位（1314.60m）约 6.6m；高程 1198.00～1241.00m 段岩芯采取率仅为 35％左右，高程 1217.00～1235.00m 段岩溶发育，形态以岩溶裂隙为主，裂隙张开宽度 3～10mm，泥质充填。因此，YSQ394 孔与 BZKY1 之间存在渗漏，渗漏形式为岩溶裂隙-管道型，建议进行防渗处理。

（3）灌浆边界。“近坝右岸”南部灌浆边界根据先导孔资料，下层廊道从 YSQ394 孔沿防渗轴线外延至 YSQ460 孔，设计里程 XP1＋990.701～XP2＋122.701，外延长度

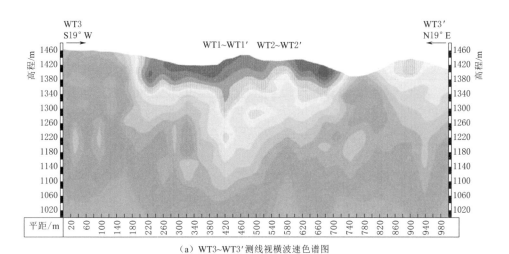

（a）WT3~WT3′测线视横波速色谱图

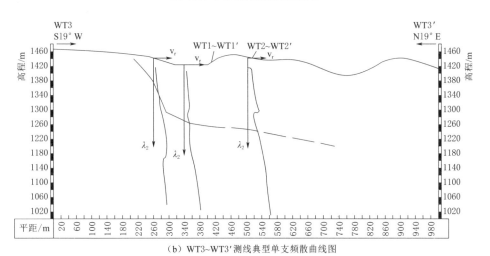

（b）WT3~WT3′测线典型单支频散曲线图

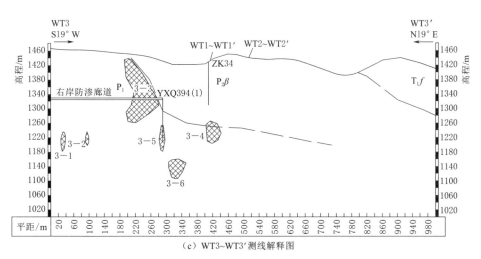

（c）WT3~WT3′测线解释图

图 2.8-2　防渗轴线延长测线成果解译图

132m，见图 2.8 - 3；由于上层廊道与下层廊道之间为玄武岩，因此上层廊道不延长；"近坝右岸"段灌浆设计里程 XP1＋097.699～XP2＋122.701，总长度 1025.002m。

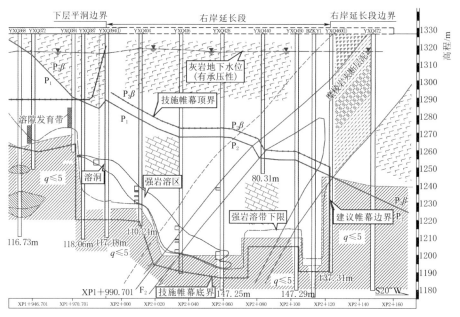

图 2.8 - 3　近坝右岸段南部边界及 XP1＋990.701～XP2＋122.701
（YXQ394～YXQ460 孔）灌浆底界调整示意图

2.8.2.2　灌浆底界

根据揭示的岩溶发育特征及岩体透水率，辉绿岩以北段的灌浆底界与初步设计阶段基本一致。辉绿岩与玄武之间灰岩段由于岩溶洞（裂隙）发育，特别是灰岩与玄武岩接触带，并发育 F_2 断层，XP1＋805 处左边墙发育岩溶洞，高程为 1305.00～1330.00m，溶洞发育不规则，洞口高于廊道底板 1.7m，倾向下游，总体近垂直（陡倾角）发育，洞底部深度 17m，之下变窄可见深度为 3～4m，往上逐渐收窄，无充填，洞壁发育石牙、石笋、钟乳石，洞壁干燥，为表层岩溶、浅部岩溶带、深部岩溶上带继承性发展，该洞回填 1100m³ 混凝土后未填满，后采用大量的废浆回填；YXQ394 孔（XP1＋990.701）揭露的岩溶洞规模巨大，为深部岩溶中带，灌浆孔掉钻约 7m，半充填黏土夹碎石，回填了 3000 余立方米水泥浆及级配料；YXQ428 孔（XP2＋060.701）揭露的岩溶洞，灌浆孔掉钻约 2m，半充填黏土夹碎石，高程 1197.50～1202.50m，为深部岩溶中带下限。辉绿岩与玄武岩之间灰岩段地下水位低于坝址下游河水位约 6.6m，形成"倒虹吸"现场，渗漏严重。因此，建议对灌浆底界进行调整，高程为 1187.50～1270.00m，具体调整如下：①YXQ288～YXQ384 孔段灌浆底界较初步设计阶段加深 15～30m，底界高程 1255.00～1270.00m，见图 2.8 - 4；②YXQ385～YXQ394 孔段灌浆底界较初步设计阶段加深 69m，底界高程 1255.00～1270.00m，见图 2.8 - 4；③YXQ394～YXQ460 孔段为延长段，灌浆底界高程为 1188.5～1220m，见图 2.8 - 3。

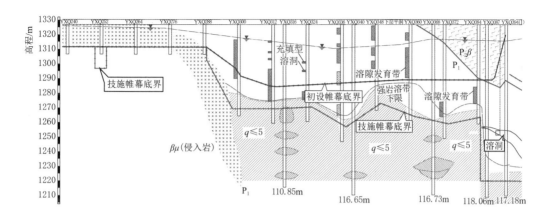

图 2.8-4 XP1+780.701~XP1+990.701（YXQ288~YXQ394孔）灌浆底界调整示意图

2.8.2.3 补强灌浆

（1）上层灌浆廊道。因为岩溶洞（裂隙）发育，对YSQ136~YSQ146、YSQ216~YSQ218、YSQ296~YSQ306三段进行补强灌浆，增加1排帷幕孔，排距1.2m，孔距2m，灌浆底界至下层廊道顶拱以下1.5m。

（2）下层灌浆廊道。因为岩溶洞（裂隙）发育，对YXQ296~YXQ306、YXQ332~YXQ340、YXQ385~YXQ404三段进行补强灌浆，增加1排帷幕孔，排距1.2m，孔距2m，灌浆底界至主帷幕底界。

（3）坝基灌浆廊道。坝基开挖及先导孔、灌浆孔揭露的岩溶洞，一般按照双排帷幕灌浆孔处理后均可满足防渗要求，但左岸坡灌浆廊道底板（XP1+260.701附近）发育的C23隐伏岩溶洞，规模较大［断面尺寸约为8.5m×6.5m（宽×高），高程1284.00~1323.00m，深度约39m］，为浅部岩溶带、深部岩溶上带继承性发展，半充填黏土、细砂及孤块石，为保证防渗帷幕质量及渗透稳定，需对C23岩溶洞进行加固处理。具体方案为：①首先对洞中充填的黏土及细砂层进行清挖，清挖至孤块石黏土层，清挖深度约20m，对已清理的岩溶洞空腔回填微膨胀混凝土；②对岩溶管道段进行补强灌浆处理，见示意图2.8-5，共布置5排帷幕孔，即廊道上游布置1排、廊道内布置2排（在原设计帷幕线内插灌浆孔）、廊道下游布置2排，各排帷幕轴线均平行于原设计防渗帷幕线布置，新增补强帷幕灌浆（廊道上游1排、下游两排，廊道内的加密孔）底界深入洞底板以下10m（高程1274.00m）；③坝纵0-002.000，布置12个孔，孔距1.5m（岩溶洞段）、2.0m（两端），帷幕线长19.5m，孔深43.19~62.69m，在地面进行灌浆；④坝纵0+002.300、坝纵0+003.500，即沿廊道内原防渗帷幕线各加密5个帷幕孔（加密后孔距为1m），孔深42.25~50.25m，在廊道内灌浆；⑤坝纵0+006.000、坝纵0+007.500，均位于灌浆廊道下游，排距1.5m，孔距1.5（岩溶洞段）~2.0m（两端），拟每排各布置10个孔，帷幕线分别长16.5m、17.0m，孔深47.19~64.69m，在地面进行灌浆。

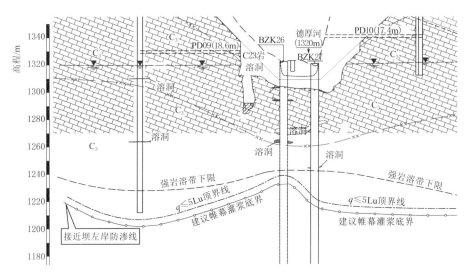

图 2.8 - 5　XP1+260.701 岩溶洞（C23）示意图

2.8.3　"咪哩河库区"

1. 灌浆边界

初步设计阶段拟定北部边界为跑马塘背斜轴部向北延伸 50m；施工阶段根据北端先导孔 K Ⅰ 1 揭露，T_1y 泥质灰岩夹砂页岩段岩溶发育弱，1355.00m 高程以下岩体透水率小于 10Lu，灌浆边界可靠，与勘察成果一致。初步设计阶段拟定南部边界进入 T_2f 砂泥岩内，以正常蓄水位线与 T_2f 和 T_2g 分界线的交点外延 20m；施工阶段根据南端先导孔 K Ⅱ 512 揭露，地表为 T_2f 砂岩，正常蓄水位以下为 T_2g^2 灰岩，仅有少量岩溶裂隙发育，无其他岩溶形态，岩溶发育弱，岩体透水率除第 8 段为 13.15Lu 外，其余孔段小于 10Lu；灌浆边界孔为 K Ⅱ 518，距离 K Ⅱ 512 孔 12m，K Ⅱ 513～K Ⅱ 518 孔段岩溶发育弱，灌浆边界可靠，与勘察成果一致。

2. 灌浆底界

（1）库区帷幕灌浆一标（MKG0+000～MKG1+524.671）。累计完成 738 个灌浆孔，灌浆孔钻进过程中未发现明显掉钻现象，先导孔岩芯编录主要形态以岩溶裂隙为主，根据钻孔影像资料，岩溶主要形态为宽大岩溶裂隙，未见岩溶洞，张开宽度 3～16cm，延伸长度 1.2～19.9m，多充填夹黏土，倾角较大，泥质灰岩（T_1y）、白云岩（T_2g^1）岩溶弱—中等发育。库区帷幕灌浆一标中的白云质灰岩（T_2g^1）发育 1 条隐伏岩溶管道（GD1），为浅部岩溶带，设计里程 MGK1+008，高程 1334.50～1335.50m，高约 1.00m，地下水位高程 1335.00m，低于咪哩河河水位约 28m。灌前完成 62 个先导孔及 1020 段压水试验，其中 $q \geqslant 100$Lu 的 206 段（占 20.2%），10Lu$\leqslant q < 100$Lu 的 331 段（占 32.5%），$q < 10$Lu 的 483 段（占 47.3%），$q \geqslant 10$Lu 顶板分布高程一般为 1310.00～1350.00m，与初步设计阶段基本一致；根据揭示的岩溶发育特征及岩体透水率，灌浆底

界高程为 1291.00～1325.00m，与初步设计阶段确定的灌浆底界一致。

（2）库区帷幕灌浆二标（MKG1＋524.671～MKG2＋713.0）。岩溶洞、管道、宽大岩溶裂隙发育，MKG1＋584～MKG1＋615、MKG1＋881～MKG1＋917 两段尤为明显。

1）MKG1＋584～MKG1＋615 段：在可行性研究阶段的灌浆试验中，连续 5 个灌浆孔在孔深 90.0～93.0m 处掉钻，掉钻深度为 12.97～21.30m；施工阶段，布置 3 个先导孔（KⅡB11、KⅡB19、KⅡB23）复核灌浆底界，KⅡB19 在高程 1290.50～1294.30m 段揭露黏土充填型岩溶洞，KⅡB23 在高程 1273.50～1263.40m 段揭露黏土充填型岩溶洞，该段强岩溶下限高程为 1260.00～1270.00m，较初步设计阶段加深了 5～10m，为深部岩溶上带（图 2.8－6）。

2）MKG1＋881～MKG1＋917 段：施工阶段 KⅡ161、KⅡ163、KⅡ167、KⅡ171 孔灌浆孔揭露岩溶洞；KⅡ161 孔高程 1264.00～1243.00m 为充填型岩溶洞，充填物为青灰色淤泥夹粉细砂，规模巨大；KⅡ163 孔高程 1281.60～1252.60m 为充填型岩溶洞，充填物为青灰色淤泥夹粉细砂，规模巨大；KⅡ167 孔高程 1293.00～1277.00m 掉钻 15.8m、高程 1277.00～1269.00m 间断性掉钻，为充填型岩溶洞，充填物为青灰色淤泥夹粉细砂，规模巨大；KⅡ171 孔高程 1334.50～1328.02m 掉钻 6.43m、高程 1307.65～1303.85m 掉钻 3.8m、高程 1302.95～1298.85m 掉钻 4.1m，为充填型岩溶洞，充填物为青灰色淤泥，规模巨大；上述 4 个孔在压水试验、灌浆期间多次串水、串浆，属于连通型岩溶洞。针对上述钻孔揭露的地质情况，为进一步确定强岩溶的下限，在 KⅡ160～KⅡ161、KⅡ167～KⅡ168 之间分别布置 BX1 和 BX2 两个深孔，孔深穿过岩溶洞至底板以下 15m；BX1 孔高程 1260.00～1235.00m 段揭示为宽大岩溶裂隙，黏土充填，无明显掉钻；BX2 孔高程 1278.00～1236.00m 段揭示为宽大岩溶裂隙，黏土充填，无明显掉钻。该段强岩溶下限高程为 1234.00～1240.00m，较初步设计阶段加深了 53～60m，为深部岩溶中带，见图 2.8－7。

库区帷幕灌浆二标中的灰岩发育两条隐伏岩溶管道：①MGK1＋600.336 的隐伏岩溶管道（GD2），为表层岩溶带，高程为 1353.00～1358.54m，高约 5.54m，地下水位高程为 1358.00m，低于咪哩河河水位约 5m；②沿 f_9 断层带上盘的隐伏岩溶管道（GD3）为浅部岩溶，设计里程 MGK1＋901.336，高程为 1328.07～1334.50m，高 6.43m，地下水位高程为 1331.50m，低于咪哩河河水位约 29m，见图 2.8－7。GD1、GD2、GD3 三条管道在盘龙河右岸相交，长约 6200m，在盘龙河边出露 S1、S2 泉水。

3. 补强灌浆

对库区帷幕灌浆二标中 MKG1＋584～MKG1＋615、MKG1＋881～MKG1＋917 两段进行补强灌浆：①MKG1＋584～MKG1＋615 段在主帷幕灌浆孔左侧增加 1 排灌浆孔，排距 1.0m，孔距 2m，灌浆底界加深至高程 1255.00m，灌浆深度 138m；②MKG1＋881～MKG1＋917 段在主帷幕灌浆线两侧各增加 1 排帷幕孔，排距 0.8m、1.0m，孔距 2m，灌浆底界加深至高程 1225.00m，灌浆深度 168.50m。

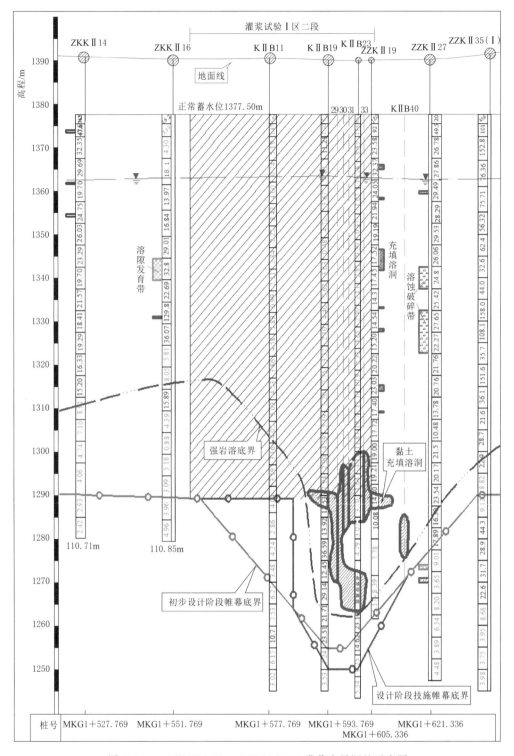

图 2.8 - 6　MKG1＋584～MKG1＋615 灌浆底界调整示意图

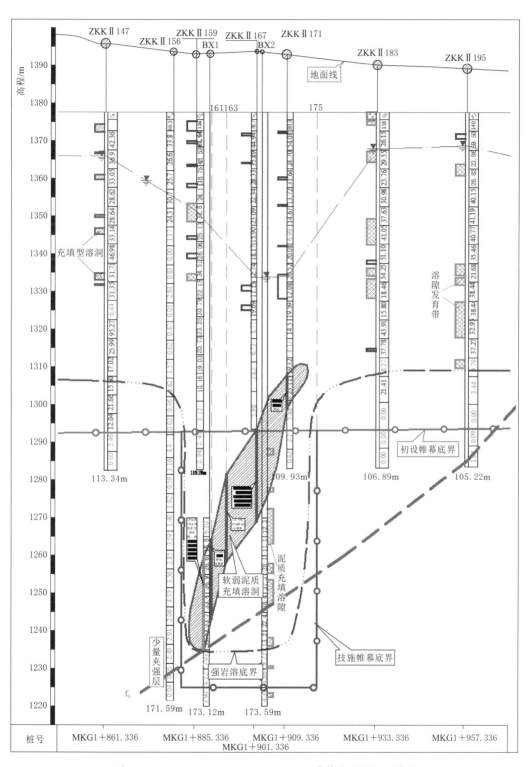

图 2.8-7　MKG1+881～MKG1+917 灌浆底界调整示意图

第3章

工程防渗方案及措施研究

3.1 工程防渗线路布置方案选择

3.1.1 防渗线路总体布置

根据地质勘察成果，存在水库岩溶渗漏的主要是坝址区两岸及咪哩河库区右岸罗世鲊附近的 F 段，坝址区坝基及两岸为石炭系、二叠系灰岩，存在坝基及两岸绕坝渗漏，渗漏型式主要为管道型，坝基防渗线路沿大坝心墙基础布置，左岸防渗线路向北穿过灰岩地层接文麻断裂带隔水层，右岸防渗线路向南穿过灰岩地层接 $P_2\beta$ 玄武岩地层；咪哩河库区右岸 F 段为咪哩河与盘龙河低岭谷河间地块，地层为 T_2g 隐晶、微晶灰岩为主，在防渗线路上开展的连通试验表明咪哩河与盘龙河河间地块的灰岩段存在水力联系，F 段渗漏形式主要为管道、溶隙型。库区防渗线路沿咪哩河右岸正常蓄水位以上的地形等高线布置，北端防渗边界穿过跑马塘背斜轴部 50m 进入泥质灰岩夹砂页岩地层，南端防渗边界进入 T_2f 砂泥岩内 20m。坝址区及库区防渗线路均有可靠的防渗边界。

咪哩河库区 F 段防渗线路是为了截断咪哩河与盘龙河河间地块的灰岩段，防渗线路沿库岸等高线布置，帷幕灌浆均在地表进行，非灌浆段一般为 $5\sim10\text{m}$，防渗线路长度最短且无须设置灌浆平洞，防渗线路布置方案无太多的选择余地。

坝址区右岸防渗线路由右岸坝肩向南穿过灰岩段进入玄武岩地层，由于右岸的玄武岩地层沿冲沟展布，右岸防渗边界的确定主要受冲沟地形高程控制，防渗线路布置无可比性。坝址区左岸防渗线路由左岸坝肩向北穿过灰岩段进入文麻断裂带隔水地层，由于文麻断裂带在坝址区左岸的走向与坝轴线夹角约 45°，沿文麻断裂带的冲沟约 1km 范围内的地形略低于正常蓄水位，具备修建低坝挡水接帷幕灌浆形成封闭防渗体系的条件。因此左岸防渗线路的布置具有可选范围，根据地形地质条件等分析，坝址区左岸布置了两条防渗线路进行比较。

3.1.2 坝址区左岸防渗线路比选方案

坝址区左岸防渗线路由左岸坝肩向北穿过灰岩段进入文麻断裂带隔水层，由于文麻断裂带走向与坝轴线斜交且沿文麻断裂带发育较大的沟谷，左岸防渗端点沿文麻断裂向东南的上倮朵方向移动可缩短防渗线路长度，并减少灰岩区的帷幕线长度，受地形条件限制，在此方向上地形高程均低于水库正常蓄水位，须设置副坝与防渗线路衔接。

结合地形地质条件分析，防渗端点移动至上偎朵村附近较为合适，副坝工程量较小，防渗线路较短。

经分析，左岸防渗线路可在左坝肩最北端（与文麻断裂带交点）至上偎朵村之间选择，随防渗端点向大坝下游移动，防渗线路长度相应缩短，但由于沿文麻断裂带向下游的地形高程逐步降低且低于水库正常蓄水位，须设置副坝挡水封闭库盆。此段文麻断裂带中部为岩溶洼地负地形，洼地低于水库正常水位超过 20m，防渗线路宜避开洼地布置以免副坝工程量过大。经研究对左岸防渗线路拟定两组方案进行比较，比选线路起点均为大坝左岸坝肩。

（1）左岸防渗线路布置方案一。防渗线路无地形缺口，防渗线路走向与坝轴线一致，防渗线由左岸坝肩向北穿越灰岩段进入文麻断裂带，防渗线路较长，不须设置挡水副坝。

（2）左岸防渗线路布置方案二。防渗线路自左岸坝肩偏向 NE 方向穿越灰岩段接文麻断裂带，防渗线路较短，因末端地形低于水库正常蓄水位，须设置副坝挡水。

大坝左岸防渗线路比选方案布置见图 3.1-1。

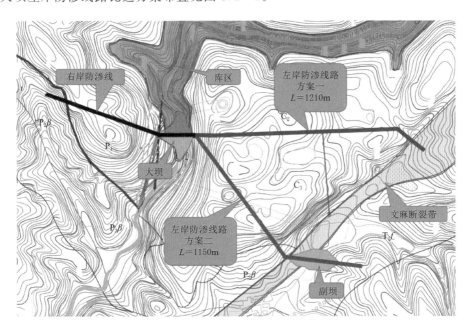

图 3.1-1　大坝左岸防渗线路比选布置图

3.1.3　坝址区左岸防渗线路方案一

方案一左岸防渗线路长 1210m，其中灰岩段长约 1110m，其余为文麻断裂带（长约 100m）。防渗线灰岩段出露岩层主要为石炭系上统（C_3）及二叠系下统（P_1）灰白色厚层、巨厚层状隐晶、微晶及细晶灰岩。左坝肩 1280.00m 高程以下属岩溶弱发育带，1375.00m 高程以上属河谷下切缓慢期，岩溶强烈发育，钻孔百米遇洞率 3～5 个，岩体钻孔线岩溶率在 10% 以上，最高可达 18%，岩溶发育段岩体透水性较强。溶洞填充情况复杂，无充填—全充填均有，充填物以红黏土、灰岩岩屑居多，岩溶管道（溶洞）垂向、水平向均有发育，存在岩溶管道及宽大溶隙型渗漏，灰岩段岸坡地下水位埋深较大，高程接近河水位，与正常蓄水位无交点。

防渗线路沿坝轴线方向（近 SN 向）布置，防渗端点穿过灰岩地层进入文麻断裂带相对隔水层。左坝肩以外防渗线路长 1210m，其中灰岩段长约 1110m。帷幕灌浆灰岩段在灌浆平洞内进行，灰岩段帷幕较深，设置上、下层灌浆平洞，防渗边界文麻断裂带的灌浆在地面进行。

防渗处理深度灰岩段按帷幕底界进入强岩溶带下限以下 10m 控制，灰岩段帷幕深度为 120～130m，近坝段（左岸坝肩外 100m）防渗帷幕布置双排孔，排距 1.2m，孔距 2.0m，其余帷幕按单排孔设计，孔距 2m。

3.1.4　坝址区左岸防渗线路方案二

方案二左岸防渗线路长 1150m，其中灰岩段长约 718m，其余为 $P_2\beta$ 玄武岩段（长约 100m）、文麻断裂带（长约 110m）及 T_2f 砂页岩段（长约 222m）。防渗线灰岩段出露岩层主要为石炭系上统（C_3）及二叠系下统（P_1）灰白色厚层、巨厚层状隐晶、微晶及细晶灰岩。区段水文地质条件，灰岩岩溶发育程度，地表及地下岩溶类型、规模、连通情况、岩溶洞穴（溶隙）填充情况、填充物成分、地下水位与方案一灰岩区基本相同。

防渗帷幕线路由左岸坝肩沿走向 N50°E 布置，防渗端点穿过文麻断裂带进入 T_2f 砂页岩相对隔水层。左坝肩以外防渗线路长 1150m，其中灰岩段长约 718m。防渗线路在灰岩段末端接 280m 长的上倮朵副坝。帷幕灌浆灰岩段在灌浆平洞内进行，近坝区采用双层平洞，靠近文麻断裂带接上倮朵副坝，灌浆在地面及副坝基础进行。

防渗处理深度灰岩段按帷幕底界进入强岩溶带下限以下 10m 控制，灰岩段帷幕深度 120～130m，近坝段（左岸坝肩外 100m）防渗帷幕布置双排孔，排距约 1.2m，孔距为 2m，其余帷幕按单排孔设计，孔距 2m。

左岸防渗端点接文麻断裂带处为一较大的沟谷，谷底地形高程均低于 1370.00m，地形低槽区宽度大于 250m，须设置挡水建筑物封闭地形缺口，并与左岸帷幕灌浆线路连接。左岸防渗线路在距左坝肩 755m 处接副坝，副坝轴线走向 N6.7°E，距离上倮朵村约 120m。因副坝坝基位于灰岩、文麻断裂带的断层角砾岩及砂页岩上，存在跨断裂带及坝基软硬不均的问题，为适应坝基变形采用黏土心墙堆石坝，副坝正常蓄水位为 1377.50m，校核洪水位为 1380.33m，总库容为 261.1 万 m^3，正常库容为 248 万 m^3。坝顶长为 280m，最大坝高为 30m。

3.1.5　坝址区左岸防渗线路比较

1. 防渗方案比选条件

根据两方案的防渗线路布置及结构特点，方案比选主要从地形地质条件、工程布置、征地移民、环境影响、水土保持、工程量及投资方面进行综合比较。对两方案投资影响较大的是灰岩段帷幕灌浆,考虑到岩溶区帷幕灌浆的复杂性,实际耗灰量一般较大,对灰岩段的灌浆工程量及投资计算考虑了不同的单耗量敏感性分析。

2. 防渗方案综合比较

帷幕灌浆单耗量按概算定额的上限150kg/m计算,两方案主要综合比较见表3.1-1。

表3.1-1　　　　　　　　　坝址区左岸防渗线路综合比较表

项目	方　案　一	方案二(端点接副坝方案)
地形条件	防渗线地面高程高于1380.50m,沿线无地形缺口,近坝段线路(长1070m)采用平洞灌浆,其余线路(长140m)由地面灌浆	防渗线路末端接文麻断裂带处地面高程最低1355.00m,长230m的线路低于正常蓄水位1377.50m,需设置副坝1座。近坝段线路(长720m)采用平洞灌浆,其余线路(长430m)由地面灌浆
地质条件	左岸防渗线路长1210m,其中近坝灰岩段长约1110m,其余为文麻断裂带;灰岩段为石炭系灰岩,岩溶强烈发育,地下水位埋深较大,高程接近河水位,存在岩溶管道及宽大溶隙型渗漏;文麻断裂带为隔水地层	左岸防渗线路长1150m,其中近坝灰岩段长约718m,其余为文麻断裂带及T_2f砂页岩段;区段水文地质条件、岩溶发育程度、地下水位与方案一基本相同。副坝基础的文麻断裂带及砂页岩段为隔水地层
工程布置	防渗线路沿坝轴线走向(SN)布置,防渗线路穿过灰岩段进入文麻断裂带。线路长1210m,近坝段在灌浆平洞内进行,设两层平洞,上层平洞长1070m,靠左坝肩100m范围按双排帷幕设计,排距1.2m,孔距2m,其余按单排帷幕设计,孔距2m	防渗线路由左岸坝肩沿走向N50°E布置,防渗端点在上保朵穿过文麻断裂带进入T_2f砂页岩,穿文麻断裂带设置副坝1座;防渗线路长1150m,近坝段在灌浆平洞内进行,设两层平洞,上层平洞长720m,靠左坝肩100m范围按双排帷幕设计,其余按单排帷幕设计,布孔同方案一;副坝采用黏土心墙堆石坝,长280m,最大坝高30m
主要工程量	帷幕总进尺157613m,洞挖石方41288m³,洞衬混凝土9528m³	防渗帷幕:帷幕总进尺134327m,洞挖石方32828m³,洞衬混凝土7638m³; 副坝枢纽:土石方开挖130540m³,黏土心墙38931m³,堆石料163754m³,浆砌石5440m³
征地移民	无永久占地及移民	永久占地394亩,临时占地58亩,搬迁6户26人;淹没占地总投资2101万元
环评水保	无永久占地,帷幕灌浆大部分在洞内进行,对环境影响小	上保朵副坝征占地较大,黏土料开采占用土地,弃渣量大,对环境影响大;环评水保工程投资75万元
工程投资	防渗工程总投资16701万元	防渗工程总投资18660万元(其中帷幕6416万元,副坝2212万元,河道防护198万元,淹没占地2101万元,环评水保75万元)

考虑到岩溶区帷幕灌浆注入量大的特点,进行注入量变化的投资敏感性分析。参照国内岩溶区灌浆的经验,分别考虑了:①按帷幕灌浆水泥单耗量150kg/m计算投资;②按帷幕灌浆水泥单耗量500kg/m计算投资。分析耗灰量增加对方案投资的影响,两方案不同耗灰量的工程投资比较见表3.1-2。

表 3.1-2   坝址区左岸防渗线路投资比较表

项　目	方案①投资 /万元	方案②投资 /万元	投资②-① /万元	备　　注
单耗量/(150kg/m)	16701	18660	1959	按概算定额单耗量计算投资
单耗量/(500kg/m)	19781	21246	1465	参照灰岩区灌浆加大单耗量计算投资

3. 坝址区左岸防渗方案综合比较结论

两方案地质条件基本相同，灰岩段的岩溶水文地质条件无本质区别，防渗工程的难点及投资主体是灰岩段帷幕灌浆。方案一工程布置简单，帷幕线无地形缺口，帷幕灌浆在平洞及地面进行，不涉及征地，水保环评影响小；方案二工程布置复杂，在上偎朵须增加一座副坝并对下游冲沟进行河道防护，征占地较多且涉及 6 户 26 人搬迁；从投资比较分析，方案一灰岩段帷幕线（1110m）较方案二灰岩段帷幕线（718m）长 392m，按概算定额单耗 150kg/m 计算，方案二投资较方案一多 1959 万元。敏感性分析表明，随着灰岩段帷幕灌浆单耗量的增加，两方案的投资差值趋于减小，但在单耗量 500kg/m 的条件下，方案二投资仍较方案一多 1465 万元。两方案均为可行方案，主要从工程投资、征地移民方面考虑，推荐方案一作为坝址区左岸防渗线路。

以上坝址区左岸防渗方案比较工作在可研阶段进行，从工程实际实施情况分析，坝址区左岸帷幕灌浆总平均水泥单位注入量为 356kg/m，并未超过可行性研究预估的比较范围，说明坝址区左岸防渗帷幕线路的选择是较为合理的。

3.2　坝址区上、下层帷幕搭接型式选择

3.2.1　搭接帷幕方案

坝址区帷幕灌浆平均深度约 127.5m，为方便施工及保证灌浆质量，设置了上、下两层灌浆平洞，上、下层帷幕在下层灌浆平洞处进行搭接，以形成封闭的防渗体系。搭接帷幕的设计方案对上层平洞的布置及工程量影响较大，因此，有必要对搭接帷幕的设计方案进行研究。根据本工程的坝址区防渗设计条件，并参考类似工程设计及规范要求，拟定了 3 种帷幕搭接方案进行比较：

（1）方案一：上、下层帷幕及平洞轴线位于同一立面内，上层帷幕灌浆孔铅垂布置，孔底接下层平洞顶部，通过下层平洞衬砌及洞身固结灌浆搭接上、下层帷幕。

（2）方案二：上、下层帷幕及平洞轴线在立面上错开 4.9m 布置，上层帷幕灌浆孔铅垂布置，孔底深入下层平洞底板以下 5m，在下层平洞上游侧布置倾向上游的水平向帷幕孔搭接上、下层帷幕。

（3）方案三：上、下层平洞轴线位于同一立面内，上层帷幕灌浆孔倾斜向上游布置，孔底深入下层平洞底板以下 5m，在下层平洞上游侧布置倾向上游的水平向帷幕孔搭接上、下层帷幕。

各方案帷幕搭接型式简图见图 3.2-1。

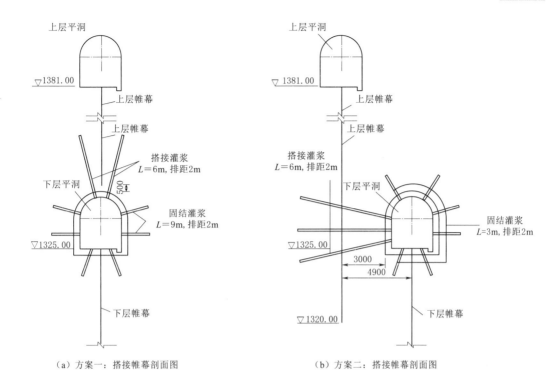

（a）方案一：搭接帷幕剖面图　　　　　　　　（b）方案二：搭接帷幕剖面图

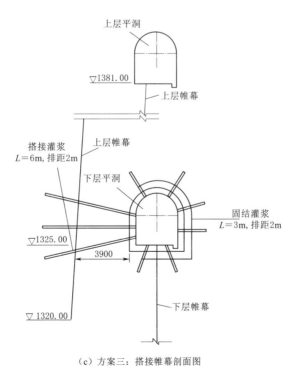

（c）方案三：搭接帷幕剖面图

图 3.2-1　坝址区上、下层帷幕搭接型式简图

3.2.2 主帷幕及搭接帷幕设计

1. 帷幕搭接方案一

上、下层帷幕及灌浆平洞轴线位于同一立面内，帷幕灌浆钻孔均为铅垂布置，上层帷幕灌浆孔底距离下层平洞顶部 0.5m，上、下层帷幕在下层平洞处断开，利用下层平洞的钢筋混凝土衬砌及固结灌浆搭接上、下层帷幕。

下层平洞每断面布置 8 个固结灌浆孔，排距与主帷幕孔距相同为 2m，平洞顶拱及底板各布置 2 个搭接固结孔与上、下层帷幕搭接，孔深 6m。平洞上、下游边墙各布置 2 个固结灌浆孔用于加固围岩及防渗，孔深 3m。

2. 帷幕搭接方案二

上、下层帷幕及平洞轴线在立面上错开布置，上、下层平洞轴线间距 4.9m，上层帷幕轴线距离下层平洞上游洞壁 3m。上、下层帷幕灌浆钻孔均为铅垂布置，上层帷幕灌浆孔底深入下层平洞底板以下 5m，在下层平洞上游侧布置 3 个倾向上游的水平向搭接帷幕孔与上层帷幕搭接。

下层平洞每断面布置 9 个固结灌浆孔，排距与主帷幕孔距相同为 2m，，平洞上游侧布置 3 个搭接固结孔与上层帷幕搭接，孔深 6m。平洞顶拱、底板及下游边墙各布置 2 个固结灌浆孔用于加固围岩及防渗，孔深 3m。

3. 帷幕搭接方案三

上、下层平洞轴线位于同一立面内，上层帷幕灌浆孔斜倾 4°向上游布置，上层帷幕轴线距离下层平洞上游洞壁 3.9m，上层帷幕灌浆孔底深入下层平洞底板以下 5m，下层帷幕灌浆孔仍为铅垂布置。在下层平洞上游侧布置 3 个倾向上游的水平向固结灌浆孔与上层帷幕搭接。

下层平洞每断面布置 9 个固结灌浆孔，排距与主帷幕孔距相同为 2m，平洞上游侧布置 3 个搭接帷幕孔与上层帷幕搭接，孔深 6m。平洞顶拱、底板及下游边墙各布置 2 个固结灌浆孔用于加固围岩及防渗，孔深 3m。

3.2.3 帷幕搭接型式比较

3 种搭接帷幕方案的主帷幕布置、防渗工程量均不相同，主要从防渗体系的衔接、施工条件、可靠性、工程量及投资方面进行综合比较，推荐搭接帷幕及主帷幕布置方案。坝址区上、下层帷幕搭接型式综合比较见表 3.2-1。

表 3.2-1　　　　　　　坝址区上、下层帷幕搭接型式综合比较表

项目	方案一	方案二	方案三	比较
方案可行性	均为可行方案，无较大的制约条件			相同
施工程序	应先完成下平洞搭接固结灌浆，再进行上、下层帷幕灌浆	一般建议先完成下平洞搭接固结灌浆，再进行上、下层帷幕灌浆	一般建议先完成下平洞搭接固结灌浆，再进行上、下层帷幕灌浆	方案二、方案三施工程序较灵活
施工条件	施工难度小，上层帷幕孔底距离下平洞洞顶较近，孔深、孔斜应严格控制	施工难度小，孔深、孔斜控制要求低于方案一	上层帷幕孔斜向布置，孔深较大，斜孔施工难度较大	方案一、方案二较优

项目	方案一	方案二	方案三	比较
与其他建筑物的衔接	上、下层帷幕与心墙坝的坝体、坝基防渗体系均位于同一立面上，衔接容易	上、下层帷幕立面上错开，与心墙坝防渗体系衔接接头须加密灌浆孔	上、下层帷幕立面上错开，且上层帷幕为斜向布置，与心墙坝防渗体系衔接接头须加密灌浆孔	方案一较优，方案二次之
工程结构及安全性	顶拱固结搭接孔上仰布置，封孔质量不易保证；上、下层帷幕在下平洞处断开，依靠混凝土衬砌及浅层固结灌浆承担防渗，衬砌可能承担较大外水头，衬砌安全性较低	固结搭接孔封孔质量易于保证，上、下层帷幕通过交错及搭接形成封闭的防渗幕体，下平洞衬砌位于帷幕下游，承受外水头低，衬砌安全性好	固结搭接孔封孔质量易于保证，上、下层帷幕通过交错及搭接形成封闭的防渗幕体，下平洞衬砌位于帷幕下游，承受外水头低，衬砌安全性好；上层帷幕斜向布置，施工质量不易控制	方案二较优
主要工程量	帷幕灌浆总进尺 136739m，固结灌浆 32868m	帷幕灌浆总进尺 146666m，固结灌浆 32868m	帷幕灌浆总进尺 147024m，固结灌浆 32868m	方案一工程量最小
投资估算	帷幕灌浆投资 12744万元	帷幕灌浆投资 13669万元	帷幕灌浆投资 13702万元	方案一投资最少

由以上综合比较，3 种方案的上、下层帷幕的搭接型式均为可行方案，在工程中也均有应用。方案三投资最大，上层帷幕灌浆孔斜向布置，施工质量控制难度较大，主要适用于帷幕深度较大，分层搭接的层数较多的情况，早期在乌江渡等工程采用，目前已较少采用，本工程不推荐方案三。

方案一、方案二施工条件相当，方案一的顶拱搭接帷幕为上仰孔，封孔质量不易保证，须利用下平洞衬砌挡水防渗，衬砌承受的外水头较大、不确定因素多，工程安全性不如方案二。方案一投资较方案二少约 925 万元，鉴于本工程坝址区防渗的复杂性和重要性，主要从工程安全性和施工条件考虑，推荐采用方案二的帷幕搭接型式。

3.3　坝址区防渗设计

坝址区防渗线路总长约 2116m，其中，左岸防渗线长 1196.5m，坝基防渗线长 182m，右岸防渗线长 737.5m；防渗线路左岸端点接文麻断裂带，右岸端点接玄武岩地层，帷幕底界以进入强岩溶带下限以下 10m 控制，并以孔底 10m 段透水率 $q \leqslant 5Lu$ 控制；坝址区帷幕灌浆总进尺 20.22 万 m，防渗面积 27.3 万 m^2，帷幕最大深度 187m，帷幕平均深度 127.5m；两岸帷幕灌浆主要在平洞内进行，设置上、下两层灌浆平洞，上层平洞总长 1684.5m，下层平洞总长 2075m，利用下层灌浆平洞上游侧布置的水平向搭接帷幕连接上、下两层帷幕。

3.3.1　坝基防渗设计

大坝为黏土心墙堆石坝，坝体防渗为黏土心墙，在两岸灌浆平洞高程以下黏土心墙建基面下设置下嵌式坝基灌浆检修廊道，坝基帷幕灌浆在廊道内及混凝土盖板上进行，灌浆廊道断面尺寸为 3.0m×3.5m（宽×高）的城门洞形，考虑到廊道上下游的开槽边坡较陡，采用微膨胀的 C25 钢筋混凝土衬砌。坝基岩溶发育，防渗底界较深，帷幕灌浆按双排孔设计，孔距 2m，排距 1.2m。帷幕灌浆顶界为廊道底板，帷幕底界进入强岩溶带下限以下 10m，河床段帷幕深度 78m，岸坡段帷幕深度 78～172m，为保证灌浆质量及方便施工，在左岸高程 1325.00m、右岸高程 1326.00m 均设置有灌浆平洞，灌浆平洞断面尺寸为 3.0m×3.5m（宽×高）的城门洞形，满足双排帷幕施工。

3.3.2　坝址区左岸防渗设计

坝址区左岸防渗帷幕线路长 1196.5m，其中近坝灰岩段长约 1110m，起点为左岸坝肩，端点向北进入文麻断裂带相对隔水层内 50m。根据地形地质条件，近坝段长1099.5m 的帷幕灌浆在平洞内进行，靠文麻断裂带长 97m 的帷幕灌浆在地面进行。帷幕灌浆顶界为正常蓄水位 1377.50m，帷幕底界进入强岩溶带下限以下 10m，灰岩段帷幕深度 120～130m，为保证灌浆质量及方便施工，在近坝灰岩段设置两层灌浆平洞，上层平洞长 1099.5m，进口底板高程同坝顶高程 1380.90m，底坡 $i=0.5‰$，下层平洞长1249m，进口底板高程 1325.00m，底坡 $i=1‰$。在左岸坝肩近坝 100m 范围内的防渗帷幕为双排孔，孔距 2m，排距 1.2m，其余 100m 范围外的防渗帷幕采用单排孔，孔距 2m，灌浆平洞断面为城门洞形，双排孔断面尺寸 3.0m×3.5m（宽×高）考虑后期可能的补强灌浆，单排孔灌浆平洞均采用与双排孔段相同的断面尺寸。

3.3.3　坝址区右岸防渗设计

坝址区右岸防渗帷幕线路长 737.5m，其中近坝灰岩段长约 486m，起点为右岸坝肩，端点向南进入 $P_2\beta$ 玄武岩内 40m。根据地形地质条件，帷幕灌浆在平洞内进行。帷幕灌浆顶界为正常蓄水位 1377.50m，帷幕底界进入强岩溶带下限以下 10m，灰岩段帷幕深度80～187m，为保证灌浆质量及方便施工，设置两层灌浆平洞，上层平洞长 585m，进口底板高程同坝顶高程 1380.90m，底坡 $i=0.5‰$，下层平洞长 826m，进口底板高程1326.50m，底坡 $i=1‰$。在右岸坝肩近坝 100m 范围内的防渗帷幕为双排孔，孔距 2m，排距 1.2m，其余 100m 范围外的防渗帷幕采用单排孔，孔距 2m。灌浆平洞断面与左岸相同，为 3.0m×3.5m（宽×高）的城门洞形。

3.3.4　坝址区灌浆平洞设计

坝址区两岸地面高程较高，灌浆主要在平洞内进行，帷幕灌浆深度均超过 80m，两岸布置上、下两层灌浆平洞，上层灌浆平洞总长 1684.5m（左岸长 1099.5m，右岸长585m），下层灌浆平洞总长 2075m（左岸长 1249m，右岸长 826m）。上下层灌浆平洞在平面上错开 3.0m，下层灌浆平洞上游侧布置水平搭接帷幕孔与上层帷幕搭接。

根据坝址区帷幕布孔设计，帷幕灌浆按单排孔及双排孔布置，平洞断面均为城门洞形，考虑后期可能的补强灌浆，平洞均采用双排孔断面，尺寸为 3.0m×3.5m（宽×高）。根据平洞工作条件及地质条件确定平洞的支护型式，平洞衬砌型式有 3 种，分述如下。

（1）Ⅰ型断面：适用于上层平洞Ⅲ类围岩洞段，平洞断面 3.0m×3.5m（宽×高），边墙及顶拱采用锚喷支护，喷 C20 混凝土厚 10mm，设置 $\phi22$、$L=2$m 的系统砂浆锚杆。

（2）Ⅱ型断面：适用于上层平洞的Ⅳ、Ⅴ类围岩洞段，平洞断面 3.0m×3.5m（宽×高），单层钢筋混凝土衬砌厚度 30cm，顶拱 120°范围进行回填灌浆。

（3）Ⅲ型断面：适用于下层平洞，平洞断面 3.0m×3.5m（宽×高），双层钢筋混凝土衬砌厚度 40cm，顶拱 120°范围进行回填灌浆。隧洞全断面进行固结灌浆，每断面布置 6 个固结灌浆孔，孔深 3m，排距 2m。上游边墙布置 3 个搭接帷幕孔兼固结孔，孔深 6m，按帷幕灌浆标准施工。

3.4　咪哩河库区防渗设计

咪哩河库区右岸黑末村东分水岭至罗世鲊村南山坡附近长约 2.8km 地段，T_2g 灰岩、白云岩、白云质灰岩贯通咪哩河与低岭谷盘龙河河间地块，岩溶发育，地下水位低于水库正常蓄水位，存在咪哩河右岸库区向盘龙河的管道-溶隙型严重渗漏。

库区防渗线路布置于咪哩河库尾右岸的罗世鲊附近，防渗线路沿库区岸边等高线布置，帷幕灌浆均在地表进行。防渗线路北端边界越过跑马塘背斜接 T_1y^3 泥质灰岩地层，南端边界进入 T_2f 砂页岩地层，防渗线路长 2698m，帷幕进尺 10.2 万 m，防渗面积 20.3 万 m^2。帷幕灌浆顶界为正常蓄水位 1377.50m，帷幕底界进入强岩溶带下限以下 10m 且透水率 $q\leqslant10$Lu，帷幕平均深度 75m，最大深度 152.5m。本段岩溶发育程度总体低于坝址区，渗漏形式为管道-溶隙型，钻孔揭露的溶洞规模较小，帷幕按单排孔布置，孔距 2m，局部遇溶洞段根据先导孔及灌浆孔施工情况调整排数和孔距。

3.5　帷幕灌浆技术参数

3.5.1　坝址区帷幕灌浆主要技术参数

（1）灌浆孔布置。坝基及两岸坝肩外 100m 范围采用双排孔，排距 1.2m、孔距 2.0m，其余远坝段采用单排孔，孔距 2.0m。遇大溶洞、岩溶管道等强岩溶区根据情况采用加排、加密孔补强。

（2）防渗标准。基岩帷幕灌浆、搭接帷幕灌浆按透水率 $q\leqslant5$Lu 控制，左岸防渗边界文麻断裂带的覆盖层帷幕灌浆按渗透系数 $K\leqslant1.0\times10^{-4}$cm/s 控制。

（3）防渗顶界、底界。帷幕灌浆顶界为正常蓄水位 1377.50m。帷幕底界进入弱岩溶发育带，施工中根据先导孔、各灌浆孔的压水试验，按至设计底界的最后一段灌前透水率 $q\leqslant5$Lu 控制，底界应经设计确认。

（4）灌浆方式。主要采用"自上而下、孔口封闭、孔内循环"灌浆法。左岸防渗边界端部约 100m 范围属文麻断裂及影响带，采用综合灌浆法，灌浆孔上部 1～4 段覆盖层采用分段卡塞循环灌浆法，完成后下套管隔离，再对以下孔段采用孔口封闭法灌浆。

对覆盖层、宽大溶隙及溶洞充填物孔段，结合地层情况、压水试验、初灌情况及孔内成像分析，可采用水泥膨润土膏浆灌注，膏浆采用纯压式灌浆，最终以水泥浆复灌结束。

（5）灌浆压力。对循环式灌浆，设计压力按孔口回浆管上压力表读数控制。对纯压式灌浆，设计压力按孔口进浆管上压力表读数控制。

左岸上平洞进行了不同试验区 2.5～3.5MPa、下平洞进行了 2.5～4.0MPa 的灌浆压力试验，确定上平洞帷幕灌浆压力按 3.0～3.5MPa 控制，下平洞帷幕灌浆压力按 3.5～4.0MPa 控制。

坝基及右岸上、下层平洞均按 4.0MPa 的灌浆压力试验，综合地质条件及试验情况，确定各序孔灌浆压力均按 4.0MPa 控制，遇岩溶发育孔段可适当调减压力，一般限于 I 序孔。

经灌浆试验，水泥膨润土膏浆的灌浆压力可按 1.0～2.0MPa 控制，具体应结合地层、膏浆比级、注入量情况增减。

（6）灌浆材料。一般以水泥浆为主，开灌水灰比一般为 5：1，$q>10$Lu 可采用 3：1 开灌。遇岩溶发育采用掺砂、水泥砂浆（可掺 5% 的膨润土）、投级配料、自密实混凝土、水泥膨润土膏浆灌注，最终应以水泥浆复灌结束。

（7）压水试验及取芯。先导孔、检查孔应取芯，采用单点法压水，其余灌浆孔灌前进行简易压水。遇强岩溶区补充勘探孔、物探、钻孔成像等查明岩溶发育情况。

（8）待凝。采用孔口封闭法灌浆可不待凝，遇注入量大及岩溶发育段应待凝，按水泥单位注入量 500kg/m 控制，如能起压至该段设计压力的 50% 以上可放宽单次注入量至 1t/m 再待凝。水泥浆待凝时间不少于 12h，膨润土膏浆待凝时间不少于 3d。

左岸防渗边界处地表段覆盖层（4 段以内）承压能力低，下部提高压力灌浆时上部孔段易反复劈裂，上部采用分段卡塞循环灌浆法施工的灌浆段因盖重小、耐压能力差、隔管后不能反复灌注，应分段待凝。

（9）质量检查。帷幕灌浆质量检查以检查孔压水试验为主，并结合灌浆资料分析综合评判。施工单位检查孔按灌浆孔的 10% 布置，业主单独委托的第三方检查孔按灌浆孔的 2% 布置。检查孔由参建四方根据灌浆资料选择，每单元不少于 1 个，重点布置在岩溶发育、注入量大、复灌次数多的灌浆异常区域。

3.5.2　咪哩河库区帷幕灌浆主要技术参数

（1）灌浆孔布置。帷幕灌浆均采用单排孔，孔距 2.0m。遇大溶洞、岩溶管道等强岩溶区根据情况采用加排、加密孔补强。

（2）防渗标准。基岩帷幕灌浆按透水率 $q\leq5$Lu 控制，局部孔段上部为覆盖层，覆盖层帷幕灌浆按渗透系数 $K\leq1.0\times10^{-4}$cm/s 控制。

（3）防渗顶界、底界。帷幕灌浆顶界为正常蓄水位 1377.50m。帷幕底界进入弱岩溶发育带，施工中根据先导孔、各灌浆孔的压水试验，按至设计底界的最后一段灌前透水率 $q\leq10$Lu 控制，底界应经设计确认。

（4）灌浆方式。主要采用"自上而下、孔口封闭、孔内循环"灌浆法，近地表 1～6 段如地层耐压条件差，采用分段卡塞循环灌浆法，形成盖重层后下套管隔离，再对以下孔段采用孔口封闭法灌浆。

库区二标存在土石混合层、强岩溶、大漏失地层的孔段，结合先导孔勘探、压水试验、初灌情况及钻孔成像复核，须采用红黏土膏浆先行灌注改良地层后再以水泥浆复灌结束，膏浆采用纯压式灌浆，一般仅限于Ⅰ、Ⅱ序孔。

（5）灌浆压力。对循环式灌浆，设计压力按孔口回浆管上压力表的读数控制。对纯压式灌浆，设计压力按孔口进浆管上压力表读数控制。

结合可研阶段灌浆试验，初拟Ⅰ、Ⅱ、Ⅲ序孔最大压力分别为 2.5MPa、3.0MPa、3.5MPa，技施阶段进行了两期共 17 个试验区的生产性灌浆试验，确定水泥灌浆最大压力按Ⅰ序孔 1.3～1.5MPa、Ⅱ序孔 1.7～2.0MPa、Ⅲ序孔 2.3～2.5MPa 控制。

经库区二标灌浆试验，水泥红黏土膏浆灌注的脉动压力为 3.0～6.0MPa，生产灌浆时按施工推荐的 3.5MPa 控制，具体结合地层、膏浆比级、注入量情况增减。

（6）灌浆材料。一般以水泥浆为主，开灌水灰比由灌浆试验初期的 5∶1 调整为 3∶1。遇岩溶发育采用掺砂、水泥砂浆（可掺 5％膨润土）、投级配料、自密实混凝土、水泥红黏土膏浆灌注，最后采用水泥浆复灌结束。

库区二标部分区域存在强岩溶发育、强透水、大漏失地层，地表为石牙、石笋夹泥的土石混合地层，地下溶洞连通性好、充填物不密实，经试验，常规的待凝、掺砂、掺速凝剂等特殊问题处理效果较差，采用先对Ⅰ、Ⅱ序孔进行膏浆纯压式灌注改良地层，封堵大的通道、挤压充填物，再以水泥浆复灌结束。

（7）压水试验及取芯。先导孔、检查孔应取芯，采用单点法压水，其余灌浆孔灌前做简易压水。遇强岩溶区应进行钻孔数字成像分析岩溶特征。

（8）待凝。采用孔口封闭法灌浆可不待凝，遇注入量大及岩溶发育段应待凝，按单位注灰量 500kg/m 控制，如能起压至设计压力的 50％以上可放宽至 1t/m。水泥浆待凝不少于 12h，膏浆待凝不少于 3d。

近地表段（5 段以内）采用分段卡塞循环灌浆法施工后隔管的孔段，地层多为土石混合且压力较低，应分段待凝以保证质量。

（9）质量检查。帷幕灌浆质量检查以检查孔压水试验为主，并结合灌浆资料分析综合评判。施工单位检查孔按灌浆孔的 10％布置，业主委托的第三方检查孔按灌浆孔的 2％布置。

3.6 防渗工程分标情况

技施阶段坝址区帷幕灌浆分为两个标段，将右岸及坝基帷幕灌浆并入大坝标段，左岸帷幕灌浆单独成标，两个标段分界点分别为上平洞 SP1＋206.533 和下平洞 XP1＋203.201。

库区帷幕灌浆分为两个标段，即库区帷幕灌浆一标（桩号 MKG0＋000～MKG1＋520.769）、库区帷幕灌浆二标（桩号 MKG1＋520.769～MKG2＋698.348）。

3.7 施工中防渗底界及边界的调整

德厚水库工程地处岩溶区，施工中必须认真做好先导孔及各灌浆孔的灌前压水试验，验证设计帷幕底界及边界。对于防渗底界的调整，若至设计灌浆底界时，局部孔灌前压水试验仍未达到灌前透水率 $q \leqslant 5Lu$（坝址区帷幕）、$q \leqslant 10Lu$（咪哩河库区帷幕）的标准，应及时上报，研究确定局部加深方案。对于防渗边界的调整，主要结合边界处先导孔、灌浆孔的施工情况，复核边界地质条件及岩溶发育情况，按进入隔水地层的原则复核防渗边界。

3.7.1　库区灌浆一标

防渗边界复核：库区一标北端防渗边界穿过跑马塘背斜轴部 50m 进入 T_1y^3 泥质灰岩、泥灰岩地层，北端边界处先导孔揭示的地层岩性与初步设计阶段一致，泥质灰岩、泥灰岩地层灌前透水率在高程 1355.00m 以下均小于 5Lu，仅靠地表的强风化破碎带透水率较大，靠边界附近的灌浆孔灌前透水率均不大，单位注灰量较小，库区防渗线路北端防渗边界是可靠的，与初步设计阶段一致。

防渗底界调整：根据先导孔及灌浆孔施工复核，一标范围强岩溶带下限高程为 1305.00～1338.00m，帷幕底界高程为 1290.00～1325.00m，总体与初步设计阶段确定的帷幕底界基本一致。施工中，局部灌浆孔至设计底界的灌前透水率大于 10Lu，对 4 处局部段帷幕底界加深了 5～10m。

3.7.2　库区灌浆二标

防渗边界复核：库区二标南端防渗边界进入 T_2f 石英砂岩、粉砂岩、页岩隔水地层，边界处先导孔揭示的地层条件与初步设计阶段一致。靠边界处的先导孔透水率均较小，压水试验 12 段，小于 10Lu 的 11 段，大于 10Lu 的 1 段为 13.2Lu。靠边界的灌浆孔灌前透水率及单位注灰量均不大，库区防渗线路南端防渗边界是可靠的，与初步设计阶段一致。

防渗底界调整：根据岩溶发育情况和岩体透水率，结合先导孔对局部段的先导孔深度及帷幕底界进行了调整，共有 7 个先导孔（63 号、75 号、147 号、366 号、378 号、402 号、426 号）底界加深 5m，3 个先导孔（99 号、111 号、123 号）底界加深 10m，相应附近的帷幕底界加深 5～10m；二标灌浆施工揭露两处强岩溶低槽区，其中一处的防渗底界加深较多。低槽区一为 MKG1＋584～MKG1＋615 段，在可研灌浆试验揭露，与盘龙河低岭谷泉点连通，受条件限制可研未探明底界，技施阶段加深先导孔复核后查明了底界，帷幕底界较初步设计阶段加深 10m。另一处为 MKG1＋881～MKG1＋917 段，为技施阶段灌浆孔揭露的强岩溶低槽区，在帷幕深部揭露大型充填溶洞，帷幕底界较初步设计阶段加深 68m。

3.7.3　坝址区左岸灌浆标

1. 坝址区左岸防渗边界调整

坝址区左岸防渗边界确定原则为，防渗线路由左坝肩向北越过灰岩段进入文麻断裂带隔水层内，正常蓄水位线与文麻断裂带交点外延 50m，左岸防渗线路长 1155m。文麻断裂带成分主要为糜棱岩、断层泥、泥炭、断层角砾岩、断块碎裂岩等，角砾岩为泥质紧密充填或钙质胶结，透水性微弱，地下水位埋深 3～8m。

根据灌浆平洞开挖揭露地质情况，左岸下层灌浆平洞在里程 XP0＋080 处进入文麻断裂带，断裂带物质以压碎岩为主夹断层泥。实际揭露点与原设计推测点 XP0＋110 间属于断层影响带，影响带中存在一定溶蚀现象。按左岸防渗边界进入隔水的文麻断裂带 50m 的原则，为保证防渗边界可靠性，将左岸下层灌浆平洞及防渗边界延长 40m（见图 3.7－1）。

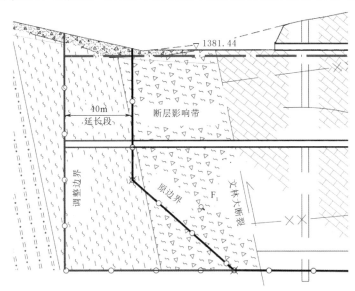

图 3.7－1　坝址区左岸防渗边界调整剖面图

2. 坝址区左岸防渗底界调整

坝址区左岸灌浆先导孔布置于下层灌浆平洞，完成先导孔 52 个，根据先导孔压水试验成果，设计帷幕底界基本与初步设计阶段一致，对 3 处先导孔底界灌前透水率 $q＞5\mathrm{Lu}$（先导孔 ZXQ349、ZXQ361、ZXQ373）的底界加深了 6～16m，其余无调整。

3.7.4　坝址区坝基及右岸灌浆标

1. 坝址区右岸防渗边界调整

坝址区右岸防渗线路起点为右岸坝肩，向南穿越灰岩段进入 $P_2\beta$ 玄武岩隔水地层内。根据上、下层灌浆平洞开挖揭露的地质情况，上层灌浆平洞玄武岩界限出露里程 SP1＋888.6，较初步设计阶段提前了 5m，下层灌浆平洞玄武岩界限出露里程 XP1＋930.6，较初步设计阶段外延了 23m。上下层平洞沿帷幕轴线方向玄武岩倾角约 55°，按初步设计阶段右岸防渗边界进入玄武岩内 50m 的原则，将上下层平洞及防渗边界延长 50m（见图 3.7－2）。

右岸上层帷幕边界均位于玄武岩内，边界外延 50m 后施工过程无异常。2018 年底在进行右岸下层帷幕边界孔 YXQ394 孔灌浆施工时，至设计底界（高程 1264.00m）时存在透水率较大不满足底界标准的情况，继续加深钻孔在高程 1248.00～1255.00m 遇溶洞掉钻 7m，说明防渗边界处仍存在强岩溶区，需对右岸下层帷幕防渗边界作进一步复核。对右岸防渗边界区域进行了物探、钻探补勘，补勘揭示右岸下层平洞防渗边界外的玄武岩与灰岩界线变缓，沿岩性分界处的灰岩岩溶发育，右岸下层平洞边界向远坝端方向存在强岩溶区发育，局部分布有强岩溶低槽区，强岩溶区下限分布高程为 1200.00～1267.00m，存在渗漏问题，须进行防渗处理。

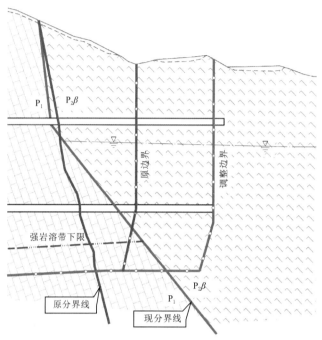

图 3.7 - 2　坝址区右岸防渗边界第一次调整剖面图

将右岸下层平洞沿帷幕轴线再延长 168m，并布置先导孔进一步复核下层帷幕边界及底界。经先导孔及 CT 复核，最终确定右岸下层帷幕延长段的边界及底界，防渗边界由 YXQ394 孔延长 132m（见图 3.7 - 3），延长段帷幕灌浆按单排孔布置，孔距 2.0m。

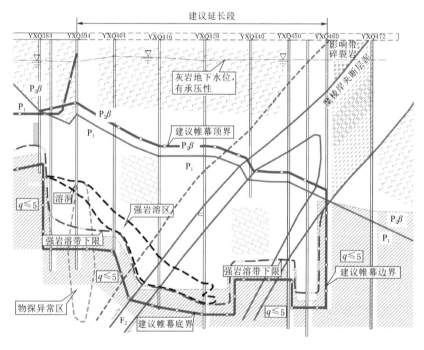

图 3.7 - 3　坝址区右岸下层防渗边界第二次调整剖面图

2. 坝址区右岸防渗底界调整

坝址区右岸灌浆先导孔布置于下层平洞，根据先导孔钻孔取芯及压水试验成果，右岸侵入岩与玄武岩之间的灰岩段岩溶发育强烈，至设计底界时溶隙发育，灌前透水率不满足 $q \leqslant 5Lu$ 的设计要求。经加深加密先导孔复核，对 YXQ288 孔～YXQ384 孔（帷幕线长度192m）之间的帷幕进行了加深，该段下层平洞以下原设计帷幕深度 40m 左右，技施阶段加深了 15～30m（见图 3.7-4）。

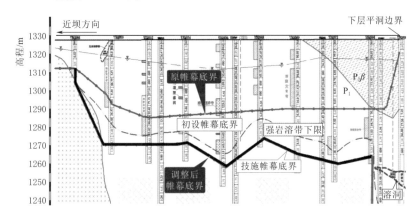

图 3.7-4　坝址区右岸下层帷幕防渗底界调整剖面图

在右岸下层平洞 YXQ384 孔～YXQ394 孔下部揭露巨大的溶洞，经补充勘探后将右岸防渗边界延长了 132m，延长段帷幕（YXQ384 孔～YXQ460 孔）深度为 106.5～139.8m，见图 3.7-3。

第4章

前期阶段灌浆试验研究

4.1 灌浆试验设计及分标情况

4.1.1 试验区布置

咪哩河库区防渗线路布置于咪哩河库尾右岸的罗世鲊村附近至库尾，可研阶段在库区防渗线路上进行了2个试验区共4个试验段的灌浆试验，每个试验段长度约50m，试验区帷幕线路总长约200m。

试验Ⅰ区位于罗世鲊村以北，根据地质条件及试验目的，本区共设置2个试验段。第一段位于ZK15附近，里程MKG1+048.563～MKG1+098.563，帷幕轴线长度50m，单排孔布置，孔距2m。第二段位于ZK2附近，里程MKG1+556.336～MKG1+606.336，帷幕轴线长度50m，单排孔布置，孔距1.5m。

试验Ⅱ区位于罗世鲊村以南，本区共设置2个试验段。第一段位于地勘孔ZK3附近，里程MKG2+073.763～MKG2+123.763，帷幕轴线长度50m，单排孔布置，孔距1.5m。第二段位于ZK1附近，里程MKG2+630.339～MKG2+680.339，帷幕轴线长度50m，单排孔布置，孔距2.0m。

每个试验段内分别布置2个孔距约40m的先导孔，先导孔底界高程为1280.00m，钻孔深度为100～130m，先导孔施工完后进行电磁波CT测试孔间岩溶发育情况。

4.1.2 试验内容及目的

（1）通过在灌浆试验中建立"德厚水库灌浆数字化系统方案"，对试验段灌浆过程进行实时监控及数据采集，论证其对保证灌浆质量，实施动态设计具有重要作用。

（2）对各试验区段内的先导孔进行钻孔、取芯、分段压水试验，并进行灌前电磁波CT测试、水位监测。

（3）利用试验先导孔进一步复核咪哩河库区防渗工程区的水文地质情况，复核岩溶发育规律，分析渗漏方向、渗漏型式，验证设计防渗底界的合理性。

（4）通过试验，验证设计所提主要灌浆参数的合理性，并进行必要调整试验，研究总结适合咪哩河库区防渗线路帷幕灌浆的特征参数：孔距、排数、起灌压力、起灌水灰比、终孔压力、压力升幅等。

（5）在试验中验证自上而下、小口径钻进、孔口封闭、不待凝、孔内循环高压灌浆技术在本区的可行性，提出必要的工艺改进措施。

（6）对试验区各孔灌前、灌后透水率、灌后耐久性检测以及灌浆压力、灌浆工艺、灌浆过程所遇特殊情况等进行分析研究，提出既满足质量要求、又经济合理的单位耗灰量。

（7）对试验所遇岩溶地区帷幕灌浆特殊情况及处理措施进行分析，提出具有指导意义的措施及手段，如遇大溶隙、溶洞、特大渗漏通道等的处理措施及手段。

（8）灌浆完成后，除压水试验检测外，在各试验区段布置一个 $\phi130\text{mm}$ 的大口径钻孔，取岩芯检测灌后物理、力学性能。

（9）在检查孔进行常规压水检查合格后，在试验段中部选一个检查孔进行全孔 6d（144h）耐久性压水试验，检测帷幕的防渗能力随时间衰减或透水性随时间变化的趋势，以验证帷幕的耐久性。

4.1.3 设计主要工艺及参数

（1）先导孔。各试验区段分别布置 2 个间距为 40m 的先导孔，孔径 75mm，除进行钻孔、取芯、分段压水试验外，在灌浆前还进行了电磁波 CT 测试，分析测试范围内岩溶发育情况。

（2）帷幕灌浆采用孔口封闭、孔内循环、自上而下分段进行。

（3）帷幕灌浆合格标准为：帷幕灌浆底界终孔段灌前透水率 $q \leqslant 10\text{Lu}$，灌后透水率 $q \leqslant 5\text{Lu}$。

（4）灌浆压力应尽快达到设计压力，但注入率大时应分级升压。各灌段长度及灌浆压力见表 4.1-1。

表 4.1-1　　　　　　　库区可研阶段灌浆试验初拟灌浆压力表

段　次	基岩内孔深/m	段长/m	最大灌浆压力/MPa
1	0～2.0	2.0	0.8
2	2.0～5.0	3.0	1.5
3	5.0～10.0	5.0	3.0
以下各段	>10.0	5.0	4.0

（5）帷幕灌浆施工时应根据先导孔压水及灌前简易压水检查地层透水率，确定合适的开灌水灰比，如果透水率较大采用 3∶1 的浆液比例开灌，如果透水率较小采用 5∶1 的浆液比例开灌。

（6）每段灌浆结束后可不待凝。

4.2 灌浆试验完成情况

可研灌浆试验施工分为两个标段，分别由中国水利水电第十四工程局有限公司（Ⅰ区、一标段）和中国水利水电基础局有限公司（Ⅱ区、二标段）承担。灌浆试验于 2013 年 9 月开工，2014 年 11 月结束，其间经历春节放假、因 5 月保证农业灌溉而停止试验供水，以及对地表冒浆、孔间串浆、掉钻技术研究等客观因素导致的停顿，总历时 14 个月。

两个试验区完成工作量见表 4.2 - 1。

表 4.2 - 1　　　　　　　可研阶段库区灌浆试验完成工程量表

项　目	单位	数　量		合计
		Ⅰ区	Ⅱ区	
钻孔进尺	m	5400.65	5177.99	10578.64
灌浆进尺	m	4779.88	4265.33	9045.21
总耗灰量	t	5131.9	1895.6	7027.5
注入水泥量	t	5037.5	1741.8	6779.3
水泥单位注入量	kg/m	1053.89	408.37	
两个区水泥单位注入量	kg/m	536.68		

注　表中水泥单位注入量为剔除掉钻、灌前压水不起压、无回水和灌浆时地表串冒浆等特殊地质孔段后综合值。

4.3　灌浆压力优化及耗灰量分析

试验区地层为三叠系个旧组（T_2g）细晶灰岩、白云岩、白云质灰岩，岩体包含有强、中等及弱透水层。灌浆试验经历了按设计灌浆工艺及压力施工→根据情况调整工艺及压力试验→再验证、调整，直至获得适合的灌浆压力、工艺的过程。

4.3.1　灌浆压力调整与耗灰量统计

1. 试验Ⅰ区

试验之初在实施部分Ⅰ序孔时，在设计灌浆压力下，两个试验段均出现范围较大的串浆及地表反复冒浆，对此，参与试验的各方通过讨论研究，于 2014 年 1 月 10 日对试验Ⅰ区灌浆压力进行第一次调整，此次调整主要针对压力升幅进行，未对最大压力进行调整，调整所涉及孔段为：①还未开始的灌浆孔（主要为Ⅱ序、Ⅲ序孔，Ⅰ序孔仅余少量灌段未施工）；②仅完成前两段或第 3 段仍未达到结束标准的孔段；③试验 2 段剩余灌浆孔按照试验 1 段调整后的灌浆压力执行。设计初拟压力见表 4.3 - 1，第一次压力调整见表 4.3 - 2。

表 4.3 - 1　　　　　　　灌浆试验初拟灌浆压力表

段　次	基岩内孔深/m	段长/m	最大灌浆压力/MPa
1	0～2.0	2.0	0.8
2	2.0～5.0	3.0	1.5
3	5.0～10.0	5.0	3.0
以下各段	>10.0	5.0	4.0

表 4.3－2   试验Ⅰ区灌浆压力第一次调整表

	Ⅰ序孔				Ⅱ、Ⅲ序孔		
段次	基岩内孔深 /m	段长 /m	最大灌浆压力 /MPa	段次	基岩内孔深 /m	段长 /m	最大灌浆压力 /MPa
1	0～2	2.0	0.5	1	0～2	2	0.8
2	2～5	3.0	0.8	2	2～5	3	1.0
3	5～10	5.0	1.0	3	5～10	5	1.5
4	10～15	5.0	1.5	4	10～15	5	2.0
5	15～20	5.0	2.0	5	15～20	5	2.5
6	20～25	5.0	2.5	6	20～25	5	3.0
7	25～30	5.0	3.0	7	25～30	5	3.5
8	30～35	5.0	3.5	以下各段	＞30	5	4.0
以下各段	＞35	5.0	4.0				

第一次压力调整前，已完成大部分Ⅰ序孔施工，累计灌浆进尺 911.36m。经过第一次压力调整，Ⅰ区串冒浆现象有所减少但仍然较严重，单位注入量降低也不明显。经参建各方研究，对灌浆压力进行第二次调整，此次调整除降低最大灌浆压力外，对压力升幅也有所降低。第二次调整灌浆压力见表 4.3－3。

表 4.3－3   试验Ⅰ区灌浆压力第二次调整表

灌浆单元	Ⅰ区 1 段 01 单元	Ⅰ区 1 段 02 单元	Ⅰ区 2 段 03 单元 （调整后）	Ⅰ区 2 段 04 单元 （调整后）	Ⅰ区 2 段 05 单元 （调整后）
最大灌浆压力/MPa	2.0	2.5～3.0	3.5～4.0	2.0	2.5～3.0

第二次压力调整主要涉及Ⅱ、Ⅲ序孔，此时Ⅰ序孔仅剩余试验 2 段中的 21 号、25 号两孔的下部孔段未完成灌浆。此次调整后，Ⅱ、Ⅲ序孔采用最大灌浆压力 2.0～2.5MPa 灌浆时，累计进尺 1146.99m，总体单位水泥注入量 611.8kg/m，比采用最大灌浆压力 4.0MPa 灌浆的Ⅱ、Ⅲ序孔平均单位注入量降低 30.02%；采用最大灌浆压力 2.5～3.0MPa 灌浆时，孔段累计进尺 1089.20m，总体单位注入量 871.7kg/m，比采用最大灌浆压力 4.0MPa 灌浆单位注入量降低 31.98%。此次压力调整对降低水泥用量效果显著。试验Ⅰ区压力调整前后灌浆情况对比见表 4.3－4。

表 4.3－4   试验Ⅰ区两次调整灌浆压力前后试验成果对比

方案	孔 序	灌浆长度 /m	耗灰量 /kg	单位注入量 /(kg/m)	备 注
方案一	Ⅰ	911.4	1636315	1795	按照表 4.3-1，最大压力 4.0MPa，尽快增至最大压力
	Ⅱ	—	—	—	
	Ⅲ	—	—	—	
	合计	911.4	1636315	1795	
方案二	Ⅰ	380.4	858179	2255.9	按照表 4.3-2（第一次调整），最大压力 4.0MPa，降低压力升幅
	Ⅱ	559.5	577799	1032.7	
	Ⅲ	350.5	217717	621.2	
	合计	1290.4	1653695	1281.5	

续表

方案	孔序	灌浆长度/m	耗灰量/kg	单位注入量/(kg/m)	备注
方案三	Ⅰ	—	—	—	按照表4.3-3（第二次调整），最大压力2.0～2.5MPa
	Ⅱ	301.2	331644	1101.1	
	Ⅲ	845.8	370122	437.6	
	合计	1147	701766	611.8	
方案四	Ⅰ	53.9	74050	1373.8	按照表4.3-3（第二次调整），最大压力2.5～3.0MPa
	Ⅱ	317.1	483547	1525	
	Ⅲ	718.2	391813	545.5	
	合计	1089.2	949411	871.7	
方案五	Ⅰ	—	—	—	按照表4.3-3（第二次调整），最大压力3.5～4.0MPa
	Ⅱ	—	—	—	
	Ⅲ	346.8	76141	219.6	
	合计	346.8	76141	219.6	

由表4.3-4可见，试验Ⅰ区地层岩溶发育情况较为复杂，存在不均一性，在同序孔中，降低灌浆压力后亦有单位耗灰量增大现象。但总体来说，根据不同灌浆单元地质条件分别采用最大灌浆压力2.0～2.5MPa、2.5～3.0MPa、3.5～4.0MPa施工，比全线路采用最大灌浆压力4.0MPa灌浆的总体单位注入量降低约30%，降低水泥耗量效果显著。

灌浆完成后在两个试验段分别布置两个检查孔进行常规压水试验检查，并在各段选择一个检查孔进行6d（144h）耐久性压水试验，检查结果表明灌浆压力降低后未对防渗效果产生明显不利影响。

2. 试验Ⅱ区

试验Ⅱ区所遇岩溶发育程度较Ⅰ区弱，但仍遇到冒串浆、多次复灌等情况。试验1段一直按原设计压力4.0MPa和升压幅度实施，试验2段对升压幅度进行了调整，调整后压力见表4.3-5。

表4.3-5　　　　　　　　试验Ⅱ区2段调整灌浆压力表

基岩内孔深/m	段长/m	最大灌浆压力/MPa	基岩内孔深/m	段长/m	最大灌浆压力/MPa
0～2.0	2.0	0.8	15～20	5.0	2.5
2.0～5.0	3.0	1.0	20～25	5.0	3.0
5.0～10.0	5.0	1.5	25～30	5.0	3.5
10～15	5.0	2.0	>30	5.0	4.0

灌浆施工过程中，部分孔段在灌前压水试验压力1.0MPa时透水率较小，灌浆施工时，当压力缓慢上升至设计压力过程中会出现注入率突增、压力降低的情况。经分析统计，大部分注入率突增的情况发生在压力升至2.5～4.0MPa区间，尤其集中在压力超过3.0MPa后，因此建议生产性灌浆施工中在满足防渗要求的前提下可考虑适当降低设计压力，避免过大压力击穿上部幕体造成浪费。试验Ⅱ区灌浆试验成果统计见表4.3-6。

表 4.3－6　　　　　　　　　　试验Ⅱ区灌浆试验成果综合统计表

单元	孔序	孔数	灌浆段长/m	注入水泥量/kg	单位注入量/m	透水率均值/Lu
1－3	Ⅰ	9	728.7	704444	966.6	59.16
	Ⅱ	8	636.2	165418	259.8	8.24
	Ⅲ	16	1282.6	158355	123.5	4.77
合　计		33	2647.9	1028217	388.3	24.06
4－5	Ⅰ	7	450.3	472236	1048.7	17.8
	Ⅱ	6	390.1	108833	279	3.82
	Ⅲ	12	776.7	132555	170.6	5.02
合计		25	1617.1	713624	441.3	8.88

4.3.2　耗灰量分析

1. 试验Ⅰ区

根据耗灰量分析，Ⅰ区 1 段平均单位注入水泥量为 1067.2kg/m。Ⅰ区 2 段平均单位注入水泥量为 1042.9kg/m。

剔除掉钻、灌前压水不起压、无回水和灌浆时地表串、冒浆等特殊地质孔段后，Ⅰ区 1 段平均单位注入量 657.5kg/m，Ⅰ区 2 段平均单位注入量 714.9kg/m，两个试验段总体单位注入量 692.6kg/m。

根据下双层套管前后灌浆情况分析，下双层套管后Ⅰ区 1 段平均单位注入量 760.9kg/m，Ⅰ区 2 段平均单位注入量 498.4kg/m，两个试验段总体单位注入量 675.9kg/m。

剔除特殊情况得到的单耗量受对特殊情况的界定影响，可能与实际地质情况有偏差。下双层套管前后的耗灰情况对比较直接，更接近于试验区的真实地质情况，建议采用下双层套管后的单位耗灰量作为类似地层的灌浆单位耗灰量。

2. 试验Ⅱ区

Ⅱ区试验 1 段（孔距 1.5m）平均单位耗灰量 388.31kg/m，试验 2 段（孔距 2m）平均单位耗灰量 441.30kg/m，本区平均单位耗灰量 414.8kg/m。

灌浆施工中，部分孔段耗灰量比较大，但由于冒浆、串浆严重，水泥利用率很低，在考虑单耗时，将该部分由于冒浆等原因消耗的水泥扣除后计算得到的试验单耗为 338.53kg/m。

4.4　灌浆试验工艺优化

可研阶段咪哩河库区第一期灌浆试验按照设计要求的"孔口封闭、自上而下分段、孔内循环"的工艺进行灌浆施工，该方法由于对上部灌段能进行重复灌浆而具有较好效果，灌浆质量有较好的保证。在试验中，两个试验区均不同程度地出现地表冒、串浆，承担试验的中国水利水电第十四工程局有限公司（试验Ⅰ区）、中国水电基础局有限公司（试验Ⅱ区）各自采取了相应的改进措施。

试验Ⅰ区，根据岩性情况，对于灌浆段还处于覆盖层或者灌浆顶界以上盖重较小的部位，灌浆段前3～6段灌浆过程还会从地表冒浆的灌浆孔，采取第3～6段灌浆结束后扫孔至段底，安装小一级套管的措施以减少浆液上串。通过试验，Ⅰ区两个试验段下双层套管后单位耗灰量较下双层套管前分别降低48.46%和55.33%。

试验Ⅱ区1段上部覆盖层较浅部位采用自上而下分段卡塞"纯压式"灌浆，试验Ⅱ区2段采用自上而下分段、孔口封闭循环钻灌法施工，上部非灌段使用套管隔离。

4.5 特殊情况处理

试验遇到的特殊情况主要表现为掉钻、地表冒浆、串浆、耗浆量大、铸管、间歇或低压慢流后流量突降等，其中试验Ⅰ区2段尾部所遇掉钻最为突出，其Ⅰ-2-29-Ⅰ号孔掉钻深度达21.30m，与该孔相邻的孔均发生较大掉钻现象，鉴于该段掉钻范围大、深度深，为保证试验灌浆帷幕与后期生产灌浆帷幕的有效结合，该段在前期试验中未完成灌浆。除此以外，前期试验性灌浆工程对特殊情况主要采取了以下措施：

（1）遇串、冒浆地层主要采用低压、限流、低压慢灌或间歇灌浆，若以上措施效果不明显则停灌待凝，8h后扫孔复灌。

（2）灌浆耗浆量特别大时，采取以下措施处理：

1）浆液水灰比变换由稀致浓的原则逐渐改变，当漏水量或吸浆量大于30L/min，可越级变浓浆灌注。

2）若连续灌注至最终水灰比为0.5:1，无减少或无回浆的情况下，调整为水泥砂浆灌注，其水灰砂比1:2:2，灌注至设计压力后待凝，再复灌。

3）对于耗灰量较大的灌段，当单位注入量达到1000kg/m时，应待凝12～24h后再扫孔复灌，直至结束。

4.6 灌浆质量检查

4.6.1 试验Ⅰ区灌浆质量检查

1. 检查方法

帷幕灌浆质量检查主要采用三种方法：①布置检查孔取芯及常规压水试验，压水试验采用3级压力、5个阶段的"五点法"，三级压力为0.3MPa、0.6MPa、1.0MPa；②每段选取1个检查孔进行全孔耐久性高压压水试验，试验压力采用0.5MPa→2.0MPa→1.5MPa，时长为6d（144h），以检验帷幕防渗能力随时间的衰减情况；③每段进行1个大口径钻孔取芯试验，孔径为130mm，以进一步检查溶蚀裂隙及充填物的灌注效果。

2. 常规压水试验检查

试验Ⅰ区两个试验段共布置7个检查孔，采用五点法压水试验，最大压力为1.0MPa。各试验段检查孔常规压水试验成果统计见表4.6-1。

由表4.6-1可见，Ⅰ区1段（孔距2.0m）和Ⅰ区2段（孔距1.5m）检查孔透水率均小于5Lu，全部满足设计防渗标准，其中$q \leqslant 2Lu$的分别占81%和93%，总计为88%，灌浆质量均较好，孔距1.5m较2.0m的帷幕透水率更小一些。

表4.6-1　　　　　　　　　试验 I 区检查孔常规压水试验成果表

工程部位	孔号	压水段数	透水率频率分布					
			≤2Lu		2～5Lu		>5Lu	
			段数	占比/%	段数	占比/%	段数	占比/%
试验1段 （2m孔距）	I-1-J1	17	14	82	3	18		
	I-1-J2	16	12	75	4	25		
	I-1-J3	14	12	86	2	14		
小计		47	38	81	9	19		
试验2段 （1.5m孔距）	I-2-J1	18	18	100	0	0		
	I-2-J2	18	14	78	4	22		
	I-2-J3	17	16	94	1	6		
	I-2-J4	15	15	100	0	0		
小计		68	63	93	5	7		
合计		115	101	88	14	12		

3. 耐久性压水试验

考虑到溶洞充填物及溶蚀夹泥难以清除，为进一步验证单排孔帷幕灌浆的耐久性，在检查孔常规压水结束后，在两段中各选取1个检查孔 I-1-J2、I-2-J1 进行耐久性压水试验。

压水试验采用全孔1段压水，I-1-J2压水段长58.05m（孔深23.7～81.75m），I-2-J1压水段长76.5m（孔深22～98.5m）；试验压力自0.5MPa起，每10分钟增加0.5MPa，直至2MPa，在该压力下持续压水3d，后减压至1.5MPa持续压水3d结束，压水时间共6d（144h）。耐久性压水试验流量变化曲线见图4.6-1，压水试验成果见表4.6-2。

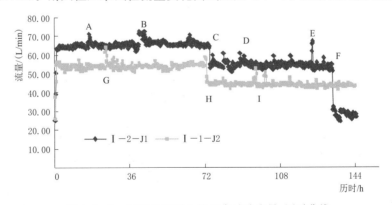

图4.6-1　试验 I 区耐久性压水试验流量-历时曲线

从耐久性压水试验流量变化曲线分析，在试验压力2.0MPa、1.5MPa下，各孔流量较为平顺并有小幅波动，流量波动主要是受压力波动影响，未出现流量突然增大及压力骤降的情况，流量的变化与压力变化呈正相关性，说明地层裂隙在压力作用下的张开度呈弹性变化，帷幕未发生劈裂现象。各孔在0.5MPa→2.0MPa→1.5MPa的压力、持续144h的耐久性压水试验过程中，透水率q均小于1.0Lu，属微透水性，说明灌后帷幕体在1.5～2.0MPa水头压力下可以长期稳定工作。

表 4.6 - 2　　　　　　　　　　　　　　试验Ⅰ区耐久性压水试验成果表

工程部位	孔号	段位	起止时间	透水率/Lu
一区 1 段	Ⅰ-1-J2	23.70～81.75m	2014-10-30 04：38—2014-11-05 9：00	0.43～0.49
一区 2 段	Ⅰ-2-J1	22.00～98.50m	2014-11-11 21：51—2014-11-18 01：09	0.20～0.46

4. 大口径钻孔取芯

两个试验段各布置一个 φ130mm 大口径钻孔取芯，以进一步检查灌浆效果。从不同深度的钻孔芯中可见水泥结石或薄膜，裂隙中水泥结石胶结坚硬。部分取芯照片见图 4.6 - 2。

（a）Ⅰ-1-J3孔深28m处结石

（b）Ⅰ-2-J3孔深22.5m处结石

（c）Ⅰ-2-J3孔深24.4m处结石

（d）2段130mm钻孔孔深72.3m处结石

（e）2段130mm钻孔孔深72.5m处结石

（f）2段130mm钻孔孔深78.1m处结石

图 4.6 - 2　试验Ⅰ区 φ130mm 大口径钻孔取芯照片

4.6.2 试验Ⅱ区灌浆质量检查

1. 检查方法

试验Ⅱ区灌浆质量检查方法同试验Ⅰ区，也进行了检查孔常规压水试验、耐久性压水试验和 ϕ130mm 大口径钻孔取芯检查。

2. 常规压水试验检查

试验Ⅱ区两个试验段共布置 5 个检查孔，采用五点法压水试验，最大压力 1.0MPa。各试验段检查孔常规压水试验成果统计见表 4.6-3。

表 4.6-3　　　　　　　　　　试验Ⅱ区检查孔常规压水试验成果表

工程部位	孔号	压水段数	透水率频率分布					
			≤2Lu		2~5Lu		>5Lu	
			段数	占比/%	段数	占比/%	段数	占比/%
试验一段 (1.5m 孔距)	Ⅱ-1-J-1	17	15	88	2	12		
	Ⅱ-1-J-2	17	17	100	0			
	Ⅱ-1-J-3	17	16	94	1	6		
小计		51	48	94	3	6		
试验二段 (2.0m 孔距)	Ⅱ-2-J-1	16	16	100	1	6		
	Ⅱ-2-J-2	14	12	86	2	14		
小计		30	28	93	3	10		
合计		81	76	94	6	7		

由表 4.6-3 可见，Ⅱ区 1 段（孔距 1.5m）和Ⅱ区 2 段（孔距 2.0m）检查孔透水率均小于 5Lu，全部满足设计防渗标准，其中 $q \leqslant 2$Lu 的分别占 94% 和 93%，总计为 94%，灌浆质量均较好，孔距 1.5m 与 2.0m 的帷幕透水率基本相同。

3. 耐久性压水试验

在检查孔常规压水结束后，在两段各选取 1 个检查孔Ⅱ-1-J-1、Ⅱ-2-J-1 进行耐久性压水试验。压水试验采用全孔 1 段压水，Ⅱ-1-J-1 压水段长 66.43m（孔深 20~86.43m），Ⅱ-2-J-2 压水段长 60.69m（孔深 42.64~103.33m）。耐久性压水试验方法、压力、持续时间与试验Ⅰ区相同。耐久性压水试验成果见表 4.6-4 和表 4.6-5。

从耐久性压水试验成果表可见，在试验压力 2.0MPa、1.5MPa 下，各孔流量各压力段内的流量变幅较小，流量小幅波动主要是受压力波动影响，未出现流量突然增大及压力骤降的情况，流量的变化与压力变化呈正相关性，说明地层裂隙在压力作用下的张开度呈弹性变化，帷幕未发生劈裂现象。在 0.5MPa→2.0MPa→1.5MPa 的压力、持续 144h 的耐久性压水试验过程中，Ⅱ-1-J-1 孔透水率为 0.24~0.32Lu，Ⅱ-2-J-2 孔透水率为 0.4~0.46Lu，属微透水性，说明灌后帷幕体在 1.5~2.0MPa 水头压力下可以长期稳定工作。

表 4.6-4 **试验Ⅱ区检查孔Ⅱ-1-J-1耐久性压水试验成果表**

孔号：Ⅱ-1-J-1		桩号：MKG1+804.22		孔口高程：1381.05m		施工时间：2014-10-27—2014-11-02			
段次	压水孔段/m		日 期	透水率/Lu	注入流量/(L/min)	压水压力/MPa	压水时间/(时：分)		
	深度	段长					开始	终止	纯压
1			2014-10-27	0.24	33.51	2.03	8：47	18：47	10：00
2			2014-10-27	0.24	35.57	2.21	19：16	次日 7：16	12：00
3			2014-10-28	0.29	39.9	2.02	7：34	次日18：34	11：00
4			2014-10-28	0.26	36.73	2.05	19：00	次日 6：40	11：40
5			2014-10-29	0.28	38.03	2.03	7：00	次日18：40	11：40
6			2014-10-29	0.26	37.05	2.07	18：59	次日 6：39	11：40
7	20～86.43	66.43	2014-10-30	0.31	31.54	1.5	6：55	次日18：45	11：50
8			2014-10-30	0.32	32.64	1.53	19：00	次日 7：00	12：00
9			2014-10-31	0.31	31.78	1.52	7：15	次日18：45	11：50
10			2014-10-31	0.31	31.82	1.51	19：00	次日 7：10	12：10
11			2014-11-01	0.31	31.89	1.51	7：20	次日18：50	11：30
12			2014-11-01	0.31	32.29	1.53	19：00	次日 7：20	12：20
13			2014-11-02	0.31	32.15	1.53	7：31	次日12：21	4：50
合计		66.43							144.2h

表 4.6-5 **试验Ⅱ区检查孔Ⅱ-2-J-1耐久性压水试验成果表**

孔号：Ⅱ-2-J-1		桩号：MKG2+360.809		孔口高程：1405.14m		施工时间：2014-10-31—2014-11-06			
段次	压水孔段/m		日 期	透水率/Lu	注入流量/(L/min)	压水压力/MPa	压水时间（时：分）		
	深度	段长					开始	终止	纯压
1			2014-10-31	0.4	49.86	2.04	14：04	次日 6：48	16：40
2			2014-11-01	0.41	51.46	2.02	6：56	次日17：56	11：00
3			2014-11-01	0.42	51.16	2	18：05	次日 6：35	12：30
4			2014-11-02	0.41	50.66	2.02	6：45	次日18：45	12：00
5			2014-11-02	0.42	52	2.01	18：55	次日 7：05	12：10
6	42.64～103.33	60.69	2014-11-03	0.46	42.28	1.51	7：13	次日18：33	11：20
7			2014-11-03	0.45	42.06	1.51	18：37	次日 6：57	12：20
8			2014-11-04	0.46	42.52	1.51	7：04	次日18：24	11：20
9			2014-11-04	0.45	41.91	1.52	18：31	次日 6：51	12：20
10			2014-11-05	0.46	42.76	1.51	7：05	次日18：35	11：30
11			2014-11-05	0.46	42.9	1.52	18：38	次日 6：36	12：10
12			2014-11-06	0.46	42.86	1.52	6：53	次日16：13	9：20
合计		60.69							144.6h

4. 大口径钻孔取芯

试验Ⅱ区两段各布置 1 个 ϕ130mm 大口径钻孔取芯，自灌浆顶界 1377.50m 高程处开始取芯，取芯发现表面连通的裂隙内均见水泥结石，表明灌浆各试验段孔间距选取合理、溶蚀裂隙得到了有效灌注。部分取芯照片见图 4.6－3。

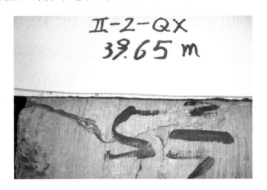

图 4.6－3　试验Ⅱ区 ϕ130mm 大口径钻孔取芯照片

4.7　可研阶段灌浆试验总结

（1）通过可研阶段库区灌浆试验的灌浆施工、常规压水试验检查及耐久性压水试验检查，验证了帷幕灌浆用于德厚水库防渗工程的可行性。

（2）试验验证了"孔口封闭、自上而下分段、孔内循环"的灌浆方法是可行的，并提出下套管隔离上部已灌段的优化措施，该项措施可以有效减少因下部灌浆压力大而造成的浆液上窜、冒浆及反复劈裂现象。

（3）通过试验中对灌浆压力的逐步优化调整，提出更适合咪哩河库区帷幕灌浆的灌浆压力及升压幅度建议，推荐采用 0.5MPa 的起灌压力，Ⅰ序孔最大灌浆压力 2.5MPa，Ⅱ、Ⅲ序孔最大灌浆压力 3.0MPa，并根据实际地质条件降低压力升幅。

（4）遇特殊情况，宜采取低压、限流、低压慢灌、间歇灌浆、待凝等措施。

（5）对于耗灰量较大的灌段，当单位注入量达到 1000kg/m 时，建议待凝 12～24h 后再扫孔复灌，直至结束。

第5章

技施阶段生产性灌浆试验研究

5.1 库区防渗生产性灌浆试验

5.1.1 灌浆试验设计

5.1.1.1 试验区布置

1. 施工阶段试验区布置

施工阶段，根据防渗线路地质条件，结合咪哩河库区防渗工程分标及可研灌浆试验情况，设计在库区两个灌浆标段分别布置了生产性灌浆试验区，各试验区分别代表不同地层条件，灌浆试验区布置见表 5.1-1。

表 5.1-1　　　　　　　　技施阶段库区生产性灌浆试验区布置表

生产性试验区		试验区位置	试验区灌浆孔	试验区地层岩性	施工情况
库区一标	A_I 区	MKG0+120.000~ MKG0+136.000	$K_I 61$~$K_I 69$	T_1y^1 泥质灰岩、泥灰岩	检查孔压水试验合格
	B_I 区	MKG0+632.000~ MKG0+648.000	$K_I 317$~ $K_I 325$	T_2g 灰岩、白云质灰岩、白云岩	检查孔压水试验合格
	C_I 区	MKG1+176.00~ MKG1+192.000	$K_I 566$~$K_I 574$	T_2g 灰岩、白云质灰岩、白云岩	检查孔压水试验合格
库区二标	A_{II} 区	MKG1+749.336~ MKG1+765.336	$K_{II} 91$~$K_{II} 99$	T_2g 灰岩、白云质灰岩、白云岩	检查孔压水试验合格
	B_{II} 区	MKG2+338.764~ MKG2+354.764	$K_{II} 362$~$K_{II} 370$	T_2g 灰岩、白云质灰岩、白云岩，上部灌段位于 Q^{pal} 含卵砾石黏土洪积层中，厚度 3~10m	检查孔压水试验有不合格现象，补灌后合格

注　结合可研阶段灌浆试验区的布置，施工阶段一标范围内包含有可研灌浆试验区的试验 I 区 1 段，可研灌浆试验区的另外 3 段均位于施工阶段二标范围内。

2. 2017 年 4 月前增设库区灌浆试验区

随着生产性灌浆试验的深入，对前面试验进一步进行验证、总结，获得更有指导意义的生产参数及工艺，在库区两个灌浆标段又增设了 3 个试验区，具体布置见表 5.1-2。

3. 2017 年 4 月江河水利水电咨询中心有限公司（以下简称"江河中心"）咨询后增设库区灌浆试验区

2017 年 4 月，江河中心专家组第一次咨询后，经参建各方研究，为进一步优化灌浆参数和工艺，决定在库区两个灌浆标段再增设 6 个生产性灌浆试验区，具体布置见表 5.1-3。

表 5.1－2 　　　　　　2017 年 4 月前库区新增生产性灌浆试验区布置表

生产性试验区		试验区位置	试验区灌浆孔	试验区地层岩性	施工情况
库区一标	D_I 区	MKG0＋560.000～ MKG0＋576.000	K_I 289～K_I 297	T_2g 灰岩、白云质灰岩、白云岩	检查孔压水试验合格
库区二标	C_{II} 区	MKG1＋693.336～ MKG1＋709.336	K_{II} 63～K_{II} 71	T_2g 灰岩、白云质灰岩、白云岩	检查孔压水试验合格
	D_{II} 区	MKG2＋514.764～ MKG2＋530.764	K_{II} 450～K_{II} 458	T_2g 灰岩、白云质灰岩、白云岩	检查孔压水试验合格

表 5.1－3 　　　　　　2017 年 4 月江河中心咨询后库区新增试验区布置表

生产性试验区		试验区位置	试验区灌浆孔	试验区地层岩性	施工情况
库区一标	E_I 区	MKG0＋024.000～ MKG0＋040.000	K_I 13～K_I 21	T_1y^1 泥质灰岩、泥灰岩	检查孔压水试验合格
	F_I 区	MKG0＋528.000～ MKG0＋544.000	K_I 265～K_I 273	上部 T_2g 灰岩、白云质灰岩、白云岩，下部泥灰岩条带	检查孔压水试验合格
	G_I 区	MKG0＋768.000～ MKG0＋784.000	K_I 385～K_I 393	T_2g 灰岩、白云质灰岩、白云岩	检查孔压水试验合格
	H_I 区	MKG1＋008.000～ MKG1＋024.000	K_I 505～K_I 513	T_2g 灰岩、白云质灰岩、白云岩	检查孔压水试验合格
	I_I 区	MKG1＋272.000～ MKG1＋288.000	K_I 614～K_I 622	T_2g 灰岩、白云质灰岩、白云岩	检查孔压水试验合格
库区二标	E_{II} 区	MKG2＋378.764～ MKG2＋386.764	K_{II} 382～K_{II} 386	T_2g 灰岩、白云质灰岩、白云岩	膏浆试验区，检查孔压水试验合格

4. 2017 年 9 月后增设库区二标试验区

自开展生产性灌浆试验以来，库区二标所遇地质条件更为复杂，涉及地表强溶蚀风化带土石混合地层、地下溶洞发育的强渗透、大漏失岩溶地层灌浆，试验工作进展缓慢，截至 2017 年 6 月仍未取得好的效果。结合二标 E_{II} 试验区膏浆灌注效果，决定在二标再增设 G_{II}、H_{II}、I_{II} 三个试验区，重点对岩溶强烈发育的地层开展膏浆灌注试验，进一步对膏浆配合比、灌注压力、结束标准等进行深入研究。新增 3 个试验区布置见表 5.1－4。

表 5.1－4 　　　　　　2017 年 9 月后二标新增生产性灌浆试验区布置表

生产性试验区		试验区位置	试验区灌浆孔	试验区地层岩性	施工情况
库区二标	G_{II} 区	MKG2＋005.336～ MKG2＋053.336	K_{II} 219～K_{II} 243	T_2g 灰岩、白云质灰岩、白云岩	膏浆试验区，检查孔压水试验合格
	H_{II} 区	MKG2＋122.764～ MKG2＋138.764	K_{II} 254～K_{II} 262	T_2g 灰岩、白云质灰岩、白云岩	砂浆试验区，检查孔压水试验合格
	I_{II} 区	MKG2＋418.764～ MKG2＋466.764	K_{II} 402～K_{II} 426	T_2g 灰岩、白云质灰岩、白云岩	膏浆试验区，检查孔压水试验合格

5.1.1.2 试验目的及内容

生产性灌浆试验的主要目的是：研究前期试验性灌浆成果，进一步验证设计孔距、排距及初拟灌浆基本参数的合理性，通过各阶段生产性试验逐步优化调整，取得适合本工程的施工工艺、参数、浆液材料及设备配置型式，为后续全面开展生产灌浆施工提供技术支撑与指导。

试验应对前期试验性灌浆成果进行分析研究，充分利用前期所获得的经验，针对不同地段、地层条件，在符合设计灌浆要求、标准的前提下，对灌浆压力、压力升幅、浆液配比、灌浆材料等进行试验，并根据本工程岩溶发育较强的特点，对可能遇到不同程度的岩溶防渗处理进行试验，提出经济、合理的措施及施工工艺。

试验灌浆材料以水泥浆液为主，并根据所遇岩溶发育情况对自密实细石混凝土、水泥砂浆、膏状浆液等的配合比、适用条件等进行试验。

5.1.1.3　设计主要工艺及参数

（1）灌浆帷幕底界及标准。帷幕底界应符合设计要求，深入强岩溶下限以下，并满足最后两段灌前透水率 $q \leqslant 10Lu$，帷幕灌浆合格标准为检查孔压水试验透水率 $q \leqslant 5Lu$。

（2）灌浆方法。帷幕灌浆采用孔口封闭、孔内循环、自上而下的灌浆法。遇不起压、串浆、冒浆突出的地段，除施工技术要求和规范推荐的措施外，可考虑采取降低压力升幅，以及下部灌段施灌时在灌浆顶界以下 10m（可根据实际适当调整）范围内安装双层套管的措施，并经压水试验检查合格。

（3）试验压力。试验压力以设计施工技术要求中初拟压力表为基础，在生产性灌浆试验中不断摸索、总结及优化，在满足设计标准前提下，通过试验找到与本工程地层条件更加匹配的压力值及压力升幅。自灌浆试验工程开展以来，随着试验的深入及试验区的增设，共对试验压力进行了两次系统调整，初拟生产性试验灌浆压力见表 5.1-5。

表 5.1-5　　　　　　　　　　施工阶段初拟生产性灌浆试验压力表

Ⅰ 序 孔				Ⅱ 序 孔				Ⅲ 序 孔			
段次	基岩内孔深/m	段长/m	最大压力/MPa	段次	基岩内孔深/m	段长/m	最大压力/MPa	段次	基岩内孔深/m	段长/m	最大压力/MPa
1	0~2	2.0	0.5	1	0~2	2	0.8	1	0~2	2	0.8
2	2~5	3.0	0.8	2	2~5	3	1.0	2	2~5	3	1.0
3	5~10	5.0	1.0	3	5~10	5	1.5	3	5~10	5	1.5
4	10~15	5.0	1.5	4	10~15	5	2.0	4	10~15	5	2.0
5	15~20	5.0	1.5	5	15~20	5	2.0	5	15~20	5	2.5
6	20~25	5.0	2.0	6	20~25	5	2.5	6	20~25	5	2.5
7	25~30	5.0	2.5	7	25~30	5	2.5	7	25~30	5	3.0
≥8	≥30	5.0	2.5	≥8	≥25	5	3.0	≥8	≥25	5	3.5

注　遇有充填溶洞或深部岩溶时，为保证幕体质量，需适当提高灌浆压力至最大 4MPa。

（4）一般情况下，灌浆压力应尽快达到设计压力，当注入率大、钻孔过程中有溶隙、溶槽等岩溶发育时应根据实际情况调整分级升压幅度。

（5）帷幕灌浆施工时应根据先导孔压水及其灌前简易压水试验探查地层透水率情况，确定开灌水灰比。若透水率 $q \geqslant 10Lu$ 时，可采用适当浓的浆液 3:1 开灌；透水率 $q <10Lu$ 时，采用稀的浆液 5:1 开灌。

（6）采用孔口封闭法灌浆的每段灌浆结束后可不待凝，灌浆孔上部采用分段卡塞循环灌浆法施工的，应分段待凝。

5.1.2　灌浆试验完成情况

5.1.2.1　库区灌浆一标（MKG0＋000～MKG1＋520.769）

库区一标生产性灌浆试验自 2016 年 9 月 13 日开始，至 2017 年 8 月完成标段内全部 9 个试验区的生产性灌浆试验及压水检查，各试验区防渗帷幕均达到设计标准。2017 年 8 月 25 日转入正式生产灌浆施工，至 2018 年 6 月 5 日完成标段内灌浆施工。

库区一标生产性灌浆试验完成情况见表 5.1－6。

表 5.1－6　　　　　库区一标生产性灌浆试验完成情况表

| 试验区 | 完成工程量 | | | | 单位水泥注入量/(kg/m) | | 备　注 |
	钻孔进尺/m	灌浆进尺/m	注入水泥量/t	砂/t	本区	同期并行试验区	
A_I 区	653.8	572.8	228.93	2.8	399.62	1008.03	最初按施工图开展
B_I 区	668.7	559.3	1057.11	86.4	1889.8		
C_I 区	700.7	690.6	551.44	5.94	798.5		
D_I 区	646.7	565.1	653.18	—	1155.95	1155.95	该区域为 2017 年 4 月前增设，3 次降压后验证区
E_I 区	683.7	577.8	357.37	3.66	346.08	349.23	该区域为 2017 年 4 月江河中心咨询后增设，为降压、调整工艺试验区
F_I 区	643.8	578.5	246.22	5.16	380.56		
G_I 区	588.9	511.2	238.92	4.23	418.95		
H_I 区	814.3	715.7	328.49	31.98	349.1		
I_I 区	825.7	719.9	346.56	46.4	277.59		
合计	6226	5491.2	4008.2	186.57			

注　本表数据引自北京京水建设集团有限公司德厚水库库区灌浆一标项目部《文山州德厚水库库区帷幕灌浆工程第一标段生产性帷幕灌浆试验报告》（2017 年 9 月 9 日）。

5.1.2.2　库区灌浆二标（MKG1＋520.769～MKG2＋698.348）

库区二标生产性帷幕灌浆试验自 2016 年 11 月 3 日开始，至 2018 年 4 月 10 日完成标段内全部 8 个试验区（其中，A_{II}、B_{II}、C_{II}、D_{II} 4 个试验区采用常规水泥灌浆，E_{II}、G_{II}、I_{II} 3 个试验区为膏浆试验区，H_{II} 区为砂浆试验区）的生产性灌浆试验，共计完成钻孔 100 个，钻孔进尺 9108.97m，其中，非灌段进尺 817.38m、帷幕灌浆 8291.59m。前期采用水泥浆和掺砂灌注的试验区（A_{II}、B_{II}、C_{II}、D_{II} 区）水泥平均单位注入量为 1916.6kg/m，采用膏浆及膏浆泵灌注砂浆的试验区（E_{II}、G_{II}、I_{II} 区）水泥平均单位注入量为 630.85kg/m，而 H_{II} 区为砂浆试验区，由于地质条件相对较好，单位水泥注入量仅为 88.99kg/m，不具代表性。试验区完成检查孔钻孔 19 个，检查孔钻孔进尺 1711.03m，其中，非灌段 136.69m、检查孔灌浆 1574.34m，压水试验段数共计 328 段，最大透水率 $q＝4.11Lu$，均小于 5Lu，满足设计要求。

库区二标生产性灌浆试验完成情况见表 5.1－7。

表 5.1-7

库区二标生产性灌浆试验统计表

试验区	完成工程量项目					水泥单位注入量 /(kg/m)		掺合料（砂＋黏土）单位注入量 /(kg/m)		备 注
	钻孔进尺 /m	灌浆进尺 /m	注入水泥量 /t	砂 /t	黏土（膨润土）/t	本区	同期并行试验区	本区	同期并行试验区	
A_{II}	885.86	785.44	2227.51	315.15	31.11	2836.00		440.85	506.55	最初按施工图开展
B_{II}	785.71	773.59	1644.67	415.35	27.35	2126.03	2481.01	572.26		
C_{II}	926.99	790.77	1223.27	101.34	12.47	1546.94		143.92	106.20	2017年4月前增设，最大灌浆压力降低后验证区
D_{II}	822.18	712.53	773.82	44.28	4.50	1086.01	1316.48	68.47		
E_{II}	405.02	398.3	401.67	38.40	486.33	1008.46	1008.46	1317.42	1317.42	2017年4月江河中心咨询后增设，膏浆试验区
G_{II}	2324.83	2109.15	1678.70	2298.04	1325.47	795.91	588.27	1718.00	1025.64	根据 E_{II} 试验区成果并结合专家组咨询及指导意见，2017年6月17日陈祖煜院士专家组增设。其中，G_{II}、I_{II} 区为膏浆试验区，H_{II} 区为砂浆试验区
I_{II}	2159.63	1992.3	758.32	159.52	504.50	380.62		333.29		
H_{II}	798.75	729.51	64.92	40.50	1.86	88.99	88.99	58.07	58.07	
8区合计	9108.97	8291.59	8772.88	3412.59	2393.58					

库区二标地层复杂多样，岩溶发育强烈且形态不一。其中，A_{II}、C_{II}试验区内宽大裂隙、溶沟溶槽、连通型溶管和小规模溶洞等均有发育，钻孔中遇有陡倾无充填或半充填溶隙，灌浆施工存在水泥单位注入量大、施工工效极低的问题。B_{II}、D_{II}试验区近地表黏土为主的覆盖层厚达15m，中部15~45m为石牙充填黏土、溶洞不密实充填的强溶蚀风化带，下部地层发育宽大溶隙、溶洞，灌浆施工存在水泥单位注入量大、冒浆频繁、复灌次数多、施工工效极低等问题。E_{II}、I_{II}试验区近地表8~15m灌浆段为覆盖层，下部溶隙、溶洞发育，为黄色泥质物全充填，呈垂向连续分布；G_{II}试验区内宽大溶隙、连通型溶管、溶洞和溶洞群发育；H_{II}区紧靠可研阶段的试验二区一段布置，前期试验先导孔揭示该区域有溶隙、溶洞，裂隙内为红色泥质物充填，溶蚀强烈，而H_{II}试验区域内未发现溶洞，主要为宽大裂隙、溶沟溶槽等管道型通道及泥质破碎带。

从E_{II}、G_{II}、I_{II}、H_{II}试验区灌浆试验可见，采用膏浆对帷幕轴线一定范围的渗漏通道进行封堵，对溶洞、溶隙充填物进行挤压密实，变管道型地层为裂隙型地层、并提高地层的耐压能力，能有效控制浆液扩散范围，最后以水泥浆复灌结束，可有效减少水泥单位注入量、提高施工工效。

5.1.3 试验参数及工艺优化

5.1.3.1 库区灌浆一标

1. 2017年4月江河中心咨询前的灌浆试验情况

库区一标首先在A_I、B_I区展开生产性灌浆试验，试验过程中因存在地表冒浆、串浆、多次复灌、上部已灌段反复劈裂、耗浆量大等情况，结合A_I、B_I区施工中遇到的问题及经验，优化调整参数后开展C_I区灌浆试验。C_I区试验基本完成后，经参建各方研究，在B_I区附近增设D_I区开展灌浆试验，利用经试验调整优化后的C_I区灌浆参数及工艺进行验证试验。一标4个试验区的灌浆试验经历了按设计初拟灌浆参数施工→根据情况调整工艺及压力试验→再验证、调整，逐渐探索总结出适合本标段的设计及施工参数，主要表现在以下两方面。

（1）灌浆压力调整。在A_I、B_I、C_I区的生产性灌浆试验中，参建各方多次对灌浆压力及其升幅进行讨论、研究、调整，经过不断总结A_I、B_I、C_I区试验取得的经验、参数、工艺，于2016年12月决定增设D_I区，新增D_I区初拟灌浆压力见表5.1-8。

表5.1-8　　　　　　　库区一标新增D_I试验区初拟灌浆压力表

I 序 孔				II 序 孔				III 序 孔			
段次	基岩内孔深/m	段长/m	最大灌浆压力/MPa	段次	基岩内孔深/m	段长/m	最大灌浆压力/MPa	段次	基岩内孔深/m	段长/m	最大灌浆压力/MPa
1	0~2	2.0	0.2~0.4	1	0~2	2	0.4~0.6	1	0~2	2	0.6~0.8
2	2~5	3.0	0.4~0.5	2	2~5	3	0.6~0.8	2	2~5	3	0.8~1.0
3	5~10	5.0	0.5~0.7	3	5~10	5	0.8~1.0	3	5~10	5	1.0~1.5
4	10~15	5.0	0.7~1.0	4	10~15	5	1.0~1.5	4	10~15	5	1.5~2.0
5	15~20	5.0	1.0~1.2	5	15~20	5	1.5~2.0	5	15~20	5	2.0~2.5
>6	>20	5.0	1.2~1.8	6	>20	5	2.0~2.4	6	>20	5	2.5~3

注　每段灌浆复灌次数在两次以内，压力取上限；每段灌浆复灌次数超过4次，压力取下限；其余取中值。

此次灌浆压力调整具有以下 3 个特点:

1) 分段最大压力值有所降低,并规定一个压力范围值,最小不低于帷幕水头的 1.8 倍,使施工单位在试验中能根据压水试验、耗灰量及灌浆情况灵活调整压力,与地层适应性更匹配。

2) 考虑到上部灌浆段盖重浅及耐压能力低,调整降低了第 1~6 灌浆段的压力升幅,避免压力升幅大造成大量地表冒浆、串浆。

3) 分序逐渐提升灌浆压力值表现更加明确。由于受灌地层溶隙发育,前序施灌时能够对附近的裂隙、溶隙有所填充、挤密,提高了后序孔承受灌浆压力的耐压性。

经试验验证,以上压力调整对地层的匹配性较原设计参数有较大改善,调整参数后的 D_I 区灌浆工效提高、单位耗灰量降低较多,检查孔压水试验成果满足设计要求。

(2) 灌浆工艺。通过试验,进一步验证了以孔口封闭法为主的灌浆工法在库区灌浆的适用性。库区一标地层岩溶发育,岩溶形态主要以溶洞、溶隙为主,溶洞规模一般不大,溶蚀大部分为黏土充填,充填物一般密实度不高。采用孔口封闭法灌浆有利于提高压力和反复灌注,提高对溶蚀充填物的处理效果,提高灌浆效果和帷幕耐久性。本区灌浆均在地表进行,灌浆顶界以上地层盖重深度一般 4~8m,地表以下 20~30m 范围内溶蚀风化发育,地层耐压性低。针对地层情况,对灌浆孔上部 1~5 段采用分段卡塞灌浆,完成后下套管隔离,再对以下孔段采用孔口封闭法灌浆的"综合灌浆法"是合适的,可有效减少地表串浆、冒浆及上段反复劈裂,降低无谓的耗灰量。

2. 2017 年 4 月江河中心咨询后的灌浆试验情况

(1) 灌浆压力。D_I 试验区压水检查于 2017 年 4 月下旬完成并合格,结合 4 月 17 日江河中心咨询意见及 D_I 区试验成果,经参建单位研究,决定在库区一标再增加 5 个试验区继续试验,并对新增试验区的灌浆压力在 D_I 区的基础上适当优化调整,见表 5.1-9。

表 5.1-9　　　　　2017 年 4 月江河中心咨询后库区灌浆压力调整表

段次	基岩内孔深/m	段长/m	I 序孔灌浆压力/MPa	II 序孔灌浆压力/MPa	III 序孔灌浆压力/MPa
1	0~2	2	0.1~0.2	0.2~0.4	0.3~0.5
2	2~5	3	0.2~0.3	0.4~0.6	0.5~0.7
3	5~10	5	0.3~0.5	0.6~0.8	0.7~1.0
4	10~15	5	0.5~0.7	0.8~1.0	1.0~1.3
5	15~20	5	0.7~0.9	1.0~1.2	1.3~1.7
6	20~25	5	0.9~1.1	1.2~1.4	1.7~2.0
7	25~30	5	1.1~1.3	1.4~1.7	2.0~2.3
8	30~35	5	1.3~1.5	1.7~2.0	2.3~2.5
>8	>35	5	1.3~1.5	1.7~2.0	2.3~2.5

与调整前的 A_I、B_I、C_I、D_I 试验区相比,新增试验区最高灌浆压力降低 0.3~0.5MPa,进一步放缓了压力升幅,同时要求 I 序孔最大压力不低于帷幕水头的 1.5 倍。

此次调整特别指出,由于岩溶区地层的复杂性,应注意以下两点:

1) 在实施过程中,采用分级升压,低压开始,高压结束,逐级升至设计灌浆压力,压力控制以不过度劈裂岩体或溶蚀裂隙为原则，寻找各孔段岩体或溶蚀裂隙可承受的峰值压力，以此压力动态控制灌浆压力，找到Ⅰ、Ⅱ、Ⅲ序孔的合适灌浆压力；

2）近地表段或岩溶发育段，施工中发现局部孔段压力偏大、地层耐压能力差时，经研究后可适当调整分段压力。

（2）灌浆工艺。经过前期试验及2017年4月咨询前的不断试验摸索，确定了以"孔口封闭、自上而下、孔内循环"为基础的"综合灌浆法"在库区防渗帷幕灌浆中的可行性。该方法在对近地表第1～5段采用分段卡塞灌浆后，安装隔离套管，再对下部孔段实施孔口封闭法灌浆直至结束，对解决下部灌段压力升高时近地表溶隙发育段冒浆、串浆、反复劈裂等问题起到明显改善作用。

此后的试验、灌浆生产均按此方法实施，并根据近地表灌段溶隙发育深度，经业主、设计、监理认可后适当调整上部隔管段长度。

3. 2017年4月咨询后灌浆试验情况

自2017年4月再增加试验区后，库区一标生产性试验基本转入对前面灌浆试验工艺、参数的验证及细微优化上。灌浆试验于2017年8月28日全部完成，检查孔压水试验全部合格。

库区一标优化工艺、调整参数后开展的5个试验区水泥平均单位注入量为349.23kg/m，灌后检查孔压水试验透水率均满足设计要求$q \leqslant 5Lu$的标准，最大值为4.18Lu，在5个试验区的10个检查孔144段压水检查中，灌后透水率3～5Lu的仅15段，占10.42%，说明灌浆质量较好。

5.1.3.2　库区灌浆二标

库区二标自2016年11月开展生产性灌浆试验以来，灌浆压力及升幅、控制措施，以及工艺、方法的调整基本与库区一标一致。不同之处在于$B_Ⅱ$试验区遇覆盖层灌浆，经研究后对覆盖层灌浆调整为分段卡塞循环灌浆法，另外于2017年10月新增膏浆区进行膏浆灌注试验。

1. 2017年4月江河中心咨询前的灌浆试验情况

库区二标$A_Ⅱ$、$B_Ⅱ$两个试验区所遇情况较库区一标复杂。$A_Ⅱ$区钻孔遇溶洞较多、掉钻较深；$B_Ⅱ$区地面高程与灌浆顶界基本同高，地表覆盖黏土层厚达15m，钻孔深部仍有较多的溶洞夹泥。施工过程中串、冒浆普遍，水泥浆注入量巨大。试验前期主要采取降压、间歇、待凝、灌注砂浆等措施，但未获得有效成果，且局部存在管理、经验不足现象。从2017年4月开始引进队伍在$B_Ⅱ$区附近开展水泥黏土膏浆灌注试验。

2. 2017年4月江河中心咨询后的灌浆试验情况

库区二标在2017年4月江河中心咨询后，试验区施工技术要求参照库区一标进行压力优化调整，并对耗灰量大、溶蚀发育、易冒浆的特殊地质孔段继续进行膏浆灌注试验。对于类似$B_Ⅱ$区覆盖层较厚的灌浆区，根据现场情况研究采用黏土水泥稳定浆液灌浆，并针对覆盖层与基岩接触段重点施灌，缩小段长反复灌注。

3. 膏浆灌注试验情况

库区二标采用膏浆灌注后总体水泥注入量有所下降，调整压力及工艺、采用膏浆灌注后以水泥浆复灌结束的3个试验区（$E_Ⅱ$、$G_Ⅱ$、$I_Ⅱ$区），水泥平均单位注入量为

630.85kg/m。

4. 地层灌浆劈裂压力分析

根据灌浆施工分析，库区二标岩溶发育地层的劈裂压力为：①采用纯水泥浆灌浆，一般为 1.2～1.4MPa；②采用膏浆灌注时，一般为 2～2.5MPa。

5.1.4　浆材试验

德厚水库防渗工程岩溶地质条件复杂，溶蚀、溶隙、溶洞发育，从前期勘探和可研试验性灌浆情况分析，单纯采用水泥浆灌注难以满足要求，并会造成大量无谓的水泥耗费。为使防渗工程达到既满足质量要求，经济上又合理的目标，设计要求承建单位根据岩溶区灌浆的经验，在生产性试验中针对遇到的特殊问题对掺砂灌注、水泥砂浆、充填级配料、膏状浆液、自密实混凝土等进行多种浆材试验。

5.1.4.1　库区灌浆一标

库区一标灌浆主要采用纯水泥浆灌注，遇注入量大、不起压、掉钻等特殊情况采用掺砂灌注。试验发现砂浆灌注存在砂浆在孔内快速失水而堵塞灌浆孔的情况较为普遍，为保证掺砂灌注的浆液稳定性和一定的流动性，经试验掺入 5% 的膨润土可有效改善砂浆灌注效果，可有效防止砂粒沉淀堵孔、控制浆液的扩散范围、减少机械磨损。

一标在生产性灌浆试验阶段进行了膏浆灌注试验，膏浆采用水泥-粉煤灰膏浆，选择试验区以外的先导孔（301 号孔）进行膏浆灌注试验，灌浆压力升至 1.5MPa 膏浆都无法灌入孔内，主要是施工单位的灌浆设备及技术手段与膏浆灌注不匹配问题。因库区灌浆一标未遇较大的溶洞，遇岩溶发育段采用水泥膨润土砂浆灌注结合间歇、待凝等特殊问题处理措施可解决问题，因此后期未再进行膏浆灌注试验及施工。

水泥浆水灰比采用 5:1、3:1、2:1、1:1、0.7:1、0.5:1 共六个比级，根据地层灌前透水率和岩溶发育情况，一般采用 5:1、3:1 开灌，2:1、1:1、0.7:1 主灌，0.7:1、0.5:1 主要用于用于特殊情况处理。

水泥采用砚山县的"兴建牌"P·O42.5 普通硅酸盐水泥，细度满足设计要求。

水泥膨润土砂浆主要用于强岩溶地层的灌注，采用固定的水灰比，根据灌注情况调整掺砂量，砂浆比级共 5 种，砂浆配合比见表 5.1-10。

表 5.1-10　　　　　　库区灌浆一标水泥膨润土砂浆配合比　　　　　单位：kg

砂浆比级	水泥	砂	膨润土	水
1 号砂浆	150	30	7.5	75
2 号砂浆	150	60	7.5	75
3 号砂浆	150	90	7.5	75
4 号砂浆	150	120	7.5	75
5 号砂浆	150	150	7.5	75

5.1.4.2　库区灌浆二标

库区二标在 2017 年 3 月以前主要采用纯水泥浆灌注，试验初期遇注入量大、不起压、掉钻等特殊情况采用掺砂灌注，施工的 A_{II}、B_{II} 试验区为强渗透、大漏失地层，地表以下深度 20～30m 范围普遍存在黏土充填石牙的土石混合地层，下部多为溶洞充填不密实黏土地层，溶洞呈串珠状发育且连通性较好，灌前透水率较大至不起压，地层耐压能力较差，水泥浆灌注存在地层反复劈裂、串冒浆严重、压力提升困难、注入量巨大、灌浆难以结束的问题，掺砂灌注易堵孔或灌不进去，水泥浆复灌时上述问题反复出现，耗灰量大且灌浆质量难以满足要求。2017 年 4 月开始开展膏浆灌注试验，增设 E_{II} 试验区作为膏浆试验区，2017 年 6 月陈祖煜院士专家组技术咨询后，再增设 G_{II}、H_{II}、I_{II} 三个膏浆试验区。方法为：首先采用膏浆（浆材配比）灌注 I 序孔至达到设计灌浆压力，全孔膏浆灌注结束后待凝 3d，再扫孔采用纯水泥浆按照技术要求的孔口封闭法灌注结束，II 序孔、III 序孔一般采用纯水泥浆灌注。对该类地层先采用膏浆脉动灌注对溶洞空腔进行充填、对溶洞充填物进行挤压密实，再采用水泥浆复灌结束，可有效控制浆液扩散范围、降低水泥耗量、保证灌浆质量，膏浆灌注时根据灌注情况分级掺砂灌注，以进一步控制膏浆扩散范围。

（1）水泥。二标灌浆采用文山本地的海螺牌、壮山牌 P·O42.5 普通硅酸盐水泥，水泥指标符合国家和水利行业的现行标准。

（2）黏土。黏土为配制膏浆的主要材料，采用德厚水库大坝黏土心墙土料场开采的红黏土，黏土质量要求为：塑性指数不小于 14，黏粒（粒径小于 0.005mm）含量不小于 40%，含砂量不大于 5%，有机物含量不大于 3%。黏土运输至现场后，采用黏土制浆机加水破碎搅拌均匀后保存至泥浆池，再抽取至制浆桶配制水泥黏土膏浆。

（3）砂。砂由德厚水库灰岩料场开采弱风化灰岩料制备，要求质地坚硬、清洁、级配良好，有机质含量不大于 3%，云母含量不大于 2%，硫化物及硫酸盐含量（折算成 SO_3 按质量计）不大于 1%。

（4）水泥浆。水泥浆液水灰比采用 3:1、2:1、1:1、0.7:1、0.5:1 五个比级，由稀到浓逐级变换，对正常灌浆段，灌前透水率 $q < 10Lu$ 的孔段采用 3:1 的浆液开灌，灌前透水率 $q > 10Lu$ 的孔段采用 2:1 的浆液开灌。

（5）水泥红黏土膏状浆液。黏土采用大坝黏土心墙料场开采的红黏土，泥浆集中配制，先在黏土制浆机中加入水，再加入黏土，经复合黏土制浆机高速破碎搅拌后，过筛进入泥浆池待用，配制成的泥浆密度为 $1.2～1.3g/cm^3$。将一定量的成品泥浆抽至膏浆制浆机内，按比例加入水泥搅拌制备成膏浆，根据灌浆情况，遇大注入量时在搅拌均匀的膏浆里加入一定量、过筛的砂，经搅拌均匀灌注。经试验，选用的膏浆配合比见表 5.1-11。

表 5.1-11　　　　　　　　　　库区二标灌浆试验膏浆配合比

配合比	泥浆 /kg	水泥 /kg	机制砂 /kg	减水剂速凝剂	扩展度 /mm	备注
1 号膏浆	410	150	—	7.5	170～180	泥浆密度 1.25g/cm³
2 号膏浆	410	150	—	10.5	110～150	
3 号膏浆	410	150	75	4.5	80～120	
4 号膏浆	410	150	150	4.5	50～100	
5 号膏浆	410	150	300	4.5	50～80	

注　试验中根据钻孔、钻孔电视探测情况及灌浆情况逐级采用各配比膏浆。

为验证膏浆室内强度和压力灌注后的实际强度，对膏浆进行了现场取样和灌注后 7d 的钻孔原孔取芯抗压强度试验，膏浆灌注前后的抗压强度对比试验成果见表 5.1-12。

表 5.1-12　膏浆灌注前后抗压强度检测成果表

配合比	不同龄期强度/MPa			7d 原孔取芯抗压强度/MPa	备　注
	3d	7d	28d		
1 号膏浆	1.84	2.26	3.8~5.6	≥4.5	泥浆密度 1.25g/cm³
2 号膏浆	2.11	3.65	5.2~7.3	≥6.5	
3 号膏浆	2.87	4.37	5.1~9.7	≥8.5	
4 号膏浆	2.01	2.91	5.2~9.6	≥8.3	
5 号膏浆	2.24	3.22	5.7~12.6	≥9.1	

由试验成果可见，在固定水灰比、水泥及黏土用量的情况下，通过调整减水剂掺量以改变膏浆的扩展度，增加掺砂量可提高膏浆强度。膏浆机口取样的 28d 抗压强度均不小于 3.8MPa，而灌注后钻孔取芯的 7d 抗压强度均大于 4.5MPa，为 7d 机口取样强度的 1.78~2.85 倍。说明经压力灌注后，膏浆经泌水固结后具有更高的密实度及抗压强度。

采用膏浆灌注的 3 个试验区（E_{II}、G_{II}、I_{II} 区）水泥平均单位注入量为 630.85kg/m，采用砂浆灌注的 H_{II} 试验区水泥平均单位注入量为 88.99kg/m。灌后检查孔压水试验透水率均满足 $q \leqslant 5Lu$ 的标准，最大值为 4.12Lu。在 4 个试验区的 10 个检查孔 169 段压水检查中，灌后透水率 3~5Lu 的仅 2 段，占 1.2%。单排孔的灌浆质量优良。

5.1.5　灌浆试验耗灰量分析

5.1.5.1　库区灌浆一标

库区一标先后进行了 9 个试验区的生产性灌浆试验施工，分为 3 个阶段，第一阶段实施了 A_I、B_I、C_I 三个试验区，第二阶段实施了 D_I 试验区，第三阶段实施了 E_I、F_I、G_I、H_I、I_I 共五个试验区灌浆。各阶段灌浆试验水泥耗量见表 5.1-13。

表 5.1-13　库区一标生产性灌浆试验水泥耗量统计

试验阶段	试验区	灌浆段进尺/m	水泥注入量/kg	水泥单位注入量/(kg/m)
第一阶段	A_I	572.9	208820	364.5
	B_I	559.4	1057112	1889.8
	C_I	690.6	541443	798.5
	小计	1822.8	1817376	997
第二阶段	D_I	566.1	653179	1153.9
第三阶段	E_I	577.9	357368	618.4
	F_I	578.5	246220	425.6
	G_I	511.3	238921	467.3
	H_I	715.7	328489	459

试验阶段	试验区	灌浆段进尺 /m	水泥注入量 /kg	水泥单位注入量 /(kg/m)
第三阶段	I_I	719.9	346562	481.4
	小计	3103.3	1517560	489
合　计		5492.3	3978114	724

由表 5.1-13 可见，库区灌浆一标分 3 个阶段开展的生产性灌浆试验，由于不断调整灌浆压力和优化灌浆工艺，各试验区的平均水泥单位注入量递减十分明显，第三阶段为采用优化调整灌浆工艺后实施的参数验证试验区，代表了类似地层在较为合理的施工参数及工艺情况下的平均水泥单位注入量，一般为 $400\sim500$kg/m，随岩溶发育程度会有一定的增减。

5.1.5.2　库区灌浆二标

库区灌浆二标先后进行了 8 个试验区的生产性灌浆施工，分为 3 个阶段，第一阶段实施了 A_{II}、B_{II} 两个试验区灌浆，第二阶段实施了 C_{II}、D_{II}、E_{II} 三个试验区灌浆，第三阶段实施了 G_{II}、H_{II}、I_{II} 三个试验区灌浆。其中，A_{II}、B_{II}、C_{II}、D_{II} 试验区采用水泥浆、砂浆灌注，E_{II}、G_{II}、H_{II}、I_{II} 试验区采用水泥浆、膏浆灌注，各试验区材料耗量统计见表 5.1-14、表 5.1-15。

表 5.1-14　　　　　库区二标生产性灌浆试验水泥耗量统计

试验阶段	试验区	灌浆段进尺 /m	水泥注入量 /kg	水泥单位注入量 /(kg/m)
第一阶段	A_I	572.9	208820	364.5
	B_I	559.4	1057112	1889.8
	C_I	690.6	541443	798.5
	小计	1822.8	1817376	997
第二阶段	D_I	566.1	653179	1153.9
第三阶段	E_I	577.9	357368	618.4
	F_I	578.5	246220	425.6
	G_I	511.3	238921	467.3
	H_I	715.7	328489	459
	I_I	719.9	346562	481.4
	小计	3103.3	1517560	489
合　计		5492.3	3978114	724

注　表中水泥总注入量包括了灌注纯水泥浆、砂浆、膏浆的水泥总注入量。

库区灌浆二标分 3 个阶段开展的生产性灌浆试验，由于不断调整灌浆压力和优化灌浆工艺，各试验区的平均水泥单位注入量递减十分明显，其中 E_{II}、G_{II} 试验区为采用膏浆对强岩溶地层灌浆后再以水泥浆复灌结束，此类地层采用常规水泥浆及水泥砂浆灌注耗灰

表 5.1－15　　　　　库区灌浆二标生产性灌浆试验材料耗量统计表

试验阶段	试验区	灌浆段进尺/m	纯水泥浆注入量/kg	水泥单位注入量/(kg/m)	砂浆/膏浆注入量/m³	砂浆/膏浆单位注入量/(m³/m)
水泥浆、砂浆灌注	A_{II}	785.4	1459607	1858.4	827.9	1.05
	B_{II}	773.6	1160026	1499.5	1084.3	1.40
	C_{II}	790.8	941569	1190.7	574.6	0.73
	D_{II}	712.5	656026	920.7	323.6	0.45
	小计	3062.3	4217228	1377.1	2810.4	0.92
水泥浆、膏浆灌注	E_{II}	398.3	139672	350.7	1274.8	3.20
	G_{II}	2109.1	348663	165.3	4280.8	2.03
	H_{II}	729.5	23801	32.6	49.2	0.07
	I_{II}	1992.3	109734	55.1	1476.9	0.74
	小计	5229.2	621870	118.9	7081.7	1.35

量较大、灌浆工效低且灌浆质量不易保证，而采用膏浆灌注可有效降低水泥浆灌注量、灌浆工效较高、灌浆质量较好，代表了类似地层在较为合理的施工参数及工艺情况下的材料耗量，平均水泥单位注入量一般为 $150\sim350\mathrm{kg/m}$，膏浆单位注入量一般为 $2\sim3\mathrm{m}^3/\mathrm{m}$。随岩溶发育程度会有一定的增减。

5.2　坝址区防渗生产性灌浆试验

5.2.1　灌浆试验设计

5.2.1.1　试验区布置

1. 施工初期试验区布置

施工初期，根据防渗线路地质条件，结合防渗工程分标及灌浆平洞布置情况，设计在坝址区两个标段分别布置生产性灌浆试验区，各区分别代表不同地层条件。试验区布置见表 5.2－1。

表 5.2－1　　　　施工初期坝址区防渗工程生产性试验区布置表

生产性试验区		试验区位置	试验区灌浆孔	试验区地层岩性	施工情况
坝址区左岸标	左上Ⅰ区	SP1＋132.524～SP1＋150.524	ZSH37～ZSH29ZSQ38～ZSQ30	C_3 块状细晶灰岩	检查孔压水试验合格
	左上Ⅱ区	SP0＋325.500～SP0＋342.500	ZSQ441～ZSQ433	C_3 块状细晶灰岩，C_2 块状细晶灰岩夹硅质成分	检查孔压水试验合格
	左下Ⅰ区	XP1＋169.204～XP1＋187.204	ZXH17～ZXH9ZXQ17～ZXQ9	C_1 厚层块状细晶—中晶灰岩，部分硅质灰岩、硅质岩	检查孔压水试验合格
	左下Ⅱ区	XP0＋346.000～XP0＋363.000	ZXQ429～ZXQ421	C_1 厚层块状细晶—中晶灰岩，部分硅质灰岩、硅质岩	检查孔压水试验合格

续表

生产性试验区		试验区位置	试验区灌浆孔	试验区地层岩性	施工情况
坝址区坝基及右岸标	右上Ⅰ区	SP1+433.401~SP1+451.401	YSH77~YSH85 YSQ77~YSQ85	C_3 块状细晶灰岩	检查孔压水试验合格
	右上Ⅱ区	SP1+553.401~SP1+570.401	YSQ137~YSQ145	P_1 厚层状隐晶—细晶灰岩	检查孔压水试验合格
	右上Ⅲ区	SP1+697.401~SP1+714.401	YSQ209~YSQ217	P_1 厚层状隐晶—细晶灰岩，$\beta\mu$ 基性侵入岩	检查孔压水试验合格
	右下Ⅰ区	XP1+289.201~XP1+307.201	YXH44~YXH52 YXQ44~YXQ52	C_3 块状细晶灰岩	检查孔压水试验合格
	右下Ⅱ区	XP1+433.201~XP1+451.201	YXH116~YXH124 YXQ116~YXQ124	C_3 块状细晶灰岩	检查孔压水试验合格
	右下Ⅲ区	XP1+554.201~XP1+571.201	YXQ176~YXQ184	P_1 厚层状隐晶—细晶灰岩，C_3 块状细晶灰岩	检查孔压水试验合格
	右下Ⅳ区	XP1+698.201~XP1+715.201	YXQ248~YXQ256	$\beta\mu$ 基性侵入岩	检查孔压水试验合格

注 1. 坝肩近坝 100m 范围为双排孔布置。

2. 左下Ⅱ区内另布置有一个 CT 测试孔。

2. 2017 年 12 月新增试验区

坝址区帷幕灌浆试验自 2017 年 8 月开始后，左岸标段进展顺利，至 2017 年 12 月已完成 4 个试验区的生产性灌浆试验。考虑试验中所遇特殊情况较少、灌浆条件简单，代表性略有不足。2017 年 12 月，决定在坝址区左岸防渗标段增设 5 个试验区继续试验，并验证灌浆压力适当降低后的灌浆效果。新增试验区布置见表 5.2-2。

表 5.2-2 坝址区防渗工程增设生产性灌浆试验区布置表

生产性试验区		试验区位置	试验区灌浆孔	试验区地层岩性	施工情况
坝址区左岸标	左上Ⅲ区	SP0+421.500~SP0+438.500	ZSQ393~ZSQ385	C_2 块状细晶灰岩夹硅质成分	检查孔压水试验合格
	左上Ⅳ区	SP0+853.500~SP0+870.500	ZSQ177~ZSQ169	C_1 厚层块状细晶—中晶岩，部分硅质灰岩、硅质岩	检查孔压水试验合格
	左下Ⅲ区	XP0+058.500~XP0+075.500	ZXQ573~ZXQ565	断裂带压碎岩、碎裂岩、角砾岩	检查孔压水试验合格
	左下Ⅳ区	XP0+418.500~XP0+435.500	ZXQ393~ZXQ385	C_1 厚层块状细晶—中晶岩，部分硅质灰岩、硅质岩	检查孔压水试验合格
	左下Ⅴ区	XP0+938.500~XP0+955.500	ZXQ133~ZXQ125	C_2 块状细晶灰岩夹硅质成分	检查孔压水试验合格

注 左下Ⅴ区中原已布置有一个 CT 测试孔。

5.2.1.2 试验目的及内容

试验目的及内容同库区灌浆试验，详见 5.1.1.2 节。

5.2.1.3 设计主要工艺及参数

1. 灌浆帷幕底界及标准

帷幕底界进入弱岩溶发育带，并满足孔底两段（10m）灌前透水率 $q \leqslant 5Lu$ 的条件。帷幕灌浆合格标准为检查孔压水试验透水率 $q \leqslant 5Lu$。

2. 灌浆方法

帷幕灌浆采用孔口封闭、孔内循环、自上而下的灌浆法。遇不起压、串浆、冒浆突出的地段，除施工技术要求和规范推荐的措施外，可考虑采取降低压力升幅，以及下部灌段施灌时在灌浆顶界以下 10m（可根据实际适当调整）范围内安装双层套管的措施，并经压水试验检查合格。

3. 试验压力

试验压力以设计施工技术要求中初拟压力表为基础，在生产性灌浆试验中不断摸索、总结及优化，在满足设计标准前提下，通过试验找到与本工程地层条件更加匹配的压力值及压力升幅。坝址区左岸灌浆标初拟生产性灌浆试验压力见表 5.2-3；坝基及右岸灌浆标初拟生产性灌浆试验压力见表 5.2-4。

表 5.2-3　　　　　　　坝址区左岸灌浆标初拟生产性灌浆试验压力表

段次	基岩孔深/m	段长/m	最大灌浆压力/MPa			
			上层试验Ⅰ段	上层试验Ⅱ段	下层试验Ⅰ段	下层试验Ⅱ段
1	0~2.0	2.0	0.5	0.5	0.8	0.8
2	2.0~5.0	3.0	0.8~1.2	0.6~1.0	1.2~1.5	1.2~1.5
3	5.0~10.0	5.0	1.5~1.8	1.2~1.5	2.0~2.5	1.8~2.2
4	10.0~15.0	5.0	2.0~2.5	1.8~2.2	3.0~3.5	2.5~3.0
5	15.0~20.0	5.0	2.5~3.0	2.2~2.5	3.5~4.0	3.0~3.5
以下各段	>20.0	5.0	3.0~3.5	2.5~3.0	3.5~4.0	3.0~3.5

表 5.2-4　　　　　　　坝基及右岸灌浆标初拟生产性灌浆试验压力表

段次	基岩孔深/m	段长/m	Ⅰ序孔灌浆压力/MPa	Ⅱ序孔灌浆压力/MPa	Ⅲ序孔灌浆压力/MPa
1	0~2.0	2.0	0.8	0.8	0.8
2	2.0~5.0	3.0	1.5	1.5	1.5
3	5.0~10.0	5.0	3.0	3.0	3.0
4 段及以下	>10.0	5.0	4.0	4.0	4.0

注 右岸上层灌浆平洞生产性灌浆试验施工中，各次序孔均自上面下分段灌注到结束标准。

5.2.2 灌浆试验完成情况

5.2.2.1 坝址区左岸灌浆标

坝址区左岸生产性灌浆试验自 2017 年 8 月 9 日开始，至 2018 年 7 月 26 日完成标段内 9 个区段的生产性灌浆试验。生产性灌浆试验中所遇特殊情况较少、灌浆条件较简单，除左岸上平洞Ⅲ区外，施工中未碰到岩溶特别发育区及溶洞。9 个灌浆试验段共计完成钻孔 99 个，钻孔进尺 7710.50m，其中，非灌段进尺 175.82m、帷幕灌浆进尺 7534.68m，水泥平均单位耗量为 373.41kg/m。经检查孔压水试验，透水率最大值为 4.74Lu，均小于 5Lu，满足设计要求。左岸标段生产性灌浆试验统计见表 5.2-5。

表 5.2-5　　　　　　坝址区左岸标生产性灌浆试验完成情况表

试验区	灌浆孔数	灌浆进尺/m	水泥注入量/t	掺合料注入量/t	灌浆压力/MPa	水泥单位注入量/(kg/m)	备注
左上Ⅰ区下游排	9	520.3	285.19	3.83（砂）	3.5	548.1	检查合格
左上Ⅰ区上游排	9	517.8	107.07		3.5	206.77	检查合格
小计	18	1038.1	392.26	3.83（砂）		377.85	
左上Ⅱ区	9	510.6	172.85	3.77（砂）	3	338.5	检查合格
左上Ⅲ区	9	510.8	399.66	11.54（砂）、28.11（膨润土）	3	782.48	检查合格
左上Ⅳ区	9	542.8	178.71	5.63（砂）	3	329.25	检查合格
左下Ⅰ区下游排	9	1124.3	601.17	—	4	534.71	检查合格
左下Ⅰ区上游排	9	1111.8	243.59	—	4	219.1	检查合格
小计	18	2236.1	844.76			377.79	
左下Ⅱ区	9	667.4	250.81	—	3.5	375.8	检查合格
左下Ⅲ区	9	657.7	188.25	—	3	286.2	检查合格
左下Ⅳ区	9	672.2	155.87	—	3	231.9	检查合格
左下Ⅴ区	9	699	230.37	—	3	329.6	检查合格
合　计	99	7534.7	2813.56			373.41	

注　本表数据引自中国水利水电第六工程局有限公司德厚水库左岸帷幕灌浆工程项目部《文山州德厚水库坝址区左岸帷幕灌浆工程生产性主帷幕灌浆试验报告》（2018 年 8 月）。

坝址区帷幕灌浆左岸标段生产性灌浆试验中所遇特殊情况较少、灌浆条件较简单，除左上Ⅲ区（SP0+421.500～SP0+438.500）外，施工中未碰到岩溶特别发育区及大的溶洞。灌浆试验施工中所遇特殊情况及处理措施如下：

1) 左岸下平洞试验Ⅰ区 ZXH13 号孔在灌浆过程中，沿帷幕线 105m 外的左岸坝基坡脚溶隙出现冒浆现象，说明岩溶发育且连通性较好，施工中采取低压、限流、浓浆、间歇、限量、待凝的措施处理。

2) 左岸上平洞试验Ⅰ区 ZSH29 号孔，钻孔第 7 段出现掉钻 1.2m，钻孔不返水，采取灌注配比水泥：水：砂（0.5：1：0.8）的砂浆处理，加砂 1112kg，砂浆灌至孔口待凝 72 小时后扫孔进行复灌；复灌用纯水泥浆液进行灌注，直至满足设计要求。

3) 左岸上平洞试验Ⅲ区 ZSQ389 号孔揭露在平洞底板下有较大的充填型溶洞，垂直深度约 8m，充填物以黏土为主。采用水泥浆、砂浆、膏浆等复灌 22 次后难以结束；后将邻近的 388 号、389 号孔钻开，以探查溶洞沿帷幕线方向的发育情况，并试图利用压力灌浆挤出充填物，但没有成功；后在主帷幕上、下游各增加 1 排孔，采用纯压式灌注膏浆以期封堵渗漏通道，然后再采用孔口封闭法对主帷幕孔进行常规水泥灌浆施工，但 389 号孔第 4 段仍难以达到设计压力。继而尝试了套阀管法对充填物灌浆，但效果仍然不理想，无法达到设计结束标准；后来采用了待凝并降低压力结束，待下部段次灌浆完成后再对第 4 段进行补灌直至满足设计要求。

5.2.2.2　坝址区坝基及右岸灌浆标

坝基及右岸生产性灌浆试验自 2017 年 11 月 6 日开始，至 2018 年 9 月 7 日完成标段内 7 个区段的生产性灌浆试验。共计完成钻孔 90 个，钻孔进尺 7850.14m，其中，非灌段进尺 158.90m、帷幕灌浆进尺 7691.24m，水泥平均单位耗量为 146.67kg/m。经检查孔压水试验，透水率最大值为 2.7Lu，均小于 5Lu，满足设计要求。

坝基及右岸标段生产性灌浆试验完成情况统计见表 5.2-6。

表 5.2-6　　　　　　　　坝基及右岸标生产性灌浆试验完成情况表

试验区	灌浆孔数	灌浆进尺/m	水泥注入量/t	灌注膏浆/m³	灌浆压力/MPa	单位水泥注入量/(kg/m)	完成情况
右上Ⅰ区下游排	9	503	91.55		4	182	压水试验合格
右上Ⅰ区上游排	9	503	31.19		4	62	压水试验合格
右上Ⅰ区小计	18	1006	122.73			122	
右上Ⅱ区	9	502.5	224.09	39.5	4	445.9	压水试验合格
右上Ⅲ区	9	500.9	111.69	46.75	4	222.9	压水试验合格
右下Ⅰ区下游排	9	713.8	329.73	241.9	4	461.9	压水试验合格
右下Ⅰ区上游排	9	710.9	65.57		4	92.2	压水试验合格
右下Ⅰ区小计	18	1424.7	395.3			277.4	
右下Ⅱ区下游排	9	1547.5	191.82		4	123.9	压水试验合格
右下Ⅱ区上游排	9	1540	19.96		4	12.9	压水试验合格
右下Ⅱ区小计	18	3087.5	211.77			68.5	
右下Ⅲ区	9	1030.7	58.7		4	56.9	压水试验合格
右下Ⅳ区	9	138.8	3.82		4	27.5	压水试验合格
合计	90	7691.2	1128.11			146.6	

注　本表数据引自云南建投第一水利水电建设有限公司德厚水库大坝及溢洪道工程项目经理部《文山州德厚水库坝址区右岸及河床帷幕灌浆工程生产性试验报告》（2018 年 10 月）。

坝址区帷幕灌浆坝基及右岸标段生产性灌浆试验中所遇特殊情况及处理措施如下：

（1）右岸上平洞试验Ⅰ区 YSH77 号孔钻进 5.4～8.4m 孔深落水，取芯破碎，为小型无充填溶洞。施工中优先采用水泥砂浆进行回填，直至填满溶洞、溶隙，待凝后采用纯水泥浆、膏浆进行灌注，最后按常规水泥灌浆要求扫孔复灌至结束标准。

（2）右岸上平洞试验Ⅱ区 YSQ137 号孔钻进 5.4～8.4m、16.0～18.4m、23.4～28.4m 处为泥质充填溶隙发育带；YSQ141 号孔钻进 6.4～8.4m 处为泥质充填小型溶洞。

施工中先采用纯水泥浆按浆液由稀变浓、逐级加压进行灌注，待凝 24h 后扫孔采用纯水泥浆、膏浆进行灌注，最后按常规水泥灌浆要求扫孔复灌至结束标准。

（3）右岸下平洞试验Ⅰ区坝基廊道内的 YXH48 号先导孔在深度 38～41m 处遇充填型溶洞，充填物以黏土碎石为主夹粉细砂层，与该孔同排的 42 号孔（Ⅱ序）、44 号孔（Ⅰ序）、49 号孔（Ⅲ序）、52 号孔（Ⅰ序）在不同高程均揭露出充填型溶洞，灌浆过程中不同孔及高程发生大量窜浆现象，并伴有泥沙从孔口涌出，说明溶洞连通性好。在附近补充了两个补勘孔复核岩溶发育情况，施工中采用掺砂、膨润土膏浆灌注，延长待凝时间反复灌注多次，最后按常规水泥灌浆要求扫孔复灌至结束标准。除下游排Ⅰ序孔施工较为困难外，其余孔施工较正常，经检查孔压水试验检查合格，并对检查孔进行了为期 6d 压力为 1.3MPa 的耐久性压水试验。

5.2.3　试验参数及工艺优化

5.2.3.1　坝址区左岸灌浆标

左岸灌浆标首先在左岸上平洞Ⅰ区、左岸上平洞Ⅱ区及左岸下平洞Ⅰ区、左岸下平洞Ⅱ区开展生产性灌浆试验，试验过程中进展顺利，4 个试验区段岩溶不发育，不能反映岩溶发育区的灌浆成果。2017 年 11 月 29 日业主、设计、监理、施工四方现场商议，认为有必要新增 5 个试验区继续开展灌浆试验，重点选取岩溶发育部位开展生产性灌浆试验，以获得不同被灌地质体（岩溶介质）的灌浆参数和工艺措施，为下一步的灌浆施工提供指导。

根据一期 4 个试验区的试验成果和检查孔压水试验分析，对新增 5 个试验区的试验灌浆压力以上层平洞试验Ⅱ区的压力为基准，选择两个区对Ⅰ序、Ⅱ序孔的灌浆压力进行适当调整，Ⅲ序孔灌浆压力不变，以进一步验证不同灌浆压力的经济合理性。具体调整见表 5.2-7。

表 5.2-7　　　　　坝址区左岸灌浆标生产性灌浆试验压力调整表

段次	基岩孔深/m	段长/m	最大灌浆压力/MPa		
			左上Ⅲ区、左下Ⅳ区、左下Ⅴ区	左上Ⅳ区、左下Ⅲ区	
			Ⅰ、Ⅱ、Ⅲ序孔	Ⅰ、Ⅱ序孔	Ⅲ序孔
1	0～2.0	2.0	0.5	0.5	0.5
2	2.0～5.0	3.0	1.0	0.8	1.0
3	5.0～10.0	5.0	1.5	1.2	1.5
4	10.0～15.0	5.0	2.0	1.5	2.0
5	15.0～20.0	5.0	2.5	2.0	2.5
以下各段	>20.0	5.0	3.0	2.5	3.0

此次压力调整主要表现出以下两个主要特征：

（1）左岸上平洞最大灌浆压力值降低 0.5MPa，左岸下平洞最大灌浆压力值降低 0.5～1.0MPa。

（2）分序逐渐提升灌浆压力值，进一步降低Ⅰ序孔、Ⅱ序孔的最大灌浆压力至

2.5MPa，Ⅲ序孔最大灌浆压力为 3.0MPa。

经试验验证，以上压力调整后单位水泥耗量降低约 50kg/m，灌后检查孔压水试验透水率满足设计要求。

5.2.3.2　坝址区坝基及右岸灌浆标

坝基及右岸帷幕灌浆标段 7 个生产性灌浆试验区段施工过程中，灌浆压力及工艺严格按照设计文件要求进行，基本上未作调整，仅特殊地质段局部孔段最大灌浆压力稍作调整，并经压水试验检查满足设计要求。

5.2.4　浆材试验

坝址区防渗帷幕灌浆工程中主要采用普通水泥浆灌注，为使防渗工程达到既满足质量要求，经济上又合理的目标，要求承建单位根据岩溶区灌浆的经验，在生产性灌浆试验中，当遇到较大裂隙、溶隙或较小规模（$d \leqslant 150\text{mm}$）溶洞时，为避免浆液无谓扩散、节约水泥，可采用水泥砂浆或掺砂灌注。若遇较大型溶蚀空洞、地下暗河或其他注入量较大地层段，应研究采用水泥膏浆、自密实细石混凝土、级配骨料＋砂浆＋水泥浆等充填材料先充填，再采用水泥浆复灌结束。

5.2.4.1　坝址区左岸灌浆标

灌浆主要采用纯水泥浆灌注，遇注入量大、不起压、掉钻等特殊问题时采用水泥砂浆或膨润土膏浆灌注后，再以水泥浆复灌结束。在生产性灌浆试验中，左岸上平洞Ⅰ、Ⅱ、Ⅳ试验区采取了掺砂灌注，左岸上平洞Ⅲ试验区遇溶洞采取了掺砂及膨润土膏浆灌注。

（1）水泥。本标段灌浆所用的水泥采用文山本地的海螺牌 P·O42.5 普通硅酸盐水泥，水泥指标符合国家和水利行业的现行标准。

（2）砂。砂由德厚水库灰岩料场开采弱风化灰岩料制备，要求质地坚硬、清洁、级配良好，有机质含量不大于 3%，云母含量不大于 2%，硫化物及硫酸盐含量（折算成 SO_3 按质量计）不大于 1%。

（3）膨润土。膨润土由文山州广南县采购，经检测满足灌浆工程用膨润土要求，膨润土检测的主要技术指标见表 5.2-8。

表 5.2-8　　　　　　　左岸帷幕灌浆用膨润土检测指标

试样	含水率 /%	相对密度 （相对 4℃ 时的水）	液限 /%	塑限 /%	塑性 指数	密度 /(g/cm³)	黏度	胶体率 /%	含砂率 /%
1 号	12.8	2.63	35.5	16.1	19.4	1.159	17.5	46.6	2.3
2 号	3.8	2.62	37.2	14.3	22.6	1.157	17.9	34.9	2.5
3 号	2.6	2.65	31.2	12.3	18.9	1.157	17.6	41	2.3

（4）水泥浆。浆液水灰比采用 5:1、3:1、2:1、1:1、0.7:1、0.5:1 六个比级，由稀到浓逐级变换，对灌前透水率 $q > 20\text{Lu}$ 的孔段可采用 3:1 的浆液开灌。

（5）砂浆。水泥砂浆水灰比为 0.5:1，灰砂比为 1:0.6～1:1，水泥砂浆室内试验指标见表 5.2-9。

（6）水泥膨润土膏状浆液。水泥膨润土膏浆采用水泥与膨润土制备，并根据流动度需要加入增塑剂，水：水泥＝2：1、0.5：1，膨润土掺量为水泥用量的 10%～25%，膏浆室内试验指标见表 5.2-10。

表 5.2-9   左岸帷幕灌浆用水泥砂浆试验指标

试验编号	配合比（水：水泥：砂）	密度/(g/cm³)	流动度/mm	抗压强度/MPa			收缩比/10⁻⁴			
				3d	7d	28d	3d	14d	21d	28d
A	0.5：1：0.6	2.03	245	16.0	18.4	29.5	2.19	−4.86	−7.30	−9.24
B	0.5：1：0.8	2.08	225	17.0	19.6	31.2	2.17	−4.09	−6.75	−9.15
C	0.5：1：1	2.11	190	17.5	21.1	33.8	1.21	−5.57	−7.03	−9.46

表 5.2-10   左岸帷幕灌浆用膏浆室内试验指标

试样编号	配合比（水：水泥：膨润土：增塑剂）	马氏漏斗黏度/s	密度/(g/cm³)	流动度/mm	抗压强度/MPa				
					36h	48h	3d	7d	28d
S35	0.5：1：0.1：0		1.81	69			17.7	22.3	32.8
S36	0.5：1：0.15：0		1.84	67			16.3	20.5	29.4
S37	0.5：1：0.2：0		1.85	66	11.6	13.3	15.3	18.6	27.3
S38	0.5：1：0.2：0		1.86	65			14	16.8	25.6
S39	0.5：1：0.15：0.0017		1.85	68			16	22.6	30.3

从上表可见，膨润土膏浆的强度受水灰比影响较大，随水灰比的减小膏浆强度增加很快，即便是水灰比 2：1 的膏浆，其 28d 强度均大于 5MPa，满足设计要求。

5.2.4.2　坝址区坝基及右岸灌浆标

灌浆主要采用纯水泥浆灌注，遇注入量大、不起压、掉钻等特殊情况采用水泥浆掺砂灌注及膨润土膏浆灌注，遇特殊情况一般先采用掺砂灌注，当遇充填型溶洞砂浆灌不进去，或溶洞空腔较大、连通性好，砂浆灌注流动范围仍然较远时，采用膏浆灌注。右岸上层平洞 Ⅱ、Ⅲ 试验区及右岸下层平洞 Ⅰ 试验区均进行了膨润土膏浆灌注，各试验区灌后压水试验检查透水率 q 均小于 5Lu，满足设计要求。

（1）水泥。本标段灌浆所用的水泥采用文山本地的海螺牌 P·O42.5 普通硅酸盐水泥，水泥指标符合国家和水利行业的现行标准。

（2）膨润土。采用砚山县七星沸石粉厂生产的膨润土，出厂质量检验报告和产品合格证齐全。经现场检测，含水率为 1.1%～1.9%，土粒密度 2.62～2.65g/cm³，液限 W_L 指标 31.5%～35.5%，塑限 W_P 指标 12.1%～18.2%，塑性指数 I_P＝14.9%～20.4%，颗分 0.5～0.25mm 含量为 5.7%～8.5%、0.25～0.075mm 含量为 12.3%～16.0%、0.075～0.005mm 含量为 39.3%～49.0%、小于 0.005mm 含量为 29.5%～39.2%、小于 0.002mm 含量为 14.2%～22.5%。满足灌浆用膨润土要求。

（3）砂。砂由德厚水库灰岩料场开采弱风化灰岩料制备，要求质地坚硬、清洁、级配良好，粒径不大于 1.5m，有机质含量不大于 3%，云母含量不大于 2%，硫化物及硫酸盐含量（折算成 SO_3，按质量计）不大于 1%。

（4）水泥浆。浆液水灰比采用 5∶1、3∶1、2∶1、1∶1、0.7∶1、0.5∶1 六个比级，由稀到浓逐级变换。

（5）砂浆。砂浆采用水泥加砂制备，并加入 3%～5% 的膨润土以增加砂浆的稠度及可灌性。砂浆水灰比为 0.5∶1，掺砂量按水泥重量的 10%～200%。

（6）水泥膨润土膏状浆液。膏浆采用水泥、膨润土、砂及改性剂制备，水灰比采用 0.5∶1，膨润土掺量为水泥重量的 10%～30%，改性剂掺量为水泥重量的 0.02%～0.1%，掺砂量为水泥重量的 10%～100%。共进行了 6 种配合比的膏浆试验，具体如下：

1 号膏浆配合比，水∶水泥∶膨润土∶改性剂＝0.5∶1∶0.1∶（0.02～0.1）；

2 号膏浆配合比，水∶水泥∶膨润土∶改性剂＝0.5∶1∶0.15∶（0.02～0.1）；

3 号膏浆配合比，水∶水泥∶膨润土∶改性剂＝0.5∶1∶0.2∶（0.02～0.1）；

4 号膏浆配合比，水∶水泥∶膨润土∶改性剂＝0.5∶1∶0.25∶（0.02～0.1）；

5 号膏浆配合比，水∶水泥∶膨润土∶改性剂＝0.5∶1∶0.3∶（0.02～0.1）；

6 号膏浆配合比，水∶水泥∶膨润土∶砂＝0.5∶1∶0.3∶（0.1～1）。

由试验分析，膏浆强度随时间增长明显，7d 强度均大于 20MPa。膨润土掺量在 10%～30% 范围内的膏浆强度差异较小，掺改性剂及砂对膏浆强度影响不大（见表 5.2-11）。

表 5.2-11　　　　　　　　　右岸帷幕灌浆用膏浆室内强度试验

试样编号	抗压强度平均值/MPa					
	12h	24h	36h	2d	3d	7d
1 号膏浆	2.3	10.8	12.2	13.6	15.3	23.9
2 号膏浆	2.6	13.8	12.6	12.2	14.7	22.3
3 号膏浆	3.7	13.3	11.6	12.4	14.1	25.9
4 号膏浆	4.3	13.4	14.2	15.2	18.3	25.1
5 号膏浆	4.3	12.6	13.5	14.6	17.7	26.3
6 号膏浆	4.6	13.1	13.7	15.6	18.1	26.2

5.2.5　灌浆试验耗灰量分析

5.2.5.1　坝址区左岸灌浆标

坝址区左岸灌浆标先后进行了 9 个试验区的生产性灌浆试验施工，分为两个阶段，第一阶段实施了上层灌浆平洞试验Ⅰ区、试验Ⅱ区及下层灌浆平洞试验Ⅰ区、试验Ⅱ区的 4 个试验区灌浆，第二阶段实施了上层灌浆平洞试验Ⅲ区、试验Ⅳ区及下层灌浆平洞试验Ⅲ区、试验Ⅳ区、试验Ⅴ区的 5 个试验区灌浆。各试验区水泥材料耗量详见表 5.2-12。

表 5.2-12   左岸生产性灌浆试验水泥耗量统计表

试 验 阶 段	试 验 区	灌浆段进尺 /m	水泥注入量 /kg	水泥单位注入量 /(kg/m)
第一阶段	上层平洞试验Ⅰ区	1038.1	392260	377.9
	上层平洞试验Ⅱ区	510.6	172847	338.5
	下层平洞试验Ⅰ区	2236.1	844763	337.8
	下层平洞试验Ⅱ区	667.4	250815	375.8
	小 计	4452.2	1660685	373
第二阶段	上层平洞试验Ⅲ区	510.7	399660	782.5
	上层平洞试验Ⅳ区	542.7	178710	329.3
	下层平洞试验Ⅲ区	657.7	188253	286.2
	下层平洞试验Ⅳ区	672.1	155875	231.9
	下层平洞试验Ⅴ区	699	230370	329.6
	小 计	3082.4	1152868	374
合 计		7534.6	2813553	373.4

由表 5.2-12 及灌浆资料分析,坝址区左岸灌浆标分两个阶段开展的生产性灌浆试验,由于不断调整灌浆压力和优化灌浆工艺,各试验区的平均水泥单位注入量均在一般岩溶区灌浆的合理范围内。除上层平洞试验Ⅲ区遇较大溶洞注入量较大外,其余试验区未遇较大溶洞,代表了一般岩溶地层的注入量情况,上层平洞试验区单位注入量为 329～378kg/m,下层平洞试验区单位注入量为 231.9～375.8kg/m。总体而言下层帷幕的平均单位注入量小于上层帷幕,下层帷幕灌浆区大部分位于河床高程以下,岩溶发育程度低于上层帷幕区域,注入量与地层岩溶发育程度是对应的。

5.2.5.2 坝址区坝基及右岸灌浆标

坝址区坝基及右岸灌浆标先后进行了 7 个试验区的生产性灌浆试验施工,从 2017 年 11 月 6 日开始,至 2018 年 10 月 10 日全部结束,历时 524 日历天。各试验区水泥材料耗量详见表 5.2-13。

表 5.2-13   坝基及右岸生产性灌浆试验材料耗量统计表

试 验 区		灌浆段进尺 /m	水泥注入量 /kg	水泥单位注入量 /(kg/m)	膏浆注入量 /m³
上层平洞	上层平洞试验Ⅰ区(下游排孔)	503.0	91548	182.0	
	上层平洞试验Ⅰ区(上游排孔)	503.0	31186	62.0	
	上层平洞试验Ⅱ区	502.5	224087	446.0	39.5
	上层平洞试验Ⅲ区	500.9	111688	223.0	46.7
	小 计	2009.4	458509	228.2	
河床廊道	坝基廊道试验区(下游排孔)	713.8	329728	461.9	241.8
	坝基廊道试验区(上游排孔)	710.9	65574	92.2	
	小 计	1424.7	395302	277.5	

试　验　区		灌浆段进尺 /m	水泥注入量 /kg	水泥单位注入量 /(kg/m)	膏浆注入量 /m³
下层平洞	下层平洞试验Ⅰ区（下游排孔）	1547.5	191814	123.9	343.4
	下层平洞试验Ⅰ区（上游排孔）	1540.0	19959	13.0	
	下层平洞试验Ⅱ区	1030.7	58697	56.9	
	下层平洞试验Ⅲ区	138.9	3822	27.5	
	小　计	4257.1	274292	64.4	
合　计		7691.2	1128103	146.7	

由表 5.2-13 及灌浆资料分析，坝基及右岸灌浆标先后完成的 7 个试验区生产性灌浆试验，由于不断调整灌浆参数和优化灌浆工艺，各试验区的平均水泥单位注入量均在一般岩溶区灌浆的合理范围内。除上层平洞试验Ⅱ区及坝基廊道试验区下游排孔遇较大溶洞注入量较大外，其余试验区未遇较大溶洞，代表了一般岩溶地层的注入量情况。上层平洞试验区水泥平均单位注入量为 228.2kg/m，下层平洞试验区水泥平均单位注入量为 64.4kg/m。总体而言下层帷幕的平均单位注入量远低于上层帷幕，下层帷幕灌浆区大部分位于河床高程以下，岩溶发育程度低于上层帷幕区域，注入量与地层岩溶发育程度是对应的。

5.3　岩溶地质条件探测及地层可灌性评价研究

5.3.1　研究背景及技术路线

1. 研究背景及意义

德厚水库防渗帷幕位于强岩溶发育区，各类地表、地下岩溶形态发育，地表有溶蚀洼地、岩溶漏斗、溶蚀槽谷、石牙坡地等，地下有落水洞、溶井、溶隙、溶洞等。由于岩溶地层的特殊性及勘探技术的局限性，前期勘探难以查明所有的地下岩溶管道、溶洞、宽大溶隙等的分布范围、位置和规模等特征，大量的强岩溶特殊情况都是在施工中揭露的，在灌浆施工中如能快速、准确地探测地层信息、完善地质感知水平，对合理优化灌浆参数、灌浆施工过程实时监控及灌后质量评价管理是十分重要的。

施工中采用物探方法配合钻探共同完成地质勘探是必要的，对于全面了解地层的变化、不良地质体发育、赋存空间具有重要意义。探测地下溶洞常用的物探方法有电阻率法、电磁法和自然电场法，电磁法在探测岩溶中被广泛应用，具有较好的垂直分辨率，适于浅部和深部溶洞的探测。钻探技术是勘测资料准确性的必要条件，钻进本身就是一种定量测量岩土体力学性质的原位测试方法，并可利用钻孔声波测试岩体完整性，利用钻孔成像获取孔壁表面图像，能够直观观测裂隙发育、张开程度和充填物等。

目前各种探测手段往往独立分析，常不能形成融合各种探测手段、数据互相验证和补充的分析系统，导致解释探测结果存在盲区。开发融合随钻技术、钻孔声波、钻孔成像以及跨孔CT等技术的综合探测方法非常必要，根据多源数据分析，可剔除无效数据和多余数据建立岩溶区待灌地层综合探测技术，为灌浆施工提供定量化指导。

2．研究目的、方法及技术路线

（1）研究目的。研发基于钻孔过程监测技术的岩溶地层探测新技术，并通过德厚水库现场试验进行测试，提出一个能评价岩土体地质特性的钻孔参数。提出联合探测岩溶地区地质不良体的综合方法，并采用现场地质探测结果验证其实用性，对岩溶地层可灌性进行评价。

（2）研究内容及方法。常规的评价地层可灌性是采用灌前钻孔压水试验进行评价，由于岩溶地层的特殊性和复杂性，特别是对于黏土充填型溶腔、溶洞发育的地层，岩溶地层压水试验成果与灌浆压力、注入量的相关性不大，压水试验不能很好地评价地层可灌性。因此，如何快速探测地层岩层信息和溶洞位置及分布范围，并进行地层信息与灌浆耗灰量之间的相关关系分析，评价地层灌浆的可灌性情况，对于灌浆施工工艺确定、灌浆施工过程控制以及灌浆质量控制都是非常重要的。本研究在德厚水库库区防渗帷幕上选择试验区，采用钻孔过程监测技术和跨孔电阻率CT联合探测地层溶洞分布，并对地层可灌性进行评价。主要研究内容如下：

1）岩溶地区灌浆地层探测方法调研及汇总。

2）基于钻孔过程监测技术的岩溶地层探测新技术研发及试验验证。

3）岩溶地区地质不良体探测综合方法研究及试验验证。

3．研究技术路线（图5.3-1）

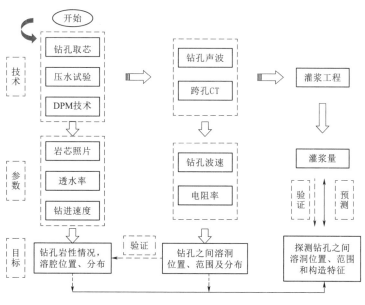

图5.3-1　研究技术路线

5.3.2　岩溶地质条件探测及地层可灌性综合评价方法

本试验研究采用岩体随钻过程监测新技术、跨孔电阻率CT、跨孔电磁波CT及钻孔声波联合探测岩溶地质条件，并对岩溶地层进行可灌性评价。本节主要介绍联合探测仪器原理应用条件以及联合探测方法步骤。

1. 岩体随钻过程监测新技术

随钻过程监测新技术是基于实时监测技术建立的 1 套钻孔过程时空数据的快速直观时间序列分析方法，钻进深度随时间曲线呈分段线性变化，每段钻进速度为常数，每一常钻速段代表 1 个均匀抗钻岩石（岩块），常速钻速之间的突变点（或段）就是钻孔穿过岩体不连续面的结点。

首先通过钻速传感器、压强传感器和位移传感器，自动、连续对钻机的各种动力和运动钻孔参数进行跟随时间的数字监测与记录，利用位移传感器监测钻孔深度，利用钻速传感器监测钻杆旋转速度，利用液压传感器监测钻杆推进压力及冲击压力等钻进参数，为合理评价钻进地层信息提供重要的评价依据。通过钻进信息综合分析岩体岩层层面、断层及软弱带等地质体的产状、厚度等空间发育信息，随钻测试技术的最大优势在于能够清楚、快速、自动、实时、连续、定量地测量并表述地下各种细观地质岩土体和它们的力学强度及空间分布，可以快速确定钻孔溶腔管道和岩溶位置。

2. 跨孔电磁波技术

本次测试试验使用 CYGT－CEI 跨孔电磁波成像仪，利用电磁波在不同介质中吸收系数差异，得到地下的精细结构和性质差异图像，可探测两孔间断面地质情况。适用于查明地下矿体、地质构造、空洞、岩溶破碎带等信息，由于地层含水构造对电磁波传递有一定的衰减作用，因此电磁波 CT 对无水区域结构面较多的地层能进行很好的解释。

3. 跨孔电阻率 CT 技术

二维跨孔电阻率 CT 探测方法是把探测电极放入孔中采集信号（见图 5.3－2）。与地表电阻率探测相比，探测点更接近勘探目标体，可获取与孔间介质地电结构密切相关的大量有用数据，得到探测区域围岩电阻率剖面，对含水构造表现为低阻，对完整围岩表现为高阻（见图 5.3－3）。在特别复杂的探测环境中，跨孔电阻率 CT 可深入围岩，避开各种电磁干扰，从而取得良好的精细探测效果。该方法在分辨率和探测精度方面具有天然优势，二维跨孔电阻率 CT 被认为在精细探测领域具有良好的应用和发展前景。

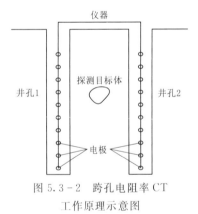

图 5.3－2　跨孔电阻率 CT
工作原理示意图

4. 钻孔声波测试技术

钻孔声波法一般有两种测试方法，即单孔声波法与跨孔声波法，本试验采用单孔声波法（见图 5.3－4）。在地面或在信号接受孔中激振时，检波器在一个垂直钻孔中自上而下逐层检测地层的纵波或横波，计算每一层的纵波或横波波速，单孔法测试的是地层的竖向平均值，试验过程中要使用耦合剂进行耦合（试验中用水作为耦合剂），本试验中采用一发双收换能器进行单孔声波试验。

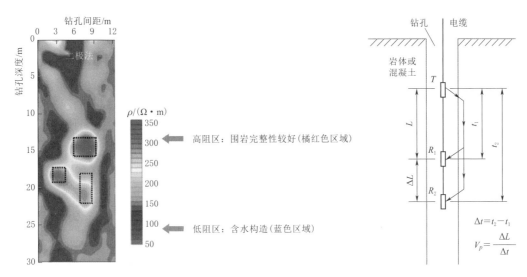

图 5.3-3　常规观测模式下的反演成像结果　　　图 5.3-4　单孔声波试验原理图

5.3.3　库区防渗试验区研究成果

5.3.3.1　试验情况

联合探测试验区布置于库区灌浆二标防渗帷幕线路上，试验场地选为 3 处，试验一区为 K231～K243 孔，试验二区为 K151～K167 孔，试验三区为 BK01～BK31 孔，均为透水率较大、溶洞发育区域。联合探测区布置图见图 5.3-5。

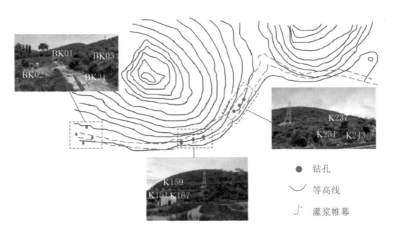

图 5.3-5　联合探测区布置图

采用随钻测试技术、跨孔电阻率 CT 组合探测模式对试验区进行联合探测，通过记录钻孔过程中钻速变化识别钻孔岩层性质和钻孔溶腔管道位置，同时通过跨孔电阻率 CT 反演两孔之间地质情况，确定孔间岩层性质、溶腔管道及溶洞分布范围。结合反演的地质情况，开展透水率、钻孔声波、钻进速度及电阻率与灌浆耗灰量的相关性分析，并对岩层可灌性进行评价。

由于试验区地下水位较低，电阻率 CT 必须依靠水作为介质进行测量，对地下水位以下的岩溶探测，电阻率 CT 表现出很好的探测效果，而对于高于地下水位的区域，电阻率 CT 并不能进行地质解释。因此对高于地下水位的部分采用电磁波 CT 进行探测。

5.3.3.2　试验成果总结

1. 综合测试不同岩性下的参数对比

针对试验结果，表 5.3 - 1 提出了不同岩性下各测试参数的地层参考指标，通过现场钻速变化、电阻率变化以及波速等资料可快速对钻孔岩芯进行判断，对未能取芯的地段可快速了解岩性变化，为后续试验提供判断标准。

表 5.3 - 1　　　　　　　　　不同岩性下各参数的参考指标

电阻率 /(Ω·m)	钻进速度 /(cm/min)	波速 /(km/s)	透水率 /Lu	岩 芯 描 述
0～600	70～12	1.6～3.0	>200	
600～1200	12～8.5		100～200	
1200～2600	8～6.5	3.0～4	50～100	
2400～3800	4～6.5		50～20	
3800～4600	4～3	4～5.6	10～20	
4600～6000	3～0		5～10	

2. 岩芯与电阻率和电磁波值、钻进速度对比

图 5.3 - 6 为不同孔间距下电阻率 CT 测量结果，由图 5.3 - 6 可知电阻率 CT 在孔间距 12m、18m 及 24m 的溶洞区域都能对溶洞和岩层范围做到精细探测，并能对地层岩性做大致判断。具体区别在于，测试间距较大需要释放更高的电压，使电流穿透地层。因此在满足电流穿透两孔的条件下，跨孔电阻率 CT 可以在不同间距钻孔之间完成精确探测，可满足库区灌浆先导孔间距 24m 的探测精度。

3. 监测数据相关性分析

试验区位于德厚水库库区帷幕灌浆二标岩溶发育地段，地层溶洞发育，溶洞多为黏土不密实充填、连通性较好，导致压水试验存在不起压以及透水率过大等现象，对岩层可灌性评价造成较大阻碍。图 5.3 - 7 为钻孔透水率与灌浆量关系曲线，由图可知岩溶地区岩层透水率与灌浆量相关性较低，灌浆量预测可信度较低。主要原因是多为黏土充填，因压水试验压力较小，不足以冲开溶腔管道中的黏土，导致压水试验透水率较小。而灌浆压力远大于压水试验压力，浆液劈裂挤压充填物后形成通道向远处扩散，导致注入量较大。如

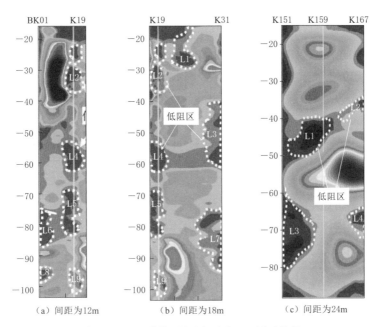

（a）间距为12m　　　　（b）间距为18m　　　　（c）间距为24m

图 5.3-6　不同间距下电阻率 CT 测试结果

图 5.3-7 的岩溶区范围散点，其透水率较小而灌浆量较大。

　　随钻测试试验的优点在于能随着钻孔过程，快速评价岩层中结构面发育、岩层力学指标等，钻孔声波能快速无损的探测钻孔内岩层性质等方面内容，跨孔电阻率 CT 通过电阻率分布可快速无损的评价钻孔范围地层结构。在灌浆孔钻进过程中，利用随钻测试、钻孔声波及跨孔电阻率 CT 得到待灌浆地层相关信息，与实际灌浆施工中的灌浆参数进行相关性分析，实现利用灌浆孔钻进信息进行地层参数的确定及地层可灌性评价方面的分析。图 5.3-8、图 5.3-9 分别为钻孔钻速和跨孔电阻率与耗浆量的拟合关系。

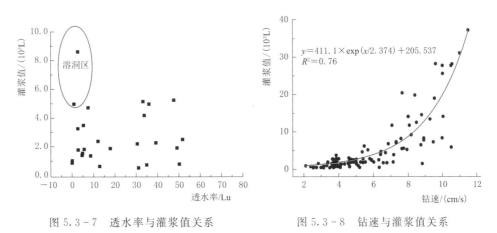

图 5.3-7　透水率与灌浆值关系　　　　图 5.3-8　钻速与灌浆值关系

　　由图 5.3-8 可知，岩溶地区岩层钻速与岩层耗浆量拟合性较高。随钻测试技术随着钻孔钻进过程，快速确定岩层中结构面发育及岩溶溶腔位置，在灌浆过程中浆液主要通过结构面和溶腔通道进入溶洞区。因此钻速变化与耗浆量存在较好相关性，拟合相关系数为

0.76，通过拟合关系式可评价岩层可灌性并预测耗浆量。

由图 5.3 - 9 可知，岩溶地区岩层电阻率与岩层耗浆量拟合性较高，拟合系数为0.77。跨孔电阻率 CT 通过探测孔间电阻率分布反映溶洞分布范围，电阻率与灌浆量相关性较好，通过拟合关系式可评价岩层可灌性。

因此，通过随钻测试技术和跨孔电阻率 CT 联合评价岩层可灌性效果较好。

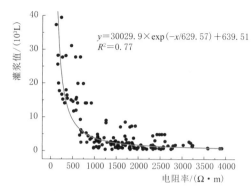

$$y = 30029.9 \times \exp(-x/629.57) + 639.51$$
$$R^2 = 0.77$$

图 5.3 - 9 电阻率与灌浆值关系

4. 研究结论及建议

钻孔随钻测试技术，能够在灌浆先导孔钻进过程中准确识别并记录钻孔穿过地层的岩体结构信息，如岩体完整区域、裂隙带发育区域、溶蚀裂隙带区域、溶洞发育区域等灌浆参数确定的地质条件，为灌浆浆液类型、浆液密度、灌浆压力等重要施工参数的确定提供支撑；跨孔电阻率 CT 技术，能够确定两孔之间岩体中存在的溶洞等地质缺陷，识别溶洞位置、分部范围等信息，为灌浆材料及工艺选择提供重要依据。基于钻孔随钻测试技术与跨孔电阻率 CT 技术，再结合钻孔声波测试、钻孔压水试验以及钻孔取芯等常规的技术手段，能够全面了解灌浆地层的重要可灌性信息，从而在此基础上确定不同孔段的灌浆参数。在灌浆结束后，利用随钻测试技术也可以在灌浆检查孔钻进中实时掌握地层灌后效果，并结合电阻率跨孔 CT 技术评价两孔之间灌浆质量与效果，为灌浆工程施工质量评价提供重要参考资料。

根据德厚水库库区试验段灌前试验资料及灌后检测资料综合分析，利用随钻测试技术、跨孔电阻率 CT 测试技术，再结合钻孔声波波速测试、钻孔压水试验等检测数据，能够较好地对岩溶地区地质条件进行合理评价，并在此基础上进行灌浆参数的确定，为岩溶地区灌浆施工指导提供快速而有效的技术支撑。

根据随钻测试技术和跨孔电阻率 CT 在德厚水库库区试验结果以及仪器后续开发，联合探测方法在以下方面有一定潜力：

（1）用于工程前期地质勘探，确定地层性质和地层地质不良体分布。在工程施工中对部分重点地区进行地质补勘。

（2）对工程进行灌浆质量检验，确定帷幕灌浆区域的缺陷位置。

（3）在工程运行后，对灌浆帷幕的运行情况及渗漏区域进行破损检查。

第6章

施工期防渗处理深化研究

德厚水库防渗帷幕灌浆共分为 4 个标段，分别为坝址区左岸灌浆标、坝址区坝基及右岸灌浆标、库区灌浆一标及库区灌浆二标。帷幕灌浆施工于 2016 年 9 月开始生产性灌浆试验，至 2020 年 10 月完成全部帷幕灌浆。由于坝址区右岸下层帷幕在防渗边界处遇深部强岩溶区，进行了补充勘探、延长下层平洞及帷幕长度，部分帷幕灌浆是在水库下闸蓄水后完成的。灌浆工程各标段主要完成情况见表 6.0-1。

表 6.0-1　　　　　　　　　　　德厚水库帷幕灌浆工程完成情况表

序号	项　目	库区灌浆一标	库区灌浆二标	坝址区左岸灌浆标	坝基及右岸灌浆标
1	灌浆开始时间	2016-09-13	2016-09-01	2017-08-07	2017-11-06
2	灌浆完成时间	2018-06-05	2019-12-29	2019-06-11	2020-10-16
3	先导孔数量/段数	62孔/1022段	48孔/919段	52孔/975段	32孔/549段
4	先导孔透水率	≤10Lu占53.1%，10~100Lu占31.5%，>100Lu占15.4%	≤10Lu占35.6%，10~100Lu占42.7%，>100Lu占21.7%	≤10Lu占47.1%，10~100Lu占52.7%，>100Lu占0.2%	≤10Lu占82.3%，10~100Lu占14.2%，>100Lu占3.5%
5	生产性灌浆试验区数量	9个试验区	8个试验区	9个试验区	7个试验区
6	生产性灌浆试验区进尺/m	5492.3	8291.5	7534.7	7691.2
7	原设计帷幕灌浆进尺/m	50638	42870	92584	67244
8	施工帷幕灌浆进尺/m	50683	51027	102854	84635
9	平均水泥注入量/(kg/m)	371.6	203.5	356	254.7
10	砂浆注入量/m³	7300	7524	850	4376
11	黏土注入量/t	膨润土64.68	红黏土22333	膨润土60.8	
12	膏浆注入量/m³	0	57180		7665
13	施工方检查孔数量/段数	80孔/1125段	87孔/1656段	191孔/2752段	149孔/2098段

续表

序号	项　目	库区灌浆一标	库区灌浆二标	坝址区左岸灌浆标	坝基及右岸灌浆标
14	施工方检查孔透水率	≤3Lu 占 93.4%，3～5Lu 占 6.6%，>5Lu 占 0%	≤2Lu 占 86.59%，2～5Lu 占 11.24%，>5Lu 占 0.12%（2 段为覆盖层压水）	≤2Lu 占 92.1%，2～5Lu 占 7.9%，>5Lu 占 0.02%（1 段）	≤2Lu 占 83.6%，2～5Lu 占 14.35%，>5Lu 占 2.05%（43 段）
15	第三方检查孔数量/段数	12 孔/169 段	13 孔/220 段	25 孔/357 段	32 孔/229 段
16	第三方检查孔透水率	≤3Lu 占 93.5%，3～5Lu 占 6.5%，>5Lu 占 0%	≤2Lu 占 89%，2～5Lu 占 9.6%，>5Lu 占 1.4%（3 段为覆盖层压水）	≤2Lu 占 95.2%，2～5Lu 占 4.8%，>5Lu 占 0%	≤2Lu 占 92.1%，2～5Lu 占 7.4%，>5Lu 占 0.5%（1 段）

6.1　库区灌浆一标施工情况

6.1.1　工程概况

库区灌浆一标防渗帷幕线路位于里程 MKG0＋000.000～MKG1＋520.769，帷幕轴线长度 1520.769m，帷幕灌浆施工均在地面进行，灌浆顶界为正常蓄水位 1377.50m，帷幕底界进入强岩溶带下限以下 10m 且最后一段灌前透水率 $q \leqslant 10Lu$，帷幕深度 53.2～87.2m，平均深度 68.5m。

库区一标开工日期 2016 年 9 月 13 日，于 2018 年 6 月 5 日完工，灌浆施工历时 631d。本标段划分为 1 个单位工程，7 个分部工程。

施工进度主要有 3 个阶段：①人员设备进场准备阶段，自 2016 年 4 月 21 日至 2016 年 9 月 12 日，历时 145d；②生产性灌浆试验阶段，自 2016 年 9 月 13 日至 2017 年 8 月 28 日，历时 350d；③生产灌浆孔施工阶段，自 2017 年 8 月 15 日至 2018 年 6 月 5 日，历时 295d。

6.1.2　标段主要完成工程量

库区一标帷幕线路总长 1520.769，单排孔布置，孔距 2m，共计 738 个帷幕灌浆孔，10746 个灌浆段，总计造孔进尺 57138.23m，其中非灌浆段进尺 6471.31m，灌浆段进尺 50082.92m；孔口封闭灌浆固管总进尺 18035.22m；帷幕灌浆孔累计耗用灌浆材料 25096.789t，其中水泥 22573.439t，砂 2458.67t，膨润土 64.681t；完成 80 个检查孔，总计造孔进尺 6096.77m，其中非检查段进尺 711.95m，检查段进尺 5384.82m，压水试验段 1125 试段，检查孔封孔累计消耗水泥 119.078t。

库区一标主要完成工程量见表 6.1-1。

灌浆孔单位耗材：灌浆段水泥单位注入量 371.59kg/m，砂单位注入量 48.51kg/m，膨润土单位注入量 1.28kg/m，封孔水泥单位注入量 8.44kg/m，技术性损耗单位用量 56.88kg/m；灌浆段综合单位耗材为 486.70kg/m。

表 6.1-1　　　　　　　　　　库区灌浆一标主要完成工程量表

序号	项　目	单　位	原设计工程量	施工工程量
1	钻孔进尺	m	56256	57220
2	岩石层帷幕灌浆	m	51700	50700
3	检查孔钻孔	m	4922	6096
4	检查孔压水试验	试段	1037	1125
5	检查孔灌浆	m	5181	5385
6	孔口增埋钢套管 $\phi100$	m		9756
7	灌注水泥砂浆	t		7413

检查孔单位耗材：检查孔水泥单位注入量 6.02kg/m，封孔水泥单位注入量 6.14kg/m，技术性损耗单位用量 8.09kg/m；检查段综合单位耗材为 20.25kg/m。

6.1.3　主要施工方法和技术措施

1. 灌浆孔钻灌工艺流程

非灌段钻孔→第 1 段钻孔至段底→冲洗孔（持续 20 分钟以上）→取出孔内钻具及钻杆→测量孔内沉砂（若孔内沉砂大于 20cm，则下钻具捞砂至合格）→下双层工作管至段顶卡塞（须确保卡塞位置无误、止水成功）→用灌浆记录仪作单点法压水→灌浆（至正常结束）→待凝（6～8 小时）→扫孔、下工作管、卡塞→灌后压水检查（若 $q>5$Lu，复灌至合格，若 $q\leqslant5$Lu，则钻灌下一段）→取出工作管、卡塞→下钻杆及钻具钻灌下一段→…→重复施灌至第 4～5 段→评估孔口管铸管最佳深度→下铅直孔口管至段底→注浓浆镶铸孔口管→待凝 72 小时→管内扫孔并钻进至下一灌浆段底部→冲洗孔→取出孔内钻具及钻杆→测量孔内沉砂（若孔内沉砂大于 20cm，则下钻具捞砂至合格）→下钻杆至距段底 50cm 以内→安装孔口封闭器并止水→用灌浆记录仪作单点法压水→灌浆（至正常结束，若不能正常结束，则待凝 8h 以上扫孔复灌）→用清水冲洗孔内浆液→取出孔内钻杆→下钻具及钻杆钻进下一灌浆段→…→重复施灌至终孔段灌前→冲洗孔→取出孔内钻具及钻杆→测量孔内沉砂（若孔内沉砂大于 20cm，则下钻具捞砂至合格）→终孔段孔深验收→钻孔测斜（先导孔加做孔内钻孔成像扫描）→下钻杆至距孔底 50cm 以内→安装孔口封闭器并止水→用灌浆记录仪做单点法压水→灌浆终孔段灌浆至结束→用 0.5：1 浓浆全孔置换孔内水泥浆→取出孔内钻杆→孔口封孔灌浆（纯灌浆时间不少于 60 分钟、施灌压力为该孔最大灌浆压力）→移除钻机立轴→拆除孔口封闭器→作孔口标记→本孔施工结束。

2. 钻孔

开孔直径宜为 130mm、110mm、91mm，孔深大于 40m，终孔直径宜为 75mm，采用清水钻进。

3. 灌浆方式调整

设计初拟的孔口封闭循环灌浆法，孔口管埋入岩石深度一般为 1.5～2.0m，难以有效应对库区灌浆孔上部的强溶蚀风化带地层，随着灌浆压力的增加，上部孔段反复出现劈裂及地表冒浆现象。经多次试验调整，将灌浆方式由初拟"自上而下孔口封闭灌浆法"调整为"孔口封闭法为主导的综合灌浆法"，对高程 1377.50～1357.50m 采用自上而下分段卡塞循环灌浆法施工，灌浆完后下套管隔离，再对以下灌浆段采用孔口封闭法灌浆。

4. 灌浆压力调整及效果

在生产性灌浆试验期间，发现本标段地层耐压能力较低，初拟的灌浆压力偏高，造成地层劈裂、冒浆、注入量大等问题，经试验研究认为，在保证灌浆质量的情况下，灌浆压力控制以不过度劈裂岩体或溶蚀裂隙为原则，寻找各孔段岩体或溶蚀裂隙可承受的峰值压力，以此动态控制灌浆压力，找出各序孔的合适的灌浆压力。本标段灌浆压力经历了 3 次动态调整，灌浆压力总体呈缓慢下降趋势。

第一次调整：Ⅰ序孔最小压力由 0.5MPa 降为 0.1～0.2MPa，Ⅰ序孔最大压力由 2.5MPa 降为 1.3～1.5MPa；

第二次调整：Ⅱ序孔最小压力由 0.8MPa 降为 0.2～0.4MPa，Ⅱ序孔最大压力由 3.0MPa 降为 1.7～2.0MPa；

第三次调整：Ⅲ序孔最小压力由 0.8MPa 降为 0.3～0.5MPa，Ⅲ序孔最大压力由 3.5MPa 降为 2.3～2.5MPa；

最终确定的生产孔灌浆压力见表 6.1-2。

表 6.1-2　　　　　　　库区灌浆一标生产孔最终实施灌浆压力

段次	基岩内孔深/m	段长/m	最大灌浆压力/MPa		
			Ⅰ序孔	Ⅱ序孔	Ⅲ序孔
1	0～2	2.0	0.1～0.2	0.2～0.4	0.3～0.5
2	2～5	3.0	0.2～0.3	0.4～0.6	0.5～0.7
3	5～10	5.0	0.3～0.5	0.6～0.8	0.7～1.0
4	10～15	5.0	0.5～0.7	0.8～1.0	1.0～1.3
5	15～20	5.0	0.7～0.9	1.0～1.2	1.3～1.7
6	20～25	5.0	0.9～1.1	1.2～1.4	1.7～2.0
7	25～30	5.0	1.1～1.3	1.4～1.7	2.0～2.3
8	30～35	5.0	1.3～1.5	1.7～2.0	2.3～2.5
>8	>35	5.0	1.3～1.5	1.7～2.0	2.3～2.5

灌浆压力动态调整取得的成果如下：

（1）水泥平均注入量减少，相邻类似地层的灌浆试验区 BⅠ区与 DⅠ区相比，水泥注入量减少 733.85kg/m，减幅达 38.83%。

（2）劈裂及串冒浆现象大幅减少，相邻类似地层的灌浆试验区 BⅠ区与 DⅠ区相比，劈裂及串冒浆现象减少 16 次。

（3）复灌次数显著减少，施工工效明显提高。

5.灌浆待凝时间的选择

遇不起压或注入量大时须待凝，以避免浆液扩散范围过大造成浪费。在灌浆开始时初拟待凝时间为6～12h，试验中发现受地层岩性、灌浆压力等对待凝时间和效果有较大影响，主要如下：

（1）纯水泥施灌，正常屏浆结束的灌段，待凝5～6h可扫出完整而硬的岩芯。

（2）纯水泥施灌，非正常结束的灌段，待凝效果与灌段压力相关，大压力结束的待凝5～6h可取出完整而硬的岩芯。小压力结束，待凝8～10h可取出完整而硬的岩芯。不起压的灌段，待凝12h以上也不一定能扫取岩芯。

（3）对充填型软弱夹层的灌段，待凝时间12～36h方可扫出完整而硬的岩芯，待凝时间越长越好。

（4）对灌砂浆的灌段，若起压，待凝6～8h再扫孔用纯水泥浆复灌效果好。若不起压，需再次复灌砂浆，待凝12h以上灌浆效果好。

6.灌浆材料选择与浆液变换的控制原则

正常灌浆段采用纯水泥浆灌注，浆液变换按水灰比5∶1、3∶1、2∶1、1∶1、0.7∶1、0.5∶1六个比级由稀至稠逐级变换，以5∶1、3∶1两个比级开路，3∶1、2∶1、1∶1三个比级主灌，0.7∶1、0.5∶1辅助应用，如出现透水率大于30Lu且不起压可采用2∶1开灌。

对大耗浆段，主要指注入量大、压力难以提升至0.50MPa的孔段。Ⅰ、Ⅱ序孔遇钻孔落水、灌前压水不起压或灌前压水虽有点压力但透水率超过400Lu的孔段，先采用0.5∶1纯水泥浆液试灌，如注入量达600kg/m仍不起压或起压很小，则采用掺砂灌浆（起始掺砂量20%，灌注30分钟无改善再增加20%，直至达到最大掺砂量）。掺砂灌浆水泥耗量达10t/段后，设计压力降低为2.0MPa，掺砂灌注水泥耗量达15t/段后，设计压力降低为1.5MPa，水泥耗量达20t/段后停灌待凝；Ⅲ序孔遇到此种情况应一次采用纯水泥浆灌注至结束，以防影响灌浆质量。

7.各序孔耗用材料及灌浆效果分析

本标段共完成738个灌浆孔施工，造孔总计进尺57138.23m，其中非灌浆段6471.31m，灌浆段50082.92m，共10746个灌浆段；共完成80个检查孔，造孔总计进尺6096.77m，检查段进尺5384.82m，压水试验1125试段。

灌浆材料耗用见表6.1-3。

表6.1-3　　　　　　　　　库区灌浆一标主要材料耗用表

合计钻孔进尺/m	合计非灌浆段长/m	合计灌浆段长/m	合计注入量纯水泥/kg	合计技术性损耗量/kg	合计封孔水泥量/kg	合计水泥耗量/kg	合计灌砂浆/kg
57138.28	6471.31	50082.92	13943969	325599	482958	14752526	7349195
灌浆段灌纯水泥平均单位注入量＝13943969/50082.92＝278.42（kg/m）							
灌浆段灌纯水泥平均单位耗量＝（13943969＋32559）/50082.92＋482958/57138.28＝287.52（kg/m）							
灌浆段灌水泥砂浆平均单位注入量＝7349195/50082.92＝146.74（kg/m）							

灌浆段累计注入水泥 13943.969t，灌注水泥砂浆 7349.195t（其中水泥 4890.525t，砂 2458.67t，膨润土 64.681t），全部封孔水泥 482.958t，技术性损耗水泥 325.599t。

灌浆段水泥单位注入量为 371.59kg/m，砂单位注入量为 48.51kg/m，膨润土单位注入量为 1.28kg/m，封孔水泥单位注入量为 8.44kg/m，技术性损耗单位用量为 56.88kg/m；灌浆段综合单位耗材为 486.70kg/m。

各序孔累计材料耗量统计见表 6.1-4。

表 6.1-4　　　　　　　　　库区灌浆一标各序孔材料耗量统计表

灌浆材料单位注入量区间 /(kg/m)	Ⅰ序孔累计频率 /%	Ⅱ序孔累计频率 /%	Ⅲ序孔累计频率 /%
≤100	48.94	64	77.85
100～200	6.34	10.15	8
200～500	8.16	15.38	10.31
500～750	8.76	3.38	1.69
≥1000	3.93	1.85	1.08
平均单位注入量：Ⅰ序孔为 775.85kg/m，Ⅱ序孔为 199.87kg/m，Ⅲ序孔为 87.76kg/m。			

由表 6.1-4 可见，Ⅰ序孔平均单位注入量为 775.85kg/m，Ⅱ序孔平均单位注入量为 199.87kg/m，Ⅲ序孔平均单位注入量为 87.76kg/m。

各序孔灌前透水率累计频率统计见表 6.1-5。

表 6.1-5　　　　　　　　　库区灌浆一标各序孔灌前透水率统计表

透水率区间 /Lu	Ⅰ序孔累计频率 /%	Ⅱ序孔累计频率 /%	Ⅲ序孔累计频率 /%
≤5	66.57	75.38	86.77
5～10	8.93	10.15	6.62
10～50	12.39	8.92	5.38
50～100	3.17	1.23	0.46
平均透水率：Ⅰ序孔为 47.75Lu，Ⅱ序孔为 19.03Lu，Ⅲ序孔为 4.63Lu。			

由表 6.1-5 可见，随着孔序的加密，大透水率的段次逐渐减少，后序孔灌前透水率较前序孔递减规律明显。Ⅰ序孔灌前平均透水率 47.75Lu，Ⅱ序孔灌前平均透水率 19.03Lu，Ⅲ序次灌前平均透水率 4.63Lu，递增规律明显。Ⅰ序孔灌前透水率 $q \leqslant 5$Lu 占 66.57%，Ⅱ序孔增加至 75.38%，Ⅲ序次孔透水率增加至 86.77%，递增规律明显且较为合理，说明拟定的孔距、灌浆压力等参数较为合理。

8. 特殊情况处理措施及工艺

本标段所遇特殊问题主要为灌浆孔上部强溶蚀风化带溶蚀裂隙发育、黏土充填石牙及溶隙，存在地层耐压能力差、压力提升困难、复灌次数多、注入量大等问题，通过灌浆试验和施工的动态调整，总结出有效的处理措施及灌浆工艺如下：

（1）局部调整灌浆方式：近地表段强溶蚀风化带多为黏土充填石牙的土石混合地层，存在复灌次数多、反复劈裂、地表冒浆、耗灰量大等问题，对此特殊段次的灌浆方式进行局部调整，一般在高程 1357.50m（施工段次为前 5 段）以上采用自上而下分段卡塞循环灌浆法，完成后下套管隔离，再对以下孔段按孔口封闭法灌浆。根据高程 1347.50～1357.50m（第 6 段、7 段）压水及灌浆情况，再考虑是否增加隔离套管深度。

（2）动态调整灌浆压力。如上段存在复灌次数多、冒浆、反复劈裂、难以达到设计初拟压力的情况，可对Ⅰ序孔第 1～4 段适当降低灌浆压力，第 1 段压力调整为 0.3～0.5MPa，第 2 段调整为 0.4～0.8MPa，第 3 段调整为 0.7～1.0MPa，第 4 段调整为 1.0～1.5MPa。

（3）限量灌浆控制。强岩溶区注入量普遍较大，原则上注入量超过 1t/m 须待凝。如灌浆时压力能持续升高且有达到设计压力的趋势，或进浆量持续减小能达到本段次结束标准时，可根据现场情况上调注入量 1t/m 须待凝的单耗限制，尽可能一次性施灌结束，避免待凝影响灌浆质量。如注入量超过 1.5t/m，仍应采用待凝处理。

（4）掺砂灌注原则。如第一次灌浆过程中无压力的情况下即可采用掺砂灌注（起始掺砂量为 20%，灌注 30 分钟后仍无改善再增加 20%，直至达到最大可掺砂量 200%）。每段掺砂灌浆水泥耗量达 10t 后，设计压力调整为 2.0MPa。水泥耗量达 15t 后，设计压力调整为 1.5MPa。掺砂灌浆水泥耗量达 20t 后应停灌待凝。

（5）仔细观察钻孔全过程变化，对钻进速度变化、孔口返水情况、返水颜色、落水掉钻深度、变层、夹层位置、芯样、透水率等情况及位置做到心中有数，若钻孔情况复杂，要放弃灌 1～2 次、只用纯水泥浆就能灌结束的想法，要有复灌多次和灌砂浆的思想准备。

（6）灌浆时用纯水泥浆开灌，注入一定量的水泥浆后，根据注入量、压力的变化情况适时调整灌浆方法和材料。

1）如进浆量大、不起压，则采用间歇灌注，停停灌灌，若无效果则直接改为灌水泥砂浆，本标段灌水泥砂浆的经验如下：

在水泥砂浆中按水泥质量 5% 的比例掺入膨润土，在 0.5∶1 的纯水泥中掺入 20%、40%、60% 至 100% 的机制细砂（粒径小于 2mm），用泥浆搅拌机拌匀后经砂浆泵送入孔内。

砂浆的配合比，水∶水泥∶砂∶膨润土＝0.5∶1∶0.2∶0.05、0.5∶1∶0.4∶0.05、0.5∶1∶0.6∶0.05（质量比），膨润土不一定都要掺，如不掺膨润土也能灌入，也可以不掺，现场根据实际情况调整。

砂浆灌注方法与纯水泥浆类似，如进浆量大，掺砂量已达 60% 以上时仍不起压，则采用间歇停灌方法，如仍无效果则待凝，待凝时间 8～24 小时，以能扫取岩芯为限。如此循环灌注直至砂浆灌满，压力提升后采用纯水泥浆复灌结束。

2）经多次复灌，压力始终难以达到设计压力，每升高压力注入量就大增的情况，以分级缓慢升压＋限流＋主动灌砂浆＋主动多次降压（以受灌段能承受的压力峰值为限）屏浆为核心，仔细观察进浆量与压力上升的关系，小幅缓慢升高压力，如进浆量可控、压力稳得住，则持续灌一段时间再小幅缓慢升压。如进浆量增大、压力下降，则须降低压力再灌，以限制进浆量（不大于 20～30L/min 为限）降压屏浆结束，待凝 8～24h 后扫孔复灌。每主动降压屏浆 1 次，复灌时压力一般能升高 0.4～0.5MPa，多次复灌后压力是能达到设计压力的，虽然增加了复灌次数和待凝时间，但能大幅节约水泥耗量，总体上施工成本是下降的。

6.1.4　灌浆质量检查

（1）施工方检查孔。完成检查孔 80 孔，压水试验 1125 段，透水率均小于 5Lu，其中，透水率 $q \leqslant 3Lu$ 的 1051 段，占 93.4%。透水率 $3Lu < q \leqslant 5Lu$ 的 74 段，占 6.6%，最大值 4.33Lu。

（2）第三方检查孔。业主委托第三方"云南云水工程技术检测有限公司"进行了第三方检查孔复检。第三方共完成检查孔 12 孔，压水试验 169 段，透水率均小于 5Lu，其中，透水率 $q \leqslant 3Lu$ 的 158 段，占 93.5%。$3Lu < q \leqslant 5Lu$ 的 11 段，占 6.5%，最大值 4.06Lu。

从施工方自检与第三方复检情况来看，灌浆质量良好，第三方检查孔与施工方检查孔的压水试验透水率分布概率较为一致。

6.2　库区灌浆二标施工情况

6.2.1　工程概况

库区灌浆二标防渗帷幕线路位于里程 MKG1＋520.769～MKG2＋699.399，帷幕轴线长度 1178.57m，钻孔数量 598 孔，钻孔总进尺 62542m，帷幕灌浆进尺 51498m。帷幕灌浆施工均在地面进行，灌浆顶界为正常蓄水位 1377.50m，帷幕底界进入强岩溶带下限以下 10m 且最后一段灌前透水率 $q \leqslant 10Lu$，帷幕深度 77.5～152.5m，平均深度 86.1m。

库区二标工程开工日期 2016 年 9 月 1 日，于 2019 年 12 月 29 日完工，主体工程外业施工历时 631d。本标段划分为 1 个单位工程，5 个分部工程。

施工进度主要有 3 个阶段：①人员设备进场准备阶段，自 2016 年 4 月 25 日至 2016 年 11 月 1 日，历时 185 天；②生产性灌浆试验阶段，自 2016 年 11 月 1 日至 2018 年 4 月 12 日，历时 525 天；③生产孔施工阶段，自 2018 年 3 月 18 日至 2019 年 12 月 29 日，历时 652 天。

6.2.2　标段主要完成工程量

库区二标帷幕线路总长 1178.57m，单排孔布置，孔距 2m，施工中遇两处强岩溶低槽区，分别采用了 2 排、3 排孔补强灌浆。共计完成 598 个帷幕灌浆孔，总计造孔进尺 62542m，其中非灌浆段进尺 11044m，灌浆段进尺 51498m；孔口封闭灌浆固管总进尺 12000m；帷幕灌浆孔累计注入水泥 1038.4t，注入红黏土膏浆 57180m³，注入砂浆 7524m³；合计 80 个检查孔，总计造孔进尺 6096.77m，其中非检查段进尺 711.95m，检查段进尺 5384.82m，压水试验段 1125 试段，检查孔封孔累计注入水泥 119.1t。

库区灌浆二标主要完成工程量见表 6.2－1。

表 6.2－1 库区灌浆二标主要完成工程量表

序号	项 目 名 称	单位	原设计工程量	施工工程量
1	覆盖层帷幕灌浆（含钻孔）	m	220	470
2	岩石层钻孔	m	48342	62072.72
3	岩石层帷幕灌浆	m	44156	51027.88
4	检查孔钻孔	m	4216	8928.61
5	检查孔压水试验	试段	889	1673
6	检查孔灌浆	m	4438	7896.51
7	水泥砂浆	m³		7524.08
8	膏浆	m³		57180.61
9	孔口加深隔离套管	m		13815.29
10	先导孔压水试验	段		685
11	弃渣外运	m³		13690.12
12	大口径深孔钻孔补价差	m		14126.89
13	大口径深孔帷幕灌浆补价差	m		9104.115

6.2.3 主要施工方法和技术措施

1. 灌浆压力确定

库区二标灌浆压力调整过程及要求与库区一标相同。

2. 强岩溶发育地层膏浆灌注工艺

本标段部分地段如 K_{II} 灌浆试验区为强渗透、大漏失地层，近地表为黏土覆盖层、黏土充填石牙的土石混合地层，下部为溶洞、溶隙充填黏土，黏土密实度较差。灌浆段内约70%的段次属强透水地层，采用水泥浆灌注存在压力提升困难、易抬动及串冒浆、注入量大等问题，浆液往往沿通道渗漏难以形成有效的帷幕，采用砂浆灌注易堵孔灌不进去。采用膏浆灌注可有效控制浆液扩散范围，对帷幕区域地层进行挤压、渗透、密实改良地层条件后，再以水泥浆复灌结束可有效控制浆液扩散范围，降低水泥浆注入量，形成有效的防渗帷幕。膏浆灌注主要施工方法如下：

1）膏浆灌注底界及膏浆启动条件以灌前透水率大于20Lu进行控制。

2）按分序加密的原则开展膏浆灌注，即 I 序孔逐段钻进压水，分层分段进行膏浆灌注，膏浆灌注过程中采取限压、限量双重控制措施，若 I 序孔灌注最浓一级膏浆仍无压力，采取限量灌注待凝的处理措施，膏浆限量灌注量为 $3\sim5m^3/m$。

3）I 序孔灌注膏浆无压力或压力较小（小于 1.5MPa）的，待凝 48 小时后开始钻进相邻 II 序孔，逐段钻进压水，对灌前透水率 $q>20Lu$ 或透水率为 $15\sim20Lu$ 有泥夹层的灌段进行膏浆灌注，膏浆灌注过程中采取限压、限量双重控制措施。若 II 序孔灌注最浓一级膏浆无压力或压力较小（小于1.5MPa）的，采取限量灌注待凝的处理措施，膏浆限量灌注量为3～5m³/m；若Ⅰ序孔膏浆灌注达到预期压力条件，不再进行Ⅱ序孔膏浆灌注。

4）Ⅱ序孔灌注膏浆无压力或压力较小（小于1.5MPa）的，待凝48小时后开始钻进相邻Ⅲ序孔，逐段钻进压水，对灌前透水率大于20Lu或透水率为15～20Lu有泥夹层的灌段进行膏浆灌注，膏浆灌注过程中采取限压、限量双重控制措施，若Ⅲ序孔灌注最浓一级膏浆无压力或压力较小（小于1.5MPa）的，采取限量灌注待凝的处理措施，膏浆限量灌注量为3～5m³/m；若Ⅱ序孔膏浆灌注达到预期压力条件，不再进行Ⅲ序孔膏浆灌注。

5）若Ⅲ序孔灌注最浓一级膏浆无压力或压力较小（小于1.5MPa）的，Ⅲ序孔膏浆灌注结束后开始Ⅰ序孔扫孔，若扫孔过程无回水或回水较小的，需再次采用膏浆复灌，按分序加密原则依次循环进行膏浆灌注直至达到预期压力条件。

6）膏浆灌注按分层分段进行，原则上按30m灌段为一层、1m为一段进行膏浆灌注，遇到大溶洞、强岩溶和宽大裂隙较为发育的地层，在造孔允许的条件下可一次性钻孔至灌前透水率小于20Lu的位置，下膏浆管至距孔底1m处自下而上拔管灌注，遇塌孔严重难以成孔的可在塌孔区域先进行膏浆灌注，膏浆单次注入量以3～5m³/m控制。

7）膏浆灌注结束条件为：30m孔深范围内压力为1.5～2.5MPa，30～60m孔深范围内压力为2.0～3.5MPa，60m孔深以下压力为2.0～3.5MPa。

库区二标598个灌浆孔中共有273个孔进行了膏浆灌注，总计膏浆注入量57180.6m³。以库区二标K$_Ⅱ$157～K$_Ⅱ$175孔的强岩溶低槽区为例，在深部遇大型充填溶洞，单孔最大帷幕深度达152.5m。对该段增加两排补强帷幕孔，主帷幕孔（K$_Ⅱ$157～K$_Ⅱ$175孔）和下游排补强帷幕孔（K$_Ⅱ$B41～K$_Ⅱ$B59孔）均进行了大量的膏浆灌注。

3. 特殊地质情况统计

库区灌浆二标施工揭露的岩溶地质条件复杂程度实属罕见，累计完成598个灌浆孔，其中104个灌浆孔上部3～30m灌浆段为石牙、石笋夹黏土的土石混杂地表强烈溶蚀带，需要采用低流动度膏状浆液控制性灌注改良地层后才能顺利完成水泥灌浆；其中198个孔遇溶洞，遇垂直高度大于1.0m的溶洞242个，垂直高度0.2～1.0m的溶洞472个。

（1）强溶蚀风化、薄层状地质段。帷幕线路MKG1+521.769～MKG1+747.336段揭露地层为白云质灰岩，局部夹方解石和钙质胶结物，近地表30～45m为强溶蚀风化带，岩体节理裂隙发育，存在泥质填充，岩体破碎为薄层状。钻孔岩芯采取率较低，甚至被钻具扰动为粉砂状。孔深30～45m范围内落水段次多并有小范围的掉钻现象，孔深45m以下透水率逐渐减小，但在灌浆过程中随压力提升注入量明显增大，薄层状岩层在1.0MPa压力内便会出现反复劈裂，击穿节理裂隙内泥质充填及软弱带形成通道；MKG1+605.336～MKG1+669.336区段孔深75～126m范围岩溶较发育，溶洞规模大且主要为泥质和粉细砂充填，可研灌浆试验阶段在里程MKG1+578～MKG1+588区段孔深71～96m揭露宽大连通型溶洞。

（2）大空隙、强漏失、溶洞群广泛分布地质段。MKG1+747.336～MKG2+073.336

区段地层为白云质灰岩，发育陡倾角宽大裂隙、溶沟溶槽，充填和半充填溶洞、溶洞群等特殊地质。钻孔钻进过程中落水段次多、灌前透水率较大，需要大量的灌浆材料充填挤密帷幕轴线附近大空隙地层方能形成帷幕体，高流态浆液进入孔内易沿岩溶管道流走，扩散半径不可控，需要多次复灌浆液堆积填塞密实岩溶管道后才能达到结束标准，采用低流动度膏状浆液进行控制性灌浆，浆液扩散范围可控。

（3）覆盖层、软弱破碎带、土石混杂地质段。部分地段近地表为覆盖层、石牙、石笋、土石混杂软弱破碎带、宽大泥夹层、泥质充填溶洞等，灌浆期间存在反复劈裂冒浆、复灌次数多、材料耗量大，浆液扩散不均匀，难以形成连续有效的帷幕。孔深12～15m为覆盖层，夹杂少量块石；孔深15～45m为石牙石槽土石混杂区域，岩石强度较高但连续性差，钻孔过程土石交叉；孔深45～65m为岩层破碎带，裂隙较为发育且裂隙内泥质充填但密实性和强度较低，泥质充填物多与地表连通，灌浆期间浆液击穿裂隙内泥质充填物造成冒浆，待凝后扫孔复灌会反复劈裂冒浆。

（4）特殊地质段灌浆施工照片。溶洞充填物从相邻灌浆孔被挤出（见图6.2-1）。溶洞各部位膏浆灌注见图6.2-2～图6.2-7。

图6.2-1 溶洞充填物从相邻　　　　图6.2-2 J01检查孔31m取芯的膏浆、水泥浆结石体
灌浆孔被挤出

图6.2-3 J14检查孔膏浆结石照片　　　图6.2-4 K_{II}161灌浆孔溶洞部位
膏浆灌注后扫孔芯样

图 6.2-5 K~II~167 灌浆孔溶洞部位膏浆
灌注后扫孔芯样

图 6.2-6 J36 检查孔孔深 8.2~
13.3m 处为膏浆结石

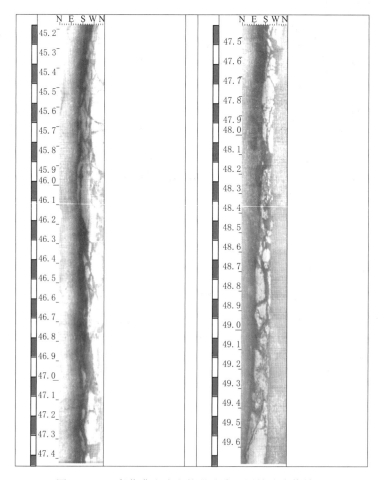

图 6.2-7 膏浆灌注改良软弱破碎地层钻孔成像效果

6.2.4　灌浆质量检查

1. 施工方检查孔

施工方完成检查孔 87 个，共压水注水检查 1656 段，其中覆盖层部位注水检查 34 段，渗透系数均不大于 $1×10^{-4}$cm/s，全部满足设计要求；压水试验共 1622 段，透水率 $q≤$ 2.0Lu 的有 1434 段，占 86.59%。透水率 2.0Lu$≤q≤$5.0Lu 的有 186 段，占 11.24%。透水率 $q>$5.0Lu 的有 2 段，占 0.12%。压水试验不合格孔段为 J03 号检查孔第 3、4 段，进行补灌后在相邻 2m 处布置检查孔 J05，检查结果满足设计要求。针对 J03 检查孔第 3、4 段实际地质情况分析，不合格原因是检查方式不合适，该两段为覆盖层灌浆，宜采用注水方式检查。

2. 第三方检查孔

业主委托云南云水工程技术检测有限公司进行了第三方检查孔复检。第三方共完成检查孔 13 个，其中覆盖层注水 11 段，渗透系数均小于 $1×10^{-4}$cm/s；压水试验共 209 段，透水率 $q≤$2.0Lu 的有 186 段，占 89%。透水率 2.0Lu$<q≤$5.0Lu 的有 20 段，占 9.6%。透水率 $q>$5.0Lu 的有 3 段，为 JC18 孔的第 1、2、3 段（属覆盖层段压水）。

3. 帷幕灌浆封孔质量检查

选取 12 个灌浆孔进行灌后原孔取芯检查，选取的灌浆孔为 k_{II}13、K_{II}45、K_{II}97、k_{II}148、K_{II}171、K_{II}195、K_{II}247、K_{II}298、K_{II}353、K_{II}405、K_{II}457、K_{II}506 孔，取芯检查深度为帷幕顶界以下 15m 段。取芯检查芯样外观密实，取芯率 90.5%～99.3%，芯样干密度最大值 1.98g/cm³、最小值 1.83g/cm³、平均值 1.90g/cm³。每孔选择不同深度的 3 段芯样进行了抗压强度检测，抗压强度最大值 27.6MPa、最小值 20.2MPa、平均值 23.43MPa。各项指标均满足设计要求。

从施工方自检与第三方复检情况来看，帷幕灌浆质量良好，第三方检查孔与施工方检查孔的压水试验透水率分布概率较为一致。

6.3　坝址区左岸灌浆标施工情况

6.3.1　工程概况

坝址区左岸防渗帷幕线路位于里程 SP0＋010～SP1＋206.522，南端接左岸坝肩，北段向北穿过灰岩段进入文麻断裂带，帷幕轴线长度 1196.522m，垂直防渗帷幕钻孔数量 1504 孔，钻孔总进尺 103658.3m，帷幕灌浆进尺 102855.1m；上、下层搭接帷幕长度 1193m，搭接帷幕钻孔数量 1791 孔，搭接帷幕灌浆进尺 10857m。帷幕灌浆主要在平洞内进行，设置上下两层灌浆平洞，靠文麻断裂带防渗边界处的灌浆在地表进行。灌浆顶界为正常蓄水位 1377.50m，帷幕底界进入强岩溶带下限以下 10m 且最后一段灌前透水率 $q≤$ 5Lu，帷幕深度 123.5～176.5m，平均深度 131.2m。

6.3.2　标段主要完成工程量

左岸上、下层帷幕灌浆，设计帷幕灌浆工程量钻孔 102627.13m，帷幕灌浆 99601.42m，施工实际完成帷幕灌浆（含搭接帷幕）钻孔 117127.63m，帷幕灌浆（含搭接帷幕）113234.21m，共计灌注水泥 36637.3t、膨润土 62.72t、砂 294.39t。

左岸上层垂直帷幕共完成 879 个灌浆孔（其中主帷幕孔 651 个、加排孔 121 个、加密孔 48 个、补强孔 3 个、洞外固结孔 56 个），共计完成垂直帷幕钻孔进尺 46775.34m，灌浆进尺 46555.27m。上层帷幕主要完成工程量见表 6.3 - 1。

表 6.3 - 1　　　　　　　　左岸上层帷幕灌浆统计表

灌浆孔名称	钻孔进尺 /m	灌浆进尺 /m	水泥注入量 /kg	水泥单位注入量 /(kg/m)	备　注
主帷幕孔	38473.43	38827.7	17873558	460.3	
试验区加排孔	330.4	288.7	156704	542.8	溶洞处理
加排孔	5570.3	5216.03	1272405	243.9	溶洞处理
加密孔	1741.68	1588.81	88020	55.4	文麻断裂带处理
补强孔	88.73	77.54	2004	25.8	检查孔补强孔
洞外固结孔	570.8	556.49	283333	509.1	文麻断裂带处理
合计	46775.34	46555.27	19676024	422.6	

左岸下层灌浆平洞长 1249m，共布置先导孔 52 个，压水试验 975 段，其中透水率 $q>100$Lu 的两段，占 0.2%，10Lu$\leqslant q<100$Lu 的 513 段，占 52.7%，5Lu$\leqslant q<10$Lu 的 248 段，占 25.4%，$q<5$Lu 的 212 段，占 21.7%。

左岸下层垂直帷幕灌浆共完成 708 个灌浆孔（其中主帷幕孔 650 个、加排孔 58 个），共计完成垂直帷幕钻孔进尺 56882.91m，灌浆进尺 56299.78m。下层帷幕主要完成工程量见表 6.3 - 2。

表 6.3 - 2　　　　　　　　左岸下层帷幕灌浆统计表

灌浆孔名称	钻孔进尺 /m	灌浆进尺 /m	水泥注入量 /kg	水泥单位注入量 /(kg/m)	备注
主帷幕孔	54288.43	53757.03	16518265.4	307.3	
加排孔	2594.48	2542.75	442971.3	174.2	溶洞处理

坝址区左岸帷幕灌浆主要完成工程量见表 6.3 - 3。

表 6.3 - 3　　　　　　　坝址区左岸帷幕灌浆主要完成工程量表

序号	项　目	单位	设计工程量	施工工程量
1	覆盖层帷幕灌浆	m		568.7
2	岩石层钻孔	m	89245	102506.96

序号	项 目	单位	设计工程量	施工工程量
3	岩石层帷幕灌浆	m	87173	100043.65
4	检查孔钻孔	m	8925	13324.45
5	检查孔压水试验	段	1743	2796
6	检查孔灌浆	m	8717	12893.35
7	溶洞回填（水泥砂浆）	m^3	3882	850
8	溶洞回填（C20混凝土）	m^3	5823	5237
9	搭接帷幕灌浆	m	10380	10746
10	搭接帷幕检查孔钻孔	m	519	684.8
11	搭接帷幕检查孔压水试验	段	104	107
12	搭接帷幕检查孔灌浆	m	519	642

6.3.3 主要施工方法和技术措施

1. 特殊情况处理概述

坝址区左岸帷幕灌浆在施工中遇到的特殊情况有不起压、串浆、涌水、孔口返浆、夹泥层或者泥夹石及发育充填程度不一的溶隙、溶洞等复杂情况，灌浆施工中针对各类特殊情况采取的措施概括统计见表6.3-4。

表6.3-4　　　　　　坝址区左岸灌浆特殊情况处理统计表

特殊情况类型	所在部位	灌浆材料	处 理 措 施
大吸浆、不起压	各试验区及生产区域	纯水泥浆、纯水泥砂浆、水泥砂浆、膏浆	采用低压、限流、间歇、待凝等方法处理。若复灌时压力及流量仍无明显变化，复灌两次后采用水泥砂浆或膏浆灌注，第一次灌注量按$1m^3/m$控制，如无回浆第二次灌注量按$3m^3/m$控制，灌注待凝72h后再扫孔用水泥浆复灌直至结束
发育规模较小的无充填型溶洞、溶隙	各试验区及生产区域	纯水泥浆、水泥砂浆	先采用纯水泥浆灌注，如水泥注入量达$400\sim500kg/m$仍不起压、无回浆，接着灌注水泥砂浆，掺砂量根据灌注情况按80%控制，直至填满溶洞、溶隙，待凝72h后采用纯水泥浆复灌直至结束
发育规模较大的无充填型溶洞、溶隙	各试验区及生产区域	纯水泥浆、水泥砂浆	先采用纯水泥浆灌注，如水泥注入量达$400\sim500kg/m$仍不起压、无回浆，接着灌注水泥砂浆，掺砂量根据灌注情况按80%控制，每次灌注砂浆量按$2m^3/m$控制，灌注不满待凝8h后接着灌注砂浆直至填满溶洞、溶隙，待凝72h后采用纯水泥浆复灌直至结束

特殊情况类型	所在部位	灌浆材料	处 理 措 施
泥质充填型溶洞、溶隙	上层平洞试验Ⅲ区	纯水泥浆、水泥砂浆、膏浆	上层平洞试验Ⅲ区遇黏土全充填大型溶洞,先打开相邻孔试图将充填物挤出无效。在溶洞区帷幕线上、下游各增加 1 排加密孔,孔距 1.0m。加密孔按先下游排、再上游排分 3 序施工,孔深穿透溶洞后入岩 1.0m。加排孔采用膏浆灌注,纯压式全孔一次性灌浆,结束标准为灌浆压力 1.0MPa、流量小于 5L/min 停止灌注膏浆。如灌注膏浆无法达到结束标准,则按灌注 $1m^3/m$ 控制;最后再用纯水泥浆灌注中间排帷幕
砂夹石层、土夹石层、黏土夹层	各试验区及生产区域	纯水泥浆、膏浆	先采用纯水泥浆灌注,复灌两次后采用水泥砂浆或膏浆灌注,第一次灌注量按 $1m^3/m$ 控制,如无回浆第二次灌注量按 $3m^3/m$ 控制,灌注待凝 72h 后再扫孔用水泥浆复灌直至结束
孔口返浆	各试验区及生产区域	纯水泥浆	采用纯压式灌浆,并增加屏浆时间,灌浆结束后立即对灌浆孔进行封闭处理,增加待凝时间
塌孔	各试验区及生产区域	纯水泥浆	先采用灌浆方法进行护壁处理,待凝 24h 以上再钻孔施工
涌水	下平洞试验区及生产区	纯水泥浆	采用纯压式灌浆,并增加屏浆、待凝时间
串浆	各试验区及生产区域	纯水泥浆	堵塞串浆孔,待灌浆孔灌浆结束后再对串浆孔扫孔复灌;或 1 孔 1 泵同时灌浆
冒浆	各试验区及生产区域	纯水泥浆	采用嵌缝、浓浆、低压、间歇等措施

2. 文麻断裂带附近覆盖层灌浆

左岸防渗边界接文麻断裂带,里程 SP0+010~SP0+107 段上层帷幕灌浆在地表进行,为文麻断裂带及影响带。里程 SP0+052.022~SP0+94.022 段地面最低高程为 1375.50m,低于帷幕顶界高程(1377.50m)2m,灌浆平洞施工时利用洞渣回填形成洞口施工平台。该段地表为覆盖层、洞渣及强溶蚀风化带,下部为断层破碎带物质,存在成孔困难、压力提升困难、冒浆、注入量巨大等问题。处理措施如下。

里程 SP0+038.022~SP0+094.022 段帷幕轴线上、下游各增加 1 排浅固结灌浆孔,孔距 2m,排距 1.2m(上、下游排固结灌浆孔轴线距帷幕灌浆轴线 0.6m),固结灌浆顶界高程 1377.50m,底界高程 1370.00m,灌浆压力 0.1~0.3MPa,分两序施工;灌浆材料结合地层情况采用水泥黏土浆、砂浆等稠度较大的浆液灌注。先完成上、下游排的固结灌浆施工后,再进行中间排的帷幕灌浆施工,以为主帷幕灌浆提升压力和减少耗量提供围封作用。

里程 SP0+010~0+100 段帷幕灌浆方式采用以孔口封闭法为主的综合灌浆法,即上部覆盖层段采用自上而下分段卡塞灌浆,完成后对覆盖层段下套管隔离,再对以下孔段采用孔口封闭灌浆法,避免下段灌浆时上段反复劈裂。覆盖层段灌浆深度原则上控制在高程

1377.50m 以下 15m 内，具体各孔的分段卡塞及隔管深度根据钻孔地质条件确定。覆盖层灌浆段长不超过 2m；灌浆材料除水泥浆外，根据灌浆情况采用水泥砂浆、水泥黏土浆灌注，最终以水泥浆复灌结束。

由于覆盖层段灌浆压力较低，采用 2m 孔距的单排孔难以保证灌浆质量，在设计的主帷幕灌浆孔两孔之间加密一个灌浆孔（Ⅳ序孔），加密孔布置范围为里程 SP0＋010～SP0＋100，加密孔帷幕底界高程 1345.00m。加密孔采用自上而下分段卡塞灌浆，尽量不隔管。

覆盖层水泥灌浆压力见表 6.3－5。

表 6.3－5　　　　　　　　　　文麻断裂带覆盖层灌浆压力表

段次	基岩内孔深/m	段长/m	最大灌浆压力/MPa			
			Ⅰ序孔	Ⅱ序孔	Ⅲ序孔	Ⅳ序孔
1	0～2	2	0.1～0.2	0.1～0.2	0.1～0.2	0.1～0.2
2	2～4	2	0.1～0.2	0.2～0.3	0.2～0.3	0.2～0.3
3	4～6	2	0.2～0.3	0.2～0.3	0.2～0.3	0.3～0.4
4	6～8	2	0.2～0.3	0.3～0.4	0.3～0.4	0.4～0.5
5	8～10	2	0.3～0.4	0.3～0.4	0.3～0.4	0.4～0.5
6	10～15	5	0.3～0.4	0.4～0.5	0.4～0.5	0.5～0.6
＞6	＞15	5	孔口封闭法	孔口封闭法	孔口封闭法	孔口封闭法

3. 上层帷幕近坝段强岩溶区处理

左岸上层平洞灌浆施工中，靠左坝肩附近帷幕里程 SP1＋100.022～SP1＋006.022（ZSQ54～ZSQ101 灌浆孔）揭露该段地层岩溶强烈发育，灌浆施工的钻孔、压水、灌浆及孔内成像显示该段岩溶发育，岩溶以垂直向发育为主，溶洞、溶隙大部分为无充填或少充填，灌浆施工所遇特殊问题较多。该段的灌浆平洞开挖揭露地质条件、钻孔成像和灌浆资料显示的岩溶发育情况十分一致。

该段上层平洞长 94m，其中Ⅲ类围岩洞段长 54m，占 57%；Ⅳ类洞段长 40m，占 43%。平洞开挖揭露较大溶洞 3 个，为 RDZS08（SP1＋053 处左边墙出露，宽 0.5～1.2m，无充填）、RDZS09（SP1＋063 处顶拱出露，宽 0.6～1.4m，无充填）、RDZS10（SP1＋100 处顶拱出露，宽 0.8～1.9m，无充填）。

该段下层平洞长 94m，其中Ⅲ类围岩洞段长 46m，占 49%；Ⅳ类围岩洞段长 36m，占 38%；Ⅴ类围岩洞段长 12m，占 13%。平洞开挖揭露较大溶洞 5 个，为 RDZX07（SP1＋005 处顶拱处两个连通的溶洞，直径约 0.7m，较深无充填）、RDZX06（SP1＋030 处左边墙，洞深 0.4～1.3m，闭合无充填）、RDZX05（SP1＋054 处左边墙，直径约 3m，较深、无充填）、RDZX04（SP1＋060 处顶拱，深 0.5m，无充填）、RDZX03（SP1＋078 处顶拱，直径 3m，较深、无充填）。

该段上、下层平洞揭露的大溶洞主要位于顶拱和边墙，底板位置的溶洞大部分被开挖渣料覆盖难以编录。上下层平洞间的岩溶以竖向发育为主，溶洞、溶隙为无充填或不密实的泥质充填为主，岩溶主要为垂直向发育，上、下层灌浆平洞揭露的大溶洞位置基本垂直对应，钻孔成像显示的宽大溶隙多为竖向发育（见图 6.3-1～图 6.3-3）。

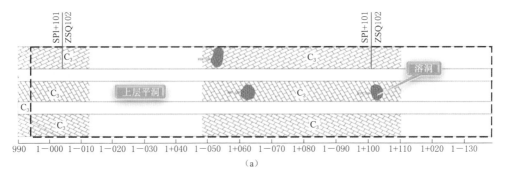

(a)

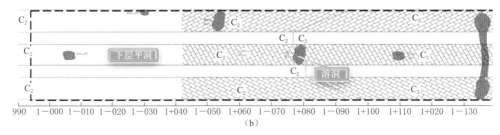

(b)

图 6.3-1　左岸 SP1+004～1+101 段上、下层平洞编录对照图

图 6.3-2　左岸下平洞 SP1+098
揭露的宽大溶隙

该段的灌浆孔 ZSQ44～ZSQ101 孔段共 47 个灌浆孔，施工中遇强岩溶特殊情况处理的有 44 个孔，遇特殊情况的孔数占灌浆孔数量的 91.6%，主要为竖向溶隙夹泥及溶洞。27 个灌浆孔遇溶洞，钻孔遇洞率 57.4%。遇溶洞 34 个，最大掉钻深度 3.2m（ZSQ65 孔），灌浆孔平均每百米遇洞率 1.3 个/100m。

从 SP0+992～SP1+006（灌浆孔 ZSQ51～ZSQ107）灌前压水试验和单位注入量分析，Ⅰ、Ⅱ、Ⅲ序孔灌前透水率递减不明显，Ⅲ序孔灌前透水率仍较大，大于 10Lu 的有 278 段（共压水 321 段）占 86.6%，透水率均值为 25.5Lu；Ⅰ、Ⅱ、Ⅲ序单位注入量递减不明显，水泥单位注入量Ⅰ序孔为 749～3917kg/m，Ⅱ序孔为 678～1161kg/m，Ⅲ序孔为 518～708kg/m，甚至常出现Ⅱ序孔比Ⅰ序孔单位注入量大的情况，Ⅲ序孔单位注入量远大于 100kg/m，最小为 518.6kg/m。灌浆施工中对注入量大的孔段综合采用了间歇、待凝措施，并对特殊地段采用砂浆、膏浆灌注，特别是 ZSQ61、ZSQ63、ZSQ65 号孔多次待凝复灌，每个孔施工都历时 1 个多月。

该段单排孔帷幕灌浆及各序孔灌前透水率统计见表 6.3-6 和表 6.3-7。

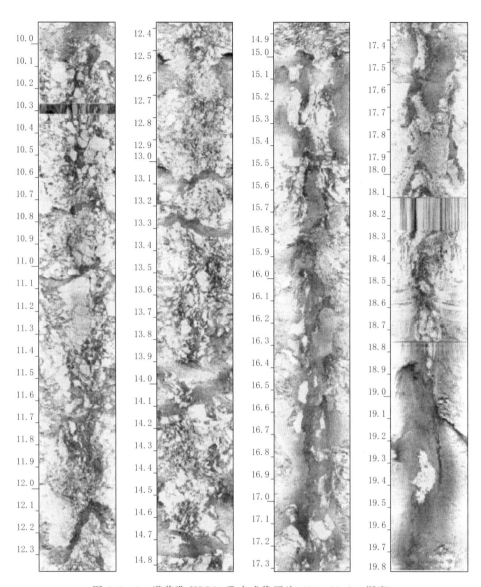

图 6.3-3　灌浆孔 XSQ59 孔内成像照片（10～19.8m 深度）

表 6.3-6　　　　　　　　SP0＋992～SP1＋106 段单排孔帷幕灌浆统计表

灌浆单元	孔数	灌浆段长 /m	注入水泥量 /kg	单位注入量/（kg/m）				灌前透水率/Lu		
				平均值	Ⅰ序	Ⅱ序	Ⅲ序	Ⅰ序	Ⅱ序	Ⅲ序
SP1＋092.522～ SP1＋106.522	7	402.93	288963.6	717.2	696.9	970.9	561.3	35.91	29.8	23.75
SP1＋072.522～ SP1＋092.522	10	405.6	816049.1	2012	3917.3	1634	708.9	92.23	47.55	29.87
SP1＋052.522～ SP1＋072.522	10	554.26	396485.2	715.3	833.4	962.4	532	49.2	35.4	25.75

灌浆单元	孔数	灌浆段长/m	注入水泥量/kg	单位注入量/(kg/m)				灌前透水率/Lu		
				平均值	Ⅰ序	Ⅱ序	Ⅲ序	Ⅰ序	Ⅱ序	Ⅲ序
SP1+032.522~ SP1+052.522	10	575.49	436828.8	759.1	755.8	1161.4	518.6	32.72	39.31	25.42
SP1+012.522~ SP1+032.522	10	574.8	455062.8	791.7	950.8	1125.5	562.8	38.1	34.84	25.94
SP0+992.522~ SP1+012.522	10	575.4	381692.1	663.4	749.1	678.3	620.1	61.22	22.56	22.41
合计	57	3088.48	2775081.6	898.5	1317.2	1088.8	584	51.56	34.91	25.52

表 6.3－7　　　　　　　　　ZSQ51～ZSQ107 孔灌前压水试验统计表

灌浆孔	段　　次			
	1～5Lu	5～10Lu	10～100Lu	>100Lu
Ⅰ序孔	3	20	151	8
Ⅱ序孔	4	34	155	2
Ⅲ序孔	11	32	277	1

从岩溶水文地质条件及灌浆施工情况分析，该段岩溶发育，特别是垂直向溶隙较发育，地层透水率较大，可灌性好。按单排孔施工的各序孔灌前透水率及平均单位注入量递减趋势不明显，至Ⅲ序孔的灌前透水率及注入量仍较大。说明浆液沿帷幕轴线方向扩散性不理想，单排孔难以保证帷幕的连续性和完整性。处理措施为对该段增加 1 排帷幕灌浆孔，补强孔布置在先施工的主帷幕孔上游侧，排距 1.2m，孔距 2m，与原单排灌浆孔错开布置。遇此类强岩溶灌浆的处理，首先要力争完成单排孔施工，并结合灌浆孔开展取芯、孔内成像等勘察工作，单排施工完后能查明强岩溶区分布范围及岩溶特征，再针对性地进行补强灌浆设计，才能充分体现动态设计的针对性、经济性、合理性。

该段上下层帷幕灌浆孔揭露的岩溶分布示意见图 6.3－4，加排补强帷幕灌浆孔资料统计见表 6.3－8。

表 6.3－8　　　　　　　　SP0＋992～SP1＋106 段加排帷幕孔灌浆统计表

灌浆单元	孔数	灌浆段长/m	注入水泥量/kg	单位注入量/(kg/m)				灌前透水率/Lu		
				平均值	Ⅰ序	Ⅱ序	Ⅲ序	Ⅰ序	Ⅱ序	Ⅲ序
SP1+092.522~ SP1+106.522	4	230.54	60812.7	263.8	403.4	350.2	150.7	19.77	18.64	14.3
SP1+072.522~ SP1+092.522	10	576.54	140611.7	243.9	447.2	318.4	118	24.88	21.69	11.18
SP1+052.522~ SP1+072.522	10	577.49	150652.6	260.9	459.3	321.3	117.4	27.62	21.15	10.52
SP1+032.522~ SP1+052.522	10	576.42	139508	242	417.2	331.9	117.9	20.33	21.66	10.76

灌浆单元	孔数	灌浆段长/m	注入水泥量/kg	单位注入量/(kg/m)				灌前透水率/Lu		
				平均值	Ⅰ序	Ⅱ序	Ⅲ序	Ⅰ序	Ⅱ序	Ⅲ序
SP1+012.522~ SP1+032.522	10	577.7	143479.5	248.4	409	326.2	120	20.64	21.53	12.47
SP0+992.522~ SP1+012.522	4	229.8	66284.8	288.4	417.9	342.5	196.6	25.52	15.39	13.31
合计	48	2768.49	701349.3	253.3	425.7	331.8	136.8	23.13	20.01	12.09

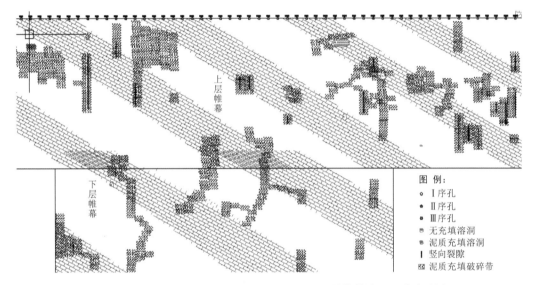

图例：
○ Ⅰ序孔
● Ⅱ序孔
● Ⅲ序孔
▱ 无充填溶洞
▰ 泥质充填溶洞
Ⅰ 竖向裂隙
▨ 泥质充填破碎带

图6.3-4　SP1+100.022~SP1+006.022上下层帷幕施工地质编录图

6.3.4　灌浆质量检查

1. 搭接帷幕灌浆质量检查

左岸下层平洞施工方完成水平搭接帷幕检查孔107个，压水试验113段，其中透水率$q<1.0Lu$的有57段，占50.4%。透水率$1.0Lu \leqslant q < 3.0Lu$的有55段，占48.7%。透水率$3.0Lu \leqslant q \leqslant 5.0Lu$的有1段，占0.9%（见表6.3-9）。

表6.3-9　　　　　　　　　　左岸下层平洞搭接帷幕检查孔统计表

施工部位	检查孔数量/个	压水段数/段	透水率/Lu			段数/段			频率/%			设计标准/Lu
			最大值	最小值	平均	≤1Lu	1~3Lu	3~5Lu	≤1Lu	1~3Lu	3~5Lu	
左岸下平洞	107	113	4.54	0.26	2.4	57	55	1	50.4	48.7	0.9	≤5

2. 垂直防渗帷幕灌浆质量检查

施工方检查孔：左岸上、下层帷幕灌浆共完成检查孔191个，压水试验2752段、注水试验33段。其中，压水试验透水率$q<1.0Lu$的有1547段，占56.2%。透水率

1.0Lu≤q＜2.0Lu 的 987 段，占 35.8％。透水率 2.0Lu≤q≤5.0Lu 的有 217 段，占 7.9％。透水率 q＞5.0Lu 的有 1 段，占 0.04％，不合格段为上平洞 ZSWJ43 孔的第 4 段，透水率为 10.15Lu，取芯可见岩石破碎，且旁边的 ZSQ333 孔第 4 段复灌 6 次，岩溶发育，布置补强孔灌浆后再检查合格；注水试验 33 段，渗透系数均小于要求的 $K \leqslant 1.0 \times 10^{-4}$ cm/s。

第三方检查孔：业主委托云南云水工程技术检测有限公司进行了第三方检查孔复检。第三方共完成检查孔 25 个，其中，覆盖层注水试验两段，渗透系数均小于 1×10^{-4} cm/s。压水试验 355 段，透水率 q≤2.0Lu 的有 338 段，占 95.2％。透水率 2.0Lu＜q≤5.0Lu 的 17 段，占 4.8％。透水率 q＞5.0Lu 的没有。

从施工方自检与第三方复检情况来看，帷幕灌浆质量良好，第三方检查孔与施工方检查孔的压水试验透水率分布概率较为一致。

6.4 坝址区坝基及右岸灌浆标施工情况

6.4.1 工程概况

坝址区坝基及右岸防渗帷幕线路位于里程 XP1＋203.201～XP2＋124，北端接左岸坝肩，防渗帷幕向南穿过灰岩段进入玄武岩地层，帷幕轴线长度 920.8m，完成垂直帷幕灌浆孔 1233 个，垂直帷幕灌浆进尺 83486m。除坝基两岸坡少量帷幕灌浆在地表进行外，帷幕灌浆主要在坝基廊道及右岸灌浆平洞内进行，右岸设置上下两层灌浆平洞。右岸灌浆顶界为正常蓄水位 1377.50m，帷幕底界进入强岩溶带下限以下 10m 且最后一段灌前透水率 q≤5Lu，帷幕深度为 68.5～172.4m，平均深度为 124.4m，单孔帷幕最大深度为 140.2m。

6.4.2 标段主要完成工程量

坝基及右岸帷幕灌浆主要完成工程量见表 6.4－1。

表 6.4－1　　　　　　坝基及右岸帷幕灌浆主要完成工程量表

序号	项　目	单位	设计工程量	施工工程量
1	主帷幕灌浆工程			
1.1	砂砾石层帷幕灌浆（含钻孔）	m	20	213.83
1.2	岩石层钻孔	m	62576	88704.65
1.3	岩石层帷幕灌浆	m	65876	83411.21
1.4	检查孔钻孔	m	6258	10418.47
1.5	检查孔压水试验	试段	1317	2098
1.6	检查孔灌浆	m	6587	9355.5

续表

序号	项　目	单位	设计工程量	施工工程量
1.7	灌注膨润土膏浆	m³		7665.61
1.8	灌注砂浆	m³		4376.03
1.9	隔离套管	m		5853.87
1.1	下平洞延长段 DN75PPR 管（物探套管）	m		579.18
2	搭接灌浆工程			
2.1	岩石层钻孔	m	5967	6576
2.2	搭接帷幕灌浆	m	5967	6576
2.3	搭接帷幕检查孔钻孔	m	298	374.35
2.4	搭接帷幕检查孔压水试验	试段	60	62

6.4.3　主要施工方法和技术措施

6.4.3.1　灌浆机械设备选择

1. 钻机

基岩帷幕灌浆钻孔采用 XY-2 型地质回转钻机。

2. 测斜仪

为满足钻孔孔斜测量要求，采用 KXP-1 轻便测斜仪进行钻孔孔斜测量。

KXP-2X 型测斜仪的精度为：方位角不大于 $\pm 2°$，顶角不大于 $0.5°$。具有精度高、适应性强、抗干扰性和防震性好、操作简便、照片记录清晰、易读和可连续操作等一系列优点，特别是对较深钻孔的测斜，其性能明显优于其他测斜仪器。

3. 灌浆泵

选用 3SNS 型高压灌浆泵，为三缸往复式柱塞泵，运行状态好，压力平稳，额定压力 10.0MPa，最大排量为 200L/min。

4. 灌浆卡塞

采用 YS 型系列液（气）压灌浆塞及活塞式液压膨胀塞（见图 6.4-1），前者主要优点是膨胀率高，封闭可靠，但价格较贵。后者的主要优点造价较低，适应地层能力强，缺点是膨胀率稍小。两者均可用于灌浆及压水试验卡塞，规格有 $\phi 56mm$、$\phi 66mm$、$\phi 76mm$ 和 $\phi 91mm$ 四种，主要技术指标见表 6.4-2。

表 6.4-2　　　　　　　　　YS 系统灌浆塞技术指标

项目	初始胀塞压力 /MPa	灌浆、压水压力 /MPa	最大耐压能力 /MPa	适用孔径/mm	适用孔深 /m
指标	0.7～1.0	6.0	25～30	$\phi 56$、$\phi 66$、$\phi 76$、$\phi 91$	0～180

5. 不铸钻孔口封闭器

孔口封闭法灌浆在深孔、浓浆、高压条件下极易发生"铸钻"事故，本工程最新采用不铸钻孔口封闭器可有效解决这一难题。

不铸钻孔口封闭器（见图6.4-2）首次采用特殊处理技术和高压密封技术，从而解决了深孔高压状态下的封闭灌浆问题。使用此封闭器，孔内浆液在孔内射浆管的强制搅拌作用下始终处于受搅动状态，可有效地防止沉淀、析水，对细小裂隙和夹泥破碎带有更好的穿透能力。同时，免去了降压、活动射浆管的操作，有利于减轻劳动强度。不铸钻孔口封闭器适用深度180m内的灌浆孔。

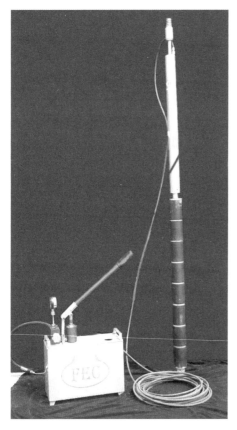

图6.4-1 灌浆卡塞

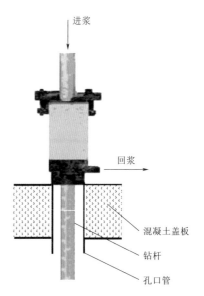

图6.4-2 不铸钻孔口封闭器

6. 双桶储浆搅拌机

选用J-400型立式双桶储浆搅拌机，容积为2×200L，搅拌轴转速51r/min。该机装置了密度传感器，可自动测试浆液密度，并与GMS2006灌浆自动记录仪连接，可显示和打印浆液密度值及历时曲线。

立式双桶储浆搅拌机见图6.4-3。

7. 灌浆自动记录仪

为保证灌浆施工记录资料的真实性和准确性，德厚水库建管处将灌浆记录仪的采购、安装及运行维护单独招标，由长江水利委员会长江科学院中标实施，灌浆自动记录仪主要对灌浆过程的灌浆压力、注入率、浆液密度 3 参数全过程记录，并可实时将数据传输至后方平台储存，相关人员可利用手机、电脑实时登录查询各灌浆区的现场施工情况。

（1）灌浆自动记录仪。选用 GJY-7 型（压力、注入率、密度 3 参数）灌浆自动记录仪，由长江水利委员会长江科学院武汉长江仪器自动化研究所开发研制。具有同时测量并记录两路灌浆机组施工全过程技术参数的功能，适用于固结灌浆、帷幕灌浆、接缝灌浆、回填灌浆及其他灌浆工艺，能够满足普通法灌浆，单点法压水、五点法压水的技术要求，适用于纯水泥浆、砂浆、含膨润土及其他处理剂的浆液。

GJY7 灌浆自动记录仪及性能指标见图 6.4-4 和表 6.4-3。

图 6.4-3　立式双桶储浆搅拌机

图 6.4-4　GJY7 灌浆自动记录仪

表 6.4-3　　　　　　　　　GJY7 灌浆自动记录仪技术性能指标

相关参数	压力	流量	密度	抬动
量程和单位	$0\sim10MPa$	$0\sim150L/min$	$1\sim3g/cm^3$	$0\sim2000\mu m$
精度	$\pm0.5\%FS$	$\pm1\%FS$	$\pm0.5\%FS$	$\pm0.1\%FS$
显示分辨率	$0.01MPa$	$0.1L/min$	$0.01g/cm^3$	$1\mu m$
稳定度	$\pm0.1\%/a$	$\pm0.1\%/a$	$\pm0.1\%/a$	$\pm0.1\%/a$
工作温度	$-20\sim80℃$	$-20\sim80℃$	$-20\sim80℃$	$-20\sim80℃$
工作湿度	$\leqslant90\%RH$	$\leqslant90\%RH$	$\leqslant90\%RH$	$\leqslant90\%RH$
采集频率	250 次/s	250 次/s	60 次/min	>16 次/s
输出	$4\sim20mA$	$4\sim20mA$	$4\sim20mA$	通信信号
其他	耐压 12MPa	耐压 10MPa	非核子检测	无线传送
报警功能				可设预警值
存储器容量	大于连续 24h 工作数据存储			
电源要求	主机电源电压输入范围：AC220V±5%			
稳压电源	输入电压范围：AC220V±30%；输出电压范围：AC220V±2%			
机械结构要求	全封闭结构，调试部要加盖加锁及封印			

本记录仪主机以智能控制电路为核心，配有流量计、压力计、密度计、抬动仪、打印机等构成一套完整的灌浆记录系统。灌浆过程的流量、压力、密度值经流量计、压力计、密度计转换成电量信号，通过信号电缆送入仪器主机显示；抬动值通过专业抬动仪测量，并将抬动信号以无线发射方式传送给周边的指定记录仪主机。主机对接收到的流量、压力、浆液密度和抬动信号进行处理，然后按预先设定的格式打印出压力、流量、密度、抬动值、累积灌量、累积灌灰量、工作时间等参数的记录表格，并在工作结束时将工作过程中被测量数据随时间而变化的过程曲线描绘在打印机记录纸上。

本记录仪以无线传感器网络为基础，以笔记本电脑和网络协调器为核心，构成一个灌浆实时数据管理和监测平台。所有记录仪主机皆内嵌无线通信模块，可以通过无线网络通信方式进行联网，每台灌浆记录仪在完成灌浆数据显示、记录的同时，将所采集的数据实时以无线多跳路由的方式，传输给网络协调器。网络协调器直接与笔记本电脑连接，完成对现场施工所有数据的实时显示、记录、查询、打印、防伪分析等功能。

本产品拥有单只流量计组成的循环灌浆自动记录技术、压力计双重防护油浆隔离技术以及浆液密度测量技术等国家专利技术，并采用了机箱双重密封防潮、传感元件全密封防水、电源净化抗干扰等技术。因此适应在工程灌浆施工现场的环境下工作，仪器各项参数的测量范围、精度和功能满足灌浆施工规范的要求，使用中记录数据可靠、性能稳定、防尘防潮、抗震耐用。

（2）双只流量计大循环灌浆管路。大循环灌浆管路须采用两只流量计，这种灌浆方式的优点是，由于去掉了小循环管路，从而使安装、操作更简单，灌浆孔接近屏浆时，浆液升温较小。存在缺点是增加 1 台流量计使成本增加，同时由于两台流量计都不可避免地存在测量误差，实际灌入量要计算进浆流量计累积量减去回浆流量计累积量得到（$Q_1 - Q_2$），当两台流量计误差相反时，测量误差约等于两台流量计误差之和，或者出现灌入量负值现象。因此实际测量误差约等于单只流量计记录系统的 2 倍。

进、回浆流量计均安装于高压区的大循环灌浆管路布置见图 6.4-5。

6.4.3.2　灌浆材料试验

1. 外加剂

在右岸下平洞试验Ⅰ区灌浆过程中，YXH48 号等多个孔段出现单耗较大，复灌多次仍不起压的情况，在大吸浆孔段灌浆时在浆液中掺入速凝剂进行灌注，以缩短浆液初凝时间，降低浆液扩散范围，减少材料浪费。速凝剂掺量按水泥用量的 3%～10% 进行试验，从现场施工情况来看，浆液中掺速凝剂对岩溶区灌浆效果不明显，尤其在地下水以下灌段施工时，灌浆效果较差，后来未再继续试验。

2. 水泥砂浆

水泥浆液配比为水∶水泥＝0.5∶1，砂浆配比按水泥用量的 10%～200% 掺砂。在水泥砂浆中一般掺 5% 的膨润土，主要作用是增加砂浆可灌性，降低堵管风险，减缓砂浆泌水速度。

采用水泥砂浆对掉钻、无充填型溶洞的处理效果较好，在充填型溶洞、溶隙等地段难以灌注。

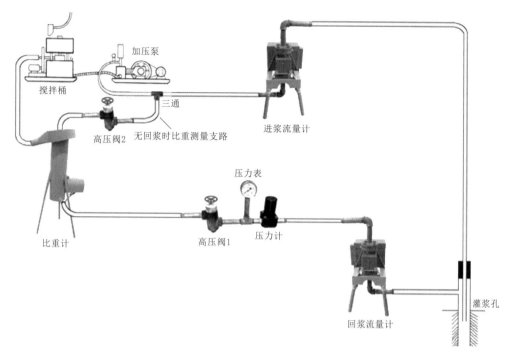

图 6.4-5　进、回浆流量计均安装于高压区的大循环灌浆管路布置

3. 膏状浆液

考虑到坝址区防渗帷幕的重要性，结合当地材料情况，坝址区膏浆采用膨润土配制，共进行了 6 种配合比的膏浆试验。膏浆配合比如下：

1 号膏浆配合比，水：水泥：膨润土：外加剂＝0.5：1：0.1：(0.02～0.1)。

2 号膏浆配合比，水：水泥：膨润土：外加剂＝0.5：1：0.15：(0.02～0.1)。

3 号膏浆配合比，水：水泥：膨润土：外加剂＝0.5：1：0.2：(0.02～0.1)。

4 号膏浆配合比，水：水泥：膨润土：外加剂＝0.5：1：0.25：(0.02～0.1)。

5 号膏浆配合比，水：水泥：膨润土：外加剂＝0.5：1：0.3：(0.02～0.1)。

6 号膏浆配合比，水：水泥：膨润土：砂＝0.5：1：0.3：(0.1～1)。

各级膏浆室内抗压强度试验见表 6.4-4。

表 6.4-4　　　　　　　　各级膏浆不同龄期的室内试验抗压强度

序号	龄期	抗压强度/MPa					
		1 号膏浆	2 号膏浆	3 号膏浆	4 号膏浆	5 号膏浆	6 号膏浆
1	12h	2.3	2.6	3.7	4.3	4.3	4.6
2	24h	10.8	13.8	13.3	13.4	12.6	13.1
3	36h	12.2	12.6	11.6	14.2	13.5	13.7
4	2d	13.6	12.2	12.4	15.2	14.6	15.6
5	3d	15.3	14.7	14.1	18.3	17.7	18.1
6	7d	23.9	22.3	25.9	25.1	26.3	26.2

经试验在灌浆施工中主要采用了1号、3号、4号、5号膏浆灌注，每立方米膏浆材料用量见表6.4-5。

表 6.4-5 各级膏浆配合比

序号	项目	水/kg	水泥/kg	膨润土/kg	外 加 剂
1	1号膏浆	594	1188	119	水泥重量的2%~5%
2	3号膏浆	577	1154	231	水泥重量的2%~5%
3	4号膏浆	555	1111	278	水泥重量的2%~5%
4	5号膏浆	536	1072	321	水泥重量的2%~5%

注 外加剂主要作用是增加浆液黏稠度，缩短浆液初凝时间，提高浆液抗冲刷能力。

膏浆按扩散度分为三级：一级扩散度为160~210mm，二级扩散度为120~160mm，三级扩散度为70~120mm。膏浆灌注时按扩散度由大到小的原则逐级变浆。

6.4.4 灌浆质量检查

1. 搭接帷幕灌浆质量检查

右岸下层平洞施工方完成水平搭接帷幕检查孔62个，压水试验66段，最大透水率1.93Lu，均满足设计要求。

2. 垂直防渗帷幕灌浆质量检查

（1）施工方检查孔。坝基及右岸垂直帷幕灌浆共布置149个检查孔，压水试验2098段（含帷幕补强处理前透水率$q>5.0$Lu的43段，下层平洞延长段爆破开挖后复检的34段，耐久型压水试验检查孔的16段）。其中，透水率$q<1.0$Lu的1005段，占47.9%。透水率$1.0 \leqslant q < 2.0$Lu的749段，占35.70%。透水率$2.0 \leqslant q \leqslant 5.0$Lu的301段，占14.35%。透水率$q>5.0$Lu的43段，占2.05%。不合格孔段最大透水率31.76Lu，为上平洞检查孔YSWJ10-02-1孔第9段。

经分析，不合格孔段均集中在强岩溶发育区，上层平洞集中在右岸灰岩与玄武岩分界附近，下层平洞集中在侵入岩与玄武岩之间的灰岩段。施工中多个孔段不同程度遇到溶洞、溶管、宽大溶隙等岩溶形态，钻孔过程中频繁出现掉钻、塌孔、落水及孔口返水小等异常现象，大部分特殊孔段需多次灌注水泥砂浆、膏浆处理后才能用纯水泥浆灌注结束，单排帷幕孔难以满足设计要求。对检查孔不合格区域增加1排帷幕孔进行补强灌浆处理，排距1.2m，孔距2.0m。

上层平洞不合格区域补强帷幕灌浆结束后，对补强区段重新布置7个检查孔检查，压水试验81段，最大透水率$q=4.00$Lu，最小透水率$q=0.00$Lu，满足设计要求。下层灌浆平洞的补强区段重新布置10个检查孔，压水试验132段，最大透水率$q=2.63$Lu，最小透水率$q=0.00$Lu，加排补强处理后满足设计要求。

（2）第三方检查孔。业主委托第三方"云南云水工程技术检测有限公司"进行了第三方检查孔复检。第三方共完成检查孔18个，压水试验254段，其中透水率$q \leqslant 3.0$Lu的234段，占92.1%。透水率3.0Lu$< q \leqslant 5.0$Lu的19段，占7.5%。$q>5$Lu的1段，5.28Lu，为YSWCJ08孔第11段，满足设计要求。

从施工方自检与第三方复检情况来看，帷幕灌浆质量良好，第三方检查孔与施工方检查孔的压水试验透水率分布概率较为一致（见表6.4－6）。

表 6.4－6　　　　　　　坝基及右岸灌浆检查孔汇总表

帷幕灌浆部位	帷　幕　灌　浆				检　查　孔				
	孔数	钻孔进尺/m	灌浆进尺/m	灌浆段数	孔数	进尺/m	压水段数	最大透水率/Lu	最小透水率/Lu
主帷幕灌浆 XP1＋203.2～XP1＋402.7	242	23463.8	22897.6	4571	29	2669.6	544	4.47	0
主帷幕灌浆 XP1＋402.7～XP1＋716.7	200	18482.3	18402.3	3780	21	1946.7	403	3.78	0
主帷幕灌浆 XP1＋716.7～XP1＋992.0	300	21446.9	17736.1	3516	38	2691.1	473	15.76 (4.84)	0
搭接帷幕灌浆 XP1＋203.2～XP1＋635.5	536	3457.1	3216	637	34	212.3	36	1.93	0
搭接帷幕灌浆 XP1＋635.5～XP1＋992.0	534	3445.3	3204	541	28	174.1	30	1.03	0
主帷幕灌浆 SP1＋206.5～SP1＋480.9	200	9517.1	9025.4	1942	20	924	194	4.82	0
主帷幕灌浆 SP1＋480.9～SP1＋871.9	218	12830.3	12041.9	2602	25	1465.4	297	3.92	0
主帷幕灌浆 SP1＋871.9～SP1＋992.0	73	4240.6	3975.5	866	16	805.8	187	31.76 (4.75)	0.07 (0)
合　计	2303	96883.4	90498.8	18455	211	10889	2164	4.84	0

6.5　施工大事记

2016年4月27日，坝址区左岸、坝址区坝基及右岸帷幕灌浆工程、库区一标、库区二标全部四个标段帷幕灌浆工程开工建设。

2016年5月10日，坝址区左岸交通洞开始掘进开挖。

2016年6月15日，设计进行了防渗帷幕灌浆技术交底。

2016年6月28日，左岸交通洞顺利贯通。

2016年9月13日，库区一标在 A_I、B_I 试验区开展生产性灌浆试验施工。

2016年10月11日，参建各方召开"关于近期生产性灌浆试验施工中存在问题及相关处理方案的专题会"，对灌浆方式、压力、固管深度、单次灌浆水泥注入量的限灌标准、砂浆、膏浆参数确定等进行讨论，形成《会议纪要》德厚（监理〔2016〕专题纪要24号总第24号），为设计灌浆控制参数的第1次调整。

2016年11月1日，库区二标试验 A_{II}、B_{II} 区生产性帷幕灌浆试验开始施工。

2016年11月3日，参建各方召开"关于生产性灌浆试验近期施工中多次发生的问题及灌浆控制参数调整的专题会"，对覆盖层灌浆方式、固管深度、基岩段复灌次数多、升压困难、耗浆量大等情况进行讨论，形成《会议纪要》（德厚监理〔2016〕专题纪要 29 号总第 29 号），为设计灌浆控制参数的第 2 次调整。

2016 年 11 月 26 日，德厚水库工程建管处组织参建各方召开覆盖层灌浆工艺、灌浆压力、灌浆材料等专题会，确定大耗浆量孔段采用掺砂灌注的处理措施。

2016 年 12 月 21 日，德厚水库工程建管处组织参建各方召开灌浆专题会，研究近期生产性灌浆试验存在的冒浆严重、复灌次数多、灌浆材料耗量大等问题，进一步研究掺砂灌注的工艺措施。

2016 年 12 月 23 日，云南省水利水电勘测设计研究院出具《工程设计通知单》（编号：SJFY－DH－SG－2016－34），为对灌浆试验进一步验证、总结、获得更有指导意义的生产参数及工艺，增设 D_I 灌浆试验区，并对灌浆压力进行调整，为设计灌浆控制参数的第 3 次调整。

2016 年 12 月 26 日，德厚水库工程建管处邀请国内知名灌浆专家到现场进行咨询，并召开咨询会议，就当前灌浆控制参数的调整展开研讨，并对后续工程施工提出咨询意见。

2017 年 3 月 25 日，德厚水库工程建管处组织参建各方研究库区二标 A_{II}、B_{II} 试验区存在的问题，结合调整后的灌浆方案及压力确定新增 C_{II}、D_{II} 试验区。

2017 年 4 月 17 日，德厚水库工程建管处邀请江河水利水电咨询中心有限公司到现场进行防渗帷幕灌浆技术咨询，多名国内知名灌浆专家特邀参加了此次咨询。主要咨询意见：①尽快全面展开先导孔施工，进一步复核岩溶水文地质条件；②进一步优化灌浆工艺及材料，针对不同地质情况，可采用不同的工艺措施；③在优化工艺参数的基础上，尽快引进新的灌浆技术，采用更具针对性、可控制浆液无效扩散的灌浆新工艺及材料，以形成可靠的灌浆技术工艺方法及参数。

2017 年 4 月 24 日，德厚水库工程建管处召开灌浆专题研讨会，对已完的 4 个试验区灌浆成果进行研讨，认为当前灌浆参数仍有继续优化必要，灌浆压力还有下调空间，暂不具备大规模开展生产孔施工条件。决定新增 E_I、F_I、G_I、H_I、I_I 共 5 个试验区，为验证上段灌浆对下部岩层透水性的影响，在 8 个先导孔中进行钻孔→压水试验→封孔→重新开孔灌浆的工序试验。

2017 年 5 月 4 日，云南省水利水电勘测设计研究院出具《工程设计通知单》（编号：SJFY－DH－SG－2017－22），结合已完试验区灌浆、先导孔及灌浆咨询意见，对灌浆试验技术要求、灌浆压力进行调整优化，为设计灌浆控制参数的第 4 次调整。

2017 年 6 月 18 日，左岸上层灌浆平洞衬砌、回填灌浆及固结灌浆完成施工。

2017 年 6 月 18—24 日，云南省水利厅牵头，文山州人民政府组织在现场召开工程建设咨询会，特邀陈祖煜院士及国内知名专家对灌浆工程管理、工程地质、防渗设计及施工、不良地质条件处理等进行咨询，院士和专家均提出了许多宝贵的咨询意见。

2017 年 7 月 25 日，德厚水库工程建管处邀请中国水利水电科学院、山东大学专家到现场，介绍了 DPM 钻孔过程信息与灌浆施工过程信息相关性研究、不良地质跨孔电阻率 CT 成像等，为灌浆新技术的应用进行准备。

2017 年 8 月 5 日，结合灌浆施工及参数、工艺历次调整情况，云南省水利水电勘测设计研究院经过总结后，对《咪哩河库区防渗帷幕灌浆工程施工技术要求》进行了系统修编。

2017年8月7日，左岸下层灌浆平洞生产性帷幕灌浆试验开始施工。

2017年8月15日，监理部组织召开帷幕灌浆施工专题会，对9个灌浆试验区的施工成果进行分析总结，同意采用设计最终调整的灌浆控制参数，开展部分生产孔（1～150号、526～613号孔）的生产灌浆施工。

2017年9月20日，左岸上层灌浆平洞生产性帷幕灌浆试验开始施工。

2017年10月13日，库区二标生产性灌浆 B_{II}、D_{II}、E_{II} 试验区完成施工。

2017年10月23日，左岸下层灌浆平洞衬砌、回填灌浆及固结灌浆完成施工。

2017年10月30日，DPM随钻技术运用试验完成。

2017年11月6日，右岸下层灌浆平洞生产性帷幕灌浆试验开始施工。

2017年11月7日，召开"关于库区一标生产性灌浆试验报告专题研讨会"，参建各方同意库区1标全面开展生产灌浆施工。

2017年11月10日，结合已完生产性灌浆试验区总结，为进一步验证膏浆灌注改良特殊地质施工措施的实用性，决定在库区二标增加 G_{II}、H_{II}、I_{II} 试验区。

2018年1月2日，库区二标生产性灌浆 A_{II}、C_{II} 试验区施工完成。

2018年1月，右岸上、下层灌浆平洞衬砌、回填灌浆及固结灌浆完成施工。

2018年3月10日，库区二标 H_{II}、I_{II} 试验区施工完成，施工单位上报《生产性帷幕灌浆试验小结》，经参建各方会议讨论，同意开展 MKG2+122.764～MKG2+322.764 段生产灌浆，参照 H_{II} 试验区参数施工。

2018年3月26日，右岸上层灌浆平洞生产性帷幕灌浆试验开始施工。

2018年4月9日，库区二标生产性灌浆 G_{II} 试验区施工完成。

2018年5月18日，库区一标帷幕灌浆施工全部完成。

2018年6月5日，库区一标帷幕灌浆检查孔施工全部完成，库区一标帷幕灌浆工程完工。

2018年7月26日，左岸帷幕生产性灌浆试验施工完成。

2018年8月，根据坝址区右岸下平洞先导孔压水试验，部分先导孔至设计底界的灌前透水率 $q>5Lu$，右岸下平洞帷幕灌浆孔（YXQ248～YXQ256、YXQ289～YXQ299段）底界进行了局部加深。

2018年10月，根据坝址区右岸下平洞先导孔压水试验，XP1+802.701～XP1+990.701段至设计底界的灌前透水率 $q>5Lu$，右岸下平洞帷幕灌浆孔（YXQ300～YXQ394）底界进行了加深。

2018年10月10日，召开《生产性帷幕灌浆试验报告》专题讨论会，同意库区二标和左岸帷幕灌浆全面开始生产灌浆施工。

2018年11月，坝址区右岸下平洞防渗边界处的 YXQ394（Ⅰ序孔）至设计底界时灌前透水率灌前透水率 $q>5.0Lu$，继续加深钻孔发生大幅掉钻现象，经补勘复核，决定将右岸下层灌浆平洞延长168m，平洞开挖完成后结合先导孔进一步复核右岸帷幕边界及底界。

2019 年 5 月 5 日，施工单位完成两处岩溶低槽区补勘孔，确定两个低槽区强岩溶区边界及底界，设计完成两个低槽区补强帷幕设计通知。

2019 年 5 月 25 日，左岸下层灌浆平洞帷幕灌浆施工完成。

2019 年 6 月 11 日，左岸上层灌浆平洞帷幕灌浆施工完成。

2019 年 8 月，坝址区坝基及右岸帷幕灌浆工程合同内帷幕灌浆完成施工。

2019 年 8 月 2 日，坝址区右岸下层灌浆平洞延长段开始开挖，11 月 10 日完成开挖，11 月 19 日完成衬砌施工。

2019 年 9 月 23 日，右岸上层灌浆平洞帷幕灌浆施工完成。

2019 年 10 月 12 日，右岸上层灌浆平洞新增补强帷幕灌浆完成施工。

2019 年 12 月 29 日，库区二标帷幕灌浆施工全部完成。

2020 年 1 月 4 日，坝址区右岸下层灌浆平洞延长段开始先导孔施工，根据先导孔最终确定了延长段防渗边界及底界。

2020 年 10 月 16 日，坝址区坝基及右岸帷幕灌浆工程完工。

第7章
岩溶区防渗特殊问题处理研究

7.1　岩溶区防渗特殊问题处理特点

岩溶区防渗处理主要分为一般裂隙性地层与强岩溶特殊地层两类。一般基岩裂隙性地层的防渗处理按常规的灌浆方法易于达到防渗处理的目的，而岩溶特殊问题处理与一般裂隙性地层的处理有很大的差异，由于岩溶发育程度及岩溶形态的特殊性，岩溶区一般存在落水洞、漏斗、溶蚀洼地、盲谷、岩溶泉、地下暗河、溶洞、宽大溶隙等岩溶类型，是防渗处理的难点。由于岩溶的特殊性，各工程所遇问题不尽相同，在施工过程中常会揭露出前所未知的新情况，处理措施及方案也各有特点，目前尚无针对岩溶特殊问题处理的成套方法及措施，工程建设中主要参考其他工程的处理经验，结合现场实际情况及建筑材料等确定适合本工程的处理方案。

我国在岩溶发育地区建高坝大库始于贵州乌江渡水电站（坝高 165m），首创了自上而下、孔口封闭循环灌浆法。后续又在岩溶发育地区陆续建成了一大批水利水电工程，如湖北隔河岩水电站（坝高 151m）、贵州东风水电站（坝高 162m）、云南五里冲水库（无坝盲谷建库）、湖南江垭水利枢纽（坝高 131m）、贵州洪家渡水电站（坝高 179.5m）、贵州黔中水利枢纽平寨水库（坝高 162.7m）、四川武都水库（坝高 119m）等。这些工程在岩溶防渗处理方面均遭遇了不同的特殊问题，举例如下。

1）乌江渡水电站坝基溶蚀夹泥及溶洞充填黏土是防渗处理的难点，溶洞泥中黏粒含量为 50%，容重仅 1.1g/cm³，天然含水率接近液限，有的呈半流动状态，抗渗稳定性差，难以冲洗清除。采用高压灌浆处理，不对溶洞充填物进行专门冲洗，灌浆压力 6.0MPa，首创自上而下、孔口封闭灌浆法，解决了深孔高压灌浆的卡塞困难及绕塞返浆等问题，现已成为水利水电工程灌浆的主要工法。

2）五里冲水库帷幕灌浆施工中遭遇了两大难题：①在中层灌浆平洞开挖中遇到的 KM7、KM8 巨型溶洞，采用钢筋混凝土防渗墙处理，水荷载由墙后综合处理的岩石-混凝土-灌浆混合材料拱承担。防渗墙高 100.4m，长 50～30m，墙厚 2.0～2.5m，对墙后 28～35m 范围内的空洞、裂隙及松软岩体进行挖除回填混凝土，最后进行高压固结灌浆，共开挖土石方 49623m³，浇筑混凝土 47791m³，高压固结灌浆 5348m；②中层灌浆平洞 1+131～1+178、上层灌浆平洞 1+151～1+182 段为岩溶塌陷体，沿帷幕线长 50m，最大高度 80m，在帷幕线上总面积约 3200m²。溶塌体为古暗河通道上部及周边松动崩塌与河流沉积的混合体，上部以大粒径崩塌物为主，下部以细粒流水沉积物为主，全部为松动岩体。

采用 4 排、5 排孔高压灌浆处理，边排孔最大灌浆压力 2.0MPa，中间排孔 4.0MPa。

由于岩溶发育的特殊性及地质勘察的局限性，岩溶特殊问题如宽大溶隙、溶洞、大厅、岩溶管道等大都是在施工中揭露出来的，是水库的集中渗漏通道，如果有一个没有处理好，就可能发生灾难性的渗漏。因此，针对施工遭遇的岩溶特殊问题，如何查明特殊区域地质条件及范围，采用合适的处理方案及施工工艺是工程的难点。

7.2　德厚水库各标段防渗特殊问题处理

德厚水库坝址区及库区防渗线路总长 4814m 为国内第一长度，坝址区防渗线路地层以石炭系（C）灰岩、二叠系下统（P₁）灰岩为主，局部夹侵入岩脉，南端接玄武岩地层，北端接文麻断裂带；库区防渗线地层以中三叠统个旧组（T₂g）灰岩、白云质灰岩夹白云岩为主，南端接下三叠统永宁镇组下段（T₁y¹）灰岩夹泥质灰岩、泥质条带灰岩及泥灰岩，北端接中三叠统法朗组（T₂f）钙质、粉砂质泥岩；岩溶强烈发育，地表普遍发育峰丛、石牙、岩溶洼地、落水洞等岩溶形态，地下发育溶洞、岩溶管道及宽大溶隙，溶洞充填情况分为无充填、半充填、少充填或无充填几种，充填物性状较为复杂，有黏土、砂层、碎石土、崩塌堆积等。在施工过程中揭露了大量前期勘探未曾发现的强岩溶形态，给工程防渗处理带来巨大的难题。

7.2.1　库区灌浆二标特殊问题处理

7.2.1.1　近地表强溶蚀风化带及强渗透地层防渗处理

库区帷幕灌浆均在地表进行，防渗线路沿库岸等高线布置，灌浆平台高程一般高于防渗顶界正常蓄水位 3～10m 以保证一定的盖重层厚度。地表发育有溶沟、溶槽、石牙、岩溶洼地、宽大溶隙、落水洞等岩溶形态。桩号 MKG1＋527～MKG2＋050 段（灌浆孔编号 ZKKⅡ4～ZKKⅡ243）为强渗透、大漏失地层，灌浆孔上部近地表 3～30m 灌浆段为石牙、石笋充填黏土的土石混杂地表强烈溶蚀带（见图 7.2-1），灌浆孔下部发育串珠状溶洞及宽大溶隙，多为不密实黏土充填，灌浆孔施工遇溶洞 242 个（垂直高度大于 0.2m）。该段Ⅰ序灌浆孔灌前压水试验统计，透水率 $q \geqslant 50$Lu 的孔段占 28%。

图 7.2-1　库区防渗线路石牙充填
黏土混合地层照片

该段地层在灌浆试验开始即遇到极大的困难，上段石牙充填黏土的土石混合地层耐压性低，灌注水泥浆注入量大、升压困难、复灌次数多，即便完成了上段灌浆，在下段灌浆时一旦压力提升，上段又发生反复劈裂，地表冒浆现象普遍。下部溶洞充填黏土不密实，水泥浆灌注难以结束，掺砂灌注易于堵孔，采用待凝、间歇、浓浆灌注等措施效果也不理想，即便耗费较长的时间灌注大量的水泥浆完成一期灌浆试验，检查孔仍存在塌孔、取芯质量差、压水试验不合格的情况。经多期灌浆试验并不断调整灌浆参数、工艺及灌浆材料，最终形成了对该类地层的有效处理方案。

1. 调整水泥浆灌浆压力及升压幅度

Ⅰ、Ⅱ、Ⅲ序孔初拟灌浆压力分别为 2.5MPa、3.0MPa、3.5MPa，经灌浆试验证明压力偏高，地层发生反复劈裂产生串浆及冒浆，压力提升困难，耗灰量巨大造成无谓的浪费，土石混合地层及溶洞充填物经过初期挤密灌注后一般耐压能力不超过 2.0～2.5MPa，压力再高则发生劈裂，后续灌浆时浆液总是从劈裂的薄弱通道流失。经过 4 次调整灌浆压力，最终确定Ⅰ、Ⅱ、Ⅲ序孔灌浆压力分别为 1.3～1.5MPa、1.7～2.0MPa、2.3～2.5MPa，保证灌浆压力不小于设计水头的 1.5 倍，并放缓分级升压幅度，一般在第 8 段（30m 深度）达到设计压力。

2. 调整灌浆方式

灌浆初期均采用孔口封闭灌浆法，由于灌浆孔上段土石混合地层耐压性差，下部灌浆时上段反复劈裂，经试验采用综合灌浆法。对上段土石混合地层采用自上而下分段卡塞循环灌浆法，待钻孔进入岩石地层后对上部已灌浆段下套管隔离，安装孔口封闭器对下部采用孔口封闭法灌浆。上部强溶蚀风化带土石混合地层一般深度在 30m 内，设计水头及灌浆压力较小，采用分段卡塞循环灌浆法可满足防渗要求，灌浆完成后下套管隔离后再对下部采用孔口封闭法灌浆可有效提高下部的灌浆压力，保证灌浆质量及高水头部位帷幕的耐久性，并有效防止下段灌浆时上部的反复劈裂问题，大大减少了浆液的无谓浪费。

3. 膏浆灌注改良地层为水泥灌浆创造条件

该段地层上部为石牙夹泥的土石混合地层，下部为溶洞充填不密实黏土为主。溶洞常呈串珠状发育且连通性好，为强渗透、大漏失的不均匀地层，采用常规的待凝、掺砂、掺速凝剂等特殊问题处理措施效果较差，注入量大但浆液往往沿薄弱通道漏失，难以在防渗线附近形成连续的帷幕体。经多次试验采用膏浆先行灌注以改良地层，对土石地层及溶洞充填物进行充填、挤压、分隔封闭，对大的渗漏通道进行封堵，变溶蚀地层为裂隙性地层，提高地层的灌浆耐压性。再以水泥浆复灌结束，水泥灌浆的压力易于提升，注入量大为减小，灌浆工效提高。

膏浆采用水泥红黏土膏浆，红黏土由大坝土料场开采，每立方米膏浆用黏土 150kg、水泥 150kg、砂 0～300kg、外加剂 4.5～10.5kg，根据情况调整砂率和外加剂。采用的膏浆配合比有 4 种，随掺砂量增加抗压强度相应提高，28d 室内强度可达 5～10.1MPa。同时对 3 号膏浆进行了灌注后原孔取芯试验，7d 取芯试验的抗压强度不小于 8.5MPa，是 7d 室内强度（4.4MPa）的 1.9 倍，说明膏浆经压力灌注泌水固结后具有比室内试验更高的强度。

通过以上几种措施的综合应用，对该类土石混合及溶洞充填不密实的强渗透地层灌浆取得了较好的效果，经检查孔取芯及压水试验检查，充填的黏土经膏浆脉动灌注挤压及水泥浆复灌后较为密实，膏浆及水泥浆通过挤压、劈裂、渗透后与充填黏土形成的密实复合体具有较小的渗透性、较高的抗渗强度，压水试验透水率均小于 5.0Lu，检查孔透水率 $q \leqslant 2$ Lu 的段数占 88%，灌浆效果较好。该类地层采用 2m 孔距的单排孔能达到较好的防渗效果实属不易。

7.2.1.2 强岩溶低槽区深部大型溶洞处理

库区帷幕灌浆施工中共揭露两处强岩溶低槽区，在帷幕深部遇大型溶洞，防渗底界局部加深较多，单孔钻灌深度超过150m。

1. 强岩溶低槽区一地质情况

低槽区一位于库区灌浆二标 MKG1＋584～MKG1＋615 段，为可行性研究灌浆试验揭露的强岩溶低槽区，当时的灌浆孔Ⅰ-2-29～Ⅰ-2-33 在帷幕深度 85m 以下掉钻深度 13～21m，由于注入量大且难以结束，考虑投资等问题，可行性研究阶段未处理完，该处防渗底界也未完全查明。

技施阶段该段先导孔 KⅡB19 和 KⅡB23在帷幕深度 110m 时分别掉钻 3.7m 和9.2m。根据钻孔揭露情况，该段强岩溶最低发育高程为 1262.00m，岩溶形态以溶洞、宽大溶隙为主，充填黏土夹碎块石及部分孤石，充填物不密实。通过补充先导孔勘察，该段帷幕深度较初步设计阶段加深 10m，最大深度为 128m（见图 7.2-2和图 7.2-3）。

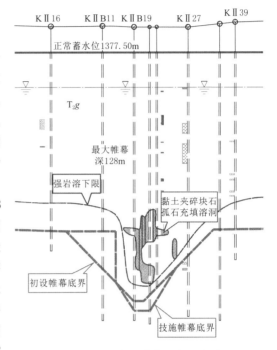

图 7.2-2 库区灌浆二标强岩溶低槽区一帷幕纵剖面

该段低槽区为连通咪哩河与低岭谷盘龙河的岩溶管道，可研阶段的勘探钻孔 ZK02 即位于本段的灌浆孔 KⅡB19 附近，2015 年 7 月进行了连通试验，7 月 4 日在 ZK02 钻孔投放石松粉 25kg，于 7 月 14—18 日在低岭谷盘龙河岸边泉点（S1、S2）接收到石松粉成分。说明 ZK02 孔与泉水 S1、S2 连通，存在贯通咪哩河与盘龙河河间地块的岩溶管道，泉水 S1、S2 属于同一个岩溶水系统的两个出口。从示踪剂投放到接收历时 10d，按直线距离 6.2km 计算，岩溶地下水平均流速为 620m/d。

2. 强岩溶低槽区二地质情况

低槽区二位于库区灌浆二标 MKG1＋880～MKG1＋918 段，为施工阶段揭露的低槽区。该段灌浆孔 KⅡ161、KⅡ163、KⅡ167、KⅡ171 孔在深部不同高程揭露溶洞充填物和掉钻：KⅡ161 孔在高程 1264.00～1243.00m 为泥质充填溶洞，充填物为青灰色淤泥和部分粉细砂；KⅡ163 孔在高程 1281.60～1252.60m 为泥质充填溶洞，溶洞充填物为青灰色淤泥和部分粉细砂；KⅡ167 孔在终孔段时遇较大规模溶洞（高程 1293.00～1277.00m掉钻 15.8m、1277.00～1269.00m 间断性掉钻），溶洞充填物上部为青灰色淤泥，下部淤泥内夹杂部分粉细砂；KⅡ171 先导孔钻进过程中遇 3 个溶洞（高程 1334.50～1328.02m掉钻 6.43m、1307.65～1303.85m 掉钻 3.8m、1302.95～1298.85m 掉钻 4.1m），溶洞充填物为青灰色淤泥；上述 4 个灌浆孔在压水及灌浆期间多次串水、串浆，各孔所遇的溶洞属于连通型溶洞，说明该部位发育规模较大的溶洞群。

为查明该低槽区的强岩溶底界及低槽范围，在 KⅡ160～KⅡ161、KⅡ167～KⅡ168孔之间分别补充了 BX1 和 BX2 两个深先导孔，孔深穿过溶洞至其底板以下 15m，查明了溶洞分布范围并确定了防渗底界及边界。

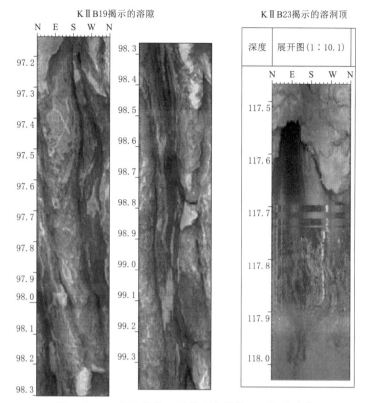

图 7.2-3 库区灌浆二标强岩溶低槽区一钻孔成像

3. 低槽区处理方案

强岩溶低槽区分布深度大、深部溶洞规模大，低槽区一溶洞位于帷幕顶界以下77.5~114m，溶洞最大高度36.5m，沿帷幕线方向的最大宽度为23m，溶洞充填物主要为黏土夹碎块石、孤石，充填物不密实。低槽区二溶洞位于帷幕顶界以下66.7~142.5m，溶洞最大高度75.8m，溶洞沿帷幕线方向的最大宽度为31.5m，溶洞为软弱泥质充填不密实，灌浆挤出物含树叶杂草，说明深部溶洞与地表存在水动力联系。

强岩溶低槽区均在帷幕深部揭露较大规模的溶洞，由于库区灌浆均在地表进行，导致低槽区的防渗帷幕灌浆单孔深度极大，低槽区一最大钻孔深度140m、帷幕深度127.5m，低槽区二最大钻孔深度168.5m、帷幕深度152.5m，一般帷幕灌浆合理孔深不超过60m，超过60m则存在钻孔偏斜难以控制、工效低、质量不易保证等问题。因此该两处低槽区的灌浆处理难度较大，主要处理方案及施工情况如下。

（1）设计方案。由于灌浆孔较深及溶洞规模较大，受钻孔偏斜及溶洞充填物难以清除等影响，采用单排帷幕灌浆难以形成有效的防渗帷幕，设计采用增加灌浆孔排数来保证灌浆质量及增加帷幕厚度，对低槽区一采用双排帷幕灌浆，排距1.2m，孔距2m，对低槽区二采用3排帷幕灌浆，排距0.8m、1.0m，孔距2m。考虑到大溶洞段以上一般岩溶地层采用单排帷幕灌浆已满足防渗要求，为提高工效、节约工程投资，除1排主帷幕孔全孔进行帷幕灌浆外，加排帷幕孔仅对深部的大溶洞区进行帷幕灌浆，对非灌浆段钻孔后下套管隔离。两处强岩溶低槽区防渗帷幕布置见图7.2-4和图7.2-5。

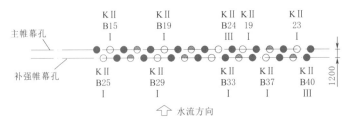

（a）MKG1+584～MKG1+615段帷幕灌浆平面布孔图

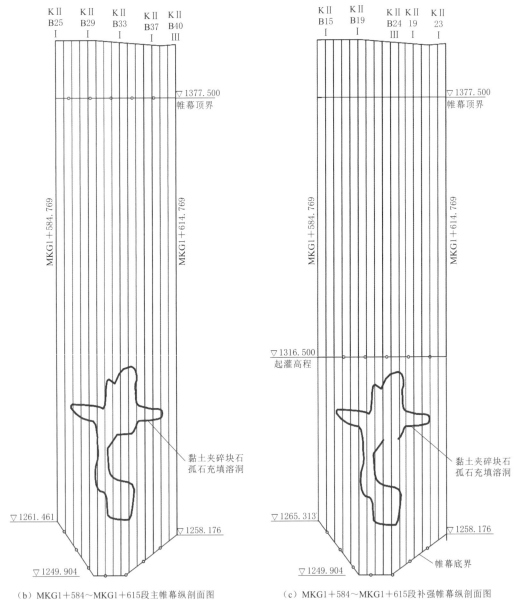

（b）MKG1+584～MKG1+615段主帷幕纵剖面图　　　　（c）MKG1+584～MKG1+615段补强帷幕纵剖面图

图 7.2-4　库区灌浆二标强岩溶低槽区一处理图

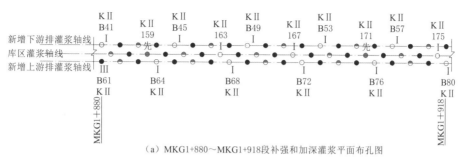

（a）MKG1+880～MKG1+918段补强和加深灌浆平面布孔图

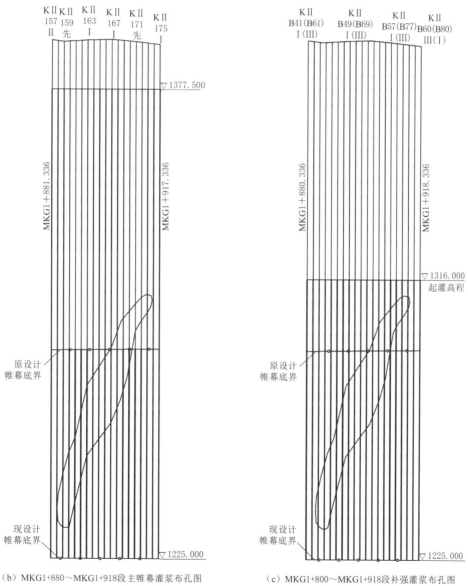

（b）MKG1+880～MKG1+918段主帷幕灌浆布孔图

（c）MKG1+800～MKG1+918段补强灌浆布孔图

图 7.2-5　库区灌浆二标强岩溶低槽区二处理图

（2）灌浆施工情况。低槽区一布置 1 排主帷幕孔和 1 排补强帷幕孔，要求先施工主帷幕孔，以进一步复核帷幕底界及探查溶洞分布范围，对溶洞充分进行充填挤压灌浆，由于溶洞空腔较大且充填物不密实，主帷幕Ⅰ、Ⅱ序孔先采用红黏土膏浆灌注，对溶洞进行充填及挤压密实充填物，提高水泥灌浆的耐压能力，Ⅲ序孔一般均采用纯水泥浆灌注以保证对细微裂隙的充填。补强帷幕孔一般均采用纯水泥浆灌注，以增加帷幕厚度和弥补主帷幕孔孔深偏斜等可能遗留的渗漏通道。

低槽区二布置 1 排主帷幕孔和两排补强帷幕孔，要求先施工主帷幕孔的Ⅰ序孔以复核底界及探查溶洞范围，再施工上下游的补强帷幕孔以封闭大的渗漏通道，保证后续主帷幕孔灌浆压力的提升和减小浆液无谓的流失。

低槽区二的下游排孔及主帷幕孔膏浆灌注情况见表 7.2－1。

表 7.2－1　　　　　　　　库区二标强岩溶低槽区二膏浆灌注情况表

序号	灌浆孔号	膏浆灌注孔深/m	膏浆灌注段长度/m	膏浆灌注次数	膏浆注入量/m³	膏浆单位注入量/(m³/m)
主帷幕孔	KⅡ157	15.44～76.05	60.61	2	241.97	3.99
	KⅡ158	15.49～45.67	30.18	1	129.69	4.30
	KⅡ159	15.45～90.19	74.74	1	351.17	4.70
	KⅡ160	15.57～80.55	64.98	2	255.42	3.93
	KⅡ161	15.66～150	134.34	6	929.61	6.92
	KⅡ162	15.86～76.34	60.48	2	233.27	3.86
	KⅡ163	15.98～140.91	124.93	8	1149.85	9.20
	KⅡ164	16.07～77.04	60.97	2	268.86	4.41
	KⅡ165	16.18～80.78	64.6	3	330.61	5.12
	KⅡ166	16.25～77.71	61.46	3	233.36	3.80
	KⅡ167	16.15～124.5	108.35	7	1304.32	12.04
	KⅡ168	16.04～77.99	61.95	2	218.46	3.53
	KⅡ169	16.04～77.99	61.95	4	756.3	12.21
	KⅡ170	15.64～80.14	64.5	2	294.97	4.57
	KⅡ171	15.45～99.93	84.48	9	1348.2	15.96
	KⅡ172	16.31～80.76	64.45	2	253.04	3.93
	KⅡ173	15.04～79.48	64.44	3	387.47	6.01
	KⅡ174	14.82～79.23	64.41	2	305.25	4.74
	KⅡ175	14.52～74.52	60	5	650.88	10.85
小　计			1371.82	66	9642.7	7.03
下游排补强帷幕孔	KⅡB41	92.18～152.18	45	2	212.27	4.72
	KⅡB42	97.46～127.46	30	1	143.75	4.79
	KⅡB43	92.7～122.7	30	1	141.31	4.71
	KⅡB44	92.9～122.9	30	1	148.58	4.95

序号	灌浆孔号	膏浆灌注孔深/m	膏浆灌注长度/m	膏浆灌注次数	膏浆注入量/m³	膏浆单位注入量/(m³/m)
下游排补强帷幕孔	KⅡB45	113.12~143.12	30	2	220.15	7.34
	KⅡB46	98.36~128.36	30	1	143.52	4.78
	KⅡB47	93.59~123.59	30	1	147.54	4.92
	KⅡB48	93.33~123.33	30	1	145.02	4.83
	KⅡB49	93.99~143.99	50	2	214.43	4.29
	KⅡB50	99.04~129.04	30	1	144.93	4.83
	KⅡB51	94.06~124.06	30	2	284.63	9.49
	KⅡB52	99.04~129.04	30	1	148.03	4.93
	KⅡB53	113.9~143.9	30	1	148.83	4.96
	KⅡB54	98.52~128.52	30	1	139.07	4.64
	KⅡB55	98~148	50	2	243.62	4.87
	KⅡB56	97.58~127.58	30	1	143.87	4.80
	KⅡB57	112.32~142.32	30	1	141.07	4.70
	KⅡB58	97.13~127.13	30	1	147.99	4.93
	KⅡB59	96.94~126.94	30	1	148.32	4.94
	KⅡB60	96.77~126.77	30	1	146.22	4.87
小　计			655	25	3353.15	5.12
合　计			2026.82	91	12995.85	6.41

7.2.2　坝址区左岸灌浆标特殊问题处理

7.2.2.1　左岸防渗边界文麻断裂带灌浆

坝址区左岸帷幕线路由左岸坝肩向北穿过灰岩段进入文麻断裂带隔水层，左岸防渗边界位于文麻断裂带内（见图 7.2-6），上层帷幕线路在防渗边界处约 90m 长度（防渗里程SP0+037~SP0+093 段）的帷幕灌浆在地表进行，灌浆地层为文麻断裂带及断层影响带，该段线路地表为覆盖层及强溶蚀风化带，局部因地面高程低于帷幕灌浆顶界采用洞渣回填（厚度为 0~3m），帷幕上段 10~30m 范围为松渣及覆盖层灌浆，Ⅰ序孔灌浆时即存在升压困难、注入量大、地表冒浆严重、灌浆难以结束的情况，地表冒浆最远达 50m，虽注入量较大但浆液流窜较远造成无谓的浪费。采用间歇、待凝、浓浆、降压灌注效果均不理想，掺砂灌注则易堵孔。

结合先导孔及Ⅰ序孔钻孔取芯、压水试验及灌浆分析，该段帷幕地表透水率大，地层承压能力低，在很低的灌浆压力下地层即发生劈裂，浆液大量漏失但难以形成帷幕，采用单排帷幕孔难以达到防渗要求。为保证主帷幕孔灌浆质量，综合采取了以下处理措施：

（1）为保证上段帷幕的灌浆压力、减小串浆，在帷幕孔上下游各增加 1 排 15m 深（帷幕顶界以下）的固结灌浆孔，距离帷幕孔 0.6m，先进行上下游排的固结灌浆孔施工，

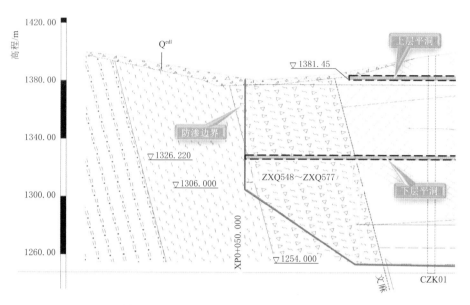

图 7.2-6　坝址区左岸防渗边界帷幕纵剖面

以对帷幕灌浆区上下游进行封堵减小浆液流失，对地层进行加固以利于提高帷幕灌浆压力。

（2）考虑到帷幕上段的地层耐压性及灌浆压力较低，浆液的扩散范围有限，Ⅲ序孔灌前透水率和单位注入量仍然较大，在帷幕上部 30m 深度范围，Ⅲ序孔大于 70％的孔段灌前透水率仍不满足设计要求，超过 80％灌浆段的水泥单位注入量大于 150kg/m，说明帷幕仍存在薄弱部位。为保证帷幕完整性，对帷幕灌浆孔进行加密，对帷幕上段 30m 深度范围增加Ⅳ序帷幕灌浆孔，Ⅳ序孔深 30m，增加Ⅳ序孔后帷幕孔距为 1.0m。

（3）灌浆方式采用以孔口封闭法为主的综合灌浆法，对近地表段采用自上而下分段卡塞循环灌浆法，深度原则上控制在帷幕顶界以下 15m 内，灌浆完成后下套管隔离上段，再对以下孔段采用孔口封闭法灌浆，以利于提升下部孔段压力及防止上部孔段发生反复劈裂，具体各孔的分段卡塞及隔管深度应根据钻孔揭露的地质条件及灌浆情况确定。覆盖层段灌浆段长不超过 2.0m，灌浆孔上部 15m 深度内灌浆压力Ⅰ序孔为 0.1～0.4MPa，Ⅱ、Ⅲ序孔为 0.1～0.5MPa，Ⅳ序孔为 0.1～0.6MPa，分序分段逐级提升压力。主要采用水泥浆灌注，遇不起压、注入量大时采用掺砂、掺膨润土灌注。

7.2.2.2　左岸上层帷幕充填型溶洞处理

左岸上层帷幕灌浆试验Ⅲ区施工中，ZSQ383～ZSQ389 号孔（里程 SP0＋438.022～SP0＋428.022）遇大型黏土充填型溶洞，ZSQ389 钻孔第 4 段（孔深 13.79～18.79m）揭露褐红色黏土充填溶洞，溶洞段灌前透水率为 600Lu（强至极强透水、不起压），复灌多次无法结束。为查明溶洞分布范围及特征，将溶洞附近的灌浆孔全部钻孔取芯并进行孔内成像探测，钻孔深度以打穿溶洞底板以下 1m 控制，先不进行灌浆，如遇塌孔则适当灌浆护壁，利用灌浆孔补勘查明了溶洞沿帷幕线的分部范围，溶洞发育深度为 5.7～24.5m，沿帷幕线的长度为 13.85m，充填物为褐红色黏土不密实充填。

首先试图将溶洞充填黏土挤出，ZSQ389 孔灌浆时打开相邻的 ZSQ388、ZSQ390 两个 Ⅲ序孔，挤出一部分泥浆后开始串浆，泥浆挤出效果不理想。先按设计要求反复灌注纯水泥浆液 12 次无法达到结束标准，调整为灌注水泥砂浆 1 次、膏状浆液 5 次、纯水泥浆液 6 次后仍未达到结束标准。因溶洞规模较大、充填物不密实、水泥浆注入量大且难以结束，水泥浆从充填物的薄弱通道劈裂后流失，灌浆压力难以提升，虽注入量大但难以形成连续的帷幕。

经研究在溶洞发育范围内帷幕轴线的上、下游侧各增加 1 排灌浆孔，先行灌注膏浆封堵渗漏通道后再灌中间排的主帷幕孔，上、下游加排孔排距分别距帷幕线上游 0.3m、下游 1.0m，孔距 1.0m，孔深以穿过溶洞底进入基岩 0.5m 控制，按先下游排、再上游排、后中间排的顺序灌浆，加排孔主要起封堵作用，采用全孔一次性灌注膏状浆液。因上游排孔距离洞壁较近，上游排孔采用斜孔布置，钻孔角度向上游侧倾斜 3.97°，控制孔底与帷幕轴线的最大偏距在 2.0m 以内。

上、下游排加强孔膏浆灌注结束后，在进行中间排帷幕灌浆施工时，除 ZSQ389 号孔第四灌浆段仍难以达到结束标准外，其余灌浆孔段通过上、下游加排处理后灌浆施工正常。针对 ZSQ389 号孔第 4 段尝试了套阀管灌浆法处理，施工方法如下：

在 ZSQ389 号孔位上拔出已镶嵌的套管（ϕ110mm），用地质钻机（孔径 ϕ130mm）成孔，穿透黏土充填层进入基岩 0.5m，下入已制作好的套阀管（ϕ89mm），下入（ϕ73mm）的水压栓塞距套阀管底部 0.5m 处用灌浆泵加压到 2~3MPa 清水开环后，灌套壳料直到孔口返套壳料。

套壳料待凝 3d 达到一定的强度后开始扫孔到套阀管底部，自下而上一米一段灌注膏浆，膨润土掺量 20%，在规定压力下注入率不大于 2L/min，延续 10 分钟可结束该段灌浆；如果达不到结束标准，按每米 3m³ 限量灌注结束，往上提至下一段继续灌注，全孔灌浆结束后待凝 3d。

套阀管选用 ϕ89mm 焊接管，套阀管分节下设，分节之间采用焊接，沿焊接管轴向每隔 30cm 设一环出浆孔，每环孔 3~5 个、孔径 10~15mm，出浆孔外面用弹性良好的橡皮箍圈套紧，套阀管底部封闭。

对套阀管与孔壁之间的缝隙灌注套壳料，套壳料以膨润土为主，水泥为辅组成（见表 7.2-2）。套壳料灌注的好坏是保证灌浆成功与否的关键，它要求既能在一定的压力下，压开填料进行横向灌浆，又能够在高压灌浆时，阻止浆液沿孔壁或管壁流出地表。

表 7.2-2　　　　　　　　套 壳 料 配 合 比

配比名称	水泥/kg	膨润土/kg	水/kg	流动度/mm	3d 强度/MPa
套壳料	100	360	350	105	0.18

套阀管法施工结束后，ZSQ389 号孔第四段仍然无法达到结束标准，最后采取先灌注 ZSQ389 号孔第四段以下的灌段，灌浆过程中用卡塞隔离第四段以上的灌段，待 ZSQ389 号孔第四段以下的所有灌段及附近灌浆孔全部施工结束后，再对 ZSQ389 号孔第四段采用纯水泥浆液灌注，最终达到结束标准。

灌浆结束后在复灌次数较多、注入量较大的 ZSQ389 孔与 ZSQ390 孔之间布置 1 个检查孔 ZSWJ6，进行取芯及压水试验，检查孔位置揭示的溶洞垂直高度为上层灌浆平洞底板以下约 16m，灌浆后黏土充填物较密实完整，岩芯采取率 100%。岩芯为硬塑状红色黏土，可见水泥浆脉及结石充填、胶结。压水试验其压力为 0.43～1.00MPa，试段透水率 $q=0.65\sim3.28$Lu，封孔灌浆单位注入量仅 9kg/m，说明溶洞充填物的处理效果较好（见图 7.2 - 7～图 7.2 - 11）。

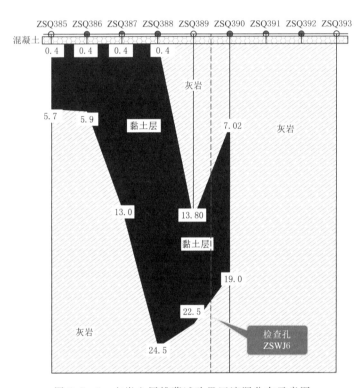

图 7.2 - 7　左岸上层帷幕试验Ⅲ区溶洞分布示意图

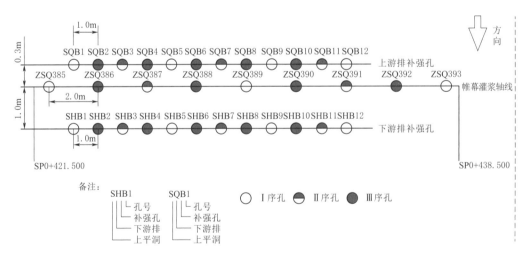

图 7.2 - 8　左岸上层帷幕试验Ⅲ区溶洞处理布孔平面图

图 7.2-9 左岸上层帷幕试验Ⅲ区
检查孔取芯照片 1

图 7.2-10 左岸上层帷幕试验Ⅲ区
检查孔取芯照片 2

7.2.2.3 左岸上层帷幕陡倾角岩溶发育段处理

坝址区两岸灰岩段岩溶强烈发育，一般河床以上岩溶发育以垂直向为主，至河床以下逐级过渡为水平向岩溶发育为主，坝址区左岸上下层灌浆平洞开挖揭露大量的溶洞及宽大溶隙，溶洞及溶隙大多为垂直向发育，钻孔揭露的溶隙大多为陡倾角发育。上下层灌浆平洞揭露的溶洞及宽大溶隙在防渗剖面上位置基本对应，部分宽大溶隙及岩溶管道贯通上下层平洞，上层灌浆平洞回填灌浆及

图 7.2-11 左岸上层帷幕试验Ⅲ区
检查孔取芯照片 3

帷幕灌浆时发生浆液串浆至下层平洞的现象，本节以 SP1+006.022～SP1+100.022 段的灌浆处理为代表。

左岸上层平洞灌浆施工中，靠左岸坝肩帷幕里程 SP1+006.022～SP1+100.022 的灌浆孔（ZSQ54～ZSQ101 孔）揭露该段地层岩溶强烈发育，灌浆施工的钻孔、压水、灌浆及孔内成像显示该段岩溶发育，特别是垂直向岩溶发育，溶洞、溶隙大部分为无充填或充填不密实，灌浆施工所遇特殊问题较多。施工所遇特殊情况与平洞地质编录、施工照片和灌浆过程岩溶统计情况较吻合。

该段上层平洞长 94m，其中Ⅲ类围岩洞段长 54m，占 57%；Ⅳ类围岩洞段长 40m，占 43%。平洞开挖揭露较大溶洞 3 个，为 RDZS08（SP1+053 处左边墙出露，宽 0.5～1.2m，无充填）、RDZS09（SP1+063 处顶拱出露，宽 0.6～1.4m，无充填）、RDZS10（SP1+100 处顶拱出露，宽 0.8～1.9m，无充填）。

该段下层平洞长 94m，其中Ⅲ类围岩洞段长 46m，占 49%；Ⅳ类围岩洞段长 36m，占 38%；Ⅴ类围岩洞段长 12m，占 13%。平洞开挖揭露较大溶洞 5 个，为 RDZX07（SP1+005 处顶拱处两个连通的溶洞，直径约 0.7m，较深无充填）、RDZX06（SP1+030 处左边墙，洞深 0.4～1.3m，闭合无充填）、RDZX05（SP1+054 处左边墙，直径约 3m，较深、无充填）、RDZX04（SP1+060 处顶拱，深 0.5m，无充填）、RDZX03（SP1+078 处顶拱，直径 3m，较深、无充填）。

该段上、下层平洞揭露的大溶洞主要位于顶拱和边墙，底板位置的溶洞大部分被开挖渣料覆盖难以编录。上下层平洞间的岩溶以竖向发育为主，溶洞、溶隙为无充填或不密实的泥质充填为主，岩溶主要为垂直向发育，上、下层灌浆平洞揭露的大溶洞垂向位置基本对应，钻孔成像显示的宽大溶隙多为竖向发育（见图 7.2－12～图 7.2－16）。

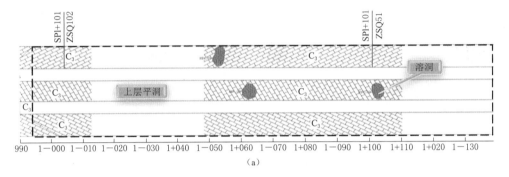

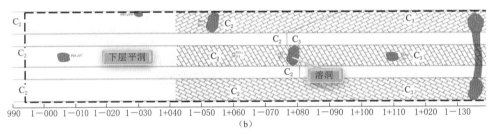

图 7.2－12　左岸 SP1＋004～SP1＋101 段上、下层平洞编录对照图

图 7.2－13　左岸下平洞 SP1＋098
揭露的宽大溶隙

ZSQ44～ZSQ101 孔段共 47 个灌浆孔，灌浆施工中遇强岩溶特殊情况处理 44 个孔，遇特殊情况的孔数占灌浆孔数量的 91.6％，主要为竖向溶隙夹泥及溶洞。27 个灌浆孔遇溶洞，钻孔遇洞率 57.4％。遇溶洞 34 个，遇溶洞最大掉钻深度 3.2m（ZSQ65 孔），灌浆孔平均遇洞率 1.3 个/100m。

从 SP0＋992～SP1＋006（灌浆孔 ZSQ51～ZSQ107）灌前压水试验和单位注入量分析，Ⅰ、Ⅱ、Ⅲ序孔灌前透水率递减不明显，Ⅲ序孔灌前透水率大于 10Lu 的 278 段（压水 321 段）占 86.6％，透水率均值为 25.5Lu；Ⅰ、Ⅱ、Ⅲ序孔单位注入量递减不明显，Ⅰ序孔单位注入量 749～3917kg/m，Ⅱ序孔 678～1161kg/m，

Ⅲ序孔 518～708kg/m，甚至常出现Ⅱ序孔比Ⅰ序孔单位注入量大的情况，Ⅲ序孔单位注入量远大于 150kg/m，最小为 518.6kg/m（见表 7.2－3 和表 7.2－4）。灌浆施工中对注

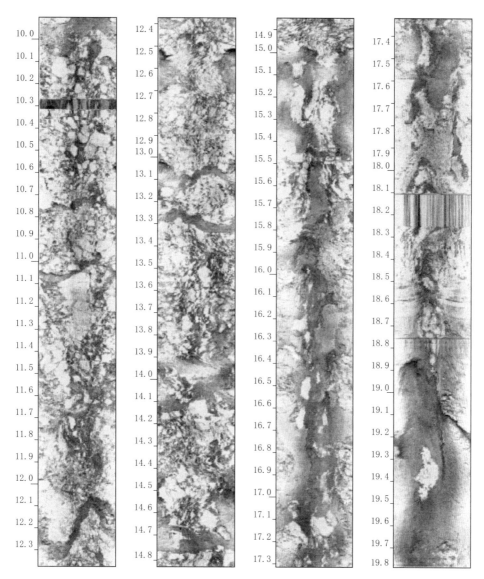

图 7.2-14 灌浆孔 ZSQ59 孔内成像照片 (10~19.8m 深度)

入量大的孔段综合采用了间歇、待凝措施，并对特殊地段采用砂浆、膏浆灌注，特别是 ZSQ61、ZSQ63、ZSQ65 号孔的施工都历时 1 个多月。

表 7.2-3　　　　左岸上平洞 SP0+992~SP1+106 段主帷幕孔灌浆统计表

工程部位	孔数	灌浆长度/m	水泥单位注入量/(kg/m)				灌前透水率/Lu		
			Ⅰ序孔	Ⅱ序孔	Ⅲ序孔	总平均	Ⅰ序孔	Ⅱ序孔	Ⅲ序孔
SP1+092.522~SP1+106.522	7	402.93	696.9	970.9	561.3	717.2	35.91	29.8	23.75
SP1+072.522~SP1+092.522	10	405.6	3917.3	1634	708.9	2012	92.23	47.55	29.87

续表

工程部位	孔数	灌浆长度 /m	水泥单位注入量/(kg/m)				灌前透水率/Lu		
			Ⅰ序孔	Ⅱ序孔	Ⅲ序孔	总平均	Ⅰ序孔	Ⅱ序孔	Ⅲ序孔
SP1+052.522～ SP1+072.522	10	554.26	833.4	962.4	532	715.3	49.2	35.4	25.75
SP1+032.522～ SP1+052.522	10	575.49	755.8	1161.4	518.6	759.1	32.72	39.31	25.42
SP1+012.522～ SP1+032.522	10	574.8	950.8	1125.5	562.8	791.7	38.1	34.84	25.94
SP0+992.522～ SP1+012.522	10	575.4	749.1	678.3	620.1	663.4	61.22	22.56	22.41
合计	57	3088.48	1317.2	1088.8	584	898.5	51.56	34.91	25.52

表 7.2-4　　　　　左岸上平洞 ZSQ51～ZSQ107 孔灌前压水试验统计表

灌浆孔	1～5Lu 段次	5～10Lu 段次	10～100Lu 段次	＞100Lu 段次
Ⅰ序孔	3	20	151	8
Ⅱ序孔	4	34	155	2
Ⅲ序孔	11	32	277	1

从岩溶水文地质条件及灌浆施工情况分析，该段岩溶发育，特别是垂直向溶隙较发育，地层透水率较大，可灌性好。Ⅲ序孔灌前透水率均值仍较大为 25.52Lu，单位注入量大于 500kg/m，说明浆液沿帷幕轴线方向扩散性不理想，单排孔难以保证帷幕的连续性和完整性，对该段增加 1 排补强帷幕灌浆孔，补强孔布置在先施工的主帷幕孔上游侧，排距 1.2m，孔距 2m，与主帷幕孔错开布置。补强孔Ⅰ、Ⅱ、Ⅲ序孔灌前透水率分别为 23.13Lu、20.01Lu、12.09Lu，单位注入量分别为 425.7kg/m、331.8kg/m、136.8kg/m（见表 7.2-5），符合一般岩溶地层的灌浆规律。说明经主帷幕孔施工后，大的溶洞及宽大溶隙已得到充填，管道型地层已变为裂隙型地层，经检查孔压水试验检查满足设计要求。遇此类强岩溶区灌浆的处理，首先要力争完成单排孔施工，结合灌浆孔开展取芯、孔内成像等补勘工作，利用单排孔的"钻、灌、探"查明强岩溶区分布范围及岩溶特征，再有针对性地进行补强灌浆设计，才能有的放矢，充分体现动态设计的优势。

表 7.2-5　　　　　左岸上平洞 SP0+992～SP1+106 段加排孔灌浆统计表

工程部位	孔数	灌浆长度 /m	水泥单位注入量/(kg/m)				灌前透水率/Lu		
			Ⅰ序孔	Ⅱ序孔	Ⅲ序孔	总平均	Ⅰ序孔	Ⅱ序孔	Ⅲ序孔
SP1+092.522～ SP1+106.522	4	230.54	403.4	350.2	150.7	263.8	19.77	18.64	14.3
SP1+072.522～ SP1+092.522	10	576.54	447.2	318.4	118	243.9	24.88	21.69	11.18
SP1+052.522～ SP1+072.522	10	577.49	459.3	321.3	117.4	260.9	27.62	21.15	10.52

续表

工程部位	孔数	灌浆长度/m	水泥单位注入量/(kg/m)				灌前透水率/Lu		
			Ⅰ序孔	Ⅱ序孔	Ⅲ序孔	总平均	Ⅰ序孔	Ⅱ序孔	Ⅲ序孔
SP1+032.522～ SP1+052.522	10	576.42	417.2	331.9	117.9	242	20.33	21.66	10.76
SP1+012.522～ SP1+032.522	10	577.7	409	326.2	120	248.4	20.64	21.53	12.47
SP0+992.522～ SP1+012.522	4	229.8	417.9	342.5	196.6	288.4	25.52	15.39	13.31
合计	48	2768.49	425.7	331.8	136.8	253.3	23.13	20.01	12.09

7.2.3 坝址区坝基及右岸灌浆标特殊问题处理

7.2.3.1 左岸坝基 RD15 溶洞处理

2017 年 4 月，大坝基础开挖至河床高程 1325.00m 以下时，河床以下两岸大面积分布溶蚀倒坡，心墙河床基础分布多个溶坑、溶槽及溶蚀裂隙，右岸河边发育多个水平走向的充填型溶洞，坝基防渗帷幕线上在左岸下层灌浆平洞进口底部发育较大的垂直向充填型溶洞 RD15，附近分布数个小型溶洞。初步清挖充填物后揭露，RD15 溶洞洞口高程为 1312.00m，洞口断面尺寸 6.5m×5.5m（高×宽），溶洞位于心墙基础及防渗帷幕轴线上，褐黄色黏土夹碎石充填，从坝基稳定、渗透稳定及防渗考虑，要求向下清挖溶洞充填物。

至 2017 年 9 月底，从洞口高程 1312.00m 清挖至高程 1292.00m，共向下清挖 20m 深度，清挖的充填物为黏土全充填，局部夹碎石，黏土密实，可塑状。委托中国电建集团昆明勘测设计研究院进行了取样试验，进行了原状样直剪、渗透试验及物理参数测试，充填物主要物理力学指标见表 7.2-6。

表 7.2-6 RD15 溶洞充填物取样试验指标

项 目	单位	试样 1	试样 2
湿密度	g/cm³	1.7	1.69
含水率	%	48.6	45
干密度	g/cm³	1.14	1.17
孔隙比	%	1.395	1.325
饱和度	%	95.1	92.4
塑性指数		49	48.6
<0.005mm 含量	%	66.2	68
<0.002mm 含量	%	54	55.2
土的分类		高液限黏土	高液限黏土
φ	(°)	9.4	9.2
c	kPa	24.2	18.2

续表

项 目	单位	试样 1	试样 2
渗透系数	cm/s	1.52×10^{-7}	2.21×10^{-7}
抗渗稳定性		水头升至 250~300cm，试样未见出浑水	
压缩系数 （0.2~0.3MPa）	MPa^{-1}	0.203	0.499
压缩模量 （0.2~0.3MPa）	MPa	11.62	4.65

溶洞清挖 20m 深度至洞底高程 1292.00m 后，溶洞充填物性状发生变化，由黏土局部夹碎石为主变为碎块石夹黏土、粉细砂及孤石，结构密实或胶结，孤石直径一般为50~70cm。溶洞清挖中，部分区域有渗水，洞壁四处出水点渗水量为 120~130L/min。在底板出露一泉点，流量约 30L/min、水温 28℃，随底板下挖一直出露于底部，取水样试验检测各项指标符合混凝土用水指标。

溶洞清挖 20m 深度后施工难度及安全风险较大，为查明溶洞分布范围及周围的岩溶地质情况，委托中国电建集团贵阳勘测设计研究院对溶洞区域进行了物探测试，目的是查明 RD15 溶洞范围、充填物形状、周围的岩溶发育情况（见图 7.2-15）。物探方法采用地质雷达及高密度电法，在溶洞底板及溶洞壁共布置 5 条地质雷达测线，沿防渗帷幕轴线布置 1 条高密度电法测线。

图 7.2-15 坝基左岸 RD15 溶洞物照片

经物探测试分析，溶洞在开挖底板 1292.00m 高程以下基本铅直向发育，底界基岩高程约 1284.00m，剩余充填物深度约 8m，上部为含泥碎块石，下部为块石夹碎石，洞壁周围局部发育小规模充填溶洞，未发现较大的岩溶管道分布（见图 7.2-16）。在溶洞底部采用小型钻机钻孔复核，因无法取芯，主要通过钻进速度判断充填物深度，钻探测试的充填物深度与物探基本吻合。

鉴于溶洞分布范围及充填物性状已查明，继续向下清挖施工难度很大、安全风险较

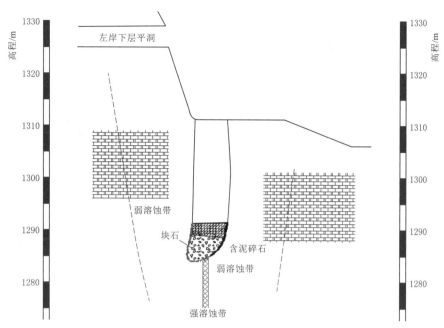

图 7.2-16　坝基左岸 RD15 溶洞物探综合剖面图

高，决定不再清挖，对清挖空腔采用 C20 微膨胀混凝土回填，分层布置 3 层水平钢筋网，洞壁锚杆外露锚入回填混凝土 0.7m。RD15 溶洞清挖现场照片见图 7.2-17～图 7.2-19。对溶洞附近区域结合坝基帷幕灌浆增加 3 排补强帷幕孔，加上坝基的双排主帷幕孔共计 5 排帷幕孔，坝基廊道内布置主帷幕孔两排，廊道下游侧布置 1 排补强帷幕孔，廊道上游侧布置两排补强帷幕孔，排距 1.2～2.5m，孔距 1.5～2m，孔深 42～64m，补强帷幕孔底界至溶洞底高程以下 10m（高程 1274.00m），具体布置见图 7.2-20 和图 7.2-21。按先下游、后上游排、再中间排的顺序施工，补强帷幕孔排内分两序，采用综合灌浆法，高程 1302.00m 以上采用分段卡塞循环灌浆法，高程 1302.00m 以下采用孔口封闭法灌浆，灌浆压力为 1.5～4.0MPa，分排分序逐次提高灌浆压力。

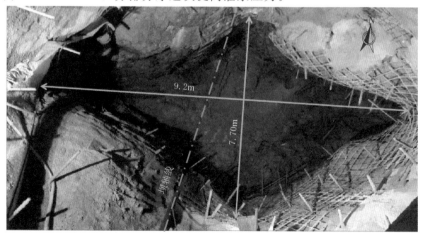

图 7.2-17　坝基左岸 RD15 溶洞清挖洞口照片

图 7.2-18　坝基左岸 RD15 溶洞
清挖至洞底照片

图 7.2-19　坝基左岸 RD15 溶洞
清挖出的充填物（底板洞段）

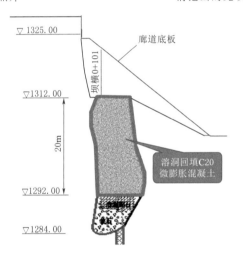

图 7.2-20　坝基左岸 RD15 溶洞回填处理示意图（沿坝轴线）

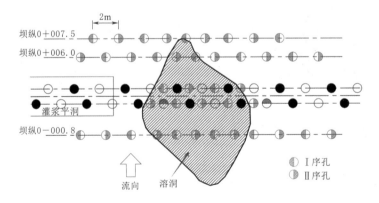

图 7.2-21　坝基左岸 RD15 溶洞区帷幕灌浆平面布孔图

7.2.3.2　河床坝基深部溶洞勘察及处理

除坝基左岸下层灌浆平洞进口底部开挖揭露的 RD15 溶洞外，坝基廊道内灌浆孔 YXH40～YXH56 揭示，在坝基廊道建基面 20m 深度以下揭露串珠状溶洞群，充填黏土、夹砂及粉细砂层，灌浆时沿不同孔位、高程存在串浆现象，存在隐伏的溶洞及岩溶管道，需多次复灌并灌注大量膏浆才能达到设计压力，说明坝基下部发育溶洞群且连通性较好，为查明坝基溶洞分布情况，结合灌浆孔施工情况在帷幕线上下游补充了两个勘探孔（见图 7.2-22）。河床坝基廊道内先施工的下游排帷幕孔所遇特殊情况见表 7.2-7。

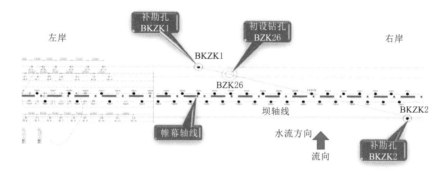

图 7.2-22　河床坝基补勘钻孔平面布置图

表 7.2-7　　　　　河床坝基廊道内下游排灌浆孔特殊情况统计表

灌浆孔编号	钻孔特殊情况	灌浆情况
YXH40	孔深 6.3～7m、11～16m 溶隙较发育，有泥质充填，返水为黄色、红色；孔深 19～21m、31～35m、36～46m 遇全充填型溶洞，充填物为泥夹碎石、砂，返水为红色或黑色	采用膏浆灌注，待凝后再扫孔灌注纯水泥浆液至达到结束标准。膏浆总灌注量 4.51m³
YXH44	孔深 24～25m、28～29m、38～39m、45～46m 遇充填型溶洞，充填物为泥夹碎石、粉细砂，返水为红色或黑色	先采用压力水冲洗孔内泥沙，再采用膏浆灌注，待凝后扫孔灌注纯水泥浆液至达到结束标准。膏浆总灌注量 35m³
YXH48	孔深 2.8m、23.5m、10.30m 溶隙发育，有泥质充填，返水为红色；孔深 38～41m 遇充填型溶洞，充填物为泥夹碎石、粉细砂，返水为红色或黑色	先采用压力水冲洗孔内泥沙，再采用膏浆灌注，待凝后扫孔灌注纯水泥浆液至达到结束标准。膏状浆液总灌注量 107.22m³
YXH51	孔深 41～48m、68～70m 遇充填型溶洞，充填物为泥夹碎石、粉细砂，返水为黄色、黑色	先采用压力水冲洗孔内泥沙，再采用膏浆灌注，待凝后扫孔灌注纯水泥浆液至达到结束标准。膏浆总灌注量 71.31m³
YXH52	孔深 18～19m 遇充填型溶洞，充填物为泥夹碎石、粉细砂，返水为黄色、黑色；其他局部存在溶隙发育，有泥质充填，返水为红色	采用压力水冲洗孔内泥沙，纯水泥浆复灌 13 次达到结束标准
YXH54	孔深 12.1～17.2m 遇充填型溶洞，充填物为泥夹碎石、粉细砂，返水为黄色、黑色	先采用压力水冲洗孔内泥沙，再采用膏浆灌注，待凝后扫孔灌注纯水泥浆液至达到结束标准。膏浆总灌注量 65.2m³
YXH56	孔深 12.1～17.1m、33.8～35m、41～41.5m、59.3～61.8m、74.8～76.2m 遇充填型溶洞，充填物为泥夹碎石、粉细砂，返水为黄色、黑色	先采用压力水冲洗孔内泥沙，再采用膏浆灌注，待凝后扫孔灌注纯水泥浆液至达到结束标准。膏浆总灌注量 86.11m³

图 7.2 - 23　河床坝基 YXH48 孔岩芯
照片（孔深 35.1~39.5m）

以坝基河床廊道内 YXH48 先导孔为代表，其孔深 89.04m，灌浆历时 6 个月，注入水泥 65.48t，平均水泥单位注入量 735.4kg/m。其中第 9 段（孔深 36~41m）注入水泥 45.5t，注入膨润土膏浆 107.22m³。水泥浆复灌 13 次，膏浆复灌 11 次。YXH48 孔溶洞段岩芯照片见图 7.2 - 23。

补勘孔 BKZK1 遇多个充填型溶洞，溶洞充填物主要为黄色泥土、粉质黏土、泥沙，溶洞最低发育深度至河床坝基以下 54m。补勘孔钻孔取芯情况见表 7.2 - 8。

表 7.2 - 8　　　　　　　　　　补勘孔 BKZK1 钻孔取芯统计表

钻孔深度/m	岩 芯 描 述
4.3~7	基岩相对完整，取芯率较好
7~14.4	岩溶发育基岩，可见多条溶隙及小溶槽，部分夹黄色黏土及少量碎石，取芯率稍好
14.4~20.3	破碎基岩层，岩溶发育较明显，取芯率低，基岩中夹方解石脉矿物，可见夹部分黄褐色泥土
20.3~24	溶洞充填物（1288.20~1284.50m），黄褐色粉质黏土，可塑，夹少量灰岩碎石，岩芯采取率较低
24~27.5	岩溶发育基岩，见多条溶隙，岩芯夹方解石脉，裂隙夹黄褐色泥层，岩芯采取率稍好
27.5~35.1	溶洞充填物（1281.00~1273.40m），黄褐色粉质泥土，可塑，夹少量灰岩碎石，泥土芯大部分被水冲走，取芯率较低
35.1~37.1	破碎基岩层，岩溶发育较明显，取芯较破碎，夹黄色泥层，取芯率较低
37.1~54	溶洞充填物（1271.40~1254.50m），黄色粉质黏土，可塑，夹部分灰岩块碎石，可取少部分短柱岩芯
54~89.04	未见溶洞

补勘孔 BKZK1 岩芯照片见图 7.2 - 24。

河床帷幕线附近补勘的 BKZK1、BKZK2 孔位于初步设计阶段的勘探孔 BZK26、BZK27 附近，初步设计阶段曾在勘探孔 BZK26、BZK27 内做了跨孔电磁波 CT 探测岩溶情况，但与施工阶段灌浆孔、补勘孔揭露的溶洞规模及位置不完全对应，前期阶段有限的勘探难以查明溶洞的空间分布。

坝基廊道内帷幕灌浆采用双排孔布置，排距 1.2m、孔距 2.0m，先施工的下游排Ⅰ序孔施工较为困难，在不同高程遇充填型溶洞，溶洞充填物主要为不密实的黏土及粉细砂，溶洞连通性较好，注入量大、孔间串浆严重，特别是砂层的灌浆更困难，砂层具有流动性难以固结，多次复灌后起拔钻杆仍会流动堵塞钻孔。先以水泥浆多次复灌后，再以低流动度的膨润土膏浆反复灌注，大部分孔段最终可达到设计压力结束，条件较差的孔段降低设计压力至 2.0~2.5MPa 结束，Ⅱ、Ⅲ序孔基本不再需要灌注膏浆，均可达到 4.0MPa 的设计压力结束。后施工的上游排孔施工较正常，仅少量Ⅰ序孔段复灌次数多需灌注膏浆。

（a）11～17.4m深度

（b）17.4～27.5m深度

（c）27.5～34.5m深度

（d）34.5～42.6m深度

（e）42.6～47.6m深度

图 7.2-24　补勘孔取芯照片

　　施工完成后常规检查孔压水试验满足设计要求，为验证防渗帷幕的耐久性，在灌浆特殊问题最多的 YXH48 孔附近帷幕中心线上补充一个检查孔 BJNJX1 并进行了 6d 全孔耐久性压水试验。检查孔 BJNJX1 孔口高程 1305.00m，孔底高程 1228.28m，孔深 76.72m，先按常规检查孔要求进行钻孔取芯及分段单点法压水试验，完成后对高程 1299.00m 以上孔段下套管隔离，然后进行全孔耐久性压水试验。耐久性压水试验采用全孔纯压式压水，压水段长 70.72m，试验压力自 0.5MPa 起，每 10min 增加 0.2～0.3MPa，直至 1.2MPa，稳定在 1.2MPa 压力下持续压水 144h，每隔 5h 左右停机 5min 读取数据后继续压水，试验过程中连续记录压力及注入流量的变化情况。

检查孔 BJNJX1 常规压水试验成果见表 7.2-9，耐久性压水试验成果见表 7.2-10。

表 7.2-9　　　　　　　　　　检查孔 BJNJX1 压水试验成果表

段次	1	2	3	4	5	6	7	8
孔深/m	1～3	3～6	6～11	11～16	16～21	21～26	26～31	31～36
段长/m	2	3	5	5	5	5	5	5
透水率/Lu	0	0	0	0	0	0	0.88	0.77
段次	9	10	11	12	13	14	15	16
孔深/m	36～41	41～46	46～51	51～56	56～61	61～66	66～71	71～76.72
段长/m	5	5	5	5	5	5	5	5.72
透水率/Lu	0.43	0.4	0	0	0.85	0.08	0	0.15

表 7.2-10　　　　　　　　　　检查孔 BJNJX1 耐久性压水试验成果表

序号	压水压力 /MPa	注入流量 /(L/min)	透水率 /Lu	日　期	压水时长 /h
1	1.2～1.23	0.00	0.00	2018-10-13	5.67
2	1.2～1.24	0.00	0.00	2018-10-13	4
3	1.2～1.23	0.00	0.00	2018-10-13	5.17
4	1.2～1.26	0.00	0.00	2018-10-14	4
5	1.2～1.25	0.00	0.00	2018-10-14	5.5
6	1.2～1.24	0.00	0.00	2018-10-14	4
7	1.2～1.23	0.00	0.00	2018-10-14	5.5
8	1.2～1.23	0.00	0.00	2018-10-14	4.25
9	1.2～1.22	0.00	0.00	2018-10-15	3.67
10	1.2～1.25	0.00	0.00	2018-10-15	1.75
11	1.2～1.25	0.17～1.50	0.01	2018-10-15	4.67
12	1.2～1.25	0.75～1.48	0.01	2018-10-15	4
13	1.2～1.24	1.19～1.63	0.01	2018-10-15	5.83
14	1.2～1.23	0.98～1.87	0.02	2018-10-16	4.02
15	1.2～1.23	1.11～1.78	0.02	2018-10-16	4
16	1.2～1.23	0.98～1.61	0.01	2018-10-16	5.5
17	1.2～1.22	0.69～1.55	0.01	2018-10-16	4
18	1.2～1.31	1.30～1.60	0.01	2018-10-16	5.17
19	1.2～1.25	1.12～1.75	0.02	2018-10-16	5.08
20	1.2～1.26	1.26～1.81	0.02	2018-10-17	5
21	1.2～1.26	0.63～1.45	0.01	2018-10-17	6
22	1.2～1.24	0.71～1.53	0.01	2018-10-17	9.33
23	1.2～1.24	1.16～1.81	0.01	2010-10-18	5.17

续表

序号	压水压力/MPa	注入流量/(L/min)	透水率/Lu	日 期	压水时长/h
24	1.2～1.24	0.90～1.64	0.01	2010-10-18	5
25	1.2～1.23	0.74～1.50	0.01	2010-10-18	5
26	1.22	0.91～1.43	0.01	2010-10-18	6
27	1.2～1.22	1.00～1.64	0.01	2010-10-18	6.75
28	1.2～1.23	0.86～1.58	0.01	2018-10-19	6.58
29	1.2～1.21	0.91～1.34	0.01	2018-10-19	4.17
合计					144.77
孔口高程: 1305.00m; 孔深 76.72m; 压水段长 70.72m; 帷幕里程: XP1+297.201。					

由检查孔 BJNJX1 常规压水试验和耐久性压水试验成果可见,常规压水 16 段,透水率 0～0.88Lu,平均 0.22Lu。耐久性压水为全孔一段压水,压力为 1.2MPa(孔口压力表),考虑水柱压力的话孔底段达 2MPa 压力。48 小时内注入流量为 0,以后流量维持在 1.34～1.87L/min 之间,计算的压水过程最大透水率仅 0.02Lu。检查孔封孔灌浆各段水泥单位注入量 2.0～4.2kg/m,平均单位注入量 3.3kg/m。通过 6d 耐久性压水试验,未发生流量突变及劈裂破坏的情况,说明处理后帷幕防渗效果及耐久性较好。

7.2.3.3 右岸防渗边界、底界调整的勘察及处理

1. 右岸防渗边界、底界确定原则

右岸防渗边界确定原则为防渗线路由右岸坝肩向南越过灰岩段进入 $P_2\beta$ 玄武岩地层,正常蓄水位线与 P_1 灰岩和 $P_2\beta$ 分界线交点外延 50m,P_1 灰岩和 $P_2\beta$ 玄武岩为角度不整合接触;防渗底界深入强岩溶带下限以下 10m,同时满足透水率 $q \leqslant 5$Lu 的条件。初步设计确定的右岸防渗边界处地质剖面见图 7.2-25,推测的灰岩和玄武岩分界线倾角较陡。

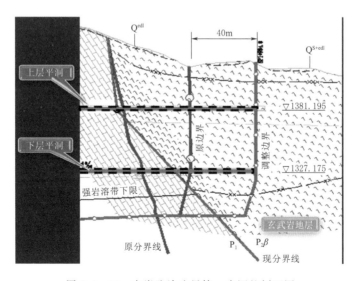

图 7.2-25 右岸防渗边界第一次调整剖面图

施工阶段根据右岸上、下层灌浆平洞开挖揭露地质条件，右岸防渗边界处的灰岩和玄武岩分界线较初步设计阶段推测位置略有变化，上层平洞灰岩和玄武岩分界线较初步设计阶段提前 5m，下层平洞灰岩和玄武岩分界线较初步设计阶段推后 23m，上、下层平洞之间的灰岩和玄武岩分界线倾角较初步设计阶段变缓，为保证防渗边界进入玄武岩隔水地层的长度，将下层平洞及防渗边界延长 50m，保证下层平洞进入玄武岩的长度为 63m。上下层平洞沿帷幕轴线方向灰岩和玄武岩分界线倾角约 55°。

2. 右岸防渗边界、底界调整缘由

根据右岸上、下层平洞揭露的地质情况将防渗边界延长 50m 后，下层平洞防渗边界处最末一个灌浆孔 YXQ394 施工至设计底界（高程 1264.00m）时，灌前压水不起压，继续加深钻孔，在高程 1255.00～1248.00m 遇溶洞空腔掉钻 7m，为探查该溶洞沿近坝方向的分布特征及规模，将附近的灌浆孔 YXQ392 和 YXQ387 作为先导孔加深勘探，YXQ392 孔在高程 1251.00～1254.00m 掉钻 3m，YXQ387 孔未发生掉钻，YXQ387 孔钻孔成像显示在高程 1256.00～1257.00m 发育无充填宽大溶隙。防渗边界的 YXQ394 孔溶洞共计回填 3000 余立方米水泥砂浆和级配料，溶洞规模较大。由于 YXQ394 孔为下层平洞边界孔，向远坝方向的溶洞延伸规模不清。

下层平洞灌浆孔揭露的灰岩和玄武岩分界线倾角为 35°～45°，下层平洞以下的岩层界线趋于平缓，下层平洞以下玄武岩底界最低分布高程为 1285.00m，防渗边界孔 YXQ394 下部为灰岩且有较大溶洞空腔发育，YXQ387、YXQ392、YXQ394 孔揭示的深部溶洞规模有向远坝方向变大的趋势，原定的防渗边界不可靠，须补充勘探进一步复查防渗边界及底界，地质剖面见图 7.2－26。

3. 右岸防渗边界、底界补勘情况

为复核右岸防渗边界及底界，采用了物探与钻探结合的方法，委托中国电建贵阳院进行了物探测试。物探主要工作内容，①查明 $P_2\beta$ 玄武岩与 P_1 灰岩分界面的地下展布情况及灰岩的岩溶发育情况；②查明现防渗边界处 Q394 孔揭露的溶洞形态及规模。结合物探测试成果，在帷幕边界延长线外 123m 处补充了 1 个 250.1m 深的勘探孔。

在防渗帷幕边界附近地表布置 3 条天然源面波（微动）测线，其中 WT1～WT1′、WT2～WT2′ 为垂直于防渗帷幕轴线走向的平行物探测线，间距 50m。WT3～WT3′ 为重合于帷幕轴线并向远坝方向延伸的测线（见图 7.2－27～图 7.2－30）。对 YXQ394 孔揭露的溶洞采用三维声呐成像法进行探测。物探主要成果如下：

1）测线控制范围内 P_1 灰岩与 $P_2\beta$ 玄武岩接触带体现一定的波速差异带，1280.00m 高程附近差异带向下倾斜的角度有变缓的趋势。

2）P_1 灰岩与 $P_2\beta$ 玄武岩接触带附近灰岩侧存在明显的低波速异常区，异常区顺接触带发育特征显著，在 1200.00m 高程以上直至地表，推测接触带灰岩侧溶蚀发育较为强烈。

3）YXQ394 孔揭露的溶洞位于下层平洞底板以下 69.26～76.21m 深度，可测直径最大值为 7.98m，最小值为 4.02m，平均值为 6.32m，推测溶洞空腔体积约 380m³。

结合物探成果，在 WT1～WT1′ 与 WT3～WT3′ 测线交点处布置勘探孔 BZKY1（沿帷幕轴线外延 122m），孔口地面高程 1428.00m，孔底高程 1175.90m，孔深 252.11m。

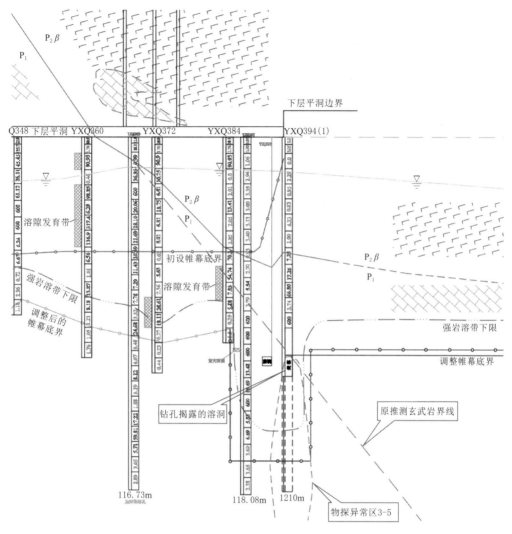

图 7.2-26　右岸下层平洞防渗边界处地质剖面

主要目的是复核 P_1 灰岩与 $P_2\beta$ 玄武岩分界线及灰岩岩溶发育情况，并复核物探成果显示的 3-4 异常区。补勘孔成果如下：

1）BZKY1 孔揭露 P_1 灰岩与 $P_2\beta$ 玄武岩分界线高程为 1277.00m，现下层平洞防渗边界 YXQ394 孔处的岩层分界线高程 1289.00m，两孔间距 122m，两孔间玄武岩分界线较平缓，倾角约 $8°\sim10°$。

2）BZKY1 孔高程在 1241.00m 以上孔段，透水率均小于 5Lu；1241.00～1198.00m 段不起压，钻进至 1238m 时，孔内水位从 1398.00m 掉至 1342.00m；钻进至 1236m 开始不返水，孔内水位降至 1308.00m，直至终孔，孔内水位无较大变化。

3）BZKY1 孔灰岩段钻进过程中未发生掉钻现象，从取芯来看，高程 1241.00～1198.00m 段岩芯采取率较低，为 35% 左右，岩芯破碎；岩芯表面普遍见溶隙发育、夹泥，推测为溶蚀破碎带。

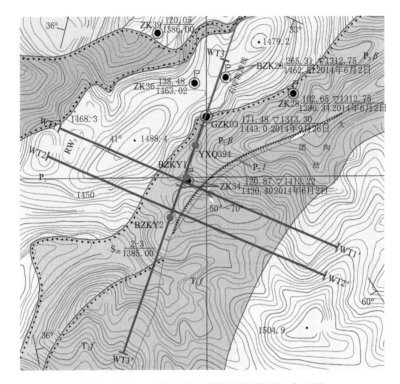

图 7.2-27　右岸防渗边界物探测线平面布置图

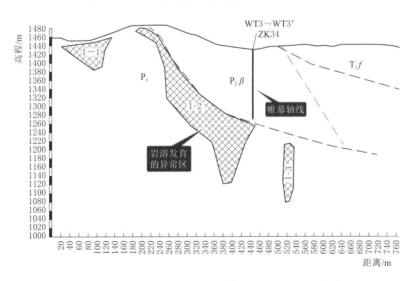

图 7.2-28　物探测线 WT1～WT1′解释图（垂直帷幕轴线）

4）钻孔成像显示，高程 1235.00～1217.00m 段存在强岩溶区，为物探分析的 3-4 异常区。岩溶形态以溶隙为主，溶隙宽度 3～10mm，延伸方向以竖向为主，延伸长度大于 7m。

渗漏分析如下：根据物探、钻探成果，沿防渗轴线从下层灌浆平洞端头往远坝端方向存在 3 个强岩溶区，编号为 3-4、3-5、3-6。

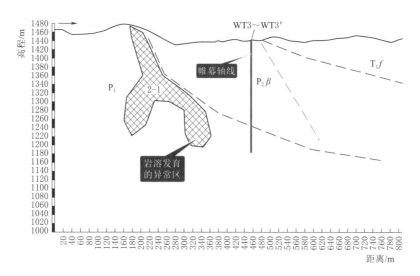

图 7.2-29 物探测线 WT2~WT2′解释图（垂直帷幕轴线）

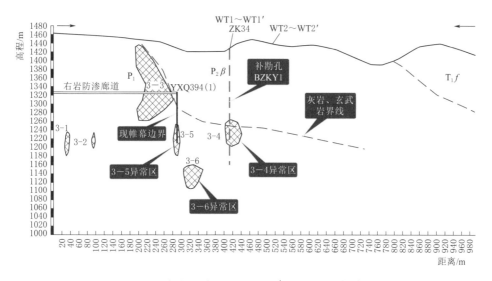

图 7.2-30 物探测线 WT3~WT3′解释图（沿帷幕轴线）

1）强岩溶区 3-5 对应 YXQ394 灌浆孔，钻孔已揭露在 3-5 强岩溶区范围内发育有较大溶洞。从物探成果及钻孔资料分析，由于声呐测试约有 50% 无反射现象，溶洞往远坝方向及深部延伸情况不清，仅靠 YXQ394 钻孔处理溶洞效果存疑。

2）强岩溶区 3-4 布置补勘孔 BZKY1 进行复核，钻进至该范围内时，出现落水、压水不起压、岩芯破碎、夹泥溶隙发育等现象，分析该范围内分布有强岩溶区；BZKY1 孔地下水位为 1308.00m，低于坝址下游玄武岩与灰岩分界处德厚河水位（1314.00m）约 6m，说明河床下有深部岩溶发育，存在渗漏通道，渗漏形式为岩溶管道-溶隙型渗漏。

3）强岩溶区 3-6 分布位置较深，分析认为 3-6 区为深部异常带，从物探成果分析，岩溶以溶隙为主，暂不处理，但应加强蓄水后的观测。

经综合分析，右岸下层灌浆平洞现防渗边界向远坝端方向存在强岩溶区发育，局部分布有强岩溶低槽，强岩溶区下限分布高程为 1200.00～1267.00m，低于德厚河河床 120m，原防渗边界外的灰岩侧存在强岩溶区及渗漏问题，渗漏形式为岩溶管道-溶隙型渗漏，须调整右岸防渗边界处理范围。

4. 右岸防渗边界、底界调整情况

根据灌浆孔、物探及补勘孔综合分析，右岸下层平洞现防渗边界外的灰岩和玄武岩界线趋于平缓，倾角 8°～10°，如将防渗边界延长至完全进入玄武岩内，将导致防渗线延长很多，物探揭示补勘孔以外未发现强岩溶异常区，将右岸下层平洞防渗边界调整为进入弱岩溶带内 5m，以 BZKY1 钻孔揭露的溶蚀破碎带边缘外延 5m 作为防渗边界。初步确定的防渗边界为从下平洞 YXQ394 孔沿防渗轴线延伸约 155.4m。

由于从地表至防渗底界的深度为 170～250m，且只需对下层灌浆平洞以下的灰岩段进行灌浆，从地表灌浆存在深度较深、非灌段较长、施工难度大、施工质量难以保证等问题。决定开挖延长下层灌浆平洞，在下层平洞内进行延长段帷幕灌浆。下层平洞延长段位于玄武岩地层内，围岩以 Ⅲ 类为主，下层灌浆平洞底板至帷幕底界深度为 70～136.5m，灌浆顶界为玄武岩与灰岩接触带以上 5m。

2019 年 10 月完成下层平洞延长段 168m 的开挖支护，间隔 24m 布置先导孔并进行孔间 CT 测试复核防渗边界及底界。共布置 6 个先导孔（YXQ404～YXQ472），有 3 个先导孔 YXQ404、YXQ416、YXQ428 在高程 1198.00～1240.00m 段揭露出强岩溶区，钻进中出现落水、不返水、压水不起压、掉钻等现象，先导孔揭露的强岩溶情况如下：

YXQ404 孔：在孔深 87.5～90m、90.3～90.8m、93.0～93.6m、95.5～97.5m 段掉钻，掉钻深度 0.5～2.5m。

YXQ416 孔：在孔深 110.5～112.7m、118～118.4m、119.5～120.5m、124～126m 段掉钻，掉钻深度 0.4～2.2m。孔深 118～126m 段不返水，压水不起压。

YXQ428 孔：在孔深 120m 落水后无返水，孔深 125.1～129.8m 掉钻 4.7m。

YXQ450 孔：灰岩段普见岩溶发育，以溶隙为主，隙面多附灰红色泥膜及钙膜，未揭露溶洞。

YXQ460 孔、YXQ472 孔：受构造影响岩体破碎，灰岩岩芯岩溶发育程度较弱，两孔均未揭露溶洞，YXQ460～YXQ472 孔段处于 F_2 断层带及断层影响带，该断层为压扭性断层，断层物质为糜棱岩、压碎岩为主，为阻水断层，根据两孔压水试验成果，透水率基本小于 10Lu，下部孔段小于 5Lu，整体透水性较弱。

对 YXQ428～YXQ450、YXQ450～YXQ472 先导孔进行了孔间 CT 测试：YXQ428 孔附近在高程 1193.00～1204.00m 段存在强岩溶区，与钻孔揭露溶洞基本对应；YXQ450～YXQ472 孔间发育断层 F_2 及其影响带，孔间 CT 测试效果不明显。

根据下层平洞延长段的先导孔及孔间 CT 测试成果，最终确定防渗边界由 YXQ394 孔延长至 YXQ460 孔，帷幕延长 132m 进入弱岩溶发育带。帷幕灌浆底界进入弱岩溶发育带且透水率 $q \leqslant 5Lu$ 地层，帷幕灌浆顶界为玄武岩界线以上 5～10m。右岸下层帷幕延长段防渗处理见图 7.2-31。

5. 右岸下层平洞延长施工爆破对帷幕的影响分析

由于右岸下层平洞延长段开挖前右岸原防渗边界附近的帷幕灌浆孔已基本施工完成，

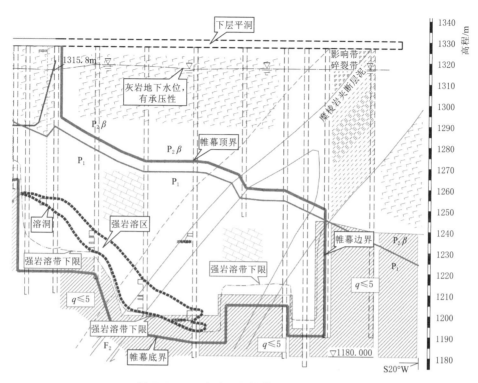

图 7.2-31　右岸下层帷幕延长段剖面图

为避免下层灌浆平洞延长段爆破开挖对已施工的帷幕灌浆造成影响，施工中要求进行爆破控制，并对上层帷幕进行爆破后的检查孔压水试验检查。

爆破影响控制措施，要求延长段隧洞爆破时，在里程 XP1+960.00 处进行质点震动速度监测，确保该处的质点震动速度不大于 3cm/s；根据质点震动速度核算，XP1+992.00～XP2+012.00 的单次爆破装药量宜不大于 15kg，XP2+012.00～XP2+032.00 的单次爆破装药量宜不大于 20kg，XP2+032.00～XP2+052.00 的单次爆破装药量宜不大于 30kg，具体结合爆破监测调整；XP1+992.00～XP2+012.00 段的钻爆进尺应小于1m，XP2+012.00～XP2+032.00 段的钻爆进尺应小于 1.5m。

下层平洞延长段开挖完成后，在上层帷幕边界处的检查孔 YSJWJ09（里程 SP1+948.901）旁边增加了一个检查孔 YSBJ2（里程 SP1+948.701m）进行压水试验，两孔距离 0.2m，以复核爆破前后的帷幕透水率变化情况。从表 7.2-11 可见，爆破前后检查孔对应段次的透水率变化微弱，说明爆破控制是有效的，未对爆破区附近已施工的帷幕灌浆质量造成影响。

6. 右岸下层平洞延长段先导孔蓄水前后渗流观测

右岸下层平洞延长段开挖长度 168m，经先导孔补勘，确定下层帷幕延长 132m，在防渗边界外的先导孔 YXQ472 孔施工时存在孔口渗水情况，渗水量微弱不足 0.01L/min。为观测水库蓄水后右岸下层帷幕边界可靠性及绕渗情况，将先导孔 YXQ472 孔作为观测孔保留。在水库蓄水过程中及蓄水至正常水位后的运行期持续对 YXQ472 孔进行观测，运行期流量基本未发生变化，说明右岸防渗边界区域地层渗透性微弱，且与库水位无直接的水力联系，右岸防渗边界是可靠的。

表 7.2－11　　　　　上层帷幕防渗边界区爆破前后检查孔压水对比表

段次	YSJWJ09 检查孔				YSBJ2 检查孔			
	检查段/m			透水率 /Lu	检查段/m			透水率 /Lu
	自	至	段长		自	至	段长	
1	3.63	5.63	2.00	0.18	3.63	5.63	2.00	0.64
2	5.63	8.63	3.00	1.12	5.63	8.63	3.00	0.55
3	8.63	13.63	5.00	1.35	8.63	13.63	5.00	0.83
4	13.63	18.63	5.00	1.61	13.63	18.63	5.00	1.17
5	18.63	23.63	5.00	0.68	18.63	23.63	5.00	0.75
6	23.63	28.63	5.00	1.29	23.63	28.63	5.00	1.54
7	28.63	33.63	5.00	1.21	28.63	33.63	5.00	1.95
8	33.63	38.63	5.00	1.65	33.63	38.77	5.14	2.52
9	38.63	43.63	5.00	2.19	38.77	44.27	5.50	1.75
10	43.63	48.63	5.00	1.03	44.27	49.77	5.50	0.64
11	48.63	53.63	5.00	1.03	49.77	55.27	5.50	1.51
12	53.63	59.04	5.41	1.37				

第8章
地下水长期观测及水库蓄水效果评价

8.1 工程蓄水情况

德厚水库工程于 2020 年 5 月初完成了蓄水安全鉴定，同意水库分两期蓄水，2020 年一期蓄水至高程 1356.00m，约为坝高的 2/3，2021 年二期蓄水至正常蓄水位 1377.50m。至 2020 年 5 月初，与蓄水相关的挡水建筑物（黏土心墙堆石坝）、泄水建筑物（溢洪道、导流泄洪隧洞、引水隧洞、团结大沟输水隧洞）已全部建成。防渗工程的库区灌浆一标、库区灌浆二标、坝址区左岸灌浆标帷幕灌浆施工完成，施工方、第三方质检的检查孔全部完成且检查合格。坝址区坝基及右岸灌浆标除下层灌浆平洞延长段的帷幕灌浆未完成外，其余帷幕灌浆全部完成且检查合格。考虑到右岸下层平洞延长段帷幕灌浆距离大坝较远，2020 年 3 月进行导流洞封堵闸门调试时水库曾试蓄水至死水位 1341.50m，高于下层平洞 15m，此间下层平洞延长段的钻孔、灌浆施工未发现涌水等异常情况，同意在水库一期蓄水期间完成下层平洞延长段的帷幕灌浆，并加强蓄水及施工监测。

2020 年 5 月 25 日下闸封堵导流洞（进口底板高程 1324.00m）并开始蓄水，2020 年 6 月 15 日完成导流洞封堵，此时库水位 1338.20m。

2020 年 9 月 21 日水库蓄水至一期控制水位 1356.00m，并稳定在此水位下，库区多余来水由泄洪隧洞下泄。

2020 年 12 月初，为进一步验证防渗效果及为文山市抗旱农灌用水预留应急库容，利用枯期来水由库水位 1356.00m 继续蓄水至库水位 1367.40m，并稳定在此水位下，低于正常蓄水位 10m。

2021 年 6 月底，为置换水质，将库水位由 1367.40m 降低至 1356.00m。

2021 年 7 月初，由库水位 1356.00m 开始二期蓄水。

2021 年 9 月 22 日，水库蓄水至正常蓄水位 1377.50m，并稳定在此水位。

2022 年 5 月至 9 月，为进行库区人行栈道施工，控制库水位在 1373.20～1377.50m 之间运行。2022 年 9 月底水库蓄水至正常水位运行。德厚水库下闸蓄水至今水位及库容情况见表 8.1－1。

表 8.1－1　　　　　　　　　德厚水库蓄水情况表

序号	日　　期	库水位/m	库容/万 m³
1	2020－05－25	1324.10	1.2

续表

序号	日　　期	库水位/m	库容/万 m³
2	2020 - 06 - 01	1334.80	92
3	2020 - 08 - 01	1336.10	118
4	2020 - 09 - 21	1356.21	1474
5	2020 - 11 - 23	1363.16	2772
6	2021 - 01 - 01	1364.67	3205
7	2021 - 03 - 01	1367.33	4091
8	2021 - 04 - 30	1368.28	4442
9	2021 - 06 - 01	1368.78	4687
10	2021 - 07 - 01	1356.75	1547
11	2021 - 09 - 01	1375.63	8070
12	2021 - 09 - 23	1377.52	9294
13	2021 - 12 - 01	1376.13	8375
14	2022 - 01 - 01	1377.49	9274
15	2022 - 02 - 01	1377.98	9597
16	2022 - 03 - 01	1377.99	9604
17	2022 - 04 - 01	1377.94	9571
18	2022 - 05 - 01	1377.47	9261
19	2022 - 06 - 01	1376.37	8534
20	2022 - 07 - 01	1373.98	7103
21	2022 - 08 - 08	1373.26	6727
22	2022 - 09 - 01	1373.56	6883
23	2022 - 10 - 01	1377.50	9281
24	2022 - 10 - 28	1377.40	9214

8.2　长观孔资料及分析

8.2.1　长观孔观测资料

　　为查明水库渗漏区域的地下水情况，德厚水库从规划阶段至初步设计阶段共布置了53 个长观孔，总孔深 6408m，从 2007 年 4 月开始观测，至 2022 年 12 月已观测近 16 年。其中，规划阶段布置有 6 个长观孔（孔深 607m），2007 年 4 月开始观测；项目建议书阶段布置 4 个长观孔（孔深 380m），2008 年 4 月开始观测；可研阶段布置 45 个长观孔（孔深 5586m），2009 年 7 月开始观测；初步设计阶段布置 1 个长观孔（孔深 122m），2015 年1 月开始观测。主要长观孔孔位分布示意见图 8.2 - 1。

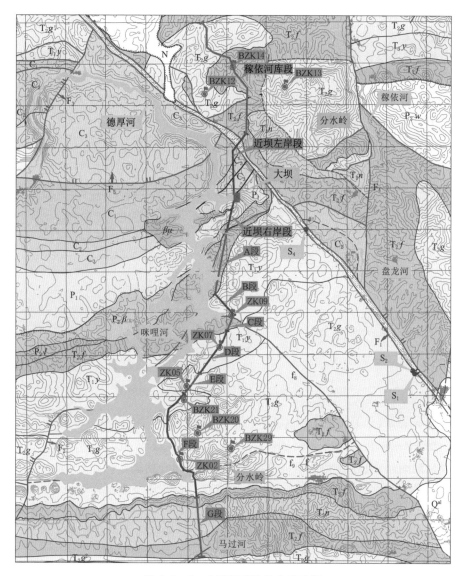

图 8.2-1 主要长观孔分布示意图

8.2.2 长观孔资料水库渗漏评价

1. 长观孔选择

根据前期库区地质分段分析，德厚河左岸（德厚河与稼依河低岭谷河间地块）不存在渗漏问题；咪哩河右岸（咪哩河与盘龙河低岭谷河间地块）A 段、B 段不存在渗漏问题，C 段、D 段、E 段不存在管道型渗漏，存在溶隙-裂隙型渗漏，渗漏量轻微，不进行防渗处理。F 段存在管道-溶隙型渗漏，渗漏问题严重，已进行防渗处理。

在德厚河与稼依河河间地块选取 BZK12、BZK13、BZK14 三个长观孔，咪哩河与盘龙河河间地块 C 段选取 ZK09 孔，D 段选取 ZK07 孔，E 段选取 ZK05 孔，F 段选取

ZK02、BZK20、BZK21、BZK29 四个长观孔，进行观测资料统计及水库渗漏分析。

2. 德厚河左岸库段渗漏评价

德厚河左岸库段长观孔选取 BZK12、BZK13、BZK14 三孔，其中 BZK12 孔和 BZK14 孔地下水位长期高于水库正常水位，水库蓄水对这两个孔的地下水位基本无影响；BZK13 孔处于稼依河右侧山坡，水位蓄水前为 1373.60～1385.90m，水库蓄水后孔内水位为 1370.20～1378.70m，孔内水位随季节变化明显，与水库蓄水位关系不密切，说明德厚河与稼依河河间地块蓄水后不存在渗漏问题，与前期的勘察结论一致。左岸库段长观孔水位曲线见图 8.2-2。

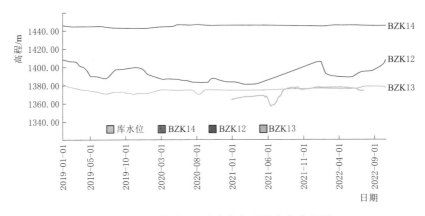

图 8.2-2 德厚河左岸库段长观孔水位曲线图

3. 咪哩河右岸 C、D、E 段渗漏评价

C 段选取 ZK09 孔、D 段选取 ZK07 孔、E 段选取 ZK05 孔，蓄水前 2019 年 3 月—2020 年 3 月期间，3 孔水位均低于正常蓄水位，在水库开始蓄水后，3 孔地下水位随库水位抬升而升高，其中 ZK05 孔水位总是高于库水位，存在地下水壅高现象，说明 ZK05 孔附近地下水流通不是很通畅，也说明岩体透水性差，ZK05 孔区（E 段）不存在渗漏问题；ZK07 孔和 ZK09 孔地下水位随库水位升高而上升，整体与库水位高程基本一致，大部时间段略高于库水位，2021 年 8 月—2021 年 10 月期间，两孔地下水位低于库水位，说明两孔地下水位与库水位关系密切，少数时间段还存在低于库水位的情况，说明两孔区存在渗漏情况，但大部时间段地下水位略高于库水位，依然存在轻微的地下水壅高现象。分析认为 ZK07 区（D 段）和 ZK09 区（C 段）存在一定的渗漏现象，但渗漏不严重，建议后期加强监测。咪哩河右岸 C、D、E 段长观孔水位曲线见图 8.2-3。

4. 咪哩河右岸 F 段渗漏评价

F 段长观孔选取 ZK02、BZK20、BZK21、BZK29 四孔，其中 ZK02 孔位于帷幕线附近，前期连通试验即在 ZK02 孔投放示踪剂，并在盘龙河边 S1、S2 泉点接收到示踪剂成分，说明 ZK02 孔地层存在贯通河间地块的岩溶管道。ZK02 孔蓄水前枯期地下水位最低 1336.20m，低于正常水位 41.3m，水库蓄水后，孔内水位随库水升高也缓慢上升，最后稳定在 1366.00m 附近。分析认为，ZK02 孔距离帷幕线较近，帷幕灌浆后 ZK02 孔附近地层渗透性大幅度减小，大的渗漏通道已被封堵，才能在帷幕下游形成较高的稳定水位及

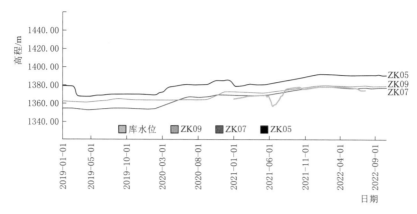

图 8.2-3 咪哩河右岸 C、D、E 段长观孔水位曲线图

渗流场，即使库水位短期降落低于孔内水位时，ZK02 孔水位也未随之降低，说明帷幕防渗效果较好，浆液扩散范围较大，一定程度上增加了帷幕厚度，对防渗帷幕的耐久性是十分有利的。

其余 BZK20、BZK21、BZK29 三孔沿 F 段地形分水岭布置，该段地形分水岭与地下分水岭位置基本一致。3 孔均位于帷幕下游，BZK20、BZK21、BZK29 孔距离帷幕 660m、450m、1260m，其中，BZK20、BZK29 孔地下水位长期高于水库正常水位，仅少数年份的枯期略低于正常水位 1377.50m，该两孔的地下水位在蓄水后均高于正常水位，随库水位变化的趋势不明显；BZK21 孔位于 F 段北端防渗边界附近，蓄水前孔内水位为 1353.00～1384.60m，水库蓄水后孔内水位为 1359.20～1388.00m，与库水位变化的相关性不密切。咪哩河右岸 F 段长观孔水位曲线见图 8.2-4。

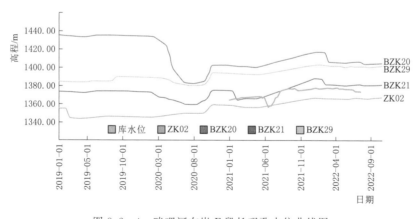

图 8.2-4 咪哩河右岸 F 段长观孔水位曲线图

8.3 水库防渗效果评价

德厚水库为典型的强岩溶区水库，库区碳酸盐岩出露面积达 70%～80%，地表及地下岩溶强烈发育，防渗线路总长 4814m 为国内第一长度，帷幕灌浆工程量近 31 万 m，最

大帷幕深度190.6m（坝址区右岸防渗），最大单孔灌浆深度152.5m（库区灌浆二标岩溶低槽区）。施工中，遇垂直高度大于0.2m的溶洞992个，其中，垂直高度0.2~1.0m的溶洞644个，垂直高度大于1.0m的溶洞348个。河床坝基溶洞发育深度至河床以下54m，坝址区右岸远坝端帷幕线路溶洞发育深度至河床以下130m，库区帷幕线路溶洞发育深度至咪哩河河床以下132m。岩溶区防渗处理范围广、帷幕深度大、工程量巨大，防渗难度国内少见，防渗处理是工程成败的关键。

由于岩溶地质的特殊性和目前地质勘察手段的局限性，大量的溶洞、管道等特殊地质情况在施工阶段才能揭露出来，施工中遭遇了大量前期难以预料的复杂情况。同时，由于灌浆工程的隐蔽性及质量检查手段的局限性，只有通过蓄水才能真正检验工程防渗处理的成效。

8.3.1　水库分期蓄水效果及评价

1. 水库一期蓄水

图8.3-1　2020年5月25日导流洞下闸封堵

德厚水库于2020年5月下闸蓄水，由导流洞进口底板高程1324.00m开始蓄水，2020年9月蓄水至一期控制水位1356.00m（约坝高的2/3），2020年12月蓄水至1367.40m，距离正常蓄水位10.1m，相应库容4110万 m^3（见图8.3-1和图8.3-2）。

通过蓄水过程的水位、库容、来水量、下泄流量（生态、农灌及弃水）、大坝渗流及绕坝渗流观测资料分析，水库蓄水量与来水量基本对应；大坝下游量水堰及左岸坡脚两处岩溶管道集中渗流量较小且基本稳定，渗流量随库水位上升缓慢增加但总量较小，并与降雨相关；坝体及帷幕下游水位、观测孔水位及渗压计观测资料大部分无异常，大坝左岸一个水位观测孔水位随库水位升降相关性明显，经复核为钻孔孔位偏差位于帷幕上游所致。库区几个水位观测孔蓄水后水位升高较多，但升幅缓慢且滞后库水位时间较长，分析是水位观测孔距离帷幕较近，帷幕灌浆浆液扩散范围大导致观测孔位置地层渗透性降低所致；大坝下游德厚河、咪哩河库区盘龙河低岭谷岩溶泉点蓄水后泉点流量随季节变化，与库水位变化相关性不大。初步分析总体防渗效果较好，没有发现大的渗漏情况及渗漏通道。

2. 水库二期蓄水

德厚水库2021年7月初由库水位1356.00m开始二期蓄水，2021年9月22日水库蓄水至正常蓄水位1377.50m（见图8.3-3），并稳定在此水位。部分时段为满足库区人行栈道施工需要，最低将库水位降低至1373.20m运行，2022年汛期按防洪调度运行时，库水位最高达到设计洪水位1378.06m。

从二期蓄水至正常水位运行以来，通过持续的监测，水库入库水量、蓄水量、下泄流量的总量平衡基本对应，未发现明显的水库渗漏，蓄水能满足水库正常运行。蓄水

图 8.3-2 2020 年 9 月 21 日蓄水至一期水位 1356.00m

图 8.3-3 2021 年 9 月 22 日蓄水至正常蓄水位 1377.50m

过程及稳定在正常水位运行后，大坝下游量水堰流量为 3.2～4.5L/s，随库水位上升总体呈减小趋势。大坝左岸下游近坝岩溶管道流量为 3.4～4.7L/s，前期随库水位增加，后期又减小，并与降雨相关。大坝下游右岸及盘龙河低岭谷泉点流量未发生明显增大现象。巡视检查及渗流监测未发现明显的水库渗漏现象，初步运行及监测说明水库防渗效果较好。

8.3.2 水库渗漏安全监测及评价

8.3.2.1 坝址区防渗帷幕水位观测孔监测情况

为监测防渗帷幕的工作情况及蓄水前后帷幕附近的渗流变化情况，在坝址区及库区防渗帷幕线路下游布置了系统的水位观测孔，持续对蓄水前后的帷幕下游地下水位进行观测，以获得蓄水前后的帷幕附近水位及渗流变化情况，并对帷幕防渗效果进行辅助分析。

在坝址区两岸防渗帷幕线下游共布置水位观测孔 10 个，其中左岸 7 个、右岸 3 个，观测孔间距约 200m，距离下层帷幕轴线 16m，孔深至两岸地下水位以下。坝址区两岸帷幕下游水位观测孔布置参数详见表8.3－1。

表 8.3－1　　　　　坝址区两岸帷幕下游水位观测孔布置参数表

孔号	孔顶高程/m	孔底高程/m	孔深/m	位　置
PZ1	1380.50	1326.20	54.3	左岸；里程 SP0＋043.733
PZ2	1405.10	1326.20	78.9	左岸；里程 SP0＋173.733
PZ3	1409.50	1322.84	86.7	左岸；里程 SP0＋388.576
PZ4	1442.82	1322.58	120.2	左岸；里程 SP0＋588.576
PZ5	1454.58	1322.59	132	左岸；里程 SP0＋788.583
PZ6	1435.80	1321.46	114.3	左岸；里程 SP0＋988.445
PZ7	1459.00	1321.30	137.7	左岸（PZ6 下游 20m）；里程 SP0＋988.445
PY1	1451.57	1321.70	129.9	右岸；里程 SP1＋651.386
PY2	1454.40	1316.68	137.7	右岸；里程 SP1＋851.386
PY3	1421.46	1366.80	54.4	右岸；里程 SP2＋000.000

从 2020 年 6 月水库下闸蓄水至 2022 年 11 月的观测资料分析，坝址区除左岸的 PZ6 观测孔水位变化异常外，其余观测孔 PZ1、PZ2、PZ3、PZ4、PZ5、PZ7、PY1 孔内水位随库水位上升呈缓慢上升趋势，但增长速度远滞后于库水位上升速度，库水位稳定在正常蓄水位以来 1 年多的时间里，观测孔水位基本稳定在 1346～1368m 不再变化。分析认为，由于坝址区岩溶发育、帷幕灌浆压力高、注入量大，浆液扩散半径较大，而帷幕下游水位观测孔距离帷幕线 16～20m，受灌浆影响观测孔位置地层透水率减小，大的渗漏通道被封堵，蓄水后帷幕渗水在帷幕下游一定区域逐步形成稳定渗流，故观测孔水位随库水位缓慢上升至一定高程后稳定。也说明防渗帷幕效果总体较好，观测孔区域无大的渗漏通道。

右岸观测孔 PY2、PY3 孔内水位变化与库水位变化无相关性，孔内水位主要受降雨影响随季节变化。

选取代表性的观测孔 PZ3、PZ6、PY2、PY3，列出孔内水位随库水位和时间变化的观测记录见表 8.3－2。

表 8.3－2　　　　　坝址区两岸帷幕下游水位观测孔记录表　　　　　单位：m

日　期	库水位	PZ3 水位	PZ6 水位	PZ6（新）水位	PY2 水位	PY3 水位
2019－06－20		1382.10	1436.48		1449.87	1368.78
2019－11－20	1377.45	1341.70	1339.48		1382.37	1385.78
2020－06－18	1335.50	1359.70	1340.78		1372.37	1384.58
2020－07－16	1335.30	1358.80	1335.88		1372.37	1373.69
2020－08－17	1347.62	1358.90	1346.35		1372.37	1384.33
2020－09－18	1354.83	1360.02	1353.24		1372.37	1384.35
2020－10－17	1360.57	1361.96	1359.08		1372.37	1384.42

续表

日 期	库水位	PZ3 水位	PZ6 水位	PZ6（新）水位	PY2 水位	PY3 水位
2020－11－15	1362.88	1363.40	1361.57		1372.37	1384.48
2020－12－20	1363.78	1361.79	1362.49		1346.28	1384.41
2021－01－16	1365.46	1360.05	1364.33		1323.07	1384.38
2021－02－01	1366.05	1359.57	1365.14		1323.41	1384.13
2021－03－02	1367.85	1359.20	1366.42		1323.47	1383.78
2021－04－20	1368.08	1359.79			1323.75	1383.76
2021－05－20	1368.74	1360.38		1346.62	1324.03	1383.75
2021－06－20	1365.28	1360.98		1347.13	1324.31	1383.73
2021－07－20	1359.20	1361.57		1347.63	1324.58	1383.71
2021－08－20	1373.28	1362.16		1348.14	1324.86	1383.70
2021－09－20	1377.22	1362.75		1348.64	1325.14	1383.68
2021－10－20	1377.91	1363.34		1349.15	1325.42	1383.66
2021－11－20	1375.95	1363.93		1349.65	1325.70	1383.65
2021－12－20	1376.74	1366.30		1351.67	1326.81	1383.58
2022－01－20	1378.03	1366.30		1351.67	1326.81	1383.58
2022－02－20	1377.98	1366.30		1351.67	1326.81	1383.58
2022－03－20	1377.89	1366.30		1351.67	1326.81	1383.58

　　坝址左岸观测孔水位异常的为 PZ6 孔，PZ6 孔位于左岸帷幕下游，距离下层帷幕16m。蓄水后 PZ6 孔水位随库水位变化明显，孔内水位略低于库水位但与库水位变化速率基本一致。经复测检查，PZ6 孔口实际位置已位于上层帷幕线上游约 3.6m，该孔距离左岸坝肩约 218m，说明坝址区岩溶管道及溶蚀裂隙发育且连通性较好，PZ6

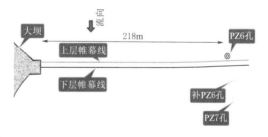

图 8.3－4　PZ6 孔平面位置示意图

孔有连通库水位范围的渗漏通道。后来在下层帷幕线下游 20m 重新补打了 PZ6 孔，后期观测显示孔内水位随库水位上升呈缓慢增加趋势，但增加幅度缓慢且远远滞后于库水位上升幅度，最终孔内水位稳定在 1351.67m。PZ6 孔平面位置见图 8.2－4，PZ3、PZ6、PZ7孔水位与库水位变化过程趋势见图 8.2－5 和图 8.2－6。

8.3.2.2　库区防渗帷幕水位观测孔监测情况

　　在咪哩河库区防渗帷幕线下游共布置水位观测孔 19 个，观测孔间距约 200m，第一排观测孔距离帷幕轴线 15m，局部位置布置了第二排观测孔，第二排观测孔距离帷幕轴线35m。孔深至地下水位以下，咪哩河库区防渗帷幕下游水位观测孔布置参数见表 8.3－3。

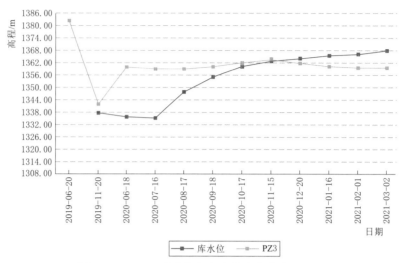

图 8.3-5　PZ3 孔水位与库水位走势曲线对比图

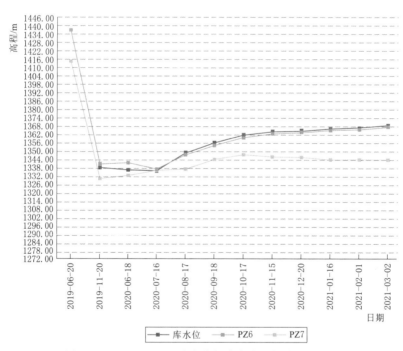

图 8.3-6　PZ6、PZ7 孔水位与库水位走势曲线对比图

表 8.3-3　　　　　咪哩河库区防渗帷幕下游水位观测孔布置参数表

孔号	孔顶高程/m	孔底高程/m	孔深/m	位　　置
PK1	1385.86	1350.00	35.86	里程 MKG0+000.000
PK2	1385.61	1343.06	42.55	里程 MKG0+263.006
PK3	1385.76	1335.06	50.70	里程 MKG0+471.497
PK4	1391.97	1333.28	58.69	里程 MKG0+671.497

孔号	孔顶高程/m	孔底高程/m	孔深/m	位　置
PK5	1386.73	1330.00	56.73	里程 MKG0+840.232
PK6-1	1387.01	1337.51	49.50	里程 MKG1+070.564
PK6-2	1392.00	1336.01	55.99	PK6-1下游20m，里程 MKG1+070.564
PK7	1386.72	1342.87	43.85	里程 MKG1+254.150
PK8	1391.10	1346.82	44.28	里程 MKG1+422.460
PK9	1390.42	1350.00	40.42	里程 MKG1+605.453
PK10	1390.41	1350.00	40.41	里程 MKG1+768.342
PK11	1388.76	1350.00	38.76	里程 MKG1+948.666
PK12	1387.57	1350.00	37.57	里程 MKG2+123.764
PK13-1	1379.91	1350.00	29.91	里程 MKG2+305.501
PK13-2	1406.00	1349.00	57.00	PK13-1下游20m，里程 MKG2+305.501
PK14	1388.48	1359.29	29.19	里程 MKG2+503.883
PK15	1415.72	1375.06	40.66	里程 MKG2+698.339

库区防渗帷幕下游水位观测孔自2019年6月开始钻孔安装后取得初始值。根据各观测孔水位变化分析，各观测孔水位在安装初期至2019年底，管内水位呈上升趋势，观测孔水位随地下水位变化。自水库2020年6月蓄水开始，各观测孔水位保持稳定并略有下降，自8月雨季后还有水位逐渐升高趋势。

2020年9月水库蓄水至1356.00m，尚未至库区防渗帷幕北端边界的河床高程1360.00m。至2020年10月底以前各观测孔水位始终高于库水位，说明这段时间的观测孔水位与库水位无明显相关性。自2020年10月后各观测孔水位有随水库水位上升的趋势。其中，观测孔PK1~PK12孔内水位随库水位上升趋势有一定的相关性，而观测孔PK13~PK15区域的孔内水位走势与水库水位走势基本无关联。

由于2021年1—4月水库片区降水量非常少，所以观测孔PK1~PK12孔内孔水位上升表明水库的蓄水对观测孔处的地下水水位产生了影响。从2021年雨季至2022年雨季，水库在正常蓄水位附近运行，同时受降雨充沛的影响，观测孔水位均已高于库水位。

从蓄水以来的观测数据分析，库区帷幕下游观测孔较好地反映了库区地下水位的变化规律，库区周边地下水富水环境较好，库水位上升并未引起帷幕下游地下水位上升，表明帷幕灌浆的防渗效果发挥了作用。

选取代表性的观测孔PK3、PK6-1、PK6-2、PK10、PK13-1观测记录见表8.3-4。观测孔PK6~PK13孔水位与库水位变化过程趋势见图8.3-7。

表8.3-4　　　　　　库区帷幕下游水位观测孔记录表　　　　　　单位：m

日　期	库水位	PK3 水位	PK6-1 水位	PK6-2 水位	PK10 水位	PK13-1 水位
2019-06-20		1358.84	1355.98	1355.61	1370.36	1354.77
2019-11-20	1337.45	1359.26	1369.18	1366.41	1370.66	1374.88

续表

日　　期	库水位	PK3 水位	PK6 - 1 水位	PK6 - 2 水位	PK10 水位	PK13 - 1 水位
2020 - 06 - 18	1335.50	1358.37	1357.36	1357.45	1358.95	1366.78
2020 - 07 - 16	1335.30	1357.49	1356.28	1357.30	1359.28	1366.58
2020 - 08 - 17	1347.62	1356.31	1355.36	1355.45	1359.35	1366.48
2020 - 09 - 18	1354.83	1357.29	1356.70	1356.56	1359.87	1364.08
2020 - 10 - 17	1360.57	1360.43	1358.15	1357.04	1360.53	1366.48
2020 - 11 - 15	1362.88	1363.31	1358.58	1357.56	1361.22	1369.47
2020 - 12 - 20	1363.78	1364.25	1358.58	1359.09	1361.55	1369.47
2021 - 01 - 16	1365.46	1364.84	1361.68	1367.30	1361.64	1367.38
2021 - 02 - 01	1366.05	1364.97	1361.78	1365.46	1361.85	1368.18
2021 - 03 - 02	1367.85	1364.64	1363.13	1366.57	1362.57	1368.38

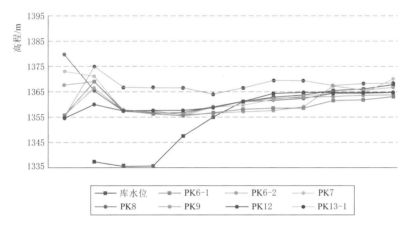

图 8.3 - 7　PK6～PK13 孔水位与库水位走势曲线对比图

8.3.2.3　大坝下游及库区低岭谷集中渗漏观测

1. 大坝下游左岸 S20 泉点岩溶管道渗漏分析

S20 泉点位于大坝左岸下游岸边崩塌堆积体处，距离坝轴线约 150m。初步设计阶段调查的泉点为季节性泉点，水质清澈，出露高程为 1321.00m，水量随季节性变化明显，水库建设前泉点流量为 5～10L/s。S20 泉点分布位置图如图 8.3 - 8 所示。

2020 年 8 月进行大坝左岸进场道路边坡开挖时，将坡脚崩塌堆积体清理后在泉点处左岸坡脚揭露出 1 个溶洞（见图 8.3 - 9），洞口距离坝轴线约 150m，洞口高程约 1324.00m，洞口直径约 1.5m，可进至洞内约 10m 观察，走向基本与坝轴线平行略偏向上游。溶洞底板有泉水流出，在水库蓄水过程中，该溶洞流量随库水位上升有增大的趋势，从 2020 年 9 月 15 日开始观测溶洞流量，并结合坝址区降雨情况分析溶洞流量与库水位、降雨的关系，2020 年 9 月 15 日—2021 年 2 月 25 日期间溶洞流量与库水位、降雨量的关系曲线图见图 8.3 - 10。

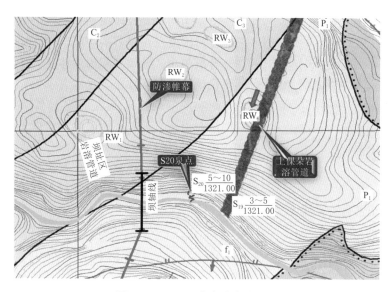

图 8.3-8　S20 泉点分布位置图

溶洞流量观测资料见表 8.3-5。

表 8.3-5　　　　　　　　　大坝下游左岸 S20 泉点溶洞流量监测

观测日期	库水位/m	溶洞流量/(L/s)	降雨情况
2020-09-15	1354.00	1.41	无雨
2020-09-21	1356.21	2.13	阵雨
2020-09-26	1359.30	3.79	阵雨
2020-09-30	1360.88	3.62	无雨
2020-10-12	1361.16	4.24	无雨
2020-10-30	1362.23	3.84	无雨
2020-11-30	1363.34	3.67	无雨
2020-12-28	1364.45	3.77	无雨
2021-01-30	1366.00	4.52	无雨
2021-02-27	1367.30	4.73	无雨
2021-04-13	1367.97	4.59	无雨
2021-06-02	1368.76	4.96	无雨
2021-07-14	1358.04	4.44	无雨
2021-09-23	1377.50	3.40	无雨
2021-10-22	1377.50	3.99	有雨
2021-11-03	1375.33	3.29	无雨

　　从 2020 年 9 月 15 日至 2021 年 11 月 3 日期间的观测资料分析，溶洞流量为 1.41～ 4.96L/s（120～428m³/d）。溶洞流量遇降雨情况会增大，并有一定滞后效应，滞后时间 10～15d，分析是附近区域降雨从地表入渗，经地下径流后汇集至溶洞泉点出露，该部分

图 8.3-9　S20 泉点开挖揭露的溶洞照片

流量为初步设计阶段调查显示的季节性泉点。施工后因受左岸帷幕的切断，泉点地下水汇集区域有所较小，导致因降雨量体现的泉点流量较初步设计阶段有所减小。水库蓄水后，在不受降雨量影响的期间，泉点流量随库水位上升有增大趋势，但增大现象不明显，在水库蓄水至正常水位后，泉点流量反而有减小的趋势。分析溶洞流量为左岸地下水径流、降雨及水库蓄水渗漏的集中排泄点，左岸帷幕体的渗漏水量很小应为裂隙型

渗漏，对水库正常运行无影响。

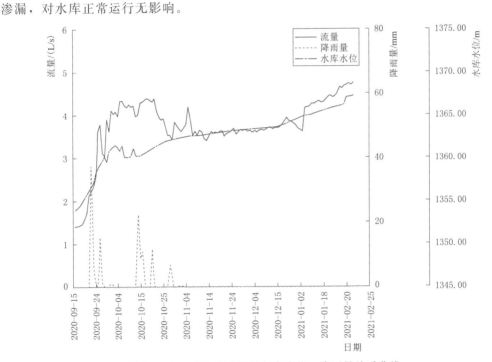

图 8.3-10　S20 泉点流量与库水位、降雨量关系曲线

2. 大坝下游左岸上倮朵岩溶管道渗漏分析

坝址区左岸发育上倮朵岩溶管道系统（C25），发育方向为 NE，出口位于大坝下游约 270m 的德厚河左岸，出口高程 1326.00m，高于河床 3m 左右。洞底平缓，洞道单一，总体向 NE 方向延伸，受岩层走向控制。洞体规模较大，洞宽一般 5～10m，洞高 2.0～5.0m，已探明洞长 207m，入口可能为分布在文断裂带上的上倮朵落水洞。本洞穴系统大部分已经抬升，仅丰水季节有水流出，流量较少。上倮朵岩溶管道出口见图 8.3-11。

图 8.3-11　上倮朵岩溶
管道（C25）出口

　　水库蓄水后岩溶管道出口流量有所增加，出口流量观测资料见表8.3－6，出口流量随库水位变化的曲线见图8.3－12。

表 8.3－6　　　　　　　　　　上倮朵岩溶管道（C25）出口流量观测

观测日期	库水位/m	溶洞流量/(L/s)	观测日期	库水位/m	溶洞流量/(L/s)
2021－08－24	1374.36	36.80	2022－04－28	1377.56	4.88
2021－09－15	1376.89	20.55	2022－05－16	1376.82	8.56
2021－10－02	1377.49	34.16	2022－06－02	1376.30	6.42
2021－10－13	1377.47	12.46	2022－06－15	1376.24	28.24
2021－11－01	1375.50	14.01	2022－06－30	1373.96	16.27
2021－11－15	1375.77	19.55	2022－07－15	1373.88	21.46
2021－12－03	1376.12	14.00	2022－08－02	1373.26	11.90
2021－12－15	1376.59	10.79	2022－08－16	1373.35	9.32
2022－01－04	1377.67	8.53	2022－09－07	1373.91	10.36
2022－01－17	1378.04	9.64	2022－10－05	1377.48	10.71
2022－02－01	1377.98	9.19	2022－10－28	1377.40	9.32
2022－02－15	1377.99	6.87	2022－11－25	1377.19	7.02
2022－03－01	1378.99	7.06	2022－12－26	1376.76	7.1
2022－03－16	1377.89	9.95	2023－01－23	1377.43	4.91
2022－04－01	1377.94	5.95	2023－02－06	1376.52	6.63
2022－04－15	1377.74	7.12			

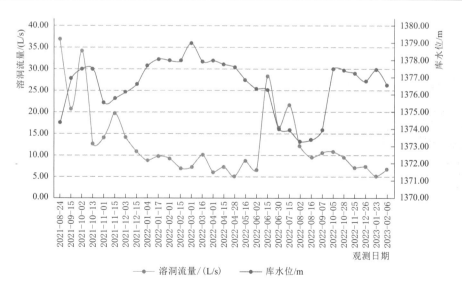

图 8.3－12　上倮朵岩溶管道（C25）出口流量与库水位变化曲线

　　从观测资料分析，上倮朵岩溶管道出口流量在水库蓄水后流量有所增加，但与库水位相关性较差，主要与降雨有关。

3. 大坝下游右岸 S4 泉点观测情况

S4 泉点位于大坝下游约 2km 的德厚河右岸河边（T_2g^1），为大坝下游德厚河右岸的地下水集中排泄点，泉点高程为 1304.00m，初步设计阶段观测的流量为 5～10L/s，泉水清澈，常年不断。水库蓄水前后对 S4 泉点进了流量观测，因 S4 泉点渗流量较小，现场交通条件不便，对泉点出水口进行适当清理后埋设 1～2 根直径 100mm 的 PVC 管，将泉点渗水集中引出，采用容积法监测渗流量。S4 泉点位置见图 8.3－13 和图 8.3－14。

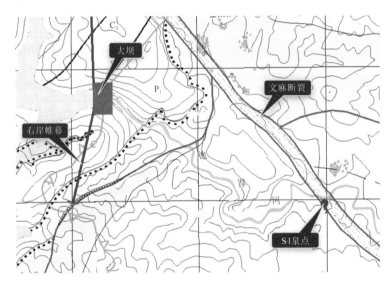

图 8.3－13　大坝下游右岸 S4 泉点位置图

图 8.3－14　大坝下游右岸 S4 泉点照片

水库蓄水过程中 S4 泉点流量观测统计见表 8.3－7，泉点流量与库水位关系曲线见图 8.3－15。

从观测资料分析，大坝下游右岸下倮朵 S4 泉点流量变化与库水位无相关性，库水位升高后泉点流量反而不断减小。2020 年 7 月 2 日至 2020 年 10 月 9 日时段库水位由 1341.50m 升高至 1360.10m，泉点流量由 5.3L/s 减小至 2.64L/s。2020 年 10 月 9 日至 2021 年 2 月 2 日时段库水位由 1360.10m

升高至 1366.15m，泉点流量由 2.64L/s 减小至 0.23L/s，此后泉点流量基本稳定在 0.18～0.23L/s。S4 泉点是大坝下游德厚河右岸的地下水集中排泄点，坝址区右岸帷幕灌浆于 2020 年 9 月 10 日完成，从 2020 年 10 月泉点流量开始大幅度减小，说明右岸防渗帷幕效果良好，截断了右岸帷幕上游向泉点的渗流。

表 8.3-7   S4 泉点流量观测表

观测日期	库水位/m	泉点流量/(L/s)	观测日期	库水位/m	泉点流量/(L/s)
2020-07-02	1341.50	5.30	2021-04-02	1367.63	0.20
2020-09-09	1352.23	3.53	2021-05-06	1368.58	0.20
2020-10-09	1360.10	2.64	2021-06-03	1368.63	0.21
2021-02-02	1366.15	0.23	2021-08-04	1366.51	0.22
2021-03-04	1367.36	0.21	2021-12-30	1377.38	0.18

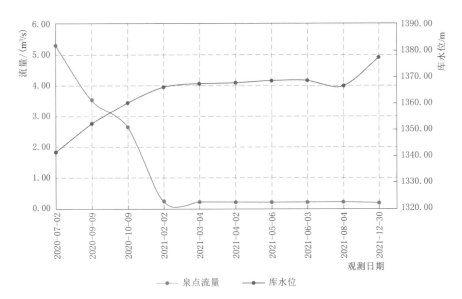

图 8.3-15 S4 泉点流量与库水位关系曲线

4. 库区咪哩河右岸盘龙河低岭谷泉点观测情况

咪哩河库区防渗线路（F 段）布置于咪哩河与盘龙河河间地块，以截断咪哩河库区向盘龙河低岭谷的岩溶渗漏通道。根据前期勘察，该段河间地块长 3.06km，宽 6~6.5km，地层以 T_2g 隐晶、微晶灰岩为主，f_9 断层基本贯通河间地块。咪哩河河床高程为 1362.00~1375.00m，盘龙河河床高程为 1290.00~1305.00m，地下水由咪哩河流向盘龙河，盘龙河岸边的 S1、S2 泉点为该河间地块地下水集中出水点。S1 泉点出露于热水寨盘龙河右岸水田边（T_2g^1），高程 1300.00m，初步设计阶段观测的流量为 10~15L/s，水质清澈，常年不干，雨季无混浊；S2 泉点距 S1 约 50m（T_2g^1），高程 1302.00m，初步设计阶段观测的流量约 20L/s，水质清澈、冰凉，常年不断流，无混浊现象。

2015 年 7 月在咪哩河右岸防渗线路上的 ZK02 钻孔进行了连通试验，7 月 4 日于钻孔投放石松粉，7 月 14—18 日在盘龙河岸边泉点（S1、S2）接收到石松粉成分。说明 ZK02 钻孔与泉点 S1、S2 连通，泉点 S1、S2 属于同一个岩溶水系统的两个出口。从示踪剂投放到接收历时 10 天，按直线距离 6.2km 计算，岩溶地下水平均流速为 620m/d。河间地块连通试验平面位置见图 8.3-16。

为加强蓄水后的水库渗漏观测，对 S1、S2 泉点进了流量观测。S1 泉点、S2 泉点采

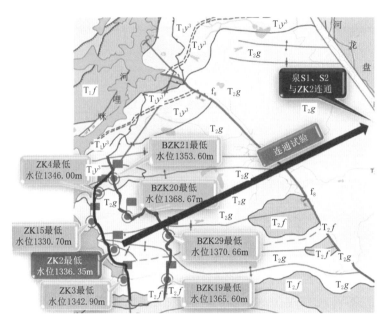

图 8.3-16　咪哩河—盘龙河河间地块连通试验平面图

用量水堰测定渗流量，在泉点出口的集水坑周边布置集水挡墙，将渗水集中引入量水堰，用以监测泉点的渗流量（见图 8.3-17 和图 8.3-18）。

图 8.3-17　盘龙河河边 S1 泉点照片

图 8.3-18　盘龙河河边 S2 泉点照片

水库蓄水过程中 S1、S2 泉点流量观测统计见表 8.3-8，泉点流量与库水位关系曲线见图 8.3-19。

表 8.3-8　　　　　　　　　　　　　　S1、S2 泉点流量观测表

观测日期	库水位 /m	S1 泉点流量 /(L/s)	S2 泉点流量 /(L/s)	备注
2020-07-02	1341.50	62.50	11.10	
2020-07-15	1335.50	80.00	11.10	
2020-07-30	1335.50	36.70	11.10	

观测日期	库水位/m	S1 泉点流量/(L/s)	S2 泉点流量/(L/s)	备注
2020－08－19	1345.00	51.40	11.10	
2020－09－09	1352.23	36.00	11.10	
2020－09－29	1360.57	44.70	11.10	
2020－10－13	1360.22	39.40	11.10	
2021－02－02	1366.15	33.00	11.10	
2021－03－04	1367.36	29.60	11.10	
2022－01－05	1377.50	89.44	25.06	
2022－02－05	1377.50	80.00	17.19	
2022－03－01	1377.50	86.50	14.33	
2022－04－07	1377.50	89.49	19.25	
2022－05－05	1377.35	76.81	19.25	
2022－05－27	1376.55	98.88	19.25	
2022－06－08	1376.19	76.19	21.11	
2022－06－20	1375.22		31.78	S1 泉点被淹
2022－07－07	1374.30		28.31	S1 泉点被淹
2022－07－28	1373.36		15.81	S1 泉点被淹
2022－08－08	1373.23	131.51	22.03	
2022－08－23	1373.37	96.00	17.19	
2022－09－09	1373.97	116.36	19.25	
2022－09－28	1377.32	114.28	15.19	
2022－10－08	1377.47	105.50	14.81	
2022－10－26	1377.44	88.00	14.33	
2022－11－07	1377.36	75.14	12.19	
2022－11－30	1377.15	86.67	7.81	
2022－12－07	1377.06	77.27	10.28	
2022－12－22	1376.81	91.39	8.53	
2023－01－03	1376.61	81.22	13.19	
2023－01－24	1376.46	80.00	12.00	
2023－02－06	1376.52	82.72	11.81	

　　S1、S2 泉点是咪哩河与盘龙河河间地块的地下水集中出水点,河间地块存在渗漏问题的主要是未进行防渗处理的 D 段、E 段和防渗处理的 F 段,河间地块总长 4.89km

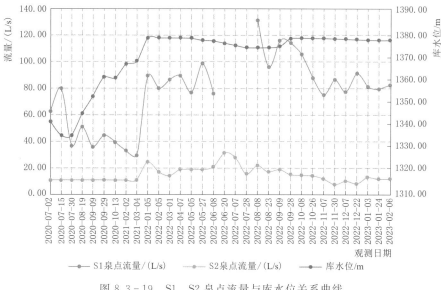

图 8.3-19 S1、S2 泉点流量与库水位关系曲线

（D 段 1.2km，E 段 630m，F 段 3.06km），宽 5～6.5km。D 段、E 段为 T_1y^3 泥质灰岩，岩溶弱—中等发育，不存在贯穿分水岭的岩溶管道，地下水位低于正常水位 7～29m，蓄水后存在溶隙及裂隙性渗漏，计算渗漏量为 22.4 万 m^3/a，未进行防渗处理。

库区防渗 D、E、F 段咪哩河河床高程最低为 1352.00m，库水位低于此高程时，S1 泉点流量为 36～80L/s，S2 泉点流量为 11.1L/s，库水位高于 1352.00m 后，S1、S2 泉点流量随库水位升高逐渐增大，S1 泉点流量汛期最高达 116.3L/s，S2 泉点流量汛期最高达 22.03L/s，在正常水位 1377.50m 下，S1 泉点流量枯期稳定在 80L/s 左右，S2 泉点流量枯期稳定在 11L/s 左右。可见泉点流量随库水库升高逐渐增大，并与降雨相关，汛期流量最大，扣除降雨影响因素，在正常蓄水位情况下，对比 2022 年 2 月 5 日及 2023 年 2 月 6 日同期的泉点流量，S1 泉点流量为 80L/s、82.72L/s，S2 泉点流量为 17.19L/s、

图 8.3-20 大坝下游量水堰汇水池照片

11.81L/s，在正常蓄水位情况下泉点流量基本稳定，说明正常蓄水位运行 1 年后水库防渗效果未发生变化。扣除降雨影响因素，河间地块 D 段、E 段、F 段蓄水前后 S1 泉点流量由 36～80L/s 增加至 80～82.72L/s，S2 泉点流量由 11.1L/s 增加至 11.81～17.19L/s，蓄水前后 S1、S2 泉点流量平均增加约 26L/s，水库渗漏量较小，说明防渗效果较好。

5. 大坝下游坝脚量水堰渗漏情况

在大坝下游坝脚设置有三角形量水堰 1 座，以观测坝体及坝基的渗漏量，量水堰河床范围内采用帷幕灌浆截断河床覆盖层的渗流（见图 8.3-20）。大坝量水堰观测数据见表 8.3-9，量水堰流量与库

水位关系曲线见图 8.3 - 21。

表 8.3 - 9   大坝下游量水堰流量观测表

观测日期	库水位/m	流量/(L/s)	观测日期	库水位/m	流量/(L/s)
2021 - 01 - 01	1364.67	3.32	2022 - 02 - 01	1377.98	3.79
2021 - 02 - 01	1366.12	3.42	2022 - 03 - 01	1377.99	3.79
2021 - 06 - 02	1368.76	3.59	2022 - 04 - 01	1377.94	3.79
2021 - 07 - 08	1357.59	2.95	2022 - 05 - 02	1377.45	3.79
2021 - 08 - 04	1366.51	3.40	2022 - 06 - 02	1376.30	3.79
2021 - 09 - 02	1375.85	3.89	2022 - 07 - 04	1374.12	3.99
2021 - 10 - 02	1377.49	4.10	2022 - 08 - 02	1373.26	3.79
2021 - 11 - 02	1375.39	3.89	2022 - 09 - 07	1373.91	3.79
2021 - 12 - 02	1376.13	3.69	2022 - 10 - 05	1377.48	3.89
2022 - 01 - 04	1377.67	3.69			

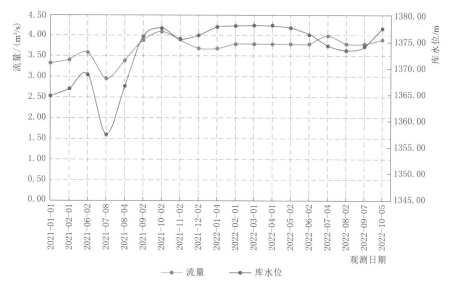

图 8.3 - 21   大坝下游量水堰流量与库水位关系曲线

由表 8.3 - 9 可见，水库蓄水过程中，大坝下游量水堰渗流量随库水位上升有缓慢增加的趋势，水库蓄水至正常水位后，渗流量基本稳定在 3.8L/s。由于大坝坝型为黏土心墙堆石坝、坝基及两岸岩溶发育，坝基开挖时河床坝基也揭露出多处泉点，为两岸地下水补给河水的泉点。因此量水堰渗流量应为坝体渗漏、坝基渗漏及两岸防渗帷幕下游的山体渗流汇集，总体渗流量较小，说明坝基及坝体防渗效果较好。

第9章

德厚水库防渗处理主要研究成果

德厚水库坝址区及库区岩溶发育，存在岩溶管道、溶洞、宽大溶隙、覆盖层、石牙充填等复杂岩溶特征，防渗帷幕线路长度4814m为国内第一，帷幕灌浆工程量30.7万m，施工中防渗帷幕共揭露垂直高度超过0.2m的溶洞1049个，最大的溶洞体积超过3000m³，防渗处理难度及工程量国内罕见。从2006年开展工程规划至2021年蓄水至正常水位，设计开展了大量的工程地质、水文地质勘探及研究，前期及施工期分批次进行了大量灌浆试验，施工中充分贯彻动态设计、动态施工、动态管理的理念，不断调整设计参数、工艺及材料，保证了工程的顺利建设和成功蓄水。德厚水库于2020年5月下闸蓄水，2021年9月蓄水至正常蓄水位1377.50m，已在正常蓄水位运行两年多，所观测的渗漏量很小，说明防渗处理范围合理、防渗处理质量及防渗效果较好，主要成果总结如下。

1. 动态设计、动态施工、动态管理

工程防渗线路长、各区、各孔段的岩溶特征差异大，地层岩溶发育不均一性突出，地表有覆盖层、石牙夹土石混杂，地下有溶洞、岩溶管道、宽大溶隙等类型各异的强岩溶特性。前期的勘探和灌浆试验难以查明解决所有问题，施工中贯彻动态设计、施工、管理十分重要。通过分期逐次推进的灌浆试验不断调整设计、施工参数，并结合各序孔揭露的地质情况作动态调整，才能保证设计、施工、质量和投资得到有效控制。如针对库区帷幕地层覆盖层深浅不一的情况，根据地层情况确定综合灌浆法的隔管深度；针对库区地层耐压性差、可灌性好的问题，试验中4次调减灌浆压力，及时研究控制性灌浆材料，对库区灌浆二标的强渗透地层采用大坝土料场的红黏土配制膏浆灌注，取得良好效果并大幅降低了成本。

2. 灌浆孔布置

帷幕布孔的排数和孔距直接影响灌浆压力质量和投资，一般根据地层条件、水头、建筑物重要性等拟定，并通过灌浆试验验证。可研阶段通过不同孔距（1.5m、2.0m）的灌浆试验，在2.5MPa压力下单排孔均可满足设计标准，确定一般岩溶地层按单排孔、孔距2m设计。可研阶段还在试验区进行了6d耐久性压水试验，前3d压力2.0MPa、后3d压力1.5MPa，检查孔透水率稳定在0.4~0.46Lu。

施工阶段，库区生产灌浆试验按单排孔距2m试验，通过试验较可研适当调减了Ⅰ、Ⅱ序孔压力，经17个试验区试验单排孔灌浆可满足设计要求。库区一标灌浆未遇较大溶洞，未出现加密加排灌浆孔情况；库区二标遇两处强岩溶低槽，深部揭露大型充填溶洞，采用两排、3排孔灌浆。库区二标约500m帷幕长度地段遇强透水、大漏失地层，采用单排孔灌浆的质量均能满足要求，仅对两处较深的强岩溶低槽区进行了加排补强处理。

施工阶段，坝址区进行了两个双排孔试验区（坝基及两坝肩外 100m 范围）及 14 个单排孔试验区施工，灌浆压力为 2.5～4.0MPa，均能满足防渗标准。左岸上平洞Ⅲ试验区 389 孔遇较大充填溶洞，单排孔复灌多次难以结束，在上下游各增加 1 排浅孔灌膏浆封堵；坝基河床廊道在深度 20～55m 时遇充填型岩溶管道，对下游排Ⅰ、Ⅱ序孔采用多种材料复灌并适当降低压力后结束，施工后检查合格，并增设 1 个检查孔进行 6d 1.2MPa 全孔耐久性压水，过程中透水率仅 0～0.02Lu。说明类似情况下采用 2～3 排孔可处理好。

坝基左岸心墙基础发育垂直向的 RD15 充填型溶洞，开口尺寸 5.5m×6.5m，清理 20m 深未清除完充填物，回填混凝土后在主帷幕上下游增加 3 排补强孔，共计 5 排帷幕孔，主要是基于坝基渗透稳定重要性的考虑。

施工中遇溶洞加密孔或加排的处理，要尽量先查明溶洞的规模及充填物性状后再处理才有针对性，做法是先将单排帷幕孔施工，调整部分Ⅰ、Ⅱ序灌浆孔作为先导孔，进行钻孔取芯，并结合孔内成像查明溶洞沿帷幕线的分布轮廓及充填情况，必要时补充 CT、地质雷达等物探测试，查明溶洞情况后再确定加孔补强方案。

3. 先导孔布置

先导孔是带补勘性质、先行施工的灌浆孔，在Ⅰ序孔中选、间距 24m，目的是核查小范围灌浆区地质情况、复核设计底界、验证灌浆参数和材料的合理性，与普通灌浆孔的区别是要求取芯、单点法压水。坝址区两岸还利用一些先导孔进行了跨孔电磁波 CT 测试，以对预判的强岩溶区进行详查，部分电磁波 CT 揭示的强岩溶区与灌浆孔施工资料的符合性不是很好，说明物探方法对岩溶的探查尚有局限性，岩溶区勘探须采用多种方法相互印证。

前期施工单位对先导孔重视程度不够，急于完成灌浆试验开展生产，库区部分先导孔施工中未及时调减压力和调整特殊问题的处理措施，导致部分孔单耗巨大、设计不能及时掌握先导孔施工资料，不能发挥先导孔应有的作用，欲速则不达。2017 年 4 月水利部水利水电规划设计总院江河中心技术咨询后，进一步明确了先导孔的重要性，加快了先导孔施工速度，为及早复核底界、查明各区岩溶地质提供了翔实资料。对于先导孔的主要经验如下：

1）各方应高度重视先导孔作用，先导孔要与灌浆试验同步全面开展，施工中应及时调整先导孔施工参数，在灌浆参数未最终确定情况下，不必强求先导孔必须按Ⅰ序孔的工法和灌浆参数施工，因为还有后序的灌浆孔来补充，避免先导孔的灌浆失控。

2）先导孔压水、灌浆的方式和顺序应结合地层条件对待。库区灌浆初期按普通灌浆孔的工序施工，通过钻孔成像揭露地层陡倾角裂隙发育，设计担心上段灌浆时浆液下串影响下段的灌前压水准确性，后要求库区帷幕的先导孔先分段钻孔压水至设计底界后，再以水泥砂浆封孔，按自上而下重新钻孔灌浆，可保证地层灌前透水率的准确性，但施工稍微麻烦。

3）先导孔压水要求严格执行分段卡塞压水以求获得准确的灌前透水率值，但按孔口封闭法施工会使先导孔的施工变得烦琐。孔口封闭法灌浆压力较高、上段可反复灌注，可认为已灌段是不透水的，在孔口卡塞压水对透水率计算成果的影响不大。对坝址区帷幕的先导孔简化了施工程序，上部按普通Ⅰ序孔施工，仅对下部临近防渗底界的孔段采用分段卡塞压水后再分段灌浆，以保证防渗底界附近孔段的压水试验精度。

4）先导孔透水率的计算要严格，主要是公式中压力的取用，施工单位图方便会直接用孔口的表压力计算，而不考虑计算零线的影响，在孔深较大、地下水位较低的情况下，可能导致透水率计算偏差较大，可能造成防渗底界不必要的加深。

5）对强岩溶区应动态增加先导孔布置，如库区二标两处强岩溶低槽区遇较大溶洞，坝址区右岸下层帷幕防渗边界处遇大型溶洞时，调整部分Ⅰ序孔按先导孔要求施工，并利用先导孔进行物探测试，查明了强岩溶分布范围及溶洞特征。

4. 灌浆方式选择

本工程参考岩溶区灌浆经验采用孔口封闭法施工，优点是上部孔段可反复循环灌注、避免了卡塞困难和绕塞返浆，相比分段卡塞法工效略高、但灌浆质量较好，更适于深孔高压灌浆。从乌江渡以后岩溶区灌浆大多采用此方法。缺点是注入量大、弃浆多、深孔高压浓浆灌注时易铸管，地层耐压能力不均匀时易造成局部孔段的反复劈裂致使浆液流失浪费。

1）本工程坝址区灌浆主要在平洞内进行，大多为裂隙性溶蚀风化的弱微风化灰岩，除强岩溶区外地层完整性较好，采用孔口封闭法是合适的，遇强岩溶时辅以砂浆、膏浆纯压式灌注后水泥浆复灌结束，必要时可降低特殊孔段的结束压力。

2）坝址区左岸边界及库区灌浆均在地表进行，起灌高程位于地表以下 5～10m，近地表 10～30m 深度多为强溶蚀风化带，广泛分布石牙夹泥，覆盖层厚度超过 20m。近地表段耐压能力低，上部反复劈裂、冒浆，最后采用孔口封闭法为主的综合灌浆法，对上部 1～5 段采用自上而下分段卡塞灌浆，至较完整地层后下套管隔离上部孔段，以下再采用孔口封闭法施工，有效地解决了上部反复劈裂问题，保证了帷幕下部高水头段的高压灌浆，保证了灌浆质量及帷幕的耐久性。

库区二标约 500m 帷幕长度区域存在强透水、大漏失、溶洞连通性好且充填不密实的强岩溶地层，常用的特殊问题处理措施如浓浆、待凝、掺砂灌注等注入量巨大且效果较差。采用先对Ⅰ、Ⅱ序孔进行膏浆纯压式灌注改良地层，封堵大的渗漏通道、挤压充填物后再以水泥浆复灌结束，可有效控制浆液扩散范围，大幅度减少水泥耗量，用 2m 孔距的单排孔即能达到透水率小于 2Lu 的灌浆质量，构建高标准防渗帷幕。

5. 灌浆压力选择

灌浆压力是一个很重要的参数，直接关系帷幕质量、灌浆工效和投资，而灌浆压力的确定是不容易的，需综合工程重要性、水头、防渗标准、地质条件、灌浆方式等考虑，初期多按公式计算或参考工程经验拟定，再通过灌浆试验验证。岩溶区灌浆考虑到充填物难以冲洗和置换，多采用高压灌浆处理。本工程各标段岩溶发育差异性较大，没有一个能适合所有地层的灌浆压力，前期阶段及施工初期在不同试验区进行了不同地层的灌浆压力试验，最终确定适合于各标段地层的灌浆压力。

1）要与参建各方明确设计压力的定义，循环灌浆法为孔口回浆管上压力表的读数，纯压式灌浆为孔口进浆管上压力表的读数。要准确计算并控制某一段的灌浆压力是很困难的也无必要，理论计算的灌浆压力受管路损失、浆柱压力等的影响很大。

2）可研阶段在库区进行了 4 个试验区灌浆，初拟压力为 4.0MPa，施工中除靠帷幕北端的Ⅳ区地层可达到4.0MPa外，其余试验区普遍存在压力偏高造成冒浆、单耗大、复灌次数多的问题，调减Ⅰ序孔压力为2.5MPa，Ⅱ、Ⅲ序孔压力为2.5～3.0MPa，在单排孔孔距1.5m、2.0m情况下灌浆质量能满足要求。

3）库区一标施工阶段先后开展了9个试验区灌浆，压力经历4次调减，初拟压力Ⅰ、Ⅱ、Ⅲ序孔分别为2.5MPa、3.0MPa、3.5MPa，一标地层无较大溶洞发育，主要为溶蚀裂隙及宽大溶隙，近地表约20m深度耐压性差、地层耐压能力为2.0～2.5MPa。最终确定Ⅰ、Ⅱ、Ⅲ序孔压力分别按1.3～1.5MPa、1.7～2.0MPa、2.3～2.5MPa控制，并放缓分级升压幅度，在第8段（30m深）达到设计压力。

4）库区二标施工阶段开展了8个试验区灌浆，初拟压力Ⅰ、Ⅱ、Ⅲ序孔分别为2.5MPa、3.0MPa、3.5MPa，施工中所遇地层约500m长帷幕线岩溶强烈发育，最终确定按一标的压力灌浆。对强透水、强岩溶段仅靠降低压力难以控制浆液的不均匀扩散，浆液总会沿薄弱的方向串冒，难以形成完整的帷幕，需辅以膏浆灌注改良地层后以水泥浆复灌结束。膏浆采用砂浆泵脉动灌注，膏浆灌注压力经试验后按3～3.5MPa控制。

5）坝址区左岸标开展了9个试验区灌浆，第一期试验时上平洞灌浆压力为2.5～3.0MPa、3.0～3.5MPa，下平洞灌浆压力为3.0～3.5MPa、3.5～4.0MPa，未遇较大特殊问题，水泥单位注入量在320～380kg/m之间，检查孔均合格，透水率$q \leqslant 2Lu$的占97.1%。为进一步验证压力与注入量、灌浆质量的关系，增加了5个试验区，调减压力至2.5～3.0MPa试验，除上平洞Ⅲ区389孔遇较大充填溶洞外，未遇较大特殊问题，水泥单位注入量为231～329kg/m，检查孔均合格，但透水率$q \leqslant 2Lu$的占比降低为73%。说明灌浆压力直接影响灌浆质量和投资。

对灌浆试验分析认为，压力调减至2.5MPa后质量也能满足，但部分试验区透水率大于2Lu的占比剧增，上平洞试验Ⅲ区检查孔透水率为2～5Lu的达66%，稍有不慎就会超标。为构建高标准防渗帷幕、确保灌浆质量，确定上平洞压力按3.0～3.5MPa控制，下平洞压力按3.5～4.0MPa控制，材料耗量会稍微大一点也是值得的。

6）坝址区右岸标开展了7个试验区灌浆，总体上岩体完整性较左岸好，各序孔压力均按4.0MPa试验，除坝基河床段试验区（双排孔）下游排Ⅰ序孔遇溶洞充填黏土、粉细砂需降低压力外，其余孔均易于达到4.0MPa。

坝基48号孔在入岩15m以下揭露较大的串珠状充填溶洞且与周围灌浆孔在不同高程串浆，溶洞以黏土充填为主并夹粉细砂层，灌前透水率小于50Lu并不大，但灌浆压力大于1.0MPa时充填物即发生劈裂，多次复灌难以达设计压力。适当调减下游排Ⅰ序孔压力并辅以膨润土膏浆反复灌注，Ⅰ序孔得到充分灌注后，后序孔施工较正常并能达到设计压力。灌浆结束后在此位置布置1个检查孔进行了6d 1.2MPa全孔耐久性压水，帷幕防渗能力未发生衰减现象。

最终坝基及右岸各序孔压力均按4.0MPa控制，对较大的充填型溶洞及宽大溶隙辅以水泥膨润土膏浆纯压式灌注，膏浆灌注压力为1.0～2.0MPa。

7）灌浆压力的确定历经了近两年试验验证，最终结合各区地质、防渗标准、耗灰量等，分标段、分区确定了相应的水泥灌浆压力，并结合试验确定了膏浆的压力、启动条件及结束标准。

总之，灌浆压力的确定，应综合地质、质量标准、投资等因素的考虑，对充填型溶洞宜利用Ⅰ、Ⅱ序孔灌注进行充填挤压，保证后序孔的高压灌浆。因为检查孔压水压力较低，可能在相对低的压力下灌浆检查孔也能合格，但不利于帷幕的耐久性。如坝基 48 号孔的溶洞充填黏土，灌前压水透水率不大，但灌浆压力超过 1.0MPa 即劈裂串浆，充填物不再稳定。

施工单位对压力的合理控制与使用也同等重要，合理的施工措施能在一定程度上弥补设计压力偏差的影响。

6. 灌浆材料的选择及使用

本工程主要采用水泥浆灌注，对岩溶发育、覆盖层等不良地质段采用了水泥砂浆、水泥膨润土砂浆、掺砂灌注、水泥红黏土膏浆、水泥膨润土膏浆、级配料充填灌注。

1）水泥主要为文山海螺牌 P·O42.5 水泥；砂采用弱风化灰岩加工的人工机制砂，对石粉含量的限制放宽至 15%；库区二标膏浆用黏土就地取材采用大坝心墙土料场红黏土，黏粒含量为 40%～60%，小于 0.075mm 颗粒含量大于 90%，是良好的注浆材料；坝址区膏浆采用文山广南县的膨润土；外加剂采用了速凝剂、高效减水剂等。

2）水泥浆水灰比为 5∶1、3∶1、2∶1、1∶1、0.7∶1、0.5∶1 六个比级，灌前透水率大于 10Lu 可采用 3∶1 开灌，为保证对细微裂隙的灌注，即使对强透水地层，一般也要求灌注 1 桶 3∶1 浆液再越级变浓。

水泥砂浆一般采用掺砂灌注，用 0.5∶1 的水泥浆，掺砂率 10%～200%，为减少浆液沉淀堵孔情况，掺 5% 的膨润土效果更好。

水泥红黏土膏浆，每立方米膏浆用黏土 150kg、水泥 150kg、砂 0～300kg、外加剂4.5～10.5kg，根据情况调整砂率和外加剂。施工配合比有 4 种，随掺砂量增加抗压强度相应提高，不掺砂膏浆的 28d 室内强度 5～10.1MPa。对 3 号膏浆进行了灌注后原孔取芯试验，7d 取芯强度不小于 8.5MPa，是其 7d 室内静置强度（4.4MPa）的 190%，说明浆材经压力灌注后泌水固结具更高的强度，如单纯以室内静置试验判定浆液结石强度是有失偏颇的。

考虑到国内坝址区使用膏浆工程实例不多，为获得更高的强度及减少浆液体积收缩，最终坝址区采用水泥膨润土膏浆，水∶水泥＝0.5∶1，膨润土掺量为水泥的 10%～30%，施工配合比有 6 种，室内制样的 3d 强度大于 14MPa，7d 强度大于 20MPa。

3）对岩溶区特殊问题的处理，灌浆材料的选择没有唯一性，针对同样的问题用不同的材料均可处理好，原则是就地取材，并结合施工单位灌浆经验和设备等考虑，不能一概而论。库区灌浆一标试验初期曾试验了常用的粉煤灰膏浆，但由于粉煤灰运距远、造价高而未采用。库区一标的有些强岩溶地层也适于膏浆灌注，但施工单位对水泥膨润土砂浆灌注更有心得。

7. 特殊问题处理

坝址区及库区防渗线路地层岩溶发育，石牙、岩溶洼地、溶洞、宽大溶隙等岩溶特征广布，几乎囊括了所有的岩溶形态。针对施工所遇特殊问题进行了针对性处理：

1）库区灌浆在地表进行，近地表 10～30m 地层主要为石牙充填黏土混合地层，耐压性低，易串冒浆及反复劈裂，采用分段卡塞灌浆后下套管隔离，灌浆材料辅以水泥砂浆、膏浆灌注。

2）库区二标地层差异较大，部分为强透水、大漏失、溶洞充填不密实地层，先导孔压水强至极强的段数（$q \geqslant 100Lu$）占21.7%，灌浆孔揭示垂直高度为$0.2\sim1.0m$的溶洞403个，垂直高度大于$1.0m$的溶洞179个。常规的处理措施耗量大、效果差，采用水泥红黏土膏浆灌注改良地层条件，水泥浆复灌结束的措施，有效控制了耗量，保证了质量。

3）库区二标遇两处强岩溶深槽区，地表以下$90m$掉钻$21m$，加密加深先导孔查明了深槽区的边界及底界，采用$2\sim3$排帷幕孔处理，先以膏浆充填及挤压，再以水泥浆复灌结束。

4）大坝左岸心墙基础揭露的RD5垂直向溶洞，人工追踪清挖深度$20m$，清除黏土充填物至下部密实的块石胶结物，进行了物探测试及钻探查明溶洞边界及底界，并对溶洞渗水进行了水质检测。混凝土封堵后对溶洞区进行5排帷幕灌浆，先上下游低压灌浆围封后再提高压力灌注中间排孔。

5）坝基河床廊道内48号孔揭露的深部黏土夹粉细砂层充填型溶洞，在附近补充了两个补勘孔复核岩溶发育情况，对溶洞充填物进行了多种材料的反复灌注，并延长待凝时间，以期提高水泥浆复灌压力。最终按$2.1\sim2.5MPa$结束，后序孔及上游排孔均达到$4.0MPa$压力。

6）左岸上平洞389号孔揭露在平洞底板下有较大的黏土充填溶洞，水泥浆、砂浆、膏浆多次复灌难以结束，先将附近的孔打开，查明溶洞分布范围后，在主帷幕上、下游增加一排固结孔，采用膏浆灌注封堵后再进行主帷幕孔灌浆。检查孔揭示处理后充填物挤压密实并有水泥浆脉分隔，已形成较稳定的防渗复合体。

7）坝址区右岸下平洞（300号孔）边墙有垂向发育的溶洞，回填$1100m^3$混凝土未满，结合咨询意见采用废弃水泥浆充填满。右岸边界处394孔深部遇无充填大型溶洞，扩孔采用砂浆、级配料、水泥浆反复灌注3000余立方米充填满。

对强岩溶的处理措施要针对实际情况制定，大溶洞的处理不能急于求成，要多种材料综合应用，可提前打开附近的孔以探查溶洞的发育范围及充填情况，必要时进行钻孔、物探等补勘，后期加强质量检查。

8. 质量控制及检查

帷幕灌浆属地下隐蔽工程，质量控制重点是过程、资料检查和检查孔。质量检查以检查孔压水试验为主，并结合灌浆资料分析、检查孔取芯、耐久性压水试验、钻孔电阻率CT等进行辅助检查。为保证质量检查的可靠性，由业主委托第三方增加检查孔复检。

工程防渗标准为灌后透水率$q \leqslant 5Lu$，库区底界先导孔以最后两段透水率小于$10Lu$、灌浆孔最后1段透水率小于$10Lu$控制。坝址区底界以$q \leqslant 5Lu$控制。库区防渗边界未调整，坝址区左、右岸防渗边界根据平洞开挖揭露的岩层分界，分别外延了$40m$、$182m$，总体防渗底界与初设基本一致，局部地段结合先导孔、灌浆孔施工进行了加深。

库区灌浆一标：完成帷幕灌浆$57138m$（738个灌浆孔），施工方完成检查孔80孔，压水试验1125段，透水率均小于$5Lu$，其中，透水率$q \leqslant 3Lu$的1051段，占93.4%，灌浆质量良好。

库区灌浆二标：完成帷幕灌浆$51027m$（598个灌浆孔），施工方完成87个检查孔，压水试验 1622 段，透水率均小于 5Lu，其中，透水率 $q\leqslant3Lu$ 的 1596 段，占 96.38％，灌浆质量良好。

坝址区左岸灌浆标：完成帷幕灌浆 102854m（1531 个灌浆孔），施工方完成 191 个检查孔，压水试验 2752 段，透水率均小于 5Lu，其中，透水率 $q\leqslant2Lu$ 的 2534 段，占 92.1％，灌浆质量良好。

坝址区坝基及右岸标：完成帷幕灌浆 83486m（1233 个灌浆孔），施工方完成 149 个检查孔，压水试验 2098 段，透水率均小于 5Lu，其中，透水率 $q\leqslant3Lu$ 的 1968 段，占 93.8％，灌浆质量良好。

第三方质检：为复核灌浆质量，业主委托第三方"云南云水工程技术检测有限公司"进行了补充检查，第三方完成 68 个检查孔，全部合格且大部分试段透水率小于 3Lu，第三方检查孔的透水率分布频率与施工方自检较为吻合，说明灌浆质量是可靠的。

9. 灌浆试验和技术咨询

前期及施工阶段开展了大量的灌浆试验。可研阶段在咪哩河库区帷幕线上选择 4 个试验区（帷幕线长 200m，每个试验区长 50m），进行了不同压力和孔距的灌浆试验，主要验证灌浆方式、压力、灌浆材料和耗量分析；施工阶段在各标段分批次开展了 33 个生产性灌浆试验区，对压力、灌浆方式、材料、特殊问题处理等进行了大量试验，最终获得了适合各标段的设计、施工控制参数，为灌浆管理及质量控制积累了经验。

岩溶区灌浆应高度重视灌浆试验，宜分期分批开展灌浆试验，不断总结才能获得较合理的成果，期待 1 次试验确定合理的参数是很困难的。前期阶段试验宜选择有代表性的地层，主要验证灌浆孔排数、孔距、灌浆方式、灌浆压力、材料种类和注入量合理性，以确定灌浆布孔方案、主要灌浆方法、参数、注入量和为投资分析提供依据，避免施工阶段发生大的变更，给合同管理和投资控制带来巨大难度。施工阶段的生产性灌浆试验是进一步修正设计参数、并提出详细的施工参数。防渗工程量大的工程宜分 2～3 期进行试验，经验是先选择代表性地层进行少量试验，对压力、材料、工法、特殊问题处理进行试验后，调整参数后再做多一些的复核试验；岩溶区多使用高压灌浆，应重视压力控制和特殊段的处理，避免灌浆失控。

灌浆工程施工是半理论半经验的结合，应重视技术咨询的重要性和指导作用，建议在前期阶段就聘请专家介入指导，最好能组建一个相对固定的专家组参与各阶段的技术指导，保证咨询工作的连续性，对工程建设和质量保证是十分有益的。本工程的实施获得了众多国内专家的帮助和支持，对优化灌浆工艺、加快进度、节约投资、保证质量起到了至关重要的作用。

10. 参建各方密切配合

做好灌浆施工，需参建各方的密切配合，否则，再合理的设计也难以有效实施。灌浆是一门操作性很强的工艺，设计人员应深入一线熟悉施工的工法、设备、材料、压力的使用等，提出有针对性、可操作的技术要求，并在施工中进行动态修订；施工单位是灌浆实施的主体，对保证质量、工期和投资至关重要，一个守信用、重质量、有责任心的施工单位是关键，类似的地层和设计参数，不同的施工单位可能灌出完全两样的结果；业主、监理要选派有灌浆经验的人员参与过程控制和质量管理，对存在问题及时组织各方会商，必要时组织专家咨询。

建设过程中，设计、业主组织参建各方进行了多次考察学习，考察了贵州黔中水利枢纽平寨水库、四川武都水库、牛栏江堰塞湖、白鹤滩水电站等工程的灌浆经验。德厚水库开工以来，前期的灌浆试验并不顺利，对一些特殊问题处理甚至一度束手无策，经各方共同努力，经过一年多的试验、探索，最终获得了适合本工程各标段灌浆的设计参数及工艺措施。

11. 投资控制及合同管理

德厚水库主帷幕灌浆初步设计阶段工程量 29.33 万 m，技施阶段计入坝址区两岸边界延伸、局部强岩溶补强处理、局部底界加深等，最终完成工程量 30.7 万 m，灌浆工程量可控。

帷幕灌浆总平均水泥单位注灰量 371kg/m，小于初步设计预估量（坝址区 500kg/m、库区 400kg/m），灌浆工程投资较初步设计阶段节约。

招标阶段设计、业主对灌浆工程的计量计价方式进行了大量调研，最终采用进尺法结合灰量法的综合计量计价方法。使得灌浆单价明确、可较为合理地分摊施工风险，从实施情况看，是目前灌浆招标计价方式中较好的方法。

参　考　文　献

［1］　孙钊. 大坝基岩灌浆 ［M］. 北京：中国水利水电出版社，2004.

［2］　夏可风. 夏可风灌浆技术文集 ［C］. 北京：中国水利水电出版社，2015.

［3］　梅锦山，侯传河，司富安. 水工设计手册　第2卷　规划、水文、地质 ［M］. 2版. 北京：中国
水利水电出版社，2014.

［4］　关志诚. 水工设计手册　第6卷　土石坝 ［M］. 2版. 北京：中国水利水电出版社，2014.

［5］　白俊光，张宗亮. 水工设计手册　第4卷　材料、结构 ［M］. 2版. 北京：中国水利水电出版
社，2013.

［6］　《水利水电工程施工实用手册》编委会. 灌浆工程施工 ［M］. 北京：中国环境出版社，2017.

［7］　王静. 水泥膨润土混合浆液在铅厂电站坝基帷幕灌浆中的应用 ［J］. 中国农村水利水电，2011.

［8］　肖欣宏，王静，谢小帅，等. 复杂岩溶地区引水隧洞衬砌外水压力研究 ［J］. 水利水运工程学
报，2018.

［9］　韩行瑞. 岩溶水文地质学 ［M］. 北京：科学出版社，2015.

［10］　邹成杰，张汝清，光耀华，等. 水利水电岩溶工程地质 ［M］. 北京：水利电力出版社，1994.

［11］　沈春勇，余波，郭维祥，等. 水利水电工程岩溶勘察与处理 ［M］. 北京：中国水利水电出版
社，2015.

［12］　袁道先，刘再华，林玉石，等. 中国岩溶动力学系统 ［M］. 北京：地质出版社，2002.

［13］　张之淦. 岩溶发生学 ［M］. 桂林：广西师范大学出版社，2006.

［14］　刘再华. 灰岩和白云岩溶解速率控制机理的比较 ［J］. 地球科学，2006，31（3）：411-416.

［15］　王士天，王家昌，张倬元. 喀斯特研究中某些基本问题的初步探讨（以川东和黔西为例） ［J］.
成都地质学院学报，1962（1）：65-67.

［16］　赵永川，张正平. 新构造运动对杞麓湖调蓄水隧洞围岩稳定的影响 ［J］. 资源环境与工程，
2015，29（5）：636-639.

［17］　李建国，沐红元，米健. 灰砂化白云岩工程地质特性初步研究 ［C］//水工隧洞技术应用与发展.
北京：中国水利水电出版社，2018.

［18］　光耀华. 广西岩溶地区水电勘察研究工作的主要经验 ［J］. 水力发电，1999，5：5-8.

［19］　徐福兴，陈飞. 水库岩溶渗漏问题研究 ［C］//西部水利水电开发与岩溶水文地质论文选集. 武
汉：中国地质大学出版社，2004.